国家社科基金
GUOJIA SHEKE JIJIN HOUQI ZIZHU XIANGMU
后期资助项目

自然与美：
现代性自然美学导论

Natural and Beauty:
An Introduction to Natural Aesthetics in Modernity

杜学敏 著

上海交通大学出版社
SHANGHAI JIAO TONG UNIVERSITY PRESS

内容提要

自然美是一个与美学学科几乎同时问世的经典美学概念与课题。"自然"有外在自然界与内在天性之别,"自然美"也有自然界的美与内在天性的美两种基本内涵。以研究自然美诸问题为己任的美学分支学科即自然美学。本书是一部从现代性与自然美学双重视域研究自然美问题的专著,关心的基本问题是:启蒙现代性与审美现代性背景下的卢梭、康德、黑格尔、马克思、海德格尔与杜夫海纳等西方著名思想家,以及20世纪以来西方与中国双重现代性处境下的中国美学研究,对于自然美问题有何并且何以有一系列的特别关注,并由此形成了一个明显有别于流行的艺术哲学美学的现代性自然美学论域。在与自然美相关的生态美学、环境美学等新兴美学方兴未艾的当代背景下,被追新逐异者忽视,貌似显得过时的自然美问题其实仍然具有值得高度关注的重大价值。

图书在版编目(CIP)数据

自然与美:现代性自然美学导论/杜学敏著.—
上海:上海交通大学出版社,2022.10
ISBN 978-7-313-25811-3

Ⅰ.①自… Ⅱ.①杜… Ⅲ.①自然美—研究 Ⅳ.
①B83-066

中国版本图书馆 CIP 数据核字(2021)第 276227 号

自然与美:现代性自然美学导论
ZIRAN YU MEI: XIANDAI XING ZIRAN MEIXUE DAOLUN

著　　者:杜学敏			
出版发行:上海交通大学出版社		地　　址:上海市番禺路 951 号
邮政编码:200030		电　　话:021-64071208
印　　制:上海万卷印刷股份有限公司		经　　销:全国新华书店
开　　本:710mm×1000mm　1/16		印　　张:20.5
字　　数:353 千字		
版　　次:2022 年 10 月第 1 版		印　　次:2022 年 10 月第 1 次印刷
书　　号:ISBN 978-7-313-25811-3		
定　　价:98.00 元		

国家社科基金后期资助项目
出版说明

后期资助项目是国家社科基金设立的一类重要项目，旨在鼓励广大社科研究者潜心治学，支持基础研究多出优秀成果。它是经过严格评审，从接近完成的科研成果中遴选立项的。为扩大后期资助项目的影响，更好地推动学术发展，促进成果转化，全国哲学社会科学工作办公室按照"统一设计、统一标识、统一版式、形成系列"的总体要求，组织出版国家社科基金后期资助项目成果。

全国哲学社会科学工作办公室

自然美：作为生态伦理学的善

——《自然与美：现代性自然美学导论》序

尤西林

杜学敏博士的《自然与美：现代性自然美学导论》是一本关于自然美研究的专著。从博士论文到撰写"马克思主义理论研究和建设工程重点教材"《美学原理》中关于自然美的章节，他潜心于这一课题近 20 年。我之所以愿意破例作序，并非仅仅着眼于此书的周延系统理论及其深度创新（如与自然美区别的天然美研究），更重要的是，自然美已是诸种当代第一哲学的依托经验，对于自然美的深度研究已远远超出审美形态或美学范畴。因此，我愿借此序引起更多人关注自然美研究。本序文曾以康德自然目的论的诠释为中心，在 1995 年两岸伦理学会议宣读（主要文字刊于《陕西师范大学学报》1996 年第 1 期）。之所以启用旧文，是缘其题旨依旧关键：自然观当代转型的主要困境，乃是自然与现代性核心观念的自由的分立。康德哲学作为自由与自然分立格局的典型代表，其借助自然美与自然目的论统合自由与自然的模式，迄今仍有待诠释。对于倚重人类自由本位的伦理学扩展自然观的当代主流美学思想而言，这一模式具有特别的反思意义。本序文因此将伦理学向自然美学的转化作为这本自然美学专著的引论。

一、自然观当代转型的伦理学范式的局限性

近代自然观的当代转型迄今一直以伦理学的方式推进。基于生态危机反思的生态伦理学与环境伦理学是其主要代表。加入中西比较而在更高合题层面诠释古代天人合一的各种思想，如以"诚"抵达"赞天地之化育"而"与天地叁"，或"与天地万物为一体"之"仁者"，都仍可视为人性的伦理扩张。主张超越人类本位伦理学的海德格尔，甚至不惜激活谢林泛神论而力图消弭康德自由与自然的分立，但即使是一种他一再强调的"恰当理解"的泛神

论,若不愿倒向神性立场,其存有或"ereignis"是否拥有日常普遍的(而非精英的)现代生活经验①? 是否在伦理学或思辨哲学之外存在着一种人类更加"合乎自然"的人性—自然观经验呢? 为了回答这些问题,有必要进一步分析主流范型的生态伦理学的局限性。

生态伦理学将伦理原则从人际范围扩大到人与自然物的关系,从而显著地改变了传统伦理学。但由此产生的问题是:

第一,伦理调节固然以伦理关系双方的差异性为目标,但伦理关系的建立却以伦理关系双方具有某种同质性为基础。传统伦理学在人类性同质前提下协调与规范人类内部差异各方(个人与个人、个人与社会的行为),而生态伦理学面对人类与自然物之间的异质性,如何寻找建立伦理关系的同质性基础?

第二,传统伦理尽管存在着伦理关系双方的不平衡而有道德施行与道德接受的区别(如成人救助儿童、贤者不计恩怨感化罪人),但道德接受者即使处于被动状态也依然是潜在的人性主体。因此,互为主体性是传统伦理学的一块基石。互为主体性以双方均具有意识与自我意识并能交流理解为前提。但是,迄今没有根据肯定自然物具有意识与自我意识,至少自然物不具有与人同等水平的意识交流能力。那么,在此情况下,一种具有伦理主体性质的自然观念依然须由人去判断,这种判断依据何在? 同时,人如何可能居于主导地位而又保持对自然伦理主体身份的尊敬?

第三,作为伦理尺度的善,其消极(弱化)功用在于限制与均衡伦理关系双方,其积极(强化)功用则在于提高伦理关系双方。因而善是既适宜于伦理关系双方又超出其上的中介。生态伦理学对善的这种中介性具有格外复杂的要求:一方面善须与人具有同质性(合乎人的目的),同时与自然也具有同质性(合乎自然的目的);另一方面善又须在均衡人与自然双方之外具有超越并提升人与自然的理想品质。生态伦理学是否能够指示这种善?

第四,依照当代元伦理学,任何伦理学的善必须拥有相应的直觉经验才能确证。生态伦理学这种成物成人又升华人与物的善,是否有其现实经验基础? 落实生态伦理学此种善的直觉经验至关重大:它不仅是生态伦理学的公理前提基础,而且是生态伦理行为的实践基础。

当代生态伦理学基于对上述四个问题的回答可分为两大立场:基于传统伦理学亦即人类伦理学的立场和基于生态系统的环境整体主义。其中,

① 参见黄裕生的贺麟哲学讲座关于自由形上学的现代诠释与笔者的评议,讨论文字载《关东学刊》2020 年第 6 期。

前者又可分为基于人类整体利益的生态伦理学和将生态伦理视为传统伦理内在组成部分的观点；后者则将整体生态系统作为人与全部自然物的同质性基础。以上观点的介绍具体如下：

（一）基于传统伦理学亦即人类伦理学的立场

1. 基于人类整体利益的生态伦理学

这类伦理学从功利主义传统确定人类利益，人类利益被理解为物种之一的人类生存发展。此种立场强调人类局部、近期利益与整体、长远利益的相关性，从人类整体长远利益出发克制、改变对自然竭泽而渔的急功近利态度，以人类持续发展的尺度取代高速增长的传统社会目标①。但在这一尺度下，爱护自然与保护生态根本上是为了人类自身的利益，自然依然是供人类利用的资源材料与工具手段，而并非具有自身内在目的、与人互为主体的伦理对象。

然而，即使是基于人类利益，但为了整体长远的持续发展而将自然纳入人类利益观念予以保护，这仍应视为对狭隘的人类自我中心状态的突破与超越。沿此方向，作为技术手段环节的生态保护会逐渐培养起尊重与热爱自然的新型态度及经验基础，从而反过来消解与改变人类自我中心的出发点。因此，这种基于人类利益而开展的形而下的生态保护运动，具有超出自身立场的形而上的人文教化意义。也就是说，这类生态伦理学更为根本的意义乃是其实践运动对自身传统观念的消解与转化。

这类生态伦理学理论在生态保护实践中引导着基于人类自我中心态强化对理性（康德所说"知性"：verstand）与科技的倚赖，即相信理性的统筹与算计而付诸科技实施，便可使生态系统更为持续长远并且最少负面后果地为人所用。这实质是人类统治更大的扩张，与上述人文教化方向相比，这一方面是强力性的。然而，康德早已论证并指出，作为整体的自然并非人类有限的知性（及其科技）所能把握的对象。整体的自然及其生态系统是生物圈数十亿年演化的成果，或者借用神学语言表述：那是上帝的创造。人类自身也只是这一整体系统中的一个分支，人类有其不可超越的客观限定，他们只能看到人在宇宙特定位置角度可能看到的②。

---

① 强势进步主义将生态危机时代的"sustainable development"汉译为"可持续发展"，不顾"sustainable"的弱化与消极意义。笔者因而在中华炎黄基金会与联合国可持续发展圆桌论坛（2015）发言中建议将这一流行用语改译为"可承受发展"。它包含着对人类中心立场的根本转变。这一建议获得与会吴建民等大多数学者的赞同。

② 参考当代人择原理（人的宇宙原理：anthropic principle）。

因此,基于人类整体利益而对自然生态在更大时空中凭借知性科技调节甚至重塑,这种为康德所禁戒的知性僭越,即使含有保护生态的好意,也可能伏有远非人类所能预料把握的危险后果。例如截源引水以保持水土,却可能毁灭某类鱼群的产卵地;捕杀狼以保护羊,却可能使食草动物过度繁盛而毁灭草原,以至在暴雨冲刷土壤后毁灭这一地带全部生物……生态学已不断向人类揭示出这类新的生态联系,然而它却永远不可能达到完全的揭示。康德因此从哲学上早已指出,要以有机生命亦即内在目的的方式去看待自然,这意味着对人类自我中心统治的知性技术手段的限定,也意味着真正以伦理主体来看待自然。

2. 视生态伦理为传统伦理内在组成部分的观点

唯物史观已揭示人对自然的生产方式与人际社会关系之间存在相互作用。法兰克福学派社会批判理论则进一步揭示出"戡天"与"役人"的内在关联。马尔库塞认为,技术对自然的宰制与理性对人性爱欲的压抑,属于互为因果的同一行为的两个方面,因而"解放自然"具有社会革命的意义:

> 当前发生的事情是发现(或者主要是重新发现)自然在反对剥削社会的斗争中是一个同盟者,在剥削社会中,自然受到的侵害加剧了人受到的侵害。
> 自然的解放乃是人的解放的手段。①

马尔库塞的学生莱斯则在《自然的控制》一书中指出,滥用科技造成的生态危机,源于支配科技行为的"控制自然"观念,而控制自然与控制人具有相互包孕的关系,控制的真正对象是人而不是自然。生态伦理从而被归结于社会伦理。

与前述第一种基于物种生存的人类观念的生态伦理学有别,在这里人性具有形上自由的意义:

> 从控制到解放的翻转或转化关涉到对人性的逐步自我理解和自我训导……控制自然的任务应当理解为把人的欲望的非理性和破坏性的方面置于控制之下。这种努力的成功将是自然的解放——即人性的

---

① 马尔库塞:《反革命和造反》,中译本载译文集《工业社会与新左派》,商务印书馆1982年版,第127页。

解放。①

生态保护根本上取决于人类自我中心立场的转变，这一方向已在本质上不同于前述人类自我中心主义的生态伦理观。但是，将生态伦理完全还原为人类伦理，也就取消了自然独立的伦理主体地位。莱斯缺乏对自然本身的关注，他主张的人性自我转变也因而成为封闭性的主观修养，这种人性自我转变明显缺少超越性活动所必需的外在客观参照坐标。就此而言，莱斯未能看到确立异在于人的自然伦理主体同教化人欲之间的关联性，片面地将前者消解掉，割裂了二者的对立统一关系，从而恰恰又坚持了一种新型的人类自我中心立场。

（二）基于生态系统的环境整体主义（environmental holism）

此种立场视有机生命与无机物为同一生态系统，强调彼此之间的依存性与可转化性，从而将整体生态系统作为人与全部自然物的同质性基础。

与之有别的另一类生态伦理学强调有机生命同质性，其实仍可归入环境整体主义。传统自然观念本已接受无机物与有机物的联系性，而当代信息论对信息交流普遍性的揭示、系统论关于系统整体的观念、耗散结构理论关于非平衡条件下无序混沌向有序组织与生命转化的研究，以及苏联科学家维尔纳茨基在生物地球化学循环研究中关于生命与无机物循环关系的发现②，都支持了整体生态系统的观念。但仅凭生态系统同质性尚不足以建立生态伦理学：

首先，自然生态同质性无法提供人与自然超越自身的更高尺度，而只能在自然生态水平上调节、均衡人与自然。但如果仅此而已，这实质是将人类降低到与自然物（乃至无机物）同一的原始状态。尽管生命伦理学与环境整体主义都同时还强调物种个性多元化，但物种含义仍是指自然自在状态的物种。此种含义下人的"个性"与岩石或虎豹的"个性"并无重大区别。这一理论倾向忽视了人性超越自然的本质：人类今日之自觉与自然均衡，亦并非意味着返回自然同一体，而恰恰相反地是进一步超越自然人性物种中心狭隘眼界的表现。环境整体主义从人类中心利己主义提高到人与自然协同演进的"系统利己主义"（Frankena语），呼吁人类无私热爱自然，但都未超出利己主义或利他主义的功利主义眼界。这仅仅属于平等规范的消极（弱化）

① ［加］莱斯：《自然的控制》，岳长龄、李建华中译本，重庆出版社1993年版，第168页。
② 参阅维尔纳茨基：《活物质》，商务印书馆1989年版。

意义的善。

其次，由于环境整体主义贬抑人类积极性活动在生态伦理中的枢纽地位，从而又倾向于将承担此种整体主义的意识主体归诸神或泛化于物（物活论：hylozoismus）。整体主义极力引导人否弃人类立场而与神或万物同一，但神意或万物有关观念的实际承担者却仍然是人。这里不仅存在拔自己头发离地的悖论，而且潜伏有僭越神性位格的狂妄的人类中心主义：因为这种关于万物是否有灵的判断恰恰属于上帝的眼光①。

最后，由于自然宗教与活物质的科学理性观念在现代人类中均缺乏普遍经验基础，所以环境整体主义迄今尚未找到环保实践所必需的感性经验资源，而被人类中心主义攻击为少数人的乌托邦。

整体主义的教训表明，生态伦理学不可能离弃人类根基。然而，这并不意味着只能因循人类中心主义的传统立场。

二、自然美：一种有待阐释的生态经验

在人类对待自然的态度中，有一种普遍而悠久的经验形态，它既非自然宗教崇拜，又非人类中心主义的功利权衡，而是对自然由衷地赞美。这就是自然审美经验。

迄今各派生态伦理学均已注意到了自然美对于生态伦理学的积极意义，但却存在着如下缺陷：

第一，把自然美与实用价值等量齐观，视自然美为人类游乐与怡悦的手段。由于这种观点只停留于审美价值的外层、甚至贬低、歪曲了审美价值，因而已受到广泛的批评②。

第二，即使超越实用价值予自然美以形上精神意义，但仍将自然美片面地纳入人类中心主义而视为人类主体性文化形式。

第三，缺乏哲学水平的概括，未能从美学与伦理学结合的角度揭示自然美在生态伦理学中的地位。因此，即使如 E. Hargrove、John Muir 那样一再

---

① 因此，极端的反人类中心论同任何独断论的本体论一样，都具有代神立言的特征。由于任何判断实际总是人的判断，这种代神立言的僭越也就成为一种变形的极端自我中心主义。整体主义的代表 Rolston 断定万物平等与自然有序时，口吻酷似佛陀（参阅其《尊重生命：禅宗能帮助我们建立一门环境伦理学吗？》，中译文载《哲学译丛》1994 年第 5 期）。

② 在生态伦理学内如 B. Devall 与 G. Sessions 以"荒野体验"抵制时尚性旅游以及法兰克福学派对视自然美为消费对象的观念的批判等。

从经验层面强调自然美对于生态伦理学的特殊重要性,甚至美国生态保护之父 A. leopold 将生态伦理尺度概括为"完整、稳定和美丽"三原则已在事实上承认审美对于生态伦理学的本体意义(三原则中"完整"也可归于审美形式规律),但学界对此依然缺少哲学论证。

当代生态伦理学缺乏哲学本体论高度的自然美理论,这与其注重社会运动而忽略形上深层理论的实践倾向特性有关。但从美学角度看,当代美学依据对康德美学的流行阐释将自然美视为人类主体性形式,从而阻断了自然美与自然的实质性关联,使自然美自始便无法从逻辑理论上进入生态伦理学。

然而,反独断论是康德哲学的基本特色,康德审慎的态度使其哲学保持着巨大的阐释空场:"由于自然界问题异常复杂,解决它时不可避免地将遇到一些暧昧之处。这种巨大的艰难可以使人原谅我仅仅正确地指出了原理,而未能明确地把它表述出来。"①

因此,有必要重新阐释康德的自然美理论,以便为生态伦理学提供可能的哲学基础。

三、康德自然美理论的悖论:一个走出人类中心主义的洞口

康德的哥白尼式转变,是以人类主体性文化建构取代客体中心地位。这一转变在审美判断中达到了主体性极致:"一个客体的表象的美学性质是纯粹主体方面的东西,这就是说,构成这种性质的是和主体而不是客体有关。"②物自体(Ding an sich)在认识活动中尚是感性刺激来源与知性系统化焦点(目的),在道德中则转化为自由的客观根据,而审美对象所呈现的却只是主体的合目的性的形式,也就是说,审美对象是人文性(以主体自身为对象)的。但问题是:应如何理解人文性?

自然美"作为形式(仅是主体的)合目的性的概念来表述"③,而"对于自然界里的崇高的感觉就是对于自己本身的使命的崇敬,而经由某一种暗换

①　康德:《判断力批判》上卷,宗白华译,商务印书馆1964年版,第6页。
②　康德:《判断力批判》上卷,第27页。本文对原译文中凡属审美定义性"主观合目的性形式"的表述,一律改译"主观"(subjekt)、"主观的"(subjektive)为"主体""主体的",即"主体的合目的性形式"。
③　康德:《判断力批判》上卷,第32页。

付予了一自然界的对象(把这对于主体里的人类观念的崇敬变换为对于客体)"①;甚至"自然界在这里称作崇高,只是因为它提升想象力达到表述那些场合,在那场合里心情能够使自己感觉到它的使命的自身的崇高性超越了自然"②。因而,康德说自然崇高审美中的人是"自我推重"的。

康德上述论点典型地表现着启蒙主义从神学束缚下解放出来的人文主义(humanism)热情,它邻近着人类主义(anthropologism)。这确是康德哲学的基调。沿此方向,人类中心主义成为当代美学的主流。其表现或是将审美对象纯归于个体主观性"审美态度"(英美距离说、快感论、联想论等),或是将审美归于主体性文化心理结构(中国实践派、苏俄社会派)。后者虽然攻击前者的个体主观意识基点,并强调主体性心理结构的社会历史客观背景,但其实践本体基于人类物种的生存劳作,因而并未超出人类中心主义③。

但康德并非现代人类中心主义者。西方的精神信仰传统在康德哲学中成为抵制唯我主义与人类主义(anthropologism)的重要支柱,并保护了本体论④。康德哲学这一方面的一个深刻兆象便是时隐时现的对物自体的信念(belief),它在《判断力批判》中特别表现为第 42 节("关于对美的智性的兴趣")将自然美客体化(自然主体化)的倾向。

在第 42 节开始,康德针对人工美饰背离道德的文明流弊而强调:"对于自然美具有一种直接的兴趣(不单具有评定它的鉴赏力)时时是一个良善灵魂的标志。"⑤他进一步展开分析:

> 谁人孤独地(并且无意于把他所注意的一切说给别人听)观察着一朵野花,一只鸟,一个草虫等的美丽形体,以便去惊赞它,不愿意在大自然里缺少了它,纵使由此就会对于他有所损害,更少显示对于他有什么利益,这时他就是对于自然的美具有了一种直接的,并且是智性的兴趣了。这就是不但自然成品的形式方面,而且它的存在方面也使他愉快,

---

① 康德:《判断力批判》上卷,第 97 页。
② 康德:《判断力批判》上卷,第 102 页。
③ 中国实践派美学在 20 世纪末将美学提升为"第一哲学",实质依据的是自然美经验(参阅李泽厚:《实用理性与乐感文化》,生活·读书·新知三联书店,2005 年版,第 54 页、第 104 - 106 页)。有关评论参阅尤西林《心体与时间》(人民出版社,2009 年版,第 90 页)与《生命美学与自然美》(《郑州大学学报》2020 年第 6 期)。
④ 康德的 vernunft 汉译为"理性"是一个至今流行的错误。参阅尤西林:《康德理性及其现代失落》,载《德国哲学》8,北京大学出版社 1990 年版。
⑤ 康德:《判断力批判》上卷,第 143 页。

并不需一个感性的刺激参加在这里面，也不用结合着任何一个目的。

在这里值得注意的是，假使人们欺骗了他而是把假造的花（人能做得和真的一样）插进土地里，或把假造的雕刻的鸟雀放在树枝上，后来他发现了这欺骗，他先前对于这些东西的兴趣就消失掉了；但可能另一种兴趣来替代了这个，这就是虚荣的兴趣，他把他的房间用这些假花装饰起来以炫别人的眼睛。自然是产生出那美的；这个思想必须陪伴着直观与反省；人们对于他的直接的兴趣只建立在这上面。

否则只剩下一种单纯的鉴赏判断而绝无一切的兴趣或只是和间接的，即关系着社会的兴趣相结合着，但后者对于道德上善的思想并不提供确实可靠的指征。

这种自然美对艺术美的优越性，尽管自然美就形式方面来说甚至于还被艺术美超越着，仍然单独唤起一种直接的兴趣，和一切人的醇化了的和深入根底的思想形式相协和，这些人是曾把他们的道德情操陶冶过的。①

康德反复强调的对自然美的"直接的兴趣"，如他已排除的，并非对自然占有的感性（亦即自然）欲望，那属于物种人类主义（anthropologism），也不是纯粹美的主体性形式感，那只是将自然作为拟人类比的形式符号——而是对"自然本身"的喜爱与惊赞。这意味着承认并尊重自然内在的目的亦即一个客观自在的自然主体。自然美的客体化也就是自然主体化：自然美从人类主体性形式转向主体自然，从而独立于人类而客体化。康德指出，这种对自然主体的尊重，是道德的表现。这可以理解为是人际道德的充溢延伸或泛化；但它又是道德感"最可靠"的表现，因而又反过来是人际道德的基石尺度，或者可以理解为是道德最纯粹、最高品格的表现。从而，人对自然的伦理态度不仅对于人际道德，而且对于整个本体都具有至关重大的意义。

上述结论与康德哲学的哥白尼式转变在表面上似乎是相反的：它又把人的眼光投向了外界客体。然而，康德在这里同样坚持着他的基本立场：一个实在论的自然客体概念是非法与僭越的，一种物活论（Hylozoismus）式的主体自然观念同样是臆断性的。

在《判断力批判》目的论部分，康德从对有机生命体的特殊认识要求出发，设定自然目的概念，以提供机械论无法承担的统一性原理。"这个目的

---

① 康德：《判断力批判》上卷，第143-144页。

概念就会是理性的概念(idea)而把一种新的因果作用引入科学中去。"①因此,自然目的亦即主体自然概念,仅仅是非实在性的客观合目的性形式。这种主观上充分而客观上无法证实的自然目的概念,乃是一种"信念"(belief)②。"信念作为一种习惯(habiytus)而不是作为一种行为(actus)来看,乃是理性在其确信处在理论知识所能达到的范围以外的真理的那种道德思考方式。"③与批判哲学将认识论极限的物自体理念转换成道德本体的自由信念一致,目的论批判终于从认识论功能需要的自然客观合目的性导引出作为最高目的的道德的人。因此,康德关注自然的立场依然是道德人文主义:"对于自然的很大赞赏的来源——这个来源与其说是外在于我们的,毋宁说是处在我们的理性里面的。"④

然而,本文关心的是康德论述中包含的如下悖论式关联:虽然道德的人关注自然本身,但关注自然本身才是真正道德的;或者说,人对自然目的的赞赏源于人对自身道德主体的赞赏,而人只有赞赏自然目的才能真正成为道德主体。从而可以对康德关于自然以道德的人为最后目的的命题做出如下重要补充:道德的人是自然的最高目的,而道德的人以自然目的的信念为最高道德。

这样,人对自然的道德态度亦即自然目的信念在人际道德与本体道德中依然占据着不可动摇的关键地位。问题在于,自然目的信念的发生学基础是什么? 康德在设定了自然目的概念(自然客体合目的性形式)之后指出:"但是这个假定的正确性还是很可疑的,虽然自然众美的现实性正公开在我们的经验的面前。"⑤也就是说,自然美已经真实地向人类提供了自然目的的经验,但这一经验的内在结构依然有待说明,否则我们就仍像当代生态伦理学那样仅仅停留在经验现象描述中。

四、自然美:作为生态伦理学的善

审美作为主体的合目的性形式运动,具有合主体目的性与合客体目的

① 康德:《判断力批判》下卷,韦卓民中译本,商务印书馆1964年版,第5页。
② 参阅康德:《纯粹理性批判》,A822/B850,韦卓民译,华中师范大学出版社1991年版,第677页。
③ 康德:《判断力批判》下卷,第145-146页。
④ 康德:《判断力批判》下卷,第9页。
⑤ 康德:《判断力批判》下卷,第135页。

性的两极运动结构。即使是纯粹美的审美愉快，也"不仅表示着客体方面联系到主体中按照自然概念而反味着的判断力时的合目的性，而且，反过来，表示着主体方面按照着自由概念联系到对象的形式乃至无形式的对象时的合目的性"①。主体合目的性形式感虽然不提供实在客体概念，但仍然以其普遍有效性提供了一个审美对象。审美对象虽然只是客体表象，但仍可作为宾词。后来罗素将之列为伪专名的摹状词（description），以从逻辑上防止将其实在对象化。但这也正表明了审美对象所拥有的实在感。这当然并非对实在经验对象的感知，但这种对非实在对象实在感的追求，却是人类最深刻的精神现象之一②。如康德所说，"逻辑的述项和实在的述项的相混淆（所谓实在述项是确定一个东西的述项）所引起的幻象几乎是不可纠正的"③。《纯粹理性批判》主要工作之一即是揭露这种超感性实在论的幻象性。但人类这种对形上观念实在性的自发追求，却在《实践理性批判》中被归位于道德本体："这样，一切超感性的东西才不能都认为是虚构，而且它们的概念也才不是都缺乏内容：而现在实践理性自身事前并不曾与思辨理性商定，就给因果性范畴（自由）的超感性的对象保证了实在性（虽然这个范畴还是作为一个实践概念，专供实践的用途）；这就通过一事实证实了在思辨理性方面原来只能被思维的那种东西。"④这样，西方哲学史上从在理念中寻找真实存在的爱利亚学派与柏拉图，到中世纪唯实论、宗教改革运动先驱者威克里夫等与唯名论的抗衡，其形上普遍实在观的道德性质经康德分离认识论的纠缠之后，被格外清楚地确定下来了⑤。

　　因此，康德关于审美判断没有实在对象以及审美只是主体的合目的性形式运动的强调，只是从认识论角度而言。但从道德本体角度来看，审美判断却显示出对道德客体强烈追求的指趋。审美中不仅合主体目的性（自由）是导向道德的（这已为人们普遍肯定），而且合客体目的性（自然）也是趋向于道德的。在鉴赏判断第二契机的研究中，康德将后一方面解释为合客体概念性，即它是

①　康德：《判断力批判》上卷，第 30 页。
②　参阅尤西林《人文学科及其现代意义》（陕西人民教育出版社 1996 年版）第十九节后附论："信仰：对非实在的实在感"。
③　康德：《纯粹理性批判》，同前版本，第 530 页。
④　康德：《实践理性批判》，关文运译，商务印书馆 1960 年版，第 4 页。
⑤　但这并非复兴实证论。如海德格尔在《尼采》中所强调的，囿限于现象界"在者"（das Seinde）的实在论恰与道德虚无主义同义，这也是拙文《实学与本体论》（载《西北师大学报》1992 年第 6 期）之所以维护佛道空无本体论意义的原因；但对此须作重要补充的是，道德理想信念的实在感正是本体空无限性的另一面。详请参阅拙著《阐释并守护世界意义的人》第五章第三节（"政教分离的现代遗产"），河南人民出版社 1996 年版。

"诸表象能力在一定的表象上向着一般认识的自由活动的情绪。"①这在当代美学中被普遍地理解为"合规律性",即它是接近于认识的。本文基本同意康德及其研究者的上述判定。但是,希望在此基础上再深入一步。

合客体目的性即"向着一般认识的自由活动的情绪",导致审美对象(客体)观念(idea)的呈现。审美由此可有两个方向:

第一,以合客体目的性(自然、客体概念方向)与合主体目的性(自由,道德本体方向)相统一为重心,主体怡悦于此种两个方向合目的性情绪的来回冲荡交流协谐。在此种审美状态中,主体自娱于自然与自由的统一平衡而并不神往道德本体与关注审美客体。也就是说,审美主体合目的性两种形态(合主体自由道德与合客体自然)都不积极推进各自的运动方向,而只作为形式化(虚拟性)运动汇聚于审美主体的感知情绪层面。这属于怡情,而非悦志。

第二,合主体目的性与合客体目的性两极运动强化各自运动方向,双方又在更高层面达到统一。合客体目的性的强化使审美客体凸出而吸引主体,这使此前主体只是借物娱情的自我中心态将重心移向客体一方,从而由(自我)怡悦升华为神往与倾情。如果说此前合客体目的性尚需借助弱化的认识(合客体概念)模式形成审美客体意象,那么当主体忘我投入地关注神往审美客体时,已全无认识意味:审美客体本质上属于理念(idea)的象征,它不是认知的对象。如前所述,这种对于超实在对象实在感的肯定,实质是爱与向往极致的信念,它已进入道德本体。如此一来,它与合主体目的性(自由)的道德本体便融合了。

上述分析使我们更清楚地理解了康德在《判断力批判》第42节"对自然的直接兴趣"的强调含义。从以自然为审美鉴赏形式契机的主体自我欣赏转变为"对自然的直接兴趣",经历了两个阶段:第一,借景抒情式主体怡悦转变为自然审美客体的凸出,合客体目的性的运动不断强化审美客体一极,它吸引人沉静下来,倾心与神往于自然美对象;第二,合客体目的性运动的继续强化使自然美进一步客体实在化,当这种由爱与向往推动的实在感强化到更高程度后,作为审美客体的自然美便与作为自然美物质载体的自然实在重合为一。由此所引起的后果是:一方面自然实在承受了人类对自然美的赞赏而合目的化,同时自然美也自然实在化而使主体性的合目的性形式趋于客观合目的性、甚而客观实质目的化。这意味着一个拥有自身内在目的价值、从而享有主体地位的伦理对象的自然的诞生。这已经不再是人

① 康德:《判断力批判》上卷,第54-55页。

类主体的合目的性形式对自然形式的借用（纯粹美），也不是为知性认识所假设的客观合目的性的先验原理，而是拥有审美——伦理尊敬与惊赞实在经验的自然伦理主体："有两种东西，我们愈时常、愈反复加以思维，它们就给人心灌注了时时在翻新、有加无已的赞叹（Bewunderung）和敬畏（Ehrfurcht）：头上的星空和内心的道德法则。"①

"惊赞"（Bewunderung）并非知性概念判断而是情意判断。因此，对自然目的的惊赞并不是回到自然实在目的的物活论，而依然是前述"信念"，即它是道德性的。如前所述，自然目的并非自然客体合目的性这一认识论的先验原理的推导结论（那恰是被禁止的），而是审美主体内合客体目的性一极运动的产物，它标志着自然美从主体合目的性向客体合目的性超越的顶峰与极致，同时也标志着人性超越人类自我中心所达到的道德最高境界：在对一个异己并异于人类的自然目的（自然主体）的无私而由衷地赞美中，人际关系中超越个体自我中心的道德自由以更为普遍彻底的形式出现在超越人类自我中心的水平上。

因此，向人类呈现为伦理主体的自然同时依然是审美客体。自然美作为伦理主体自然的渊源基础，同时也正是人与自然伦理关系的善。它具有以下五点意义：

第一，自然美是唯一不贬低人性主体而承诺自然主体的基础，因而是人与自然伦理关系的同质性基础。可见人与自然伦理关系的同质性是非实体性的，它既不是人类中心主义所说的物种人类的利益，也不是环境整体主义所主张的有机系统，更不是神力。基于这一同质性，自然美具有调节、均衡人与自然关系的善的弱化尺度意义。

第二，由于自然美是主体（人类）合目的性包含的合客体目的性一极突破主体中心态，又在更高层面达到与合主体目的性统一的产物，因而既关联又高于人与自然。自然美提供了提升人与自然双方的统一的更高的善：自然美的存在使人不仅实现了对个体自我中心的超越，而且实现了对物种人类自我中心的超越；自然在自然美中既摆脱了受人宰制的地位，也未流于自发调节的荒蛮丛林法则，而是在与人类主体合目的性统一协谐、并获得帮助的人化形式中提升合自然目的性系统②。

第三，无论作为信念的自然目的还是作为主体的合目的性形式的自然

---

① 康德：《实践理性批判》，第164页。
② 因而康德认为，在自然美中，人与自然是互相"好意"对待的（《判断力批判》下卷，第30-31页）。

美，都系于人超越自我的意识。因而，人在与自然的伦理关系中承担着道德施行者的责任。

第四，作为人与自然伦理关系的善，自然美审美本身即是直觉经验，从而可以提供元伦理学所要求的关于善的直觉前提。

第五，自然美审美经验的人类普遍性为实践人与自然的伦理关系提供了普遍的感召经验。

这五点意义是对本文开始所列举的生态伦理学四个基本问题的回答。它们同时表明，自然美已满足了生态伦理学所必需的逻辑前提与经验基础。

这是否意味着，自然美比伦理善更切合于自然观的当代转型？

目　录

绪　　论

天地有大美而不言。①

与其说自然美本身是一个问题，还不如说是其他问题的一个诱饵。②

现代性的哲学话语在许多地方都涉及现代性的美学话语，或者说，两者在许多方面是联系在一起的。③

有两样东西，人们越是经常持久地对之凝神思索，它们就越是使内心充满常新而日增的惊奇和敬畏：我头上的星空和我心中的道德律。④

仅用一个词总括本书主题，非"自然美"莫属。但为了研究此主题并标示问题性与特色，本书特别选择了另外四个关键词做书名的主要构成词：自然，美，自然美学，现代性。

美国观念史家洛夫乔伊曾说："人不仅靠面包活着，还主要得仗标语口号活着……'自然'是人类所有标语口号中最有力、最普及、最持久的。"⑤由三个"最"字头短语修饰的标语口号——"自然"不能不因此成为人类需要时常反思的复杂而棘手的问题之一，甚至是最大的问题或难题。本书面对的主导问题，并非可从科学、哲学、经济、政治、环境、生态等多到无限的视角来关注的"自然"，以及人与内外在自然的一般关系本身，而是从自然美和同自然美互为表里的人的自然审美活动，亦即从人与内外在自然之间的审美关系视角对"自然"之"现代性"并"自然美学"的研究。

---

① 庄子：《庄子·知北游》，[清]郭庆藩撰：《庄子集释》第 3 册，中华书局 1961 年版，第 735 页。

② [波]奥索夫斯基：《美学基础》，于传勤译，中国文联出版公司 1986 年版，第 291 页。

③ [德]哈贝马斯：《现代性的哲学话语》，曹卫东译，译林出版社 2004 年版，"作者前言"第 1 页。

④ [德]康德：《实践理性批判》，邓晓芒译，人民出版社 2003 年版，第 220 页。

⑤ [美]洛夫乔伊：《观念史论文集》，吴相译，江苏教育出版社 2005 年版，第 5-6 页。

"自然美"似乎是一种极为普通而容易把握的美,就如同每个人不能不呼吸的空气一样。这里用"空气"作喻,不仅是为突出人们对"自然美"习焉不察的程度,也是为了揭示人们进而司空见惯地忽视甚至轻慢它的现实状况。较之于"自然美",人们经常普遍性地更愿意青睐并"消费"源于广义自然美并与之相对而言的"艺术美"。事实上,"自然美"同作为其构词成分的"自然"与"美"一样颇为重要且复杂,为此才有专门研究自然美的美学分支学科——自然美学,即从美学角度关注人与内外在自然关系的美学分支学科。

本书的自然美问题研究并不打算"画地为牢"地将自身局限于在不少人看来会显得"狭隘"的美学与自然美学学科圈子内①,而是充分认识到了自然美与形形色色的其他相邻知识及其所对应的实践领域密切而紧张的关系。笔者认为,"现代性"应该是能用以把握此关系的重要切入点或维度。根据被广泛引用的法国著名诗人波德莱尔主要着眼于艺术而给定的现代性定义——"现代性就是过渡、短暂、偶然,就是艺术的一半,另一半是永恒和不变"②,"自然"从表面上看似乎是绝缘于现代性的:它不像"艺术"能够直接"表达"人的情绪情感与思想观念。作为一种貌似"惰性"的东西,"自然"惯常是作为人的生存环境、空间甚至纯然物质性的东西而存在,因而总体并不体现出自身突出的时间维度,除非其时空变迁及其特征以风光、景物的形式,为敏感的诗人、画家所歌咏、描绘。事实上,现有现代性的美学研究几乎完全集中于艺术和艺术美,从而严重忽视了自然和自然美。然而,但凡与人尤其现代人相关的东西,无不有其现代性的背景、特征、功能和意义。差不多与"艺术美"同时出现在近代启蒙的现代性进程中的"自然美"也不例外。因而,审美与美的现代性研究如果缺失了自然美,不能不说是有重大遗漏的。

自然、美、自然美、自然美学、现代性是本书的五个关键词。作为全书绪论,本章首先在分析"自然"与"美"的基础上辨析"自然美"概念本身的复杂内涵;其次分析自然美问题的现代性情境,并概述同样处于现代性历史情境中、以研究自然美及自然审美为己任的自然美学之诉求;最后概述本书的基

---

① 本书相关部分的研究将表明,针对"自然"问题的美学甚至自然美学视角并不比很多人更看重的哲学视角"狭隘",毋宁说更有一般哲学无可替代的"(自然)美学"甚至"自然哲学"的独特性及其深刻性。自现象学运动以来,中外不少哲学家和理论家(西方如尼采、盖格尔,中国如李泽厚、尤西林、杨春时)视美学为"第一哲学",而"自然美已是诸种当代第一哲学的依托经验,对于自然美的深度研究已远超出了审美形态或美学范畴"(尤西林语,引自他为本书所做"序")。

② [法]波德莱尔:《现代生活的画家》,载[法]波德莱尔:《美学珍玩》,郭宏安译,商务印书馆2018年版,第407页。

本研究思路，并阐释现代性自然美学视域中的自然美研究的价值。

一、作为一个美学概念的自然美

哲学研究与理论思考中存在的绝大多数错误与纷争差不多都是人们没有清晰使用语言或滥用术语概念造成的。因此，"正像艺术哲学要求对艺术概念进行仔细检查那样，自然美学也要求在审美欣赏的背景中对自然(nature)和自然的(the natural)概念进行澄清。"①"自然美"概念由"自然"和"美"两个概念构成。自然美概念及其问题的复杂性很大程度上源于其两个构成概念及"自然美"概念本身的复杂性。因而，唯有先梳理上述概念的内涵和外延，庶可保证本研究逻辑起点的明确性和运思努力的严密性。

(一)"自然"概念考辨

因为涉及"天人之际"或"人与自然的关系"这一人必须面临的根本问题，"自然"一直是中西文化传统中均渊源有自、在方今世界则愈发彰显其重大意义的语汇。虽然"对于多数中国人来说，'自然'概念可能是最没有问题的概念，有些人甚至都不会想到它是一个重要的哲学概念"②，但是"自然"作为一个概念，"也许是语言里最复杂的词……词义演变的整个历史包含了大部分的人类思想史或许多重要的人类思想"③；作为一个问题，常可看到"自然的观念成为思想的焦点，成为热烈和持久的被反思的主题"④。事实上，较之于"自然美"，"自然"才更像是人们须臾不可离开的空气，因为"自然"始终是人认识世界、社会与自我的一个基本维度，对"自然"的理解与阐释也成为考察一个人思想深度与广度的重要指标之一。

"自然"一词在现代汉语的基本通行义是名词性的"大自然"或"自然界"，指整个物质世界⑤。但这并非"自然"概念的本义⑥。从现有文献看，中

---

① [美]基维主编：《美学指南》，彭锋等译，南京大学出版社2008年版，第262页。
② 张汝伦：《什么是"自然"？》，《哲学研究》2011年第4期。
③ [英]威廉斯：《关键词：文化与社会的词汇》，刘建基译，生活·读书·新知三联书店2005年版，第326、328、333页。
④ [英]柯林伍德：《自然的观念》，吴国盛译，北京大学出版社2006年版，第1页。
⑤ 《现代汉语词典》"自然"条目有四个义项，第一个即是名词性的"自然界"。"自然界"条目的解释则是："一般指无机界和有机界。有时也指包括社会在内的整个物质世界。"参见《现代汉语词典》第7版，商务印书馆2016年版，第1738页。
⑥ 参阅《辞源(修订本)》1—4合订本，商务印书馆1988年版，第2584页；《辞海：第六版缩印本》，上海辞书出版社2010年版，第2550页。

文"自然"首见于《老子》,凡五次:"悠兮其贵言。功成事遂,百姓皆谓我自然。"(十七章)"希言自然。故飘风不终朝,骤雨不终日。"(二十三章)"人法地,地法天,天法道,道法自然。"(二十五章)"道之尊,德之贵,夫莫之爵而常自然。"(五十一章)"是以圣人欲不欲,不贵难得之货;学不学,复众人之所过,以辅万物之自然而不敢为。"(六十四章)①

对这五处"自然",除个别学者②外,近现代研究者一般认为:不能依现代汉语解释为"自然界"或"大自然",而应从整体上理解为"自己如此"或"自然而然"。车载指出:"《老子》书提出'自然'一辞,在各方面加以运用,从来没有把它看着是客观存在的自然界,而是运用自然一语,说明莫知其然而然的不加人为任其自然的状态,仅为《老子》全书中心思想'无为'一语的写状而已。"③此解实可上溯至魏晋注疏家立足于道家哲学核心旨意而对老庄"自然"术语的权威阐发。比如,王弼(226—249)《老子》二十五章注云:"法自然者,在方而法方,在圆而法圆,于自然无所违也。自然者,无称之言,穷极之辞。"④郭象《庄子·逍遥游》注:"天地以万物为体,而万物必以自然为正,自然者,不为而自然者也。"又《庄子·知北游》注:"自然即物之自尔耳。……物之自然,非有使然也。"⑤

也有学者从"自"和"然"两字的合成义来理解此概念。"自"即"自己",基本无分歧。"然"则至少有"成"和"是"两解。蒋锡昌针对《老子》第十七章首次出现的"自然"写道:《广雅·释诂》:'然,成也。'……古书关于'自然'一词约有二义:一为'自成',此为常语;一为'自是',此为特语。……老子所谓'自然'皆指'自成'而言。'自成'亦即三十六章及五十七章'自化'之意。⑥大致而言,"自然"之"然"实存两解:一是代词"如此"。胡适说:"自是自己,然是如此,'自然'只是自己如此。"⑦二是动词"以为然",上引蒋氏即持

① [魏]王弼注:《老子道德经注校释》,楼宇烈校释,中华书局 2008 年版,第 40 页、第 57 页、第 64 页、第 137 页、第 166 页。对老子五个"自然"各自具体含义的分析可参阅本书第六章第一部分。

② 有学者为了证明老子哲学的唯物主义性质,认为作为《老子》一书核心语汇的"道"即"自然",而其中出现的五处"自然"均即今天现代汉语中的"自然"流行义,也即"自然界"或"大自然"。参见詹剑峰《老子其人其书及其道论》第六章第二节"道法自然",湖北人民出版社1982 年版,第 199 - 215 页。该书结论是:"总观《老子》书中的'自然',是自然之性,是自然界,是大自然,是整个自然(自然的本质,自然的现象)"。同上书,第 212 页。

③ 陈鼓应:《老子今注今译》参照简帛本最新修订版,中华书局 2003 年版,第 142 页。

④ [魏]王弼注:《老子道德经注校释》,楼宇烈校释,中华书局 2008 年版,第 64 页。

⑤ [清]郭庆藩撰:《庄子集释》,中华书局 1961 年版,第 1 册第 20 页、第 3 册第 764 页。

⑥ 蒋锡昌:《老子校诂》,成都古籍书店 1988 年版,第 113 页。

⑦ 胡适:《中国哲学史大纲》,东方出版社 1996 年版,第 46 页。

此见。另如:"'自然'一词的意义,最主要的是把'自'和'然'这两个字个别的意义合起来,'自'就是自己,'然'就是以为然之意,肯定之意,自然合起来就是自己肯定自己,自己干自己的事,自己靠赖自己。"①

可见,老子文本中的"自然"一词并非指客观存在的东西或自然界,而是一种不经外力而顺任事物自己成为自己、自己依赖自己的"自己如此"或"自然而然"的本然、天然状态。此后,以"自然而然"为基本内涵的"自然",遂既成为中国道家思想传统的一个重要范畴,也逐渐成为整个中华文化的一个重要概念;既作为专业术语运用于哲学、伦理学、(审)美学、文学和艺术批评等各个领域,也作为普通语词出现在日常习语中。梁启超曾指出:"'自然'是'自己如此',掺不得一毫外界的意识。'自然'两个字,是老子哲学的根核,贯通体、相、用三部门。自从老子拈出这两个字,于是崇拜自然的理想,越发深入人心,'自然主义'成了我国思想的中坚了。"②

综合分析,自然而然意义上的"自然"实际可更具体地区分为既相区别亦存关联的三方面内涵指向:其一,作为一种自在自足的存在,"自然"是天地万物的本然、天然状态,这是属于本体论与宇宙论范畴的天道自然;其二,作为对各种规矩的顺应或超越,"自然"是一种人的生命之充分展现或人生理想状态,体现的是人性(人的言行)从心所欲不逾矩的自由状态或人的道德价值,这是属于哲学与伦理学范畴的人道自然;其三,作为对人工藻饰、人为技巧的征服与超越,"自然"是一种艺术风格与境界,体现的是艺术的某种最高境界与审美价值,这是属于艺术学范畴的艺道自然或属于审美学范畴的审美自然。在上述三种"自然"中,天道自然是最根本的,它构成了人道自然与艺道自然(审美自然)两种价值的逻辑前提与仿效榜样。③简言之,此自然仍可总括为自然而然、自然天成或自由自在。

现代汉语中表示"大自然"或"自然界"的"自然"的产生时代大致有两种看法:其一,始于魏晋时代。张岱年说道:"阮籍《达庄论》以'自然'为包含天地万物的总体,他说:'天地生于自然,万物生于天地。自然者无外,故天地名焉。天地者有内,故万物生焉。当其无外,谁谓异乎? 当其有内,谁谓殊乎?'自然是至大无外的整体,天地万物俱在自然之中。阮籍以'自然'表示

---

①　陈永明:《陶渊明的自然论》,载沈清松主编:《中国人的价值观:人文学观点》,桂冠图书股份有限公司 1993 年版,第 61 页。

②　梁启超:《老子哲学》,《饮冰室专集》之三十五,第 12 页。梁启超:《饮冰室合集》典藏版第 26 册,中华书局 2013 年,总第 6858 页。

③　参阅李春青:《论"自然"范畴的三层内涵:对一种诗学阐释视角的尝试》,《文学评论》1997 年第 1 期。

天地万物的总体，可以说赋予‘自然’以新的含义。近代汉语中所谓‘自然’表示广大的客观世界，‘自然’的此一意义可谓开始于阮籍。"①徐复观也说："《老》《庄》两书之所谓‘自然’，乃极力形容道创造万物之为而不有不宰的情形，等于是‘无为’。因而，万物便等于是‘自己如此’之自造。故自然即‘自己如此’之意。魏晋时代，则对人文而言自然，即指非出于人为的自然界而言。后世即以此为自然之通义。这可以说是语意的发展。"②其二，始于19世纪和20世纪之交，是近代中国与西方文化交流过程中产生的外来语语义。在此之前，古代汉语中的"自然"一词均指"自己如此"或"自然而然"。"实际上，一直到明清，自然的自己如此、自然而然这一意义一直是它的最主要的义项。宋儒讲的天理自然，李贽、戴震等人所讲的自然，甚至王国维在《宋元戏曲史》中所说的自然，都一直沿袭着自然的这一最古老又最基本的意义。"③

　　笔者认为，"自然"的本义及古代汉语基本义从老子开始一直主要是"自己如此，自然而然"，虽然有不少文本中的"自然"一词训之为现在通行的"大自然"了无障碍，有的文本中的"自然"也是作为天地万物的代名词来用的。但上述情况并不普遍。在古代汉语中，表达"自然界"这一意涵的词汇基本由"天""天地"及"（万）物"等词来承担的。西晋郭象和唐代成玄英的《庄子》注疏即是明证。如：针对《齐物论》"夫吹万不同，而使其自己也"句，郭注云"故天者，万物之总名也"，成疏云"夫天者，万物之总名"；针对《逍遥游》"若夫乘天地之正"句，郭注云"天地者，万物之总名也"，成疏云"天地者，万物之总名"④。当然"天"与"自然"也表现出复杂的互训关系（详见本书第六章第一节相关论述）。换言之，尽管中国古典文化中的"自然"概念具有表示自然万物的潜在因子（这也成为后来以它对译西文 nature 的根由），但尚未达到自觉的程度。因而，作为大自然之义的"自然"内涵与用法主要是在近代西学东渐的历史进程中受西方文化之影响而出现并盛行的。比如王国维翻译日本桑木严翼《哲学概论》（《教育杂志》社 1902 年版）中的"自然"定义："自然者，由其狭义言之，则总称天地、山川、草木等有形的物质之现象及物体也。其由广义言之，则包括世界全体，即谓一切实在外界之现象为认识之对象者也。"⑤

---

①　张岱年：《中国古典哲学概念范畴要论》，中国社会科学出版社 1989 年版，第 81 页。
②　徐复观：《中国艺术精神》，春风文艺出版社 1987 年版，第 213 页附注①。
③　赵志军：《作为中国古代审美范畴的自然》，中国社会科学出版社 2006 年版，第 9 页。
④　［清］郭庆藩撰：《庄子集释》第 1 册，中华书局 1961 年版，第 50 页、第 20 页。
⑤　谢维扬、房鑫亮主编：《王国维全集》第 17 卷，浙江教育出版社、广东教育出版社 2010 年版，第 261 页。

西文"自然"一词同样是复杂多义的。英国哲学家伯林曾说道:"一些学者曾经做过统计,仅在 18 世纪附着在'自然'一词上的意思就不下两百种。"①中国学者张汝伦则指出:"因为 nature 概念的复杂多义性,在阅读一些西方文献时,我们经常会感到把它理解(翻译)为'自然'并不合适,因为在很多情况下它并不是指我们现在约定俗成的那个'大自然'或'自然界'。"②换言之,西文"自然"的本义也非"大自然"。与汉语"自然"相互对译的拉丁文 natura 或 nasci、英语 nature、德语 Natur、法语 nature 均有一个共同的希腊文语源——φύσις。Φύσις 的拉丁文作 physis 或 Phusis,音译"浮西斯",而 physis 的词根则为 phuein,意指"生长""生成"或"化育",这才是西语自然(nature)的本义。

亚里士多德是西方思想史上第一个对"自然"予以明确阐释的哲学家。其《物理学》(Physica,即"论自然",又译"自然学")第二卷和《形而上学》第五卷先后梳理了"自然"概念的 7 种含义:起源或诞生、事物由以生长的种子、自然物体中运动变化的来源、事物由以构成的原初物质、自然物的本质或形式、一般的本质或形式、自身具有运动源泉的事物的本质。③ 亚里士多德根据其四因说还区分了自然的两种含义即质料与形式④——此区分同后来西方人关于自然两种基本含义的区分明显有一定对应性关系,但他从总体上认为作为事物变化、稳定的内在起源或本源的"形式"内涵是自然概念的核心内涵或定义:"'自然'是它原属的事物因本性(不是偶性)而运动和静止的根源或原因。"⑤

柯林伍德考证,现代欧洲语言中的"自然"一词均有两种基本含义:一是指自然事物的集合,二是指本性。而且,这两种含义其实从古希腊开始就有了,只是在那时以"本性"为主,而现代则以"自然事物的集合"为主。他写道:"在现代欧洲语言中,'自然'一词总的说来是更经常地在集合(collective)的意义上用于自然事物的总和或汇集。当然,这不是这个词常常用于现代语言的唯一意义。还有另一个含义,我们认为是它的原义,严格地说是它的固有含义,即它指的不是一个集合(collection)而是一种原则

① ［英］伯林:《浪漫主义的根源》,吕梁等译,译林出版社 2008 年版,第 79 页。
② 张汝伦:《什么是"自然"?》,《哲学研究》2011 年第 4 期。
③ 参见［古希腊］亚里士多德:《物理学》,张竹明译,商务印书馆 1982 年版,第 43－46 页;《形而上学》,吴寿彭译,商务印书馆 1959 年版,第 87－89 页。另外,关于亚里士多德《物理学》中的"自然"概念,可参见［德］海德格尔:《论的本质和概念:亚里士多德〈物理学〉第二卷第一章》(1939),载海德格尔:《路标》,孙周兴译,商务印书馆 2000 年版,第 275－352 页。
④ 参见［古希腊］亚里士多德:《物理学》,张竹明译,商务印书馆 1982 年版,第 64 页。
⑤ ［古希腊］亚里士多德:《物理学》,张竹明译,商务印书馆 1982 年版,第 43 页。

(principle)或本源(source)。这里'nature'一词涉及的是某种使它的持有者如其所表现的那样表现的东西，其行为表现的这种根源是其自身之内的某种东西：如果根源在它之外，那么来自它的行为就不是'自然的'，而是被迫的。φύσις一词在希腊语中同时有这些方面的运用，并且在希腊语中两种含义的关系同英文中两种含义的关系相同。在我们'拥有'希腊文献的更早期文本中，φύσις总是带有被我们认为是英语单词'nature'之原始含义的意涵。它总是意味着某种在一件事物之内或非常密切地属于它，作为其行为之根源的东西。这是它在早期希腊作者们那里的唯一含义，并且是贯穿整个希腊文献史的标准含义。但非常少见且相对较晚地，它也具有自然事物的总和或汇集这第二种含义。"①

威廉斯的《关键词》则从英语角度区别了 nature 的三种意涵，他说："Nature 也许是语言里最复杂的词，我们可以很容易区别三种意涵：(i)某个事物的基本性质与特性；(ii)支配世界或人类的内在力量；(iii)物质世界本身，可包括或不包括人类。"②这样，西方文化语境中的"自然"实际被基本运用于三个层面，即作为支配事物存在、运动之内在力量的本源性自然，作为事物基本性质与特性形式体现的本质性自然和作为由本源性自然与本质性自然而构成的事物整体集合的物质形态自然。不过，前两个义项大致亦可合二为一。

"自然"一词在西方文化中的内涵固然异常复杂，但仍可大致归纳为两种意涵：一是作为事物的内在根据或本质，即本性；二是作为事物的物质形态的外在集合体，即自然界。换言之，"自然"既与人工、人为活动本身对立，也与人工、人为活动的产品对立。前者是活动或活动状态意义上的自然，后者是作为非人为的自然事物的集合体意义上的自然，也即大自然。自然的这两层意涵也被分别表述为"创造自然的自然""能自然化的自然""自然力量"即能产生的或能动的自然(natura naturans/nature naturing)与"被自然所创造的自然""被自然产生的自然""自然世界"即被产生或被动的自然(natura naturata/nature natured)的不同。

自然的两种意涵对于人本身而言，则产生了所谓内在自然即人的本性

---

① [英]柯林伍德：《自然的观念》，吴国盛译，北京大学出版社 2006 年版，第 52-53 页。但最早归纳这两层内涵并被广泛引证的或许是英国著名学者密尔。他曾说："自然一词的基本含义有二：一是表示事物的整个系统，即所有事物特性的集合体；二是表示事物成其所然，不受人类干预。"[英]密尔：《论自然》，转引自[英]布宁和余纪元编著：《西方哲学英汉对照词典》，人民出版社 2001 年版，第 662 页。

② [英]威廉斯：《关键词：文化与社会的词汇》，刘建基译，生活·读书·新知三联书店 2005 年版，第 326、327 页。

（质）（human nature）与外在自然即人的外在体貌的分野。其中，作为内在自然之义的内涵——特别是在涉及人的自然时，实际上又存在两个维度的指向：一个指向物理、物质、生理的具有必然性的自然本性（能），另一个则指向自己决定自己的具有能动性的自由本质。意味深长的是，貌似对立的"必然"与"自由"在人的"自然"这里奇妙地合二为一了。

中国的"自然"和西方的"nature"原本属于两种具有不同文化渊源的语境，但是正如在近代被相互对译的情况所表明的，两者并非没有相通之处，特别是在出自本性的自然而然这一"自然"的本义方面。

自然界意义上的"自然"实际存在范围广狭不同：广义的自然界，即整个存在者全体，这个自然界概念可以作为宇宙、世界、物质、客观实在等概念的同义语，作为自然界的一个特殊部分的人类社会及其人工产品也可包括在内；狭义的自然界，则要除去人类社会及其产品，这个自然界概念就是自然环境（在地球上则是地理环境）的同义语。从人类对自然的影响情况来看，还可区别出尚未被人认识和影响的纯粹的自然界（即自在自然或原始自然）和人化的自然界（即经过人某种程度影响或改造的第二自然）的概念。

"自然"概念的确复杂而多变，因为其内涵不只取决于其为人熟悉的基本内涵，更取决于人们使用它的语境，尤其是依赖于与它相对的概念。德国新康德主义弗赖堡学派的代表人物李凯尔特曾结合"自然"与"文化"这对概念指出："自然和文化这两个词并不是意义明确的，而自然概念尤其往往需要用一个与它相对立的概念才能比较精确地加以确定。"①

因而，在不同历史、文化、学科以及不同个人背景或处境中，"自然"概念完全可以有特定甚至非常个性化的理解与界定。比如，在唯心与唯物对立的哲学话语中，"自然"意味着物质世界；在现实主义与浪漫主义对立的文学思潮话语中，"自然"等同于现实世界；在经济活动中，"自然"意味着资源与财富；在环境保护主义者那里，"自然"是生态平衡系统的代名词；对辛勤耕种和期待收获的农民，对想消除劳累、噪音和城市生活污染的城市居民，以及对研究像艾滋病现象的科学家来说，"自然"的意义也会有很大的不同……在本书特别关涉的老庄、卢梭、康德、黑格尔、马克思、海德格尔、杜夫海纳及中国当代美学家那里，"自然"也被赋予带有各自哲学或美学的、不无个性化的内涵与价值。

概言之，对"自然"概念的内涵大致可做如下总结：

第一，自然既可指自然界或世界上一切非人造的事物，也可指一切事物

_____

① ［德］李凯尔特：《文化科学和自然科学》，涂纪亮译，商务印书馆1986年版，第20页。

自然而然、自在天成的一种内在本性或自然性。这两种自然可分别称之为作为外在自然事物的自然(界)与作为内在天性的自然或自然性。当然,这里"外在""内在"只是相对而言,因为有时可能很难作此区分。比如本书第五章关注的海德格尔的"自然"概念。

第二,自然界或外在实体性自然,又依照其涵盖的范围大小,既可在广义上泛指整个物质世界或现实世界,也可在狭义上仅指纯粹的非人工的自然事物与自然现象,还可在中义上以狭义的自然为基础包括一些人类加工改造过的自然事物。从其外延讲,"自然"应该大可指整个地球、太阳系、银河系或整个宇宙,小可指人所能接触、感知到的细雨纤尘、原子。

第三,内在本性天性自然或自然性意义上的自然,又依照其从属领域大致分为属于宇宙本体论范畴的天道自然、属于社会存在论范畴的人道自然及其天成境界、从属于人道自然但又有其一定特殊性的艺术论范畴的"艺道自然"。

对"自然"概念外在与内在、广义狭义兼备、非人工与人工等上述意涵的梳理表明,从研究对象和学科归属意义上讲,本书在现代性自然美学名下对"自然"的研究实际多少具有了更加广义的"自然哲学"——当然是与思想史上不同也可能有联系的形形色色的"自然哲学",如牛顿作为自然科学的自然哲学、谢林和黑格尔等哲学家的自然哲学等——的意味。

(二)"美"字意涵分梳

目前已发现的古老文字均有"美"字。这表明后来成为(审)美学主要议题之一的"美"与人类的本源性关系。"爱美之心,人皆有之。"为人类普遍喜爱与追求、作为影响巨大的"六大观念"之一的"美"①的基本规定性究竟是什么? 人们意识到,关于"美是什么"问题的争论之所以得以展开且几无定论,无不缘于对"以其模糊不清而闻名"的"美"②这一概念理解上的歧义性。现代美学家因此认为必须对"美"这个词进行具体分析,并区分其柯林伍德曾经提到的"美学用法和非美学用法"③。对此,已有不少美学家做了卓有成效的工作。李泽厚就曾从词源、日常、美学三方面对"美"的多层面内涵与用法

---

① "六大观念(Six Great Ideas)"系美国哲学家和教育家艾德勒提法,是他从西方思想史上形形色色的大观念中层层筛选出来的最具人类代表性的六大观念,即真、善、美和自由、平等、正义。艾德勒认为,真、善、美是我们据以进行判断的观念,自由、平等、正义则是我们据以指导行动的观念。参阅[美]艾德勒:《六大观念》,郁庆华译,生活·读书·新知三联书店1998年版,尤其是第33、163页。

② [美]卡罗尔:《超越美学》,李媛媛译,商务印书馆2006年版,第37页。

③ [英]柯林伍德:《艺术原理》,王至元、陈华中译,中国社会科学出版社1985年版,第40页。

进行过条分缕析的说明。以下将以此为基础对"美"字的多层面内涵予以
分梳。

　　从词源学(etymology)上看，汉字"美"大致有"羊大则美"与"羊人为美"
两种流行解释①。李泽厚认可后者，但同时认为两种解释并不矛盾，可统一
起来理解："我们的看法是羊人为美。从原始艺术、图腾舞蹈的材料，人戴着
羊头跳舞才是'美'字的起源，'美'字与'舞'字最早是同一个字。这说明，
'美'与原始的巫术礼仪活动有关，具有某种社会含义在内。如果把'羊大则
美'和'羊人为美'统一起来，就可以看出：一方面'美'是物质的感性存在，与
人的感性需要、享受、感官直接相关；另一方面'美'又有社会的意义和内容，
与人的群体和理性相连。而这两种对'美'字来源的解释有个共同趋向，即
都说明美的存在离不开人的存在。"②

　　的确，无论最初语义是什么，"美"字无不因人而存在，无不表达的是人
对事物特定价值属性的判断，而且这种价值不久便扩大到人的生活的方方
面面。日本学者笠原仲二根据中文"美"及可与其相通训之词的研究认为，
中国人原初的美意识起源于"肥羊肉的味甘"，但很快就推及至其他感官及
其他方面："简而言之，中国人的美意识，在其初级阶段，是直接从肉体感觉
的对象中触发产生的，其内容是与味觉、嗅觉以及视觉、触觉这些肉体的官
能的悦乐感密切相连的……它不久就涉及自然界和人类社会整体，向着人
类的精神生活和物质经济生活中能带来美的效果的一切方面推移、扩展。"③

　　此种情况在西语④中也大抵如此。据波兰美学史家塔塔科维兹(一译
"塔塔尔凯维奇")研究，西语"美的"一词——如英语 beautiful，法语 beau，意
大利语和西班牙语 bello 等，均源于希腊文 καλον 和拉丁文 pulchrum 及
bellum。但"希腊人之美的概念，其用意较我们的要广泛得多，外延所至，不
只是及于美的事物、形态、色彩和声音，并且也及于美妙的思想和美的风
格……最广义的美这乃是原始希腊人所持有的美的概念，由于它包括了道

---

①　关于汉字"美"的词源义，另有"色好为美""顺产为美"和"男女交感之美"诸说等，分别参见
马叙伦《说文解字六书疏证》卷七，王政《历史文物的美学研究》(《光明日报》2001 年 4 月 24
日第 3 版)和陈良运《"美"起源于"味觉"辨证》(《文艺研究》2002 年第 4 期)。

②　李泽厚：《美学四讲》，生活·读书·新知三联书店 1999 年版，第 43 页。又参见李泽厚、刘
纲纪主编：《中国美学史》第一卷，中国社会科学出版社 1984 年版，第 79 - 81 页注；李泽厚：
《华夏美学》，中外文化出版社公司 1989 年版，第一章第一节。

③　[日]笠原仲二：《古代中国人的美意识》，杨若薇译，北京大学出版社 1987 年版，第 16、32
页。

④　当然，从词源文化角度对"美"的考察绝不限于这里粗略论及的中国与"西方"。张法曾从
"文化模式"视角，不仅分析过美的中国模式、西方模式，还并列性地特别论及印度模式、伊
斯兰模式等。参阅张法：《美学导论》第 2 版，中国人民大学出版社 2004 年版，第五章。

德的美,因此它不仅包含着美学,同时也包含着伦理学。"①美国学者科瓦奇在其《美的哲学》中则曾把古代哲学家所涉及的各种"美"开列成两张表,其中提到的不同内涵的"美"多达50多种②。

"美"的日常含义,一般用作形容词,其基本含义是"美丽,好看(跟'丑'相对)"和"令人满意的,好"等③。在广义的用法上,人们实际"是将'美的'这一用语当作'具有审美价值'的同义语"④。"美"字也可用作名词,差不多指美的事物及其属性。正因如此,李泽厚曾把美的日常含义具体归纳为三种:一是表示感官愉快的强形式,即用强烈形式表示出来的感官愉快;二是伦理判断的弱形式,即把严肃的伦理判断以欣赏玩味的形式表现出来;三是专指审美对象,即美的东西或事物,也即使人产生审美愉快的事物、对象,这是最常见的用法⑤。此分梳基本符合实际情况,但前两种基本属于一个层次,即侧重主观评价的层次。所以,可以将上述"美"的日常含义简化为两方面:一方面,美最常见的是用于人对于事情自身情况的客观描述,指的是事物本身能给人以愉快(包括美学上所谓的审美愉快)的突出特征与属性;另一方面美也可以是人对于事物的主观评价,它侧重于强调人对事物的情感反应(包括美学上所谓的审美情感)或事物对于人的实际价值(包括美学上所谓的审美价值),实际因具有感官和伦理意味而可与"好"置换。当然,"美"字的这两方面内涵在相当多的情况下也可以同时体现在对"美"字的实际运用和审美经验中。

与"美"的日常含义的形容词性不同,"美"的美学含义基本都是名词性的。杜夫海纳曾明确指出这一点:"美这个词,在日常用语中是作为形容词来使用的,在哲学或美学的科学用语中,则变成了名词。"⑥英国美学史家李斯托威尔将"美"的含义归纳为两种:"'美'这个词,是有意识地按照两种不同的意义来使用的。有时用其通俗的意义,等于整个的美感经验;有时则用其严格的科学上的含义,与丑、悲剧性、优美或崇高一样,只是一种特殊的美学范畴。"⑦李泽厚则把"美"的美学含义分为三种:"在美学范围内,'美'这

---

① [波]塔塔科维兹:《西方六大美学观念史》,刘文潭译,上海译文出版社2006年版,第127页,第128页。

② 参见朱狄:《当代西方美学》,人民出版社1984年版,第166-167页。

③ 《新华字典》"美"条目下收入六个义项:好、善;赞美、称赞;以为好;使美、好看;得意、高兴;指美洲;指美国。参阅《新华字典》第12版,商务印书馆2020年版,第331页。《现代汉语词典》"美"条目下也收入六个义项:美丽,好看(跟"丑"相对);使美丽;令人满意的,好;美好的事物,好事;得意;姓。参阅《现代汉语词典》第7版,商务印书馆2016年版,第888页。

④ [波]奥索夫斯基:《美学基础》,于传勤译,中国文联出版公司1986年版,"引言"第4页。

⑤ 李泽厚:《美学四讲》,生活·读书·新知三联书店1999年版,第43-44页。

⑥ [法]杜夫海纳:《美学与哲学》,孙非译,中国社会科学出版社1985年版,第9页。

⑦ [英]李斯托威尔:《近代美学史评述》,蒋孔阳译,上海译文出版社1980年版,第3页。

个词也有好几种或几层含义。第一层(种)含义是审美对象,第二层(种)含义是审美性质(素质),第三层(种)含义是美的本质、美的根源。"①

根据中西美学史上美学家们对于"美"这个概念的具体运用,笔者认为"美"的美学含义大致可以梳理、界定为以下六种。必须指出的是:"美"的美学内涵固然有别于"美"的日常含义,但此种区别只有相对的意义,切不可将它绝对化,二者实际是相互关联的。因为"美"的日常内涵实乃"美"的美学内涵的基础,美学家也试图以"美"的美学内涵来影响"美"的日常内涵。

其一,指美的根源。这是古今中外美学(尤其是哲学美学)讨论中最受关注的"美"的内涵,在这些讨论语境中,一旦问起美是什么,问题立刻就会转变为美的根源是什么或美的本质是什么。但美的根源与美的本质并非一回事②。因为"根源"(origin)讲的是某事物发生的根本原因,造成某事物的根本原因与该事物有一种时间或逻辑上的先后关系。根源强调的是事物的发生或产生的条件,因而事物的根源一般在事物之外。而事物的"本质"(essence/nature)则与其"现象"相对,是事物本身所固有的、决定其面貌和发展从而区别于其他事物的根本属性,它可在与同属不同种的事物的比较中获得,事物与其性质之间并不存在时间或逻辑上的先后关系。本质强调的是事物的存在本身,它就在事物之中。当然,对一个具体事物的认识与界定,既可取本质角度,也可采根源视角③,在认识、界定非实体性的复杂事物时区分其根源与性质或许有难度,但从理论上厘定、廓清它们不仅是可能的而且是重要的。不假思索地将它们纠缠于一起只能增加问题讨论的难度。简言之,所谓美的根源是指产生美的根本条件或原因。当问美的根源是什么时,实际在问美是在什么根本的历史或逻辑条件/背景/原因下发生或产生的?

其二,指美的本质。基于上文之分析,如果承认美是与真、善并列的人类三种元价值之一,那么所谓美的本质是指美本身所固有的、从而决定其特征有别于真、善两种人类价值的根本属性。当问美的本质是什么时,实际在

① 李泽厚:《美学四讲》,生活·读书·新知三联书店1999年版,第51页。
② 美的根源与美的本质的区分从法国启蒙主义思想家狄德罗的重要美学文献《关于美的根源及其本质的哲学探讨》(1752)的标题与正文中均已得到体现。在狄德罗看来,美的根源就是客观事物的关系,美的本质则是"对关系的感觉"。参阅[法]狄德罗:《狄德罗美学论文选》,张冠尧、桂裕芳译,人民文学出版社1984年版,第33、34、40页;另参阅邓晓芒:《西方美学史纲》,武汉大学出版社2008年版,第73-76页。
③ 譬如,在形式逻辑学中揭示概念的定义方法就被分为实质定义和发生定义,区别在于:前者的种差是事物的实质存在,后者的种差则是从事物的产生根源。另有所谓功用定义(种差是事物的功用)和关系定义(种差是此事物与别的事物的关系)之区分等。

问"美"区别于真与善的本质属性是什么? 美的根源问题是一个审美发生学问题,美的本质问题则是一个审美存在论问题。因为美的本质问题只有放到具体的审美活动存在中才能得以解决。正像在认识活动中产生真的价值,在实践活动中产生善的价值一样,在审美活动中产生美的价值。因而,美的本质从属于审美的本质,而审美一定是由某个审美活动的参与者即所谓审美主体承担的,并且与认识和实践活动不同却不对立故仍有联系的具体的审美(活动)。就美的本质而言,美并非参与某个具体审美活动的特定客体事物(审美客体)的客观属性,也非此审美活动之审美主体的主观情感(审美经验),而是此审美活动中产生的一种形式愉悦感、意向/象世界或超验境界。以上阐述中包含着笔者对美与审美二者关系的基本理解:美作为一种对象性价值存在,偏重于指审美的目标、理想与结果;审美作为一种一般同认识、功利活动相对的对象性人类活动,它以无利害的情感性为主要标志,且以产生不同又不对立于真善的美为价值目标、理想或结果。简言之,美与审美两种概念的具体所指不同,但有共同的根源与本质,因而是完全统一的。

其三,指审美客体或客体的审美属性,即李泽厚所说的"审美性质(素质)"。这与最流行的"美"的日常含义一致,大致是一般人们心目中"美"字的内涵。在美学研究中,这也是美的客观主义(客观论)者的核心观点。美学上所谓的美的本质意义上的"美"不能如此理解,因为审美客体还不是美,它只是参与具体现实的审美活动的一个构成要素。审美客体即以一定的客观属性与潜在价值引发人们从事具体审美活动的客观事物。审美属性即指事物本身所具有的赖以引发人们从事审美活动的客观性质与形式规律等。审美客体及其审美属性是各种类型与形态的审美活动得以展开的重要载体与媒介,但它还不是审美对象。

其四,指审美对象。由于严格区别审美客体与审美对象两个概念①,所以这里剥离出"美"的这一美学内涵。所谓审美对象即在审美活动中,人同客体事物相互作用从而与审美经验同时产生的具体可感的意向性对象。与具有物质实体性、形式符号性、客观普遍性的审美客体不同,审美对象具有非物质实体性、敞开性和主观普遍性,它是审美活动的构成要素之一,在一定意义上也标志着审美活动的发生。

---

① 对于两概念的区分在此不能详论,或可另撰文详加申明。具体可参照英伽登、杜夫海纳对艺术作品与审美对象区分说、朱光潜的物甲物乙说来理解;也可参阅张永清:《现象学审美对象论》(中国文联出版社 2006 年版)第二章。

其五,指审美经验或美感。这尤其是美学研究中美的主观主义(主观论)者的核心观点。对于美的客观主义者来说,美与审美经验或美感是对立的,美感只能是对美的反映;对于美的主观主义者而言,所谓美也就是美感,两者是完全同一的。事实上,美与美感既相区别又相联系地同时产生于审美活动中。①

其六,专指作为审美形态之一的优美,通常与崇高、悲剧、喜剧、丑等其他审美形态并列。以审美形态而观,优美可谓最狭义的"美"的内涵,也是日常生活大多数情况下人们所谓的"美"的内涵,实际还是美学家们界定美的理想形态与主要根据。

以上六种含义并不处于同一问题情境中,实际存在两个层次上的分野:前两种含义是就人们(尤其是美学家们)涉足"美"的讨论与研究时所侧重的问题而言,剩余四种则是人们在具体审美活动发生时所感受到的"美"的不同所指,也是不同美学研究者对美的不同界定。

另外,与人类三大价值活动相对应,不论美学家还是非美学家,人们使用的"美"实际还可以简化区分为以下三种。

第一种是作为认识活动对象的美。这种美存在于与一般认识活动无异的对于美的认识活动中,基本被视为可以鉴别、度量并以此决出其高下等第的事物自身的一种形式化属性。尽管不排除具体个人对其客观性的怀疑或否定,但整体上仍具有很强的客观性,或至少被认为具有相当的客观性。它既是人们从认识角度判断、评价事物时使用的"美"的内涵,也是美学史上客观主义美论者所谓的"美"的内涵。

第二种是作为功利活动对象的美。这种美实际是人面对事物时的一种有着鲜明功利目的的主观反应,它取决于活动主体对于事物的功利需要与伦理判断,因而具有明显的主观性和功利性。但由于功利活动对于认识活动的依赖性和人类功利需要的普遍性,在一定范围内,它也具有不同程度的相对客观性。它是人们从功利角度看待事物时使用的"美"的内涵,也是美

---

① 关于美与美感关系这一重要美学问题,目前大致有四种处理方式:一是分离模式,即认为二者不是一回事,必须分而论之。客观美论者大多持此看法,一般认为:美可以脱离美感而存在,美感是对美的反映。二是统一模式,即认为二者是一回事,无法分开。主观美论者大多持此看法,一般认为:美与美感并非分离的,而是统一于人的美感活动过程中。三是审美模式,即认为二者是不脱离人的审美活动的产物,实际各有侧重地体现了人审美活动的两个重要方面或维度。此模式不同于前两种模式的特别之处在于引入了同美与美感既有关联又有不同的"审美"概念。四是不究模式,就是不认为二者关系是个问题从而予以正面讨论,但不影响人们继续使用美、美感及审美等术语。笔者赞同第三种模式,故有上述分析表述。

学史上自然主义、主观主义美论者所谓的"美"的内涵。

与前两种均可归属于认识论意义上的、分别与真合一和与善合一的美不同,第三种美是存在论意义上的美,是作为审美活动对象的美。这种美是人在以无利害的愉悦感为标志的现实、当下的审美活动中,通过对自然、社会事物或艺术作品的感性直觉而与审美经验(美感)同时产生的意向性对象。由于具有直觉性的审美本身超越了主客对立,所以这种美与认识上的真假价值无关,与主观客观无关,与唯心唯物无关,它不是认识对象;由于具有无利害的愉悦感的审美本身也超越了直接的实际利害目的,所以这种美与伦理上的善恶价值活动也无关联,它不是伦理道德活动的对象。它既是人们在各种或专门或零散化的真正意义上的审美活动中所感受、把握、获得的存在论意义上的"美",也应该是从审美存在出发的存在论审美学所理解的"美"。① 据此而论,人们惯常所谓的自然美、社会美、艺术美,实际只有分别置于相应的自然审美、社会审美、艺术审美活动中才能得到合理解释。

虽然严格说来,只有作为产生于审美活动中的美才是真正的审美学意义上的美,但鉴于现实生活与审美学研究中的广泛认可度,这里也把产生于认识活动中作为认识活动对象的美与产生于功利活动中作为功利活动对象的美也算进美学上所谓的美的范围之内。当然,这三种美并不截然对立,它们实际上是在相互影响与作用中存在的。但只要是真正严格意义上的美学研究,就有必要在三种美之间做出区分与明辨,这对我们解决相关美学问题不无裨益。

(三)"自然美"概念的复杂内涵

在考辨、分梳"自然"与"美"的复杂内涵之后,就可以讨论"自然美"的复杂内涵了。

迄今为止,为人们所熟悉、习用的"自然美"概念仍然是与"艺术美"相对的。因而差不多被普遍接受的一个顾名思义式的界定是:自然美即自然界事物或自然现象的美。如"自然美,指自然界事物的美"②,另如"自然美(natural beauty)是指自然界中天然生成并被人发现、改造而未经艺术加工的事物的美"③。"'自然美'是一个美学概念,指的是自然界的美,即'The

---

① 参阅杜学敏:《孔子的自然美思想:何以是与是什么》第二部分的相关论述,载《陕西师范大学学报(哲学社会科学版)》2009 年第 4 期。
② 夏征农主编:《辞海·第六版缩印本》,上海辞书出版社 2010 年版,第 2550 页。
③ 朱立元主编:《美学大辞典》,上海辞书出版社 2010 年版,第 49 页。

beauties of nature'。用美学的专门术语来讲,是指作为人的审美对象的自然,对人来说具有审美价值的自然。"①上述三个自然美定义均具有将自然美理解为美的自然事物之特征的倾向,虽然后两者也强调了自然美同人尤其是人的审美活动的密切联系。前文对"自然"与"美"概念的复杂内涵或用法的分别研究及下文的综合分析将表明,由"自然"与"美"组合而成的"自然美"概念的内涵或用法实际也同样是异常复杂的。对此,本书愿意从以下三方面予以澄清与说明。

首先,从侧重于"自然"的内涵而言,限定语"自然"概念的不同含义与用法决定了"自然美"概念的下述多重内涵:

第一,与自然概念总体上的外在自然物与内在天性两种内涵相对应,自然美总体上也存在着外在非人工的自然物之美与事物的内在天性之美两种基本内涵。

第二,单就外在自然物之美的自然美内涵而论,从自然概念的范围大小来看,自然美既可指狭义的非人工的自然事物的美(这个意义上的自然美在国内一般与艺术美、社会美并列),也可指广义的包括自然事物与社会事物在内的所有现实事物的美(这是专注艺术美的黑格尔在其《美学》中的经典区分,这个意义上的自然美一般只与艺术美并列,其实相当于国内美学界所谓的现实美②)。另外,从自然事物的单个与整体差异来看,自然美既可指单个自然事物(一朵花、一只鸟、一个人体)的美,也可指作为一定范围内的全部自然事物(一座原始森林、一处山清水秀的自然环境)整体的美。

第三,对应作为内在天性的自然的三种内涵,内在天性之美的自然美也就有了三个层面的不同内涵:作为宇宙本体论美学范畴,自然(美)主要是天地万物自在自足的本然状态;作为社会存在论美学范畴,自然(美)即自然而然或"从心所欲不逾矩",它是人生最高境界的自由状态;作为艺术及艺术美学范畴,自然(美)即"芙蓉出水"(与它相对的是"错彩镂金"),它是艺术的审美理想或最高境界。

其次,从侧重于"美"的内涵而言,在前文区分了美的多层面内涵的基础上,一般所谓的自然美概念实际大致也可以分梳为以下四个方面:

① 王旭晓主编:《自然审美基础》,中南大学出版社 2008 年版,第 1 页。
② 1904 年最先明确将美学引进中国的王国维,在其《红楼梦评论》率先使用的"自然(之)美"就是这个意义上的。在他看来,同"艺术之美"相较且处于劣势的所谓"自然之美"其实是现实之美或现实美:"故美术之为物,欲者不观,观者不欲;而艺术之美所以优于自然之者,全存于使人易忘物我之关系也。"谢维扬、房鑫亮主编:《王国维全集》第 1 卷,浙江教育出版社、广东教育出版社 2010 年版,第 57 页。

第一,作为审美客体之自然的自然美,这是持客观美论者所理解的自然美观念。此自然美实际被等同于可以离开人而存在的自然事物的客观属性。就此而论,基于人们所欣赏的自然美实际完全可以与人无关,虽然人能够通过此欣赏过程体验感受它,但不过是对客观存在的自然事物之美的镜子般的反映。

第二,作为自然审美经验的自然美或自然美感,这是持主观美论或以主观美论为主者所理解的自然美观念。此自然美实际被理解为人对自然事物的一种审美感受,亦即自然美即人们的自然审美经验。就此而论,自然事物不过是人们自然审美经验的激发器,与其说人们欣赏的是自然事物,不如说欣赏的是人自己。

第三,作为审美对象之自然的自然美,与前两种认识论意义上的自然美概念不同,它是真正存在论意义上的自然美。此种存在论意义上的自然美的产生过程即自然审美或自然审美活动,亦即人们惯常所谓的对自然的审美欣赏活动。

第四,作为一种审美形态或范畴之自然的自然美,这大致可分为自然的优美与自然的崇高两种。这实际是优美与崇高两种审美范畴在以自然现象为审美客体而展开的自然审美活动中的具体运用。

以上对"自然美"概念复杂内涵的分梳①并不是在把一个原本简单的概念复杂化,把两种甚至多种不同的"自然美"搅和在一起或混为一谈。事实上,"自然美"这个看起来单纯、明了的概念从一开始就有其复杂的一面,只是长期以来人们似乎有意无意地忽视此种复杂性,致使对不同自然美观念的混同也时有发生。由于对两种自然美观念的混同不分,导致人们对老庄尤其是庄子的自然美观念的认识往往也是模糊的。比如,强调老庄精神代表中国艺术精神的徐复观先生尽管明确区分了"自然"概念的自然而然与自然物内涵(认为到魏晋才有就自然界而言的自然,此前只有无为与自然如此义),但针对老庄艺术精神而发的议论仍然存在似是而非的缺憾。他一方面说:"庄学的艺术精神……只有在自然中方可得到安顿。";另一方面又说:"自然,尤其是自然的山水,才是庄学精神所不期然而然地归结之地。"②再如,国内写作《美在自然》、强调自然而然的自然美的学者蔡钟翔尽管区分了自然的两种基本内涵,却未能区别相对应的自然美的两种内涵。在论述中

---

①　当然不排除对自然美概念从其他角度予以分类、归纳。比如有学者从"审美评价范畴"视角将自然美分为作为美的根据的"自然"、作为美的特征的"自然"、作为美的创造的"自然"。参见范明华:《作为审美评价范畴的"自然"论》,《中州学刊》2003 第 3 期。

②　徐复观:《中国艺术精神》,春风文艺出版社 1987 年版,第 213 页、第 192 页、第 195 页。

国美学中的自然而然的自然美——蔡氏称之为"美在自然"时,他写道:"西方也有'美在自然'的美学观,但没有道家本体论那样的哲学基础,并且在历史上屡次发生过自然美高于艺术美(人工美)还是艺术美高于自然美的辩论。这样的争议在中国美学史上却从未出现过。可见在中国的美学传统中,'美在自然'的观念是何等根深蒂固!"①事实是,综观西方美学史,关于自然美与艺术美之高低的争论只是发生在作为自然界之美的自然美与艺术美之间,而不是作为自然而然之美的自然美与艺术美之间。正如前文已经指出的,自然而然的自然美实际永远是艺术及艺术美追求的最高目标与范本。

　　总体而论,正像"自然"具有自然界与内在天性两种含义一样,有史以来人们欣赏并研究的"自然美"差不多可以概括为作为自然界之美的自然美与作为自然天性之美的自然美两种。前者是在围绕自然事物并有其意象或意向性对象生成的自然审美活动中产生的美,此种自然美主要在西方美学史中最早得到明确关注与研究,从而成为虽不像艺术美那样显赫但依然源远流长的美学范畴之一;后者涵盖了所有审美活动类型,是能体现出无意、无法、无工的浑然天成之美,并融铸成一种美在自然或自然为美的自然或自然美观念②,此种自然美尽管在中西美学史上都受到了不同程度的关注,但在中国古典美学中,从老庄道家美学开始已然成为一个涵盖自然、艺术、人生社会诸多审美领域的核心审美范畴③。

　　两种自然美概念,即侧重自然界之美的自然美与侧重浑然天成本性之美的自然美,既相区别又相联系。区别在于:①前者着眼于审美活动的客体与外在因素,是依据客观外在自然事物这一特定存在者而划分出来的自然美;后者则着眼于所有审美活动的自然生成性与内在因素,是基于但不限于自然事物自在天成内在本性的自然美,因而实际也涵盖了围绕艺术文本的

────────────

①　蔡钟翔:《美在自然》,百花洲文艺出版社2001年版,第2页。

②　比如,明代思想家李贽在《焚书·读律肤说》中对"自然为美"命题的阐述:"盖声色之来,发于情性,由乎自然,是可以牵合矫绳而致乎? 故自然发于情性,则自然止乎礼义,非情性之外复有礼义可止也。惟矫强乃失之,故以自然之为美耳,又非于情性之外复有所谓自然而然也。"[明]李贽:《焚书·续焚书》,中华书局2009年版,第132页。当代学者对于"美在自然"命题的研究可参阅蔡钟翔:《美在自然》,百花洲文艺出版社2001年版。

③　详见本书第六章。只有区分了自然美观念的两层内涵,我们才能真正理解中国的自然美观念与传统,而这也正是中国美学对世界美学的重要贡献。对于西方,只有到1927年,美国学者洛夫乔伊才在其著名文章《"自然"作为审美规范》(靳连营译,载吴国盛主编《自然哲学》第1辑,中国社会科学出版社1994年版,第383-392页)中对作为审美规范(aesthetic norm)的"自然"这个词的"纯粹审美的用法"(同上,第384页)进行了分门别类的归纳研究,共梳理出五层面18种含义,虽然其中有些并不属于美学的而是艺术学和文艺学的内涵。还可参阅同作者同一文章的另一中译本:《作为美学规范的"自然"》,载洛夫乔伊:《观念史论文集》,吴相译,江苏教育出版社2005年版,第66-73页。

艺术审美活动和各种人类审美活动中体现出本真状态或自然天成理想的自然美。②前者主要展现为在审美活动中,人对自然事物的意向性对象的审美欣赏、观照或体悟;后者则主要体现为人在各种审美活动中对一种自然而然、天成本真状态的自由欣赏、抵达或追求。③前者是基于参与审美活动的客观因素,而从审美类型角度划分出来的、同艺术美等并列的一种美或审美类型;后者则是基于审美活动主客两方面的自然性要素,而从审美活动形态角度划分出来的,一种大致与人工美相对又可与优美、悲剧等相提并论的一种审美形态或审美范畴。

联系在于:①自然事物自然而然或浑然天成的自在本性既构成了外在自然物之美的自然美产生的基础与根源,也构成了艺术审美和所有现实的人类审美活动的理想典范与终极目标。②自然物之美的自然美并非主客体任一方存在者的专有属性,实际也是审美活动超越主客关系之后的一种自然而然、浑然天成、本真自在的发生过程,因而浑然天成之美的自然美可视为自然物之美的自然美对人的深刻启示。③通过作为自然物之美的自然美及其浑然天成之美内核,浑然天成之自然美概念获得了涵盖,成为任何人类审美与美的类型——尤其是存在论意义之美的重要依据。就此而论,一切处于自然而然本真存在中的美皆可称之为自然美。

当然,国内流行的自然美概念仍然主要是与艺术美(有时还会加上"社会美")相对的自然物之美的自然美。本书的自然美问题研究,将在不同语境中涉及以上分述的自然美的种种复杂内涵与用法,但总体上仍然以自然物之美的自然美与自然天性或浑然天成本性之美的自然美两种自然美为主要研究对象,并以之作为贯穿全书自然美学研究的引线。

最后,就前述存在论美学强调审美活动对于以客体事物来命名的形形色色的美的优先性而言,不论哪一种意义上的自然美,均离不开使其产生的自然审美活动。人与自然之间审美关系的展开过程,人们一般称之为人对自然的欣(鉴)赏或审美欣(鉴)赏,亦可直称自然审美。"正如在现代美学中,审美处于比美更关键的位置一样,自然审美也处于比自然美更关键的位置上。"①就此而论,人们对自然美的讨论其实基本也不过是对自然审美活动的讨论。建立在存在论基础之上的自然美学研究是如此,当代与自然美学

---

① 杜学敏:《自然审美与自然美的基本特性》,《西部学刊》2014 年第 11 期。正如学者们指出的:"'审美'这个词不只是作为'美'的同义词出现的,而且是作为新的范畴出现的。"[苏]斯托洛维奇:《审美价值的本质》,凌继尧译,中国社会科学出版社 1984 年版,第 129 页;"'审美'在美学中处于比'美'更为根本,更关乎全局的位置上。"周长鼎、尤西林:《审美学》,陕西人民教育出版社 1991 年版,第 4 页注①。

关系密切的环境美学与生态美学研究也是如此。正因如此,本书对自然美问题的讨论经常会结合自然审美概念进行,有时也会特意用"自然(审)美"的表达方式来强调二者的密切相关性甚至本质上的同一性。

总之,自然美概念本质上反映的是人同内外在自然之间的一种独特关系,即自然审美活动及其关系,而且此活动及其关系大致与人同自然之间的另两种活动及其关系,即社会功利活动、科学认知活动及其关系相对。简言之,人对内外在自然的自然审美活动及其关系构成了自然美概念的核心内涵,也是自然美学的基本问题。

二、作为现代性现象的自然美与自然美学

前一节总体上是对"自然美"概念的词源与语用层面的考证性分析。自然美是一个概念却不止于概念。作为一个抽象概念的自然美之所以有存在价值,是因为唯有通过它:其一,人因欣赏两种自然(即外在自然事物与内在浑然天成本性)或开展两种自然审美活动而产生的美方得以命名;其二,不同时期的西中相关理论家或美学家才能从不同侧面给予两种自然美与自然审美以特别关注,使之成为美学史上极具争议和耐人寻味的经典范畴与理论问题。

换言之,作为一个概念的自然美之所以有价值,是因为它既代表着一种现实的围绕两种自然产生的两种审美活动及其美的存在,也代表着相关美学家关于两种自然审美活动及其自然美存在的美学话语观念。这可谓从概念的具体所指层面对"自然美"另一种十分必要且重要的区分,即作为一种实践形态的自然美存在或现象与作为一种知识形态的自然美理论或话语。作为实践形态的自然美是人与双重自然之间审美关系的感性呈现,作为理论形态的自然美则是人与双重自然之间审美关系的理性表达。显而易见,前者构成了后者的前提条件,因为无自然美存在或现象,也就无自然美理论或话语反思。反之,无自然美理论或话语反思,自然美存在或现象也就无以获得自己作为一种人类存在或现象的人类学理论证明。上述所谓作为理论或话语形态存在的自然美,也即自然美学。

不管是处于审美意识史中、作为实践形态的自然美或自然审美,还是美学理论史中、作为理论形态的自然美学,二者从一开始就自觉不自觉地存在着相互依存的密切关系。同时,反思自然美和自然审美的自然美学不能不深受其产生的特定历史阶段的社会经济发展及其文化观念的影响,尤其是现代性的影响。关于自然美学的诞生及其与现代性的相关性,此节将通过

以下两小节分别予以阐明。

(一) 自然(审)美的起源与现代性发生

1. 自然(审)美的起源

作为现代性现象的自然美不可能凭空产生。伴随漫长的人类进化和文明史而产生的自然美或自然审美(意识)的产生和发展构成了作为现代性现象的自然美出现的前提条件。自然美或自然审美的发生①涉及人类首先针对有别于人工事物的自然事物的审美活动的最初产生、起源状况。它同艺术审美的发生一样属于专门研究人类审美活动的最初产生、起源的美学分支学科即审美发生学的重要问题。

自然美起源或自然审美发生学研究需要回答的主要问题是:人类的自然审美与自然美究竟始于何时? 自然审美一定晚于艺术审美吗? 它是如何发生的? 用什么方法证明自然审美在某个特定时间发生了? 自然审美的发生在审美发生学中占据着怎样的地位? 本部分在讨论上述问题过程中,顺带也会揭示现有审美发生学研究中与自然审美起源相关的三个重大偏见。

长期以来,与审美起源关系密切的自然审美起源问题明显被伴随"19世纪末进化论取得胜利后被开始加以科学探讨的艺术起源问题"②的研究者忽略了。原因很简单,在美学被普遍等同于艺术哲学、艺术美学甚至艺术学的大背景下,迄今为止的审美发生学被"理所当然"地基本等同于艺术发生学或者艺术审美发生学。"在历史上,审美发生学的研究主要集中于探讨艺术的起源问题。关于艺术起源的理论,常常被称为发生学的美学。"③然而,将审美发生学悄无声息地转换为艺术审美发生学甚至艺术发生学无疑是现有审美发生学研究的一个重大偏见。造成此偏见的主要根源是人们在美学与艺术研究中自觉不自觉地普遍持守的审美与艺术同一论观念。但是,"无论是从其语词的内涵上还是从其实际的存在事实看,审美与艺术都是两个不容不假思索地相互等同的概念。这样,如果承认审美(aesthetic)与艺术

---

① 自然审美的发生在历史上也被称作"自然美的发现",它作为一个专门术语大约源于瑞士学者布克哈特 1860 年名著《意大利文艺复兴时期的文化》第四篇第三章同名标题,详见下文相关论述。从现代美学而观,"自然美的发现"就是人类最初对自然美的欣赏,亦即人类自然审美活动的起源或历史发生,它属于审美发生学要解决的问题。

② 朱狄:《艺术的起源》,中国青年出版社 1999 年版,第 3 页。

③ 叶朗主编:《现代美学体系》,北京大学出版社 1999 年版,第 369 页。或因李斯托威尔的《近代美学史评述》(蒋孔阳译,上海译文出版社 1980 年版)第十八章"发生学的美学"中译章名之故,尽管"发生学(的)美学"与"审美发生学"是两个完全同义的概念,但在国内美学界前者比后者更流行。

(art)概念的差异性,审美起源与艺术起源自然就是两个各有其问题性与侧重点的不同问题,因而从概念上将审美起源等同于艺术起源只能说是一个错误"①。另外,如果接受审美活动的类型划分,把包括自然审美与社会审美在内的现实审美视为同艺术审美并列的审美类型,那么审美发生学研究就不应仅仅着眼于艺术的审美发生维度,从而完全漠视自然和社会的审美发生维度对于审美发生研究的价值。

　　基于上述背景,现有实乃艺术或艺术审美起源研究的所谓审美发生学,一般将艺术发生时间追溯到距今数万年之前原始社会的史前"艺术"时期。同时,中国对自然美的欣赏早在六朝时代就非常成熟,西方对自然美的发现却要迟至17—18世纪才发生②,则已是中西美学史的共识。"庄子是中国最早发现自然美的人……中国人对自然美的真正发现,或者说中国人普遍地欣赏自然美,当是始于公元3世纪左右的魏晋南北朝时期。这较之西方的18世纪早了1500之久。"③因为"西方在古希腊以降的两千多年内,基本上没有发现自然美,没有真正、充分地感受到大自然的美,自然美对人来说基本上不存在或没有意义,换言之,人虽然天天与自然打交道,自然之美质却被一道无形的屏障遮蔽了。"④

　　人们用以证明审美活动发生和审美意识出现的考古材料主要有两大类:一是旧石器时代中晚期的绘画、雕塑等造型艺术作品,如西班牙阿尔塔米拉洞穴绘画、法国拉斯科洞穴绘画和奥地利维多夫林的维纳斯雕像;二是旧石器时代早中期的石器等劳动工具和墓葬遗物,如山顶洞人的磨制石器、骨器,撒在尸体旁的矿物质红粉。前者基本是那些坚持用艺术起源来进行审美发生研究的学者(他们一般赞同艺术/审美起源的巫术说)的看法,审美发生的时间被确定在距今1～4万年前⑤;后者则主要是那些用原始人对某种特定形式和色彩偏好来证明审美意识存在的学者(他们一般持审美起源

①　杜学敏:《审美发生学研究的三个前提性问题》,《人文杂志》2012年第1期。关于对此重大偏见的具体分析可参阅此文前两部分。

②　库宾认为西方人对自然美的欣赏"在绘画中,直到17世纪(荷兰),在文学则直到18世纪才确定下来"。参见[德]库宾:《中国文人的自然观》,马树德译,上海人民出版社1990年版,第1-2页。关于中国文学自然美观念产生于六朝时期的充分论证,另请参阅[日本]小尾郊一:《中国文学中所表现的自然与自然观》,邵毅平译,上海古籍出版社1989年版,第1-2页、第351-352页。

③　王一川:《中西方对自然美的发现》,《江汉论坛》1985年第6期。

④　朱立元:《自然美:遮蔽乎? 发现乎? ——中西传统审美文化比较研究之二》,《文艺理论研究》1995年第2期。

⑤　参阅朱狄:《艺术的起源》,中国青年出版社1999年版,第31页;朱狄:《原始文化研究:对审美发生问题的思考》,生活·读书·新知三联书店1988年版,第229页及整个第二章。

的劳动说)的观点,审美发生的时间因此被上溯到距今至少约 10 万年前①。这样,形成鲜明对比且匪夷所思的是:审美活动从距今至少上万年的旧石器时代的史前时期就开始了,但作为审美种类之一的自然审美活动及自然美的发生最早却只能在中国的六朝时期,在西方甚至要迟至 18 世纪。自然审美发生时间落后于艺术审美上万年之久,中西自然审美发生之间存在着近十多个世纪的间隔,这两个巨大的时间差似乎表明:自然审美发生在各审美类型和中西审美史之间存在着极其严重的不平衡现象。然而,人类自然审美与艺术审美历史发生之间、中西方自然审美之间的巨大时间差可能是审美起源研究者们人为造成的,而非事实一定如此。

审美起源或历史发生研究的实质是探究(准确地说是推测)人类审美意识经验是何时从人类认知、功利等别的意识经验中分化独立出来的,从而以此确立人同事物(包括自然事物、一般社会事物与现今所谓的艺术品)之间建立一种以无功利愉悦为标志的审美关系的时间节点。如果认可史前时期审美已经发生(不管是通过艺术美的审美发生还是通过自然美、社会美的审美发生来证明的),也就是人与事物之间已经建立起了一种审美关系,那么在有艺术审美与艺术美产生的时候,就差不多应该有自然审美与自然美的产生;如果根本无法确定审美在史前时期一定发生过(在探究史前时期遗留下来的那些类似于今天所谓的艺术作品或非艺术作品的创作动机、目的和内容方面,我们除了猜测似乎别无其他更好的办法),也就是人与事物之间尚未建立起一种审美关系,那么,就既不会有艺术审美与艺术美的发生,也不会有自然审美与自然美的发生。美国人类学家威斯勒在其《人类与文化》指出:"文化的特征就是像麻疹一样会传染。"②作为一种十分重要的文化现象,审美和美的发生同样具有"传染性"。换言之,从审美类型角度来看,审美和美一旦在哪个类型领域发生,它便会很快"传染""波及"到其他领域。因而,审美差不多应该是同时在自然、社会、艺术各个审美类型中展开、发生的。各民族"美"字的词源内涵是有特定所指的,但不久即可用于任何事物的事实即可作为一个证明③。

另外,从审美活动发生的客体条件而言,早期人类首先面对的是大量非人工而天然的自然事物,而非包括现在所谓艺术作品在内的人工产品。这样,如果什么时候有所谓审美意识的存在,那绝大多数情况下一定是自然审

① 参阅李泽厚:《美的历程》,中国社会科学出版社,1984 年,第 2-4 页。
② 转引自朱狄:《原始文化研究:对审美发生问题的思考》,生活·读书·新知三联书店 1988 年版,第 4 页注①。
③ 参阅[日]笠原仲二:《古代中国人的美意识》第一章,魏常海译,北京大学出版社 1987 年版;[波]塔塔尔科维兹:《西方六大美学观念史》第四章,刘文潭译,上海译文出版社 2006 年版。

美意识。而且，如果接受审美起源早于艺术起源的观点的话，甚至可以得出结论说：在艺术审美和艺术美出现之前的审美与美均是自然审美与自然美。诚如主张西方人在文艺复兴时期即发现自然美的布克哈特指出的："这种欣赏自然美的能力通常是一个长期而复杂的发展的结果，而它的起源是不容易被察觉的，因为在它表现在诗歌和绘画中并因此使人意识到以前可能早就有这种模糊的感觉存在。"①因为用以作为审美发生证据的那些简单加工过的石器呈现出的几何形状、原始人偏爱的鲜艳色彩等形式无疑均是自然事物的形式，因而如果原始人对它们（特别是色彩）能产生审美经验，那这里的"美"就既可称之为形式美②，也可称之为自然美。

因此，只要能够肯定史前时期人类的审美活动已经发生，那么也就能够肯定自然审美并不晚于艺术审美，因为人类文化的"传染性"等情况表明自然审美同艺术审美（以及一般与二者并列的社会审美）在史前时期大约是同时发生的。

艺术的审美发生研究统领、称霸整个审美发生研究的后果是：即便是自然审美与自然美本身的历史发生，也要通过人类早期艺术文本中对自然事物的独立描绘及其专门欣赏来证明。此乃现有审美起源研究的第二个重大偏见，也成为自然审美被认为晚于艺术审美上万年之久的主导原因。另请看美学史中关于自然审美起源的相关论述："对自然的感情——就其可能加以考察的范围来说——似乎是在人类文明的历史时期方才产生的。它比对艺术的感情要晚一个时期。想想希腊文学的丰富和价值，想想雅典艺术的灿烂繁荣，然而，在这个戏剧和雕刻艺术达到登峰造极的民族中，对于自然的感情却没有得到很好的发展。……的确，自然这块天地，不得不等到19世纪的浪漫主义运动，方才得到充分而又细致的发掘。"③当然，瑞士学者布克哈特将西方自然审美活动与自然美意识的产生追溯到17世纪甚至文艺复兴时期（详后）。

但是，不管将"自然美的发现"置于哪个时期，自然审美起源研究过程中

---

①　［瑞士］布克哈特：《意大利文艺复兴时期的文化》，何新译，商务印书馆1979年版，第292页。值得注意的是，布克哈特在此关于自然审美在人们通过诗歌、绘画等艺术作品呈现的自然美进行之前就已经存在的提法。

②　形式美在国内一般被视为与艺术美、自然美、社会美并列的一个概念，只因它在一定意义上又涵盖了上述三个美的种类而稍微特殊一点而已。请看能代表美学界对其看法的一个界说："形式美　事物外在的形、声、色及其内在组合结构的美。……形式美普遍存在于自然物、社会物和艺术之中，是美的组成部分。"朱立元主编：《美学大辞典》，上海辞书出版社2010年版，第54-55页。笔者以为，从审美与美的类型角度看，形式美是在主要以自然、社会、艺术作品等事物的形式因素为审美客体和对象的审美活动中产生的美。

③　［英］李斯托威尔：《近代美学史评述》，蒋孔阳译，上海译文出版社1980年版，第186页。

的艺术美论立场则是共同的。在欣赏时间方面认为自然美严重滞后于艺术美的看法，实际源于审美起源研究方法论上的重要偏颇。这就是：人们习惯使用文学与绘画作品或文本中对特定具有独立意义之自然事物的抒写与描绘证明自然美的产生或发生。按理来说，从自然事物总称意义上谈"自然"，这里的"自然事物"应该包括所有非人工的事物在内，但事实并非如此。当人们讨论自然美的发生时，自然事物并不是指任何自然事物，而是被自觉不自觉地缩小为主要特指风雨阴晴等天气、山水风景等景观、花卉树木等植物，而动物和其他非生物的自然事物一般则被排除在外。尤其是山川地貌等自然景观在诗歌散文和绘画作品中作为独立描绘对象的出现，成为美学家证明自然美存在的重要依据。

如果用以证明自然美发现的方法不限于艺术作品中呈现的自然风景，而是非人工的自然事物，那么人们应当有理由根据阿尔塔米拉和拉斯科洞穴等野兽绘画、维多夫林的维纳斯石雕[1]来说明自然美同艺术美一样发生于距今两三万年前，而不是距今一两千年前，因为这些绘画和雕塑作品固然是现在所谓的艺术品，但它反映的形象是自然事物（虽然不是植物、山水等自然事物）。如果因为绘画是艺术品，它在表达原始人占主导地位的巫术观念的同时也表达了原始人的艺术美观念，由此可证明艺术审美的发生；那么同样也可以设想，原始人在完成这些绘画之前就对作为自然存在的动物与人体产生过现在所谓自然美的体验，从而应该也能证明自然审美的发生。更重要的是，对于处于原始思维状态的原始人来讲，这里可能并不存在自然事物与人工事物、艺术作品的区分。"原始人对什么是实物、什么是图画往往更不清楚。"[2]可见，如果史前时期有审美的发生，对于原始人而言，不存在自然审美与艺术审美之分野；即便对于存在上述区分的现代人而言，也只能证明艺术审美和自然审美都发生了，而不是仅发生了其中的一个。何况，目前的研究充其量只能根据史前岩画等遗留物明确证明艺术的发生，而不能以此作为艺术审美一定发生的状况及其时间之证明。

以上是一种假设性分析。阿多诺在谈到艺术起源问题时，则更加明确地表达了其（自然）审美先于艺术（审美）发生的观点："旧石器时代的艺术是保存下来并传给我们的最古老的艺术。我们可以肯定的一点是，艺术并非

---

[1] 因为人体美被视为一种特殊的自然美："天然生成的人体美属于形式美、自然美范畴，是自然界的产物，来自先天的遗传禀赋，是生命进化的最高产物，自然美的最高形态。"朱立元主编：《美学大辞典》，上海辞书出版社2010年版，第52页。

[2] ［英］贡布里希：《艺术发展史：艺术的故事》，范景中译，天津人民美术出版社1998年版，第18页。

起源于作品,不管是巫术占主导的作品还是已经是审美的作品。洞穴绘画是发展过程中的一个阶段,而且甚至不是特别早的一个阶段。在这些史前图画出现之先,存在着一个将自身同化为别的东西的模仿行为方式的演化过程。模仿并不同于能够直接影响事物的迷信。事实上,如果没有长期以来模仿与巫术之间的重要分化,就无法解释洞穴绘画自我阐述的显著特征。审美行为方式早在将它自身客体化为艺术作品之前,就已经从巫术实践活动中分离出来了,不论这种分离进行得是多么隐秘。"①阿多诺指出:首先,证明艺术起源的根本依据并非原始的人工作品,而是让这些人工作品得以产生的原始人的客体化的行为方式或能力——阿多诺在此强调的是模仿,他也称这种不同于试图控制影响事物的巫术迷信方式为审美;其次,正是凭借其"先于"现代所谓的艺术品问世之前而已经发生的"审美行为方式",原始人才能完成其洞穴绘画艺术品。而阿氏所谓的"模仿"或"审美"行为方式应该包括本文关心的区别于艺术审美的自然审美(以及社会审美)。

所以,在现有的自然美历史发生研究中,用来证明自然美产生的自然事物有着显而易见的价值等级序列区分。此区分的虚妄性上文已经言明。这里想强调的是:参与自然审美活动的"自然"即自然事物如果既有统称与个别、有生命与无生命、静态与动态等不同,又有整体与局部之别、大小范围的差异,那么自然审美和自然美也就存在着上述方面的区分与不同,但由于都是因这些自然事物而引起或至少与之有关的,这里的审美和美无一例外地都是自然审美和自然美,从而也都可以作为自然美产生的正当证据。

关于自然美的发现、产生、存在的艺术文本证明,还要指出的是:自然审美意识会因为艺术作品(无论是出于什么目的被创作出来的)对作为独立的自然事物——尤其是山水自然的展示而不断得以巩固和强化,但这并不意味着自然审美及自然美的存在一定需要等到山水艺术作品(如山水诗文、山水画等)独立出现,并对自然美的展示成为艺术家自觉采纳的普遍题材的时候才能得到证实。独立的山水诗文中表现出的自然审美意识与日常生活中人们直接面对自然事物产生的自然审美意识只有保持时间上的久暂,并无本质上的不同,从而完全可以将人们直接针对自然事物产生的审美意识作为自然美的发现或自然审美存在的证明。

诚如上文已经论及的,自然美或自然审美发生的时间之所以被普遍性地确定于有史以来,同时艺术美或艺术审美发生的时间则被上溯至史前期,

---

① 参阅[德]阿多诺:《美学理论》,王柯平译,四川人民出版社1998年版,第553页。文字根据该书英译本有改动。

乃缘于人们证明自然审美与艺术审美发生时采用的并非同一个标准(既然皆为审美,就审美发生的证明而言,显然应该遵循同一个标准),而是采用双重标准。这是现有审美起源研究的第三个重大偏见。具体而言,人们对艺术审美发生的证明采取的是作为客体存在的艺术文本或作品,可谓物质实体证明方法;对自然审美的证明采取的则是自然美概念的出现、对自然事物明确的欣赏,即自然审美观念和自然审美意识,可谓意识证明法。另外,证明审美或艺术审美存在或发生,只要有萌芽就被认可,但证明自然美的发生或存在却自觉不自觉地要求相应的存在达到成熟形态①。

之所以出现两种不同的证明标准及其操作方法,原因大概在于:艺术的发生一定有人工制品即艺术作品的出现,而这人工制品一定能代表人的某种观念(不管其中有没有审美的观念,但凡用此类人工制品或被直称艺术作品来证明审美发生的人,实际均会自觉不自觉认定这里面有审美的意识);自然审美的发生虽然也离不开客体事物即自然事物,但自然事物显然不是人工制品,本身无论如何不能直接代表或体现人的观念。所以,已经被视为理所当然的是:人们一方面从史前考古发现中去探索审美尤其是艺术审美的起源,另一方面却从有史以来的文字材料和艺术作品中独立的风景描绘来探索自然审美的起源。

决定自然审美发生与自然美产生的关键不是作为审美客体的自然事物是什么及其是否被作为艺术文本描绘的独立对象,而是自然事物与人之间能否发生审美关系。因此,严格来讲,普列汉诺夫曾提到的以下著名例子,并不能证明自然审美对于塔斯马尼亚人来说一定发生了,而对于布希曼人和澳洲土人来说则一定没有发生:"原始的部落——例如,布什门人和澳洲土人——从不曾用花来装饰自己,虽然他们住在遍地是花的地方。据说,塔斯马尼亚人在这方面是一种例外。"②因为决定自然审美发生的并不单方面由作为自然事物的花而决定,而且尚需布希曼人、澳洲土人和塔斯马尼亚人同花真正结成的审美关系及他们拥有的审美意识。

提到人与自然的关系,人们不从史前时期设法证明自然美的发生,或许还缘于被普遍接受的一种观念:在原始时代,人的生存环境异常险恶、恐怖,

---

① 试对照阅读敏泽:《中国美学思想史》第一卷(齐鲁书社 1987 年版)第一章"原始审美意识的形成"第一节"人的出现、劳动及审美意识的萌发"和第十九章第一节"山水之成为自觉的审美对象",尤其是第 4 - 8 页和第 496 - 502 页。

② [俄]普列汉诺夫:《论艺术(没有地址的信)》,曹葆华译,生活·读书·新知三联书店 1974 年版,第 32 页。此例实际来自德国学者格罗塞,参阅[德]格罗塞:《艺术的起源》,蔡慕晖译,商务印书馆 1984 年版,第 116 页和第 121 页注 23。

因而自然对人来说总是敌对而令人恐惧的、是需要时时加以顶礼膜拜的对象，而"在自然对于人是一种不可抗拒的存在的时期，是没有自然美的存在余地的"①。其实，这样的自然对象与环境对于所有动物都是如此，不见得对于作为高等动物的人类会更加敌对而恐怖。因而，人与自然的关系不会在人已经成为人的条件下仍然仅仅是恐怖、崇拜的对象。

但对自然不恐怖、不崇拜并不意味着就一定能欣赏自然，发生自然审美，产生自然美。如何证明史前时期人对自然的确发生了一种我们现在叫作审美的活动？如前所述，既然审美必须依赖于人，必须依赖于人的情感与精神状态——尤其是审美意识——而发生存在，那么除非能设法找到人对自然的审美意识已经从人对自然的宗教、功利、认知等其他意识中分离出来的证据，否则永远不能证明审美在史前时期或更晚近时代发生了。这种审美意识的证明在失去当事人自我陈述的情况下，只能有两种途径：第一，出现在人工产品如各种载体上的绘画、诗歌——现在一般称之为艺术品中描绘的自然事物或山水风景；第二，借助有史以来作为思想观念存在最好证明的各种文字文献材料。两种途径分别代表了自然美与自然审美发生的两种证明方式，即目前美学界惯常使用的有自然事物描绘的艺术文本证明和通常被完全忽略不计的关于自然欣赏的文字文献材料的观念证明。

作为一种未诉诸艺术样式的自然美，文字文献材料观念证明之所以能成为自然审美和自然美现实存在的证明方式，是因为"一个从未体验过某种经验的人不可能对之进行反思"②。换言之，缺少自然审美活动的发生及其自然美的体验，就不会有表明自然美观念的文字材料及其言论的产生。因而，当人们诉诸语言文字表达其有关自然审美或对自然的欣赏等看法时，这些文字及其看法就可间接证明自然审美的发生及自然审美意识的存在。比如，我们从西方古典时期毕达哥拉斯、柏拉图、亚里士多德、早期斯多葛派、伊壁鸠鲁派、西塞罗、朗吉努斯、普罗提诺等著名人物的相关著作中，就不难找到他们关于"自然美"问题的不少观念性言论，而这便可证明实际在西方古代时期就已经存在自然审美和自然美。

地球据说已经有46亿年的历史，人类在这个星球上也已经生活了千百万年，要从距今不到300年才诞生的美学的视域来研究包括自然审美在内的人类的审美意识的发生或起源，其困难无论怎么强调也不过分。"历史追

---

① 参阅[德]阿多诺：《美学理论》，王柯平译，四川人民出版社1998年版，第116页。文字根据该书英译本有改动。

② [英]柯林伍德：《自然的观念》，吴国盛译，北京大学出版社2006年版，第3页。

溯到有语言证据的遥远过去",但"凡在有片言只句传递给我们的地方,我们仿佛就感觉到了脚底下坚实的土地。"①同样,包括自然审美在内的审美发生史尽管可追溯到史前时期,但我们仍然没有十足的把握来肯定这一事实。不过,一旦我们拥有距今约三四千年的人类历史文献,就可以十分肯定地说:无论是对于中国还是西方,不同于理论认识和社会实践活动的人类"审美"活动,及不同于主要产生于认识理论活动中的"真"和主要产生于实践活动中的"善"而产生于审美活动中的"美",至少在距今三四千年前就已经切切实实地发生和存在了。而所谓审美活动,既包括艺术审美,也包括自然审美和社会审美;所谓美,既包括艺术美,也包括自然美、社会美。

具体而论,一旦摆脱掉那种只用艺术文本中独立的自然景物描写来证明自然美意识存在的习惯性偏见,只要不是凭借苛刻的所谓成熟的自然审美意识及自然美观念来衡量人类早期的自然审美意识与自然美观念,那么不仅可以从先秦道家和儒家的经典著作②中,而且可以从中国最早的诗歌总集《诗经》的景物描写诗句中,从早于孔子一百多年的青铜器"莲鹤方壶"对白鹤与莲瓣动植物的形象描绘中③,找到中国人欣赏自然美的见证;不仅在上述古希腊罗马多位哲学家的历史文献中,而且也可以在更早的荷马诗史④中发现西方人从事自然审美活动的确凿证据。所以,探究自然审美的切实发生不仅存在着美学界惯常运用的涉及山水等自然景物描绘的艺术文本证明法,而且存在着通常被忽略不计的涉及自然事物欣赏问题的文字材料观念证明法。显而易见,后者才是更能体现自然审美真正独立存在的证明法。

总之,尽管绘画、文学等相关艺术对自然美的呈现在中国和西方正式出现的时间相对较晚,但自然审美活动和自然美意识,最早在人类史前时代就可能已经有所萌芽,到中国的春秋时期和西方的古希腊时期已经获得长足发展,而到中国魏晋时代和西方的文艺复兴或启蒙时代已经非常成熟⑤。或者折中、宽泛地说,自然审美至少在雅斯贝斯所谓的公元前8世纪—2世纪

---

① [德]雅斯贝斯:《历史的起源与目标》,魏楚雄等译,华夏出版社1989年版,第36页。

② 比如,在儒家经典《论语》中,我们就可以发现孔子并非"比德"因而是独立的自然美思想。参阅杜学敏:《孔子的自然美思想:何以是与是什么》,《陕西师范大学学报(哲学社会科学版)》2009年第4期。

③ 参见宗白华《中国美学史中重要问题的初步探索》一文结合郭沫若对此壶的评价所做的著名引述,宗白华:《美学散步》,上海人民出版社1981年版,第30页。

④ 参见[英]鲍桑葵:《美学史》第五章(尤其是第121页),张今译,商务印书馆1985年版。

⑤ 此提法受益于国内学者刘成纪关于现代以来中国美学史的石器时代、春秋时期、魏晋时期三种代表性起点说启发。参阅刘成纪:《中国美学史应该从何处写起》,载《文艺争鸣》2013年第1期。

的"我们今天所了解的人开始出现的"人类"轴心期"(axial period)①就已经发生了,虽然那时的自然审美与艺术审美、社会审美交织一体,既不独立,也不十分普遍。

因此,自然审美和自然美并不比艺术审美和艺术美产生得晚,它同艺术审美与艺术美一样可以成为审美发生的一种证明。自然审美起源不仅是一个需要在审美起源的框架内来思考的问题,它同时也切切实实地构成了审美起源理论探讨必不可少的一个重要维度。任何号称审美起源的研究如果忽视这一维度的存在,势必会得出经不住推敲的结论。这正是自然美的审美发生学意义。

自然审美与自然美被已有审美起源研究忽略的原因,或许不能归结为相关考古、历史资源的匮乏,而应归结为对美学学科的艺术哲学、艺术美学甚至艺术学研究之定位及其对自然美的排斥。这就是上文已经分别揭示的三个重大偏见:将审美发生学转换为艺术审美发生学甚至艺术发生学;即便是自然审美的历史发生也要借艺术文本中对自然事物的独立描绘及其专门欣赏来证明;以史前艺术文本为据、用实体证明法证明艺术审美发生,却以相对晚近的艺术文本中对自然美的独立描绘为据、用成熟形态的自然审美意识的出现即意识证明法来证明自然审美的发生。

另外,美学界长期以来流行的关于中西"自然美的发现"的时间节点,即中国六朝时代(3—6世纪)、西方启蒙和浪漫主义时代(17—18世纪),与其视之为自然审美的历史起源性节点,还不如视之为自然审美的现代性发生节点更确切些。而且上述节点分别同中国魏晋"文学的自觉时代"或"如近代所说是为艺术而艺术"时代(鲁迅《魏晋风度及文章与药及酒之关系》)、西方18世纪中叶"美的艺术"观念的兴起(夏尔·巴托神父《被划归到单一原则的美的艺术》)和审美学学科的创立(鲍姆加登)有着明显的对应关系。这表明,正如自然审美同艺术审美的起源差不多同时同步一样,自然审美同艺术审美的现代性发生差不多也是同时同步的。

2. 自然(审)美的现代性发生

自然美的起源研究关注的是自然审美与自然美的原始发生问题,它基本是一个需要在审美发生学范畴内解决的问题。文艺复兴之后的西方近现代人对自然美的发现与欣赏(及下一小节要论述的自然美或自然美学理论话语)必须引入源自西方现代文化背景却又具有世界性普适性影响的现代性理论或思想才能给予其合理解释。

---

① ［德］雅斯贝斯:《历史的起源与目标》,魏楚雄等译,华夏出版社1989年版,第8页。

先简单澄清一下作为本书关键词之一的"现代性"(modernity)概念的复杂含义。20 世纪后半叶以来,"现代性"由西方波及非西方,已成为全球范围的学术与思想界使用率极高的基础概念,同时也是一个令人倍感棘手的概念——"该词语应用普泛却语义含混不清……这一状况已危及现代性理论的当代运用"①。

据考证,作为"现代性"词源的西语"现代"(modern)一词源于拉丁语词"modernus"。最早使用"现代"的人是意大利历史学家卡西奥多尔,他用此词指称当时已经基督教化了的"现今",以区别于古罗马异教的"往古"。所以"现代"最初不过是一个用以表示时间状态的术语。但此后"现代"至少获得了其广义和狭义两种不同的含义或用法:广义的"现代"指人们正在经历的任何一个当前的时间阶段,它意味着当下当前的性质、状态和时髦时尚;狭义的"现代"则主要指大约从 17 世纪以来首先产生于欧洲、又逐步扩散到世界各地的一种社会文化形式形成和发展的历史演变时期。与"现代"概念的广狭义相对应,由"现代"派生出来的"现代性"实际也存在着广义与狭义之别:狭义的"现代性"是一个指称特定历史时期(通常以欧洲启蒙运动兴起的 17 世纪为开端)及其相关特性的历史分期术语,它代表的是西方 17 世纪以来出现的一种新文明,即不同于以往的一种断裂或一个时期的当前性或现在性;广义的"现代性"则包含并超越了上述具体历史时期的人们在某个特定的当下当前的精神行为属性,它常常意味着新奇性、飞逝性等。②

福柯就曾区分过上述意义上的"现代性"内涵:"我自问,人们是否能把现代性看作一种态度而不是历史的一个时期。我说的态度是指对于现时性的一种关系方式:一些人所做的自愿选择,一种思考和感觉的方式,一种行动、行为的方式。它既标志着属性也表现为一种使命。当然,它也有一点像希腊人叫作 ethos(气质)的东西。"③在福柯看来,与其将"现代性"只理解为西方历史中所谓的"现代"时期术语及其当前性或现在性,不如理解为任意一个具体历史时期的人们通过感觉、思考、行动、行为方式而表现出来的特定精神心态、性格气质乃至文化心理结构④。就此而论,"现代性"不仅特指西方 17 世纪以来的现代人的当前性或现在性,也可指称 17 世纪以前的"古

---

① 尤西林:《"现代性"及其相关概念梳理》,《思想战线》2009 年第 5 期。

② 参阅谢立中:《"现代性"及其相关概念词义辨析》,《北京大学学报》2001 年第 5 期。汪晖曾说:"现代性概念产生于欧洲,它首先是指一种时间观念,一种直线向前、不可重复的历史时间意识。"汪晖:《死火重温》,人民文学出版社 2000 年版,第 3 页。

③ [法]福柯:《何为启蒙?》,杜小真编选:《福柯集》,上海远东出版社 1998 年版,第 534 页。

④ 参阅尤西林:《柔顺化解痉挛:道家与现代性》,《探索与争鸣》2014 第 6 期。

代人"的当前性或现在性；不仅特指欧洲文化传统中的现代人或古代人的当前性或现在性，也可以用于非欧洲文化传统的任何一个民族文化传统中的现代人或古代人的当前性或现在性。

为说明某个特定历史时期出现的自然美观念的具体属性特征或背景，本书使用的"现代性"概念兼用其历史分期内涵和特定精神心态、性格气质和文化心理结构的双重内涵。

人们也意识到，"现代性"本身——尤其是精神气质和文化结构内涵——的本质及其悖论、矛盾性特征很难更为具体的界定。"现代性"在其所能使用的各种学科和理论框架内，如哲学、社会学、政治学、经济学、艺术学、美学、文化、社会理论等，也并非是单一的而毋宁说存在多个十分复杂的面孔。但是，不管怎样理解或阐释"现代性"概念，现代性与启蒙的密切相关性是公认的。韦伯和哈贝马斯等著名现代性思想家指出，18世纪以来的现代社会及其现代性的运动过程是一个启蒙去魅和世俗化过程，它以理性化的方式破除了传统社会的统一世界观，将其分化为科学、道德和艺术三个相互独立的文化领域，并形成了分别以真、善、美为最高价值原则的专业化体系。三大领域与专业化体系分别形成了认识—工具理性、道德—实践理性、审美—表现理性结构或话语，而适应现代社会工具理性化发展要求的文化领域的三分化，恰是文化现代性或启蒙现代性的基本特性。当时启蒙哲学家现代性计划的宗旨就是：依照三大领域内在的规律实现客观的科学、普遍的道德和法律、自律的艺术，从而实现日常社会生活的理性化组织。因而，独立的"艺术"与"审美"观念同由来已久的"美"观念互为作用地构建了现代性的美学话语，卡林内斯库称之为对立于一般现代性又与之相互纠缠的美学/审美现代性。他认为这是现代性发生无法弥合的分裂之结果，"从此以后，两种现代性之间一直充满不可化解的敌意，但在它们欲置对方于死地的狂热中，未尝不容许甚至激发了种种相互影响。"就此他将美学/审美现代性理解成一个包含三重辩证对立的危机概念，即"对立于传统；对立于资产阶级文明（及其理性、功利、进步理想）的现代性；对立于它自身，因为它把自己设想为一种新的传统或权威。"①在卡林内斯库的描述中，美学/审美现代性

---

① [美]卡林内斯库:《现代性的五副面孔》，顾爱彬等译，商务印书馆2002年版，第48页、第16-17页。只是卡林内斯库的审美现代性研究主要是立足艺术领域。这首先表现在其书副标题中的现代主义、先锋派、颓废、媚俗艺术、后现代主义的五个概念，这也是他称审美现代性有五副面孔(five faces)的原因。卡林内斯库指出，现代性美学与传统美学的区别在于：现代性美学是一种瞬时性与内在性美学，其核心价值观念是变化和新奇；传统美学是一种由来已久的永恒性美学，它基于对不变的、超验的美的理想的信念。参阅同上书，第9页。

是从启蒙现代性内部生发出来却具有自己独立品性的一种极其特殊而神奇的现代性存在。

换言之,颇有悖论意味的是:以审美—表现理性为内核的现代性的美学话语及其艺术实践,虽然同现代性的科学话语和伦理话语一起共处于启蒙现代性的三分体系与历史进程之中,却因启蒙思想的自我批判意识、因启蒙进程中的感性维度及其研究对象即艺术与审美的感性特质之影响,而具有反思整个启蒙理性及其现代性局限,体认理性化进程中现代人的情感感性要求并为之辩护的特殊能力与使命①。审美现代性的基本特点是:以审美的原则、艺术自律的立场,批判和反对现代化运动的理性化、制度化和体制化及目的—合理化原则。美学学科特有的此种生发于启蒙现代性之内却兼具反启蒙现代性倾向的本质特征,现被称为美学现代性或审美现代性:美学现代性是理论性观念表达,审美现代性是实践性意识表达,故二者名称侧重有别,但实质相同。"审美现代性作为启蒙现代性的一种'他者'存在,旨在克服或改善启蒙现代性带来的消极的负面作用。"②以美学为视角,现代性就这样存在着审美现代性与非审美现代性即启蒙现代性的分野,而且作为一种学术研究的美学学科本身具有了启蒙现代性与凭借其研究对象的感性特质反思启蒙现代性的双重现代性品性。

必须指出的是,上述概略论及的现代性话语中的美学现代性言说基本是着眼于艺术审美,从而严重忽视了其中的自然审美维度(对此,本书一开始即已提到)。忽视也并不意味着没有。就西方审美史而论,自然审美的现代性展开并非像学界普遍认为的那样诞生于 19 世纪的浪漫主义时代,而应该追溯到经常被视为西方现代观念开端或现代性起源的人文主义兴起的文艺复兴时代。

瑞士学者布克哈特在《意大利文艺复兴时期的文化》第三章"自然美的发现"中的著名论述提供了确凿无疑的有力证明。"文艺复兴于发现外部世界之外,由于它首先认识和揭示了丰满的完整的人性而取得了一项尤为伟大的成就。如我们所见,这个时期首先给个性以最高度的发展,其次引导个

---

① 刘小枫将福柯用以界定现代性的心性态度、精神气质内涵推及审美领域,借"审美性"界定审美现代性:"审美性作为现代生活的形态和质态,当指现代市民的感觉样态、生存方式和精神气质,现代主义文艺和哲学是其敏锐的表达。""概略地讲,作为现代性的审美性的实质包含三项基本诉求:一、为感性正名,重设感性的生存论和价值论地位,夺取超感性过去所占据的本体论位置;二、艺术代替传统的宗教形式,以至成为一种新的宗教和伦理,赋予艺术以解救的宗教功能;三、游戏式的人生心态,即对世界的审美态度。"刘小枫:《现代性社会理论绪论:现代性与现代中国》,上海三联书店 1998 年版,第 306 页、第 307 页。

② 周宪:《审美现代性批判》,商务印书馆 2005 年版,"导言"第 11 页。

人以一切形式和在一切条件下对自己做最热诚的和最彻底的研究。的确，人格的发展主要在于对一个人自己的和别人的人格的承认上。"①在布克哈特看来，意大利人对于自然界之美的发现，同个人主义的出现密切相关。正是个人主义构成了当时人文主义世界观的基础，且表现在文艺复兴时期各个领域，自然美欣赏领域当然也不例外。因为中世纪人们的视野受到宗教信仰纱幕的遮蔽而影响到对客观世界和自我的观察、认识，但随着人们借助古典观念而复兴的人性的发现，随着一些有识之士一直暗中涌动和酝酿的自然审美意识的成熟，此种原本被遮蔽的自然在这个时代完全呈现出其美丽的容颜："在科学研究的领域之外，还另有一条接近大自然的道路。意大利人是现代人中最早看到和感到外部世界有美丽之处的。这种欣赏自然美的能力通常是一个长期而复杂的发展的结果，而它的起源是不容易被察觉的，因为在它表现在诗歌和绘画中并因此使人意识到以前可能早就有这种模糊的感觉存在。"②

　　布克哈特关于自然审美在人们通过诗歌、绘画等艺术作品呈现自然美之前就已经存在的提法尤值得注意。布克哈特特别提到"充分而明确地表明自然对于一个能感受的人的重要意义的是佩脱拉克——一个最早的真正现代人"，因为他"不仅是一个有名的地理学家……而且他也是一个自然美的亲身感受者。在进行学术研究的同时，他也喜爱大自然的享受……佩脱拉克也能欣赏山色的美丽，而且完全能够把画境和大自然的实用价值区别开来。"③这样，这位14世纪的意大利著名诗人、后被人称为"人文主义之父"的佩脱拉克成为布克哈特笔下自然美欣赏者的典型代表。就本书研究视角而论，这位不畏艰险，登临峰顶后"周围的景色……给人的印象使人感动得无法形容"④的"最早的真正现代人"无疑同时也是至少文艺复兴时期最早的自然美欣赏或自然审美作为现代性现象的代言人。我们看到，20世纪以接受美学而著称于世的德国美学家耀斯在概述关于自然审美经验的现代感受史时，同样将佩脱拉克视为一个典型予以历史性分析研究⑤。耀斯结合佩脱

① ［瑞士］布克哈特：《意大利文艺复兴时期的文化》，何新译，商务印书馆1979年版，第302页。
② ［瑞士］布克哈特：《意大利文艺复兴时期的文化》，何新译，商务印书馆1979年版，第292页。
③ ［瑞士］布克哈特：《意大利文艺复兴时期的文化》，何新译，商务印书馆1979年版，第294－295页。
④ ［瑞士］布克哈特：《意大利文艺复兴时期的文化》，何新译，商务印书馆1979年版，第296页。
⑤ 参阅［德］耀斯：《审美经验与文学解释学》，顾建光等译，上海译文出版社1997年版，第109－118页。

拉克攀登文图克斯山峰的一次经历及其记述,特别指出"佩脱拉克在 1336 年 4 月 26 日记下的一个事件中,开创了对于世界的一种新的审美好奇心和对自然的感觉经验",进而称佩脱拉克为现代感受史上西方人对自然风景产生审美经验的"开端"①。

无独有偶,布克哈特还提到与佩脱拉克同时期或比他晚若干年的诸多人士对自然的审美欣赏,如法齐奥·德利·乌贝蒂,15 世纪的里昂·巴蒂斯塔·阿尔伯蒂、佛兰德斯画派大师胡伯特和约翰·范·艾克、作家伊尼亚斯·希尔维优斯②等。布克哈特甚至深刻地揭示出上述人士对"自然美的发现"和"对于自然美的热爱"的现代性气质:"所有这些都是真正的近代享受而不是一种古代生活的回味。"③另如别的研究者指出的,比佩脱拉克晚百余年、以乔尔乔内为代表的威尼斯画派艺术家对自然的审美欣赏,也被视为文艺复兴时期西方人对自然美欣赏的证明④。

所以,单就被普遍认为自然审美觉醒得晚于中国至少千年左右的西方人的自然审美意识史而言,自然审美的现代性发生并不比艺术审美的现代性来得晚,在得现代性风气之先的 14—15 世纪的文艺复兴时期就已经明确发生了。那种认为西方人自然审美始于 17—18 世纪的论断⑤显然需要修正。应该说自文艺复兴之后,经由现代性诞生的 17 世纪启蒙主义时期、现代性全面启动的 18 世纪、卢梭等人引发的 19 世纪浪漫主义时期,西方人的自然审美逐渐进入或汇入现代性艺术实践及理论言说的历史洪流之中。同自然美赖以存在的审美及(审)美学是一种现代性现象一样,人与自然之间的一种独特的自然审美活动及其关系的产生也是一种现代性现象,而且同被人们习惯关注的艺术审美现象一起标志着一个新时代的到来。本书主体各章研究将会表明,正像就现代性而言,存在着启蒙现代性与审美现代性的分野且二者具有同等重要的地位一样,就审美现代性而言,也存在着艺术审美维度的审美现代性(或审美现代性的艺术审美维度)与自然审美维度的审

---

① [德]耀斯:《审美经验与文学解释学》,顾建光等译,上海译文出版社 1997 年版,第 108 页、第 109 页。耀斯同时将卢梭称之为西方人对自然风景产生审美经验的"高潮",且与彼特拉克进行了比较研究。对此,可参阅本书第一章第三节相关引述。

② [瑞士]布克哈特:《意大利文艺复兴时期的文化》,何新译,商务印书馆 1979 年版,第 134 页和第 300 页注①、第 297 页、第 297 - 298 页。

③ [瑞士]布克哈特:《意大利文艺复兴时期的文化》,何新译,商务印书馆 1979 年版,第 292 页、第 299 页、第 300 页。

④ 参阅[意]孔蒂:《文艺复兴艺术鉴赏》,李宗慧译,北京大学出版社 1988 年版,第 52 - 54 页。

⑤ 如德国当代学者库宾曾指出,西方人对自然美的欣赏"在绘画中,直到 17 世纪(荷兰),在文学则直到 18 世纪才确定下来"。[德]库宾:《中国文人的自然观》,马树德译,上海人民出版社 1990 年版,第 1 页。

美现代性(或审美现代性的自然审美维度)的分野且二者也具有同等重要的地位。这也正是本书将针对自然美问题——或者说就人而言自然与美的关系问题——而展开的自然美学研究称之为现代性自然美学的原因。

(二)自然美学的诞生及其现代性意义

1. 自然美学的诞生及其重要发展节点

正如前文已指出的,自然审美概念不仅意味着一种实践活动的存在,也意味着一种作为对此自然审美活动予以反思的理论性存在,而此理论性存在就是本小节所要阐发的作为现代性学科的自然美学话语,此话语与前述自然审美现代性结伴前行并成为其存在的理论证明。

首先,自然美学的诞生,通过"自然美"和"美的自然"等概念的正式出现得以证明。"自然美"概念究竟最早于何时由何人始用,这里暂无确切答案。可以设想,在前述布克哈特所称的以佩脱拉克为代表的"自然美发现"的 14 世纪,人们应该已经使用"自然美"或"美的自然"概念。就笔者接触的文献而言,法国建筑家布隆代尔在其《建筑教程》中即提到"自然的美"概念:"我在某种程度上同意某些人的意见,他们确信存在着一种自然的美。他们认为在建筑中、也在它的两个同伴中——即雄辩术和诗歌中——甚至在芭蕾舞中也存在着某种统一的和谐。"[①]被称为"卢梭的先驱"之一的法国作家费讷隆在其《致法兰西学士院书》(1693)中则明确提到"自然的美"概念:"美不会因属于全人类而贬值,它会更有价值。稀有是自然的缺陷和匮乏。我想要一种自然的美,它不需要靠新颖来惊人,我希望它的优雅永不过时。"[②]上述两例无疑可视为是对 17 世纪自然审美活动及其理论言说的又一证明,而且这里的"自然美"似乎不排除具有自然而然的浑然天成美的意味。

更为鲜明地在美学语境下使用"自然美"(natural beauty)概念的大概要数 18 世纪英国经验派美学家。比如,休谟在其名著《人性论》第二卷第一章第八节"论美与丑"(of Beauty and deformity)一节在与"道德美"并列的语境下提到了"自然美":"自然的美和道德的美(natural and moral beauty)(两者都是骄傲的原因)所共有的因素,只有这种产生快乐的能力。"[③]其确切

---

① 转引自[英]贡布里希:《艺术发展史:艺术的故事》导论译注,范景中译,天津人民美术出版社 1991 年版,第 374 页。

② 转引自[美]洛夫乔伊:《观念史论文集》,吴相译,江苏教育出版社 2005 年版,第 85 页。"卢梭的先驱"一语参阅同上书,第 223 页。

③ [英]休谟:《人性论》下册,关文运译,商务印书馆 1980 年版,第 335 页。文字根据该书英文原版有改动。

内涵虽然难以判断,但其美学语义似乎也显而易见。又如,白克在其美学代表作《论崇高与美两种观念的根源》中写道:"我更确信比例(美)的赞成者们把他们人为的观念转嫁给了自然,而不是向自然借用他们在艺术作品中所运用的比例;因为在这一论题的任何讨论中,他们总是尽快地逃离属于植物界与动物界的自然美的广大领域,而用建筑学的人工线条与角度来支持自己的观点。"①由同"艺术作品"形成对举之势的语境看,此"自然美"无疑侧重于指外在自然事物的自然美。

伯克所谓的"植物界与动物界的自然美广大领域"或许可以通过有学者已经指出的当时文化精英所热衷的"无人风景"得以印证:"在 18 世纪的英国,文化精英们共有一个想象的共同体,即图绘的,印刷的和实有的'无人风景'。"②所谓"实有的'无人风景'"显然有别于司空见惯的一些艺术作品中描绘的作为人物背景的自然风景,而是具有了独立现实存在意义的自然美景本身;文化精英们对由艺术美中展示的自然美景与大自然实际存在的自然美景所构成的所谓"共同体"的想象,则无疑标志着自然审美在 18 世纪的英国已经成为一种现代性想象或存在。

据韦勒克研究,"美的自然"(la belle nature)概念在伯克时代的法国新古典主义那里已经得到了提倡,且已非常通用:"这一概念是从一种美术理论中抽绎而来";提出"美的艺术"(beaux arts)概念的巴托的《美的艺术化为一条原理》在阐述模仿说时运用"美的自然(la belle nature/beautiful nature)"概念,"把模仿'美的自然'作为各门艺术的一般原理";与巴托同时的狄德罗也明确使用过"美的自然"这个概念,他提出"模仿自然还不够,应当模仿美的自然"③。

由"美的自然"与"美的艺术"术语同时产生这一事实,我们可以推断,作为审美学重要范畴的"自然美"这一概念,首先是以与"艺术美"相对的意义来使用的,而且最迟在 18 世纪中叶已经比较流行。

其次,自然美学的诞生通过"自然美学"概念得以证明。在"美学之父"

---

①　参见[英]伯克:《崇高与美:伯克美学论文选》,李善庆译,上海三联书店 1990 年版,第 112－113 页。文字根据该书英文原版有改动。英国哲学家亚历山大曾基于其"有必要首先进入艺术之美,以便能真正理解自然之美"的认识批评伯克:"自自然物体开始探讨优美和崇高,这必然会陷入令探讨者在进入艺术领域时困惑不已的两种错误中之一。他不能通过自然之美进入艺术之美,任何人都不能。"参见[英]亚历山大:《艺术、价值与自然》,韩东晖等译,华夏出版社 2000 年版,第 21－22 页。

②　[美]达比:《风景与认同》,张箭飞等译,译林出版社 2011 年版,第 12 页。

③　[美]韦勒克:《近代文学批评史》第 1 卷,杨岂深、杨自伍译,上海译文出版社 2009 年版,第 9、21、66 页。亦可参阅[德]卡西尔:《人论》,甘阳译,上海译文出版社 1985 年版,第 178 页。

鲍姆加登的标志性著作——《美学》中,"自然美学"(一译"天然美学")的拉丁文形式"aesthetica natvralis"已经出现,且有专门章节予以讨论。鲍姆加登在全书第一段给出美学定义之后,紧跟着的第二段即指出:"在自然状态中,低级认识能力未经任何方法的训练,只是通过使用而得以发展,这种状态可称为自然美学。如同自然逻辑学一样,自然美学可以分为先天的(指天生的美的禀赋)和后天的自然美学,后者又可以分为理论性的和实用性的。"紧随其后的第三段又写道:"美学作为艺术理论是自然美学的补充"①。此后,《美学》还用大量段落围绕此概念展开阐述。

这里有三点值得说明:第一,鲍姆加登的"自然"明显侧重于指称人的内在自然,因而其"自然美学"(或者"自然审美"?)界说强调的是人使"低级认识能力未经任何方法的训练,只是通过使用而得以发展"的"自然状态"或"天然状态";第二,就"自然美学"同"作为艺术理论"的"(艺术)美学"关系看,鲍姆加登赋予"自然美学"同"艺术美学"相提并论甚至优先/高于后者的崇高地位(或许是因为自然美学侧重于内在);第三,同其整部《美学》建基于其"美学的目的是感性认识本身的完善(完善感性认识)。而这完善也就是美"的、关于美学/审美/美的②"完善"说,鲍姆加登差不多同样强调"自然美学"及自然审美/自然美的自身内涵的完善意味,及其之于由感性到理性的完善或构建人性的特别价值。

简言之,美学之父鲍姆加登的"自然美学"是侧重研究人的内在自然的自然美学,它虽然尚未明确涉及人的外在自然及人之外的自然内涵,因而同当代语境中的"自然美学"从内涵上讲有明显不同,但其重要性仍然不可小觑。因为作为理性主义哲学家和美学家的鲍姆加登提出"自然美学"概念,显而易见地存在着一种由知识理性驾驭感性人性、从而使之臻达完善的启

① ［德］鲍姆加登:《美学》,简明等译,文化艺术出版社1987年版,第13页。笔者注意到最新中译将此概念译为"天然美学",上引文字分别被译为:"只通过运用、无须教条学说而被提升的低级认知能力的天然状态,可以被称为天然美学,正如人们在天然逻辑学中的习惯做法一样,它可以被分为一种天生的即一种天生的美的天赋之美学和一种习得的美学,而后者又分为教学的和运用的。""作为天然美学之补充而登台亮相的技艺美学(artificialis aesthetica)"［德］鲍姆加登:《美学》,贾红雨译,载高建平主编:《外国美学》第28辑,江苏凤凰教育出版社2018年版,第5页。

② 这里之所以将"美学""审美"和"美"三个术语并列一体,是因为从鲍姆加登《美学》对三者的使用虽然存在表述及其具体使用上的差异,但赋予三者的目的性内涵则完全一致,这就是沿袭自莱布尼兹和沃尔夫理性主义哲学的"完善"(perfection)说。参阅朱光潜:《西方美学史》上卷,人民文学出版社1979年版,第293—300页。由此也可看到,在无论西方还是中国的美学研究中,上述三个概念之所以被经常混同使用,在这位美学之父这里可以找到最初始根据。下文的"自然美学/审美/美"表述与此相似。

蒙现代性并美学现代性旨趣。只是鲍姆加登始用的"自然美学"概念并未像他创立的"美学""审美"概念一样流行。"自然美学"概念被广泛使用,大致始于20世纪六七十年代环境美学与生态美学的兴起。

最后,"自然美学"的真正诞生,需要概念命名和学科定位,更需要学理性的学科理论建构及其在不同阶段的历史演化和发展。换言之,本书所谓的"自然美学"一方面是经由自然美问题史上诸多自然美观念历史性地建构起来的,另一方面也是经由愿意涉足此领域的研究者逻辑性地建构起来的。然而,从学术思想史上出现的形形色色的自然哲学著作而言,更为司空见惯的是"自然哲学"而非"自然美学"的历史与逻辑建构。在此过程中,"自然美学"并未因自然哲学不断被讨论而在作为一门哲学分支学科的美学内部被人注意到、从而同自然哲学一样被历史与逻辑性地被建构起来。相对于自然哲学,自然美学在美学成为独立的哲学分支学科之后,并未成为一个引人瞩目的美学分支学科,虽然在18世纪中叶鲍姆加登已经用到"自然美学"这个概念。

对自然美学率先予以事实性学科建构的人是将自然美纳入焦点且给予多维度探究的德国哲学家康德。正如康德成为美学学科和作为美学学科研究对象的审美问题(如作为美学和审美第一原理的审美无利害说)的实际理论奠基者一样,他也成为诸自然美问题及由此形成的自然美学领域的实际奠基者。康德在1790年完成的《判断力批判》对自然美概念五重内涵的梳理中,既包括自然事物之美的自然美,也包括浑然天成之美的自然美。康德更看重自然美较之于艺术美的道德人性建构意味,其"美是道德的象征"的著名命题基本是针对自然美与自然的崇高提出的。

康德之所以能成为自然美学事实上的真正奠基人,除了自己的问题性指引之外,他之前的法国启蒙思想家卢梭以"回归自然"为核心的自然及自然美思想、英国经验派美学家伯克明确提出的"自然美"概念及其美和崇高的分析思想也成为康德自然美学赖以"横空出世"的重要资源背景。尤其是卢梭,如若缺少他包括自然美观念及其功能价值在内的启蒙思想的影响,很难想象会有康德对自然美问题的高度关注及其道德与目的论视域下自然美概念内涵的多重论证。正因如此,本书专章论述的西方第一位"自然美学家"是卢梭。

康德之后,按其宏大的理念论哲学体系被动进入自然美论域的是黑格尔。尽管他在谢林艺术哲学建构基础上不无武断地将美学规定为美的艺术的哲学,从而将自然美合法地排除于美学研究对象之外,但在其哲学及艺术哲学美学框架内仍然对自然美予以既责难又论证的矛盾化处理。尽管黑格尔贬低同艺术美相对的、自然事物之美内涵上的自然美,但他甚至也论及并推崇自然天成之美意义上的自然美。黑格尔艺术哲学视域中的自然美研究使得自然美同艺术美的关系从此成为一个绕不开的美学问题。从自然美角度而言，正是黑格尔开启了对自然审美本质特征及其有别艺术审美的欣赏模式问题的思考方向。虽然此方向只有到当代环境美学出现之后，才真正成为被追问的对象。

以艺术哲学美学而著称的黑格尔的美学研究，给完全有资格进入美学家族、从而作为其分支学科之一存在的自然美学，给予颇为不利甚至是毁灭性的影响。虽然不排除极少数学者或美学家仍然时不时会关注自然美问题——比如19世纪中后期北美关注自然问题的梭罗、马什与穆尔以及20世纪上半期的桑塔亚纳和杜威①，但在20世纪后期以前甚至迄今流行于西方的基本是以艺术为中心的美学体系。正如研究者指出的："现代美学已逐渐被等同于艺术哲学或艺术批评的理论……许多熟悉的美学问题现在都已证明它们涉及的是和艺术作品的解释和价值相关的'关联性问题'。"②"几乎任何一本西方的美学著作都把艺术问题放在首位，即使美学家仍在以美学的名义写书，但所写的往往是一种艺术哲学或近于艺术哲学的东西。这是什么原因呢？其中一个原因就是人们对自然美的兴趣已大为降低，对美的形而上学的探讨也已失去往日的热情。"③譬如，在马戈利斯1965年7月载于《美国哲学季刊》第二卷第三期的《美学近况》④所列英美两国1960年代中期以前详细的美学研究文献中找不到一篇题含自然美的自然美专题文章。在此背景之下，即使自然美问题得到讨论，也是为了映衬艺术美。可以说，关于自然美研究基本处于被艺术研究所压制的状态，自然美学整体上被艺术哲学遮蔽了，没有其独立地位。

20世纪中叶，阿多诺的《美学理论》曾尖锐指出了出现这种情况的原因：在康德对自然美做过敏锐的分析以后，从谢林的《艺术哲学》开始，由于人类理性的过分膨胀，西方美学就几乎只关心艺术作品，从而中断了对自然美的任何系统研究⑤。事实上，即使是重视自然美、因而其《美学理论》第四

---

① 参阅［加］卡尔松：《环境美学：自然、艺术与建筑的鉴赏》，杨平译，四川人民出版社2006年版，第15-16页。文字根据该书英文原版有改动。

② ［英］玛瑟西尔：《美的复归》（牛津，1984年），转引自朱狄：《当代艺术哲学》，人民出版社1994年版，第3页。

③ 朱狄：《当代艺术哲学》，人民出版社1984年版，第1页。

④ 参见［美］李普曼编：《当代美学》，邓鹏译，光明日报出版社1986年版，第13-50页。

⑤ 另外，秉承了盎格鲁—撒克逊文化传统，只专注艺术问题研究和语言分析，至今仍然"占据绝对主导地位"的"分析美学"主潮，实际也充当了自然美问题被"置于理论盲区"或者"掩盖在艺术哲学的阴影当中"的"急先锋"。参见刘悦笛：《自然美学与环境美学：生发语境和哲学贡献》，《世界哲学》2008年第3期。

章专门讨论自然美的阿多诺本人,他也依旧是在艺术哲学的范围内说这番话的,因为他明确说"对自然美的思考,是构成任何艺术理论不可缺少和不可分割的一部分"①。自然美学之于艺术哲学或艺术理论的婢女身份一如其旧! 因此,虽然从卢卡奇开始的所谓西方马克思主义哲学美学中不乏关注自然与自然美问题的理论家,但基本仍然是以艺术而非更为广泛的审美活动为研究对象的美学研究中关注论及自然美的,从而整体并未赋予自然美以独立的自然美学价值。不仅上面提到的有专章"自然美"研究的卢卡奇和阿多诺是如此,其他如零星却不无新意地关注自然美问题的本雅明、马尔库塞②以及在一定程度上深刻论及自然问题的霍克海默、施密特、莱斯更是如此。

当然,在阿多诺说这番话的 20 世纪 60 年代后期,情况已经开始有所改变。在现代工业发展给自然和人带来无可补偿的破坏性与危机、生态与环境问题日益凸现的现代性背景下,以英国赫伯恩发表在《英国美学杂志》1963 年第三期上的《对自然的审美欣赏》一文③为明显标志,自然美问题复始赢得不少有识之士的极大兴趣④。尤其是 20 世纪 70 年代以降,传统的自然美观念与生态学、环境科学、环境伦理学、生态伦理学、环境美学及生态美学等学科互相影响,一批涉及自然美与自然美学问题的论文专著陆续问世。其中较为活跃的学者如罗尔斯顿、哈格洛夫、卡尔松、伯林特、巴德、帕森斯和摩尔等。罗尔斯顿的《环境伦理学》和哈格洛夫的《环境伦理学基础》强调自然本身的审美价值,并以之作为环境伦理学及环境保护运动的本体论论证与理论根据。卡尔松和伯林特是以其环境美学研究而著称于当今西方美学界的两位代表,分别在其《环境美学:阐释性论文集》《美学与环境:自然、艺术与建筑的鉴赏》《自然与景观》和《环境美学》《生活在景观中:走向一种环境美学》等著中,力图建构一种不同于艺术美学传统的关于自然与环境的体验感知模式以及相应体系的环境美学。他们不仅频繁使用自然美学概

---

① 参见[德]阿多诺:《美学理论》,王柯平译,四川人民出版社 1998 年版,第 110 页。文字根据该书英文原版有改动。

② 系马尔库塞《阻碍革命和反抗》第三章,参阅[德]马尔库塞:《审美之维马尔库塞美学论著集》,李小兵编译,生活·读书·新知三联书店 1989 年版。

③ 中译文载[美]李普曼编:《当代美学》(邓鹏译,光明日报出版社 1986 年版)第 365－381 页。此文后收入 1966 年版的《英国分析哲学》第 285－310 页,但题为《当代美学及对自然美的忽视》。在此文中,赫伯恩既不无遗憾地指出了当代美学忽视自然美的严重倾向及其原因,也深刻地揭示了自然审美欣赏(相对于艺术鉴赏)所具有的鲜明特征与意义。由于此文论及处于环境整体中的自然对于自然审美鉴赏的意义,赫伯恩因此也被视为当代环境美学的先驱性人物。

④ 参见[加]卡尔松:《自然与景观》,陈李波译,湖南科学技术出版社 2006 年版,第 5 页。

念,也深入论及有别于艺术审美的自然审美的模式等自然美学问题。卡尔松《美学与环境》的第一章标题即"自然美学",且在此章伊始首先简要回顾了自然美学的历史①。以此为基,以巴德的《自然审美欣赏:自然美学论文集》、帕森斯的《自然美学》、摩尔的《自然美:超越艺术的美学理论》为代表的自然美学研究显得更加名实相副,这从把自然审美与自然美学本身作为研究对象即可见一斑。尤其是巴德,他在述评传统美学及环境美学家观点的基础上,不仅勾画了自然美学的基本概貌,还明确提出了不同于卡尔松肯定美学模式、伯林特介入美学模式的"自然作为自然"的自然鉴赏模式,表现出建立有别于环境美学的自然美学之决心,在一定意义上成为"自然美学"获得新生或在新时代正式登场的标志。不过,巴德也跟上述其他关心自然美问题的美学家一样,将"自然美学"跟其他相关美学如环境美学等未作区分②,也忽略了卢梭、黑格尔、马克思、海德格尔和杜夫海纳等人自然美观念。

在本书的研究框架中,不仅有明显发表过有关自然美言论的卢梭、康德、黑格尔和当代环境美学——他们的自然美观念在一定意义上代表着自然美学的功能、内涵、特征与欣赏模式维度,而且有似乎没有直接发表过自然美言论的产生世界性影响的思想家马克思和海德格尔,以及审美经验现象学美学家杜夫海纳。马克思的涉及内外在自然的"自然人化"思想及其开辟的马克思主义实践论美学对于双重内涵的自然与自然美的社会历史根源之论述,使本书将它作为构建自然美学根源维度的重要资源。海德格尔基于其现象学背景的自然与美的思考,尤其是在其存在论哲学视域下,结合荷尔德林诗的阐释,对古希腊语"自然"(φύσις/physis)和德文"Ereignis"(日常义为"事件",中译则有"大道""存有""本有""自然"等数种)概念挖掘而表达出来的兼及外自然物与自然而然本性意义上的"自然""美"本质观,对理解自然美及自然审美存在本质显然具有重要价值;还有从审美经验现象学进入自然美研究的法国美学家杜夫海纳,比海德格尔更为直接地对自然美给予现象学意义上的本质论阐述。正因此故,本书也将他们两人作为构建自然美学本质维度的重要资源。

自然美学并非一些关心此学科的学者一厢情愿的虚构,它其实就以各

①　参阅[加]卡尔松:《环境美学:自然、艺术与建筑的鉴赏》,杨平译,四川人民出版社2006年版,第13-17页。文字根据该书英文原版有改动。

②　比如,巴德在关于自然美学概述的《Aesthetics of Nature: A Survey》长文中不仅将"自然作为自然的审美鉴赏",也将"环境形式主义""介入美学""肯定美学"等多种模式视为自然美学的构成部分。参阅[英]巴德:《自然美学的基本谱系》,刘悦笛译,载《世界哲学》2008年第3期。

具特色的问题向度贯穿于中西美学思想史上卢梭、康德、黑格尔、海德格尔等思想家和老庄道家、马克思主义、环境美学、生态美学等美学流派的自然美思考中。简言之，自然美学是研究双重内涵的自然审美活动及其自然美的(审)美学分支学科。自然美学以研究自然美与自然审美为己任，关注自然事物之美和浑然天成本性之美双重内涵的自然美，可谓对人与内外在双重自然审美关系进行反思的人文学术研究。它同环境美学、生态美学及生活美学等相关美学，既有明显区别又有不同程度的密切联系。美学家族不应只有艺术美学和社会美学，还应当有一般与二者有别并列、在浑然天成之美意义甚至可涵盖统摄二者的自然美学。从审美分类学角度以观，它不仅与艺术美学(包括文艺美学)、形式美学以及社会美学等相对，而且与优美美学、崇高美学、悲剧美学、喜剧美学等相对。

　　2. 自然美学的现代性意义

　　诚如哈贝马斯所指出的，"要是循着概念史来考察'现代'一词，就会发现，现代首先是在审美批判领域力求明确自己的。"因而，"现代性的哲学话语在许多地方都涉及现代性的美学话语，或者说，两者在许多方面是联系在一起的。"①美学学科本身就是欧洲启蒙运动与现代性的产物。上述关于自然美学诞生的事实已经表明，作为美学家族中一员的自然美学的产生是一个地地道道的现代性现象。

　　然而，长期以来在美学研究领域提起现代性，人们时常会将目光聚焦于与现代性同时诞生的、关于艺术美的艺术哲学美学话语，以致同样处于现代性进程中的自然美的自然美学话语自觉不自觉地遭到冷遇乃至排斥。在谢林、黑格尔开辟的美学即艺术哲学的美学知识学背景下谈论现代性，自然美与自然审美并非必要的论域，人们更习惯通过 17 世纪开始的启蒙运动中出现的美的艺术或艺术美问题来展开讨论。从上述关于现代性的论断或诊断中不难发现，正像在审美发生学研究中充斥着重视艺术审美而忽视自然审美的偏见、在美学学科内部充斥着重视艺术哲学或艺术美学而忽视自然美学的偏见一样，在美学现代性研究中也明显充斥着重视艺术美现代性而忽视自然美现代性的偏见。

　　事实上，当美学学科在其创立的启蒙时期不可避免地成为现代性的规划议题之时，自然美就作为一个问题同艺术美等问题一起在第一批现代性思想家的哲学话语中崭露头角。可以说，最初的几乎所有著名启蒙思想家在发表

---

①　[德]哈贝马斯：《现代性的哲学话语》，曹卫东译，译林出版社 2004 年版，第 9 页、"作者前言"第 1 页。

其美学理论的同时,都不同程度地发表过一定的自然美理论。现代性哲学话语的表达者同时也是现代性美学话语和本书关注的自然美学话语的表达者。

人类关于自然美欣赏或自然审美的最早时间甚至可追溯到史前石器时代,人们对自然美和自然审美的思考也可谓古已有之,但只有在西方 14 世纪至 18 世纪诞生并逐渐成熟的现代性分化进程中,在艺术美、自然美观念同美学学科、自然美学思考几乎同时诞生的启蒙理性现代性与审美现代性共同发展的过程中,自然美和自然美学才真正成为一个现代现象。正像在此过程,"艺术"与"美"概念两相结合,孕育、诞生了现代的"艺术美"概念一样,"自然"与"美"概念两相结合,孕育、诞生了现代的"自然美"概念。

本书虽然贯穿着对自然美问题的历时性研究线索,但无意将所有涉足自然美问题研究的重要美学家囊括殆尽、从而成为一部系统的自然美学观念史或自然美学思想史著作,而只是对笔者感兴趣的若干美学家的自然美学思想之现代性视域下的专题性研究,也即关于现代性思想进程中具有代表性的若干自然美学思想的"导论"。本书整体以西方自然美思想发展史中的几个代表人物或流派的自然美观念为研究重点。作为非西方文化传统,同时身处 20 世纪以来现代性语境下的中国古典美学和现当代美学中重要的自然美观念不能不引起我们的重视。因而,除各章(尤其是第四章)不时涉及中国最有代表性的自然美学之外,本书专设第六章以论述之:先回溯最具代表性的道家美学自然天成之美意义上的自然美观,总述作为中国古典美学核心自然美范畴的自然美观念即自然天成美自然美观,再梳理 20 世纪以来西方美学影响下的中国自然美观念的演化历程,即从对自然物之美的高度关注到生态美学视域下的特别研究的具体内容要点及其现代性,并借此阐释中国美学史上的自然美观念对于自然美学的重大贡献。此章将这种深处现代性情境中的由古及今的中国自然美研究,称之为现代性自然美学的中国维度。

三、现代性自然美学视域下自然美研究的价值

在当代形形色色的社会与人文科学领域,直接间接论及现代性的汗牛充栋的研究文献表明,"现代性"是一个"炙手可热"(甚至因此令一些人生厌)的话题,也是一个复杂得令一大批有识之士着迷并为此殚精竭虑、冥思苦想的言人人殊的理论难题。本书将现代性引入自然美与自然美学研究的真正动因,完全是问题性使然,而不是赶时髦或一味追逐学术热点。

文艺复兴以降,外在自然与人的内在自然(本性)一直是西方启蒙理性

或现代性控制的对象.西方美学史上不同思想视域中的自然美观念虽然整体仍处于启蒙现代性框架内,但在一定意义上成为各具特色地对抗此控制的独特表达,因而具有不同程度的审美现代性特征,同时对有别于其他美学分支学科的自然美学之问题系统具有深刻的构建意义。20 世纪以来,汇入西方现代性洪流的中国美学自然美之思,带着自己的问题经历了从外在自然物之美到生态美学的历史嬗变。随着现代性与自然美学术的不断成熟,贯穿整个中国古典美学尤其是道家美学中的浑然天成之美自然美,可谓最具更新现代性旧有动力机制的重要资源,因而理应受到关心中国古典美学及中国美学未来学者的高度关注。

基于以上认识,本课题将经常与艺术美相提并论甚至有时被收编于艺术美学的自然美研究称为现代性的自然美学研究。笔者以为,此种现代性自然美学视域的自然美研究的价值,应该不只是针对自然美问题本身的,也是针对其他美学问题甚至是美学基本或关键问题的;不只限于美学学科内部的,也是跨学科或涉及整个人类思想的。

首先,现代性自然美学视域中的自然美研究对于自然美学具有学术意义。基于由内外在自然之区分(即作为自然物的自然与作为浑然天成本性的自然)而带来的两种自然美的区分,自然美学是美学的一个分支学科,从审美分类学角度以观,它不仅与艺术美学(包括文艺美学)、形式美学以及社会美学等相对,而且与优美美学、崇高美学、悲剧美学、喜剧美学等相对。简言之,所谓自然美学,即研究自然审美活动及其自然美的(审)美学分支学科。通过对自然审美活动中的自然美及其相关问题的追思,对自然审美意识发生及中西美学理论史上有代表性的自然美观念的系统研究与梳理,能使我们深切地理解自然美的概念、根源、本质、功能与意义,从而真正建立起有别于艺术美学且更具涵盖性的自然美学。

单凭概念本身而言,"自然美"似乎只有其表层不言而喻的义涵,即自然事物或自然现象的美。国内美学工具书与教科书也几乎都是如此界定自然美概念的。但在有的美学家看来,"自然美"并非一个自明的概念。朱光潜很早就表达了他对"自然美"概念的困惑:"一般人常喜欢说'自然美',好像以为自然中已有美,纵使没有人去领略它,美也还是在那里……其实'自然美'三个字,从美学观点来看,是自相矛盾的,是'美'就不'自然',只是'自然'就还没有成为'美'……如果你觉得自然美,自然就已经过艺术化,成为你的作品,不复是生糙的自然了。"①不难看出,在朱先生审美即艺术、艺术即

---

① 朱光潜:《谈美》,《朱光潜美学文集》第一卷,上海文艺出版社 1982 年版,第 487 页。

美的文艺理论美学观的视域中,自然美概念本身就不具备其存在的合法性。事实上,由于"自然"与"美"概念的各自复杂性,被人们普遍使用的"自然美"概念的复杂性仍然没有被美学界深入关注。

对自然美概念及其本质大有深入追究的必要:我们在用"自然美"这个概念时它究竟意味着什么? 作为一种审美与美的类型,自然美概念的分类依据何在? 或许我们还应该继续追问:自然美何以可能? 自然美何以会成为一个美学问题? 而且,它仅仅是一个美学问题吗? 自然美的意义何在? ……在此种种追问之途中,有别于其他美学分支学科的自然美学也就得以彰显自身并逐渐获得其独立地位,而这正是自然美研究的首要意义。

其次,现代性自然美学视域中的自然美研究对于整个美学具有学术意义。具体而论:

第一,从美学研究的关键问题看,通过自然美概念及相关问题的梳理与研究有助于对美的本质问题的理解或解答。无论是在西方还是在中国,自然美曾经是一个备受争议的问题,而自然美之所以难以明断,就在于它可以牵带出美的本质问题。众所周知,我国的首次美学论争的核心即是所谓美的本质问题,而自然美又被视为是对美的本质问题解答的要害,以至被称为"美学的难题""绊脚石""危险三角区""阿喀琉斯的脚后跟"及"美学家的试金石"①。即便在美的本质问题不再时兴的今天②,只要谈论美是什么的问题,自然美也仍然会成为一个绕不开的问题横亘于研究者面前。再如,西方当代环境美学所宣示的"肯定美学"与"介入美学"就是在对自然美研究中提出的。

第二,从美学的研究对象看,对自然美的研究与重视在客观与主观层面都有一种矫枉纠偏的意义,这对长期以来美学研究对象问题上根深蒂固的"艺术中心论"的固执与迷狂有可能产生一定的冲击。换言之,对自然美的研究是"与整个美学基本理论有关,也就是说,它将促使我们对流行的以艺术为中心的美学体系做出适当的修正和调整"③。此外,对自然美的深入理解,还有助于理解它与艺术美的关系,进而深入把握艺术美乃至社会美、形

---

① "美学的难题"参见李泽厚:《美学四讲》,生活·读书·新知三联书店 1989 年版,第 87 页。"绊脚石"语出朱光潜先生的《美必然是意识形态性的——答李泽厚、洪毅然两同志》(《学术月刊》1958 年第 1 期)"危险三角区""阿喀琉斯的脚后跟"与"美学家的试金石"语均出萧兵先生的《自然美的两种形态——着重论述未经劳动加工的自然美》,原载《淮阴师专学报》1982 年第 2 期。

② 据彭锋研究,继 20 世纪美学和艺术领域的"美的遗忘"之后,"美的回归"一经批评家希基在 1993 年提出,遂"在美学界、批评界和艺术界都引起了极大的反响,美的问题重新成为美学家、批评家和艺术家谈论的热门话题"。彭锋:《回归:当代美学的 11 个问题》,北京大学出版社 2009 年版,第一章。

③ 彭锋:《美学的感染力》,中国人民大学出版社 2004 年版,第 188 页。

式美的本质特点。事实上,尽管以艺术为中心的美学体系"几乎不关心自然美本身,然而,在涉及对艺术经验的分析的关键问题时,它却反复地将我们对艺术品的审美态度与对自然的审美态度做比较"①,而这正说明了自然美问题对于理解、解决艺术美问题的重要意义。

第三,从美学研究的根本目的看,作为哲学的一个分支学科与现代人文学科的骨干学科,美学——特别是作为基础学科与理论学科的原理意义上的美学——的终极意义在于追求与建构人类价值体系,实现人的审美化生存,而借助自然美这一特定的问题、视角,通过对自然美问题全方位、多层面的研究,就能为理解并实现美学的上述目的助一臂之力。例如,通过对自然美两重概念内涵及关系的辨析与梳理,我们可以更加深入地理解审美活动的人性显现与人性建构意义,在一定意义上彰显美学作为第一哲学的独特价值。

再次,现代性自然美学视域中的自然美问题具有跨学科意义。一旦在传统的艺术哲学美学、文艺理论美学或文艺心理学美学之外进行开拓,加入自然美学等非艺术学美学,美学的视野就会变得宽广,美学本身也就具有了一种跨学科结构。自然美问题在美学学科的跨学科发展中扮演的重要角色也能就此得到真切理解。

具体而言,自然美问题的跨学科意义主要体现在美学或作为美学分支学科的自然美学同美学之外的其他学科及其分支学科的交叉融合而促成的新的边缘学科或交叉学科的兴起与繁荣上。如生态学、环境学、环境生态学、自然旅游学、自然哲学与美学或自然美学融合而产生的生态美学、环境美学、环境生态美学、自然审美哲学、自然旅游美学等。这既可以说明作为美学问题之一的自然美对于其他学科的贡献,也可以从另一个角度说明自然美对于美学学科的意义。比如,自然美对于所谓新自然哲学的意义。人们以为存在两种自然哲学:一是所谓旧自然哲学,它把自然作为外在的对象和存在者来认识与把握,这实际是自然科学的作风,严格来说已经属于科学而非哲学;一是所谓新自然哲学,它以思考自然本身为己任,强调人与自然的天人合一关系,显现自然、敞开自然是其任务,"新的自然哲学可能不再以一个知识门类出现,而是一种广泛的思想运动"②。不难设想,在这样一个广泛而全新的自然哲学的思想运动中,自然美观念无疑会占据一个十分重要

① [英]赫伯恩:《对自然的审美欣赏》,见[美]李普曼编:《当代美学》,邓鹏译,光明日报出版社1986年版,第375页。

② 吴国盛:《自然哲学的复兴》,载吴国盛:《追思自然——从自然辩证法到自然哲学》,辽海出版社1998年版,第372页。

的地位。再如,在曾经沉寂多年的美学与环境学、生态学等现代新兴学科的相互促动而产生并兴盛的生态美学与环境美学的带动下,自然美一直可谓美学研究与发展的一个学术增长点。

最后,现代性自然美学视域中的自然美研究具有实践意义。这就是自然美问题研究对于推进丰富多样的自然审美文化建设、有效解决当今文化实践中的各种矛盾等方面的现实功能。提起这一点,人们很容易想到自然审美与自然美本身及其研究对于理解自然生态环境保护的切实意义。的确,我们很难设想一个对山水自然、生态环境充满热爱、珍惜、欣赏并敬畏的人会肆意践踏、破坏、污染它。但自然美研究的实践意义还不只限于此。众所周知,正是在人与自然的交往过程中,产生了不同的自然观,因而可以说自然观是人与自然关系的哲学表达。而且随着人与自然交往的不断发展升华,又使一种新的自然观成为可能,这就是人的自然审美活动及其自然美观念。毋宁说自然美是人的一种审美自然观。

一旦不只在非人工世界的总称内涵上理解自然,而且在包括人在内的所有事物的一种本性内涵上理解自然;一旦把自然美不仅理解为外界自然事物在审美活动中发生的美,而且理解为一切虽系人工事物及人类行为但在审美活动中却给人以自然而然的非人工性的美,那么,自然美研究的现实人生实践意义就不难理解了。可以说,作为人的一种现实审美类型,更作为人的一种本真存在方式,自然审美与自然美的实践意义即在于我们能将与自然事物照面时真正把握到的一种自然而然的美,自然而然地推及到人与自身,人与自然界、人生社会、艺术世界等各个人生场域之中的实践活动中。鲍桑葵曾写道:“人所以追求自然是因为他已经感到他和自然分开了。”①在无数巧夺天工的人工造物爆炸式地充斥我们生活的全球化时代,在人工智能技术一路高歌、突飞猛进的互联网加时代,关注自然美的现实意义,正在于在对自然事物与自然现象之美的欣赏与中,有可能促使我们对人工造物的执着性有所警醒与节制,从而进入本然本真而自由的存在中。

不过,要想对此有更其自觉地理论认识,必须借助现存的那些重要的自然美学之思。让我们首先从法国启蒙思想家卢梭开始我们的现代性自然美学研究之旅!

---

① [英]鲍桑葵:《美学史》,张今译,商务印书馆 1985 年版,第 116 页。

第一章　卢梭：自然美的特殊启蒙价值

　　一切真正的美的典型是存在在大自然中的。①

　　自然所激起的审美经验给我们上了一堂在世界上存在的课。②

　　自然美或许是人的感觉和经验的表现形式，或许是人类罪恶的最后提醒者。③

　　我们身患一种可以治好的病；我们生来是向善的，如果我们愿意改正，我们就得到自然的帮助。④

　　卢梭是法国和欧洲启蒙运动中颇为另类的领袖级人物。此"另类"缘于他对"自然"而非整个启蒙运动主旋律"理性"的偏爱。"自然"成为卢梭所有作品的"红线"始于其成名作《论科学与艺术》(1750)⑤，自那以后"自然状态""自然人性""自然情感""自然的人""自然教育""自然宗教"等一系列"自然"概念传达出来的"回归自然"思想就贯穿其政治学、教育学、文学、宗教、哲学、美学等诸多研究领域，堪称卢梭思想的核心或最鲜明的思想标识。

---

① ［法］卢梭：《爱弥儿：论教育》，李平沤译，商务印书馆 1978 年版，第 502 页。

② ［法］杜夫海纳《美学与哲学》，孙非译，中国社会科学出版社 1985 年版，第 49 页。

③ ［德］亨克曼：《二十世纪德国美学状况》，周然毅译，《社会科学家》1999 年第 2 期。

④ ［古罗马］塞涅卡：《愤怒》第 11 章 13 节。转引自［法］卢梭：《爱弥儿：论教育》题记，李平沤译，商务印书馆 1978 年版。

⑤ 有学者指出："卢梭毕生都在不倦地强调，人类文化的进步和发展没有给人类带来幸福。后来这位哲学家不管探讨什么题目，无论企图阐明什么问题，都永远是用人类自然状态的黄金时代与被文明、发明和知识败坏了的现代人类相对照，他认为这种黄金时代是以风俗的简朴和没有任何知识为特征的。虽然在形式上有些改变，但是他的第一部著作中带着那样的激情所提出来的第一个命题，仍像一条红线一样，贯穿了卢梭的一切著作。"［苏］别尔纳狄涅尔：《卢梭的社会政治哲学》，焦树安等译，中国社会科学出版社 1981 年版，第 45 页。最先接触卢梭思想的第一批中国学人如严复(1854—1921)对卢梭思想中的"自然"主题印象深刻。为此，他在 1914 年发表的《民约平议》中明确将卢梭同中国老庄相提并论："中国老庄明自然，而卢梭亦明自然。……虽然，欧洲言自然，亦不自卢梭始。"王栻主编：《严复集》第 2 册，中华书局 1986 年版，第 334 页。

　　本书绪论已经指出，远在为人们所认可的西方人欣赏自然美的 17 世纪启蒙时代和意大利文艺复兴时期、18 世纪浪漫主义时代三个阶段之前的古希腊罗马时代，人们对自然美的欣赏已经是一个事实性的存在。不过，虽然从历史文献看西方人对自然的欣赏很早就已开始，但只有到卢梭及其开辟的浪漫主义时代，自然审美方才变得更加自觉、普遍而成熟①。卢梭对自然美怀有特别的兴趣。他抓住一切机会，在欣赏、描绘自然，抒发对自然喜爱之情的同时，零散而又启人深思地表达了其自然美及其价值高见。这首先跟他对"自然"的高度关注与独特理解，对"回归自然"（return to nature/back to nature）思想的反复申述密不可分。

　　卢梭提出了一系列"自然"概念，却并未直接使用"自然美"概念，其自然美之思也非出于自觉的美学意图，但以竭力反对法国上流社会一切矫揉造作和腐败的审美趣味而进入自然之思的卢梭，明显存在着其自然美观念或自然美学思想。本章主要关注启蒙思想家卢梭之"回归自然"说中的"自然"概念及其自然美观，试图从美学视角探究：卢梭在西方思想史上率先明确标举其"自然"观念的同时或基础上表达了怎样的自然美与自然审美观？此自然美学思想有何特征与贡献，尤其是同启蒙现代性与审美现代性有何关系？又是如何凸现自然美学功能维度的？

一、卢梭启蒙思想中的"自然"概念

　　"自然"在卢梭整个生平活动与思想观念中占据着一个极其重要的位置，以至罗曼·罗兰说卢梭与"自然"之间存在着一种罕见的师生或情人关系："他的最大教师不是任何书本。他的老师是自然。他从童年时就热烈地爱上了她，而这种热情不表现在他的累赘的描写上面；自然浸染他的全身……她使他陷入狂喜状态，愈到晚年愈甚，这使他很奇怪地近似东方的神秘主义者。"②卢梭的"自然"并未超出"自然界"与"本性"这两种自然概念的

---

① 朱光潜在《谈美》中写道："各民族在原始时代对于自然都不很能欣赏。应用自然景物于艺术，似以中国最早，不过真正爱好自然的风气到陶潜、谢灵运的时代才逐渐普遍。……从晋唐以后，因为诗人、画家和僧侣的影响，赞美自然才变成一种风尚。在西方古代文艺作品中描写自然景物的非常稀罕。西方人爱好自然，可以说从卢梭起，浪漫派作家又加以推波助澜，于是'回到自然'的呼声便日高于一日。"《朱光潜美学文集》第一卷，上海文艺出版社1982 年版，第 133 页。

② ［法］罗曼·罗兰：《让—雅克·卢梭简介》，载罗曼·罗兰编选：《卢梭的生平与著作》，王子野译，生活·读书·新知三联书店 1993 版，第 10 页。

基本内涵,但被他大量使用的"自然"随着其不同运思方向的展开实际获得了多个层面的内涵与用法。正如他自己所言,"自然这个词的意义是太含糊了,在这里,应当尽量把它明确起来。"①不过,卢梭其实并未对"自然"概念给出明确界定,其颇具特色的"自然"概念及其内涵与用法总体而论是功能性的,而非实质定义性的。

首先,作为人类文明对立面的"自然"概念,成为卢梭指控人类文明社会各种弊端与罪状,批判现代社会腐朽与堕落的立足点和参照系。

从 1750 年对第戎科学院征文题目"科学与艺术的复兴能否敦风化俗?"独树一帜的否定性回答,即从《论科学与艺术》开始,卢梭将"自然"视为科学与艺术的对立面:"在艺术还没有塑成我们的风格,没有教会我们的感情使用一种造作的语言之前,我们的风尚是粗朴的,然而却是自然的……那时候,人性根本上虽然不见得更好;然而人们却很容易朴素深入了解,因此就可以找到他们自己的安全;而这种我们今天已不再可能感到其价值的好处,就使得他们能够很好地避免种种罪恶。今天更精微的研究和更细腻的趣味已经把取悦的艺术归结成了一套原则。我们的风尚流行着一种邪恶而虚伪的一致性,每个人的精神仿佛是在同一个模子里铸出来的,礼节不断地在强迫着我们,风气又不断地在命令着我们;我们不断地遵循着这些习俗,而永远不能遵循自己的天性。"②卢梭认为,在科学和艺术产生之前的原始时代,虽然各方面并非完美无缺,但社会风尚纯洁质朴,人们依其自然天性或德性而生活得自由、安全;而到了文明时代,日渐精微、细腻的科学研究与艺术趣味不断地败坏社会风尚,人们不再听从自我天性,表现真我,转而听从习俗和礼节的摆布,追求虚荣华贵,整个社会流行的是一种邪恶而虚伪之风。因而,科学、艺术同人的自然本性是完全对立的,或者说是对人自然本性的背叛,而这正是科学与艺术不能敦风化俗反而伤风败俗的根本原因。

在其五年后的另一征文名作《论人与人之间不平等的起因和基础》中,卢梭在人与自然相互对立的意义上揭示了人与人之间不平等的原因。他指出,在人与人之间大自然安排了平等,而人自己则制造了不平等,所以"人类的苦难都是自己造成的;大自然对我们并无过错"③。在承认人类文明巨大成就和进步性的同时,卢梭更对给自己带来巨大痛苦与麻烦的人类文明进

---

① [法]卢梭:《爱弥儿:论教育》,李平沤译,商务印书馆 1978 年版,第 8 页。
② [法]卢梭:《论科学与艺术》,何兆武译,上海人民出版社 2007 年版,第 23 页。
③ [法]卢梭:《论人与人之间不平等的起因和基础》,李平沤译,商务印书馆 2007 年版,第 130 页。另参阅同上书,第 19 页。

行了深刻的批判："诚然，我们一方面看到了人类巨大的成就：完成了许多深入的科学研究，发明了无数的技艺，找到了那么多可供我们使用的自然力量；山谷中的高山被削平，岩石被击碎；江河通航了，土地被开垦了，湖泊挖掘成功了，沼泽地被弄干了；地上建起了高楼大厦，海上到处是来来往往的船舶和水手；然而另一方面，只要我们稍稍思考一下这一切究竟给人类的幸福带来多少真正的好处，我们就不能不吃惊地发现这些事情的得失是多么的不平衡；不能不惊叹人类的盲目：为了满足妄自尊大的骄傲心和毫无根据的自我赞赏，竟如此热衷地去追求他必将遭遇的苦难；而这些苦难，造福人类的大自然是花了多少心血想使人类远远躲开啊。"①人类之所以能够超出于动物之上，能够同时利用和违背造福人类的大自然，是因为有动物所无的"自我完善的能力"，而"这种几乎是无可限量的特殊能力，反倒成了人类一切痛苦的根源……它又使人在获得知识的同时，也产生了许多谬误；既培养了道德，也犯了过错，最后终于使他成为他自己和大自然的暴君"，做出了许许多多"欺骗大自然""侮辱大自然"②的丑恶之事。

倡导"自然教育"的《爱弥儿》开篇伊始，卢梭对人类违背自然的各种罪责做出了鞭辟入里地分析与揭露："出自造物主之手的东西，都是好的，而一到了人的手里，就全变坏了。他要强使一种土地滋生另一种土地上的东西，强使一种树木结出另一种树木的果实；他将气候、风雨、季节搞得混乱不清；他残害他的狗、他的马和他的奴仆；他扰乱一切，毁伤一切东西的本来面目；他喜爱丑陋和奇形怪状的东西；他不愿意事物天然的那个样子，甚至对人也是如此，必须把人像练马场的马那样加以训练；必须把人像花园中的树木那样，照他喜爱的样子弄得歪歪扭扭。"③"结束他的体系的"④《爱弥儿》反复渲染的主题就是：自然和乡村使人幸福，文明和城市则使人堕落。改变此反常现象的具体方略就是：循序渐进地按照自然规律及儿童自然天性听任其身心自由发展，培养与现代文明人相对的"自然人"的"自然教育"。

在晚年的《卢梭评判让—雅克：对话录》中，卢梭借对话人之一的"法国人"之口继续强调，在自己所有著作中"到处看到对他的伟大原则的发

---

① [法]卢梭：《论人与人之间不平等的起因和基础》，李平沤译，商务印书馆 2007 年版，第 130－131 页。

② [法]卢梭：《论人与人之间不平等的起因和基础》，李平沤译，商务印书馆 2007 年版，第 58 页、第 134 页。

③ [法]卢梭：《爱弥儿：论教育》，李平沤译，商务印书馆 1978 年版，第 5 页。

④ [法]卢梭：《卢梭评判让—雅克：对话录》，袁树仁译，上海人民出版社 2007 年，第 255 页。

挥、展开：他的原则就是：人天生是幸福而善良的，但是社会使他堕落使他变坏了"①。所谓"天生"即"自然天性／本性"。可以说，无论是大自然意义上的自然概念，还是自然而然意义上的自然概念，均成为卢梭用以批判人类社会诸多社会问题的根本依据。

其次，在卢梭看来，与人类社会相对的"自然"也是一位考验、启示、呼唤人类的良师益友和真诚伙伴。

卢梭认为，并非人人都适合从事科学与艺术活动，这从大自然似乎是有意设置的种种障碍中可以得到证明，但是执迷不悟的所谓文明人，置人类导师大自然的忠告劝诫于不顾，自以为是，一意孤行，以致造成了种种祸端。不过，卢梭尽管否定科学与艺术可以敦风化俗的功能，但他并不否定科学与艺术活动本身所分别体现出来的人的理性精神与自然情感。卢梭其实并非完全否定科学（或艺术），更非否定科学本身，他只是对启蒙思想家们竭力进行的科学普及化持保留意见。因为科学一经普及就蜕化为意见，所以并不适合普通常人；科学只是那些"自然注定了要使之成为自然的学徒"的少数人如培根、笛卡儿、牛顿等这些人类的导师们的领地。②

卢梭在后来的著作中反复重申大自然"这本书"对于人类的重大意义。他号召：人应该不是在人世间"谎话连篇的著述家的书中，而是在从不撒谎的大自然这本书中"阅读自己"真实的故事"，因为"凡是来自自然的东西，都是真的③；"若想成为世上最聪明的人，你只要善于阅读大自然这本书就行了"④；"如果你想永远按照正确的道路前进，你就要始终遵循大自然的指导"⑤。在卢梭看来，相比于人类所写的书，大自然的书才是更值得人们永远信赖和学习的真理之书，是人类真正的知识之源，是需要每个人认真去汲取真养料和营养之所。

---

① ［法］卢梭：《卢梭评判让—雅克：对话录》，袁树仁译，上海人民出版社 2007 年，第 257 页。需要说明的是：此处引文中虽没有"自然"，但其中"天生"也可译为"自然"。请参阅此处引文核心部分的另一中译："关于人的一个主要原理是：自然曾使人幸福而善良；但社会使人堕落而悲苦（卢梭《对话录》III）。"《论人类不平等的起源和基础》法文原版注，引自［法］卢梭：《论人类不平等的起源和基础》，李常山译，商务印书馆 1962 年版，第 120 注①。

② 参阅［法］卢梭：《论科学与艺术》，何兆武译，上海人民出版社 2007 年版，第 59 页。"因此，在《论科学与艺术》中，他攻击的不是科学本身，而是普及化了的科学或科学知识的流播。"［美］施特劳斯：《自然权利与历史》，彭刚译，生活·读书·新知三联书店 2006 年版，第 266 页。

③ ［法］卢梭：《论人与人之间不平等的起因和基础》，李平沤译，商务印书馆 2007 年版，第 48 页。

④ ［法］卢梭：《新爱洛伊丝》，李平沤、何三雅译，译林出版社 1993 年版，第 667 页。

⑤ ［法］卢梭：《爱弥儿：论教育》，李平沤译，商务印书馆 1978 年版，第 536 页。

在《爱弥儿》中,卢梭直接把"自然"称作"老师",称作一本大书的"作者",认为这位老师和作者应该是每一个孩子和每一个人崇奉的对象:"教育是随生命的开始而开始的,孩子在生下来的时候就已经是一个学生,不过他不是老师的学生,而是大自然的学生罢了。"①"我把所有一切的书都合起来。只有一本书是打开在大家的眼前的,那就是自然的书。正是在这本宏伟的著作中我学会了怎样崇奉它的作者。"②卢梭还指出,自然就像一位真诚的伙伴一样向人类发出深切的呼唤,我们没有任何理由不去倾听"自然的呼声就是天真无邪的声音"③,"圣洁的自然呼声,胜过了神的呼声,所以在世上才受到尊重,它好像把一切黑恶和罪人都驱逐到天上去了"④。因而,只要"我们服从自然,我们就能认识到它对我们是多么温和,只要我们听从了它的呼声,我们就会发现自己做自己的行为的见证是多么愉快"⑤。对于卢梭而言,人只有听从内外在自然的召唤,才能不致迷失本性,懂得自己职责,从而走在正确道路上。

最后,对于卢梭而言,"自然"也是和谐完满人性的理想状态、生活原则与终极依据。

此种意义上的"自然"观集中体现在卢梭的"自然状态"和"自然人性"及"自然情感"等概念上。卢梭的自然状态观是在批判继承霍布斯和洛克"自然状态"观的基础上提出来的。卢梭认为纯粹自然状态下的原始人虽然有年龄、健康、体力、智力等的不同,但这些并不具有道德的意义,不会因此造成精神或政治上的不平等。他们的生活尽管是粗野无知,但也平等自由、纯朴。自然人中没有一个人依赖他人的劳动来为自己的利益服务,没有发生奴役的情况。对此,卢梭以生动的笔墨描述道:"野蛮人既然成天在森林中游荡,没有固定的工作,没有语言,居无定所,没有战争,彼此从不联系,既无害人之心,也不需要任何一个同类,甚至个人与个人之间也许从来都不互相认识,所以野蛮人是很少受欲念之累的;他单靠他自己就能生活,他只具有适合于这种状态的感情和知识;他只能感知他真正的需要,他只注意与他有关的事物;他的虚荣心不发达,他的智慧也不发达。即使他偶尔有所发明,他也无法传授给别人,因为他连他的孩子都不认识,所以根本无人可传。技术随着发明人死亡而消失。在自然状态中,既没有教育,也没有进步;子孙

① [法]卢梭:《爱弥儿:论教育》,李平沤译,商务印书馆1978年版,第46页。
② [法]卢梭:《爱弥儿:论教育》,李平沤译,商务印书馆1978年版,第445页。
③ [法]卢梭:《爱弥儿:论教育》,李平沤译,商务印书馆1978年版,第378页。
④ [法]卢梭:《爱弥儿:论教育》,李平沤译,商务印书馆1978年版,第414页。
⑤ [法]卢梭:《爱弥儿:论教育》,李平沤译,商务印书馆1978年版,第413-414页。

一代一代地繁衍，但没有什么进步的业绩可陈，每一代人都照例从原先那个起点从头开始；千百个世纪都像原始时代那样浑浑噩噩地过去；人类已经老了，但人依然还是个孩子。"因而，自然状态"对人类来说是最好的状态……人类本来就是为了永远处于这种状态而生的，这种状态是人类真正的青年时期"①。卢梭的"自然状态"思想一经提出，在当时即遭受了很大的误解甚至辛辣讥讽（如伏尔泰），认为卢梭是要人退回到动物状态中去。但卢梭提出的人类原始的自然状态思想并非倡导"尚古主义"（primitivism）②和要开历史倒车，它与其说是描述了人类已经逝去的黄金时代，不如说是表达了对桃花源般的人类理想状态的向往，并试图以此理想状态来省察现有文明的偏误和缺陷③。所以，"人愈是接近他的自然状态，他的能力和欲望的差别就愈小，因此，他达到幸福路程就没有那么遥远。只有在他似乎是一无所有的时候，他的痛苦才最为轻微，因为，痛苦的成因不在于缺乏什么东西，而在于对那些东西感到需要"④。有学者指出，卢梭的"自然状态究竟是什么意义，他没有清晰地说明，并且常不能自圆其说。凡前人所曾用过的意义，他差不多都曾用到。不过，在他将这名词胡乱应用之时，他有一个观念却不容加以误会。这观念就是：人们的自然状态，优于人们有文化的或有社会的状态，因而后者应以前者为其准绳"⑤。换言之，即便卢梭本人对"自然"术语的使用是随意甚至矛盾和混乱的，却并不影响他使用此概念的价值性指向，即借

<hr>

① ［法］卢梭：《论人与人之间不平等的起因和基础》，李平沤译，商务印书馆 2007 年版，第 79 - 80 页，第 93 页。

② ［美］洛夫乔伊：《观念史论文集》，吴相译，江苏教育出版社 2005 年版，第 12 - 33 页。

③ 请看卢梭晚年的一个表述："但是人的天性不会逆转，人一旦远离了洁白无瑕和平等的时代，就永远不会再回到那个时代。这是他最强调的另一原则。所以，他的目标不可能是让人数众多的民众以及大国回到他们原始的单纯和纯洁上去，而是如果可能的话，制止一些人前进的步伐：这些人的渺小以及他们的处境防止了他们那么快地朝着社会的完美和人类的退化走去。这些独特的见解很有价值，却根本没有得到重视。人们坚持谴责他想毁灭科学、毁灭艺术，毁灭戏院，毁灭学术机构，并将宇宙重新投入最初始的野蛮与愚昧中去。"［法］卢梭：《卢梭评判让一雅克：对话录》，袁树仁译，上海人民出版社 2007 年版，第 257 - 258 页。

　　对此，康德也曾指出："卢梭对敢于从自然状态中走出来的人类作了忧郁的（伤感的）描述，宣扬重新回到自然状态和转回森林里去。人们可不能完全把这种描述当作他的真实意见，他是以此来表述人类在不断接近人的规定性的道路上所遇到的困难。""卢梭从根本上说并不想使人类重新退回到自然状态中去，而只会是站在他自己现在所处的阶段上去回顾过去。"［德］康德：《实用人类学》，邓晓芒译，上海人民 2002 年版，第 254 页、第 255 页。另参阅［德］卡西尔在其《卢梭·康德·歌德》（刘东译，生活·读书·新知三联书店 2002 年版，第 11 - 12 页、第 31 页）和《启蒙哲学》（顾伟铭等译，山东人民出版社 1988 年版，第 265 页）中对康德上述观点的引述。

④ ［法］卢梭：《爱弥儿：论教育》，李平沤译，商务印书馆 1978 年版，第 75 页。

⑤ ［美］邓宁：《政治学说史》（修订版）下卷，谢义伟译，吉林出版集团有限责任公司 2015 年版，第 5 页。

此反思源于自然却经常反自然的所谓人类文化，并强调"自然"之于人类文化的优先性及其标准地位。

在《论人与人之间不平等的起因和基础》中，卢梭还论述了与"自然状态"相联系的两种重要的"自然人性"。人的心灵活动被卢梭一分为二，一是理性的部分，一是前理性或超理性的部分。自然的人是用前理性或超理性的感情、本能来考察事物，采取行动的："仔细思考人的心灵的最初的和最朴实的活动，我敢断定，我们就会发现两个先于理性的原动力：其中一个将极力推动我们关心我们的幸福和保存我们自身，另一个将使我们在看见有知觉的生物尤其是我们的同类死亡或遭受痛苦时产生一种天然的厌恶之心。"①卢梭将前/超理性的两个原动力分别称作自爱心和怜悯心，并强调自爱心是"人类唯一具有的天然的美德"②，怜悯心是"我们这样柔弱和最容易遭受苦难折磨的人最应具备的禀性，是最普遍的和最有用的美德；人类在开始运用头脑思考以前就有怜悯心了；它是那样的合乎自然，甚至动物有时候也有明显的怜悯之心的表现"③。卢梭也把"自爱心"和"怜悯心"视为人的自然情感，认为正是它们的相互制约使人生活于和平友善的状态之中。

卢梭还反复强调"自然"对于人类真善美三种元价值的本源性地位及其根本意义，"凡是来自自然的东西，都是真的；只有我添加的东西才是假的"④，"出自造物主之手的东西，都是好的，而一到了人的手里，就全变坏

---

① ［法］卢梭：《论人与人之间不平等的起因和基础》，李平沤译，商务印书馆 2007 年版，第 37 - 38 页。

② ［法］卢梭：《论人与人之间不平等的起因和基础》，李平沤译，商务印书馆 2007 年版，第 72 页。卢梭明确强调"不能把自尊心和自爱心混为一谈，这两种感情在性质和效果上是完全不同的，自爱心是一种自然的情感；它使各种动物都注意保护自己。就人类来说，通过理性的引导和怜悯心的节制，它将产生仁慈和美德，而自尊心是一种相对的情感，它是人为的和在社会中产生的；它使每一个人都把自己看得比他人为重，它促使人们互相为恶，它是荣誉心的真正源泉。"同上，第 155 页。

③ ［法］卢梭：《论人与人之间不平等的起因和基础》，李平沤译，商务印书馆 2007 年版，第 72 - 73 页。对于卢梭，相对于"人类唯一具有的天然美德"自爱心，怜悯心算不得是天然的美德，但他又反复强调它是"合乎自然的"美德。他还写道："这是纯粹的天性的运动，是先于思维的心灵的运动；这种天然的怜悯心的力量，即使是最败坏的风俗也是难以摧毁的……如果大自然不赋予人类以怜悯心来支持他的理性，那么，人类尽管有种种美德，也终归会成为怪物……人类的种种社会美德全都是从这个品质中派生出来的。的确，人们所说的慷慨、仁慈和人道，如果不是择时对弱者、罪人和整个人类怀抱的怜悯心，又指的是什么呢？其实，从深层次的意义上看，人们所说的善意和友谊，无非就是对某一个特定的对象所抱有的持久的怜悯之心而已，因为我们希望某一个人不受苦，不是希望他幸福，又是希望他什么呢？"同上，第 73 - 74 页。简言之，自爱心是人天然的美德，怜悯心则是人在社会中的近乎天然的美德。这正或可说明卢梭自然人性的理想性。

④ ［法］卢梭：《论人与人之间不平等的起因和基础》，李平沤译，商务印书馆 2007 年版，第 48 页。

了","一切真正的美的典型是存在在大自然中的"①。对于卢梭来说,真善美的典型均是存于自然之中的,只有自然才是鉴别我们行为是否正当的永恒标准。所以,与往往视"自然"为"蒙昧""动物本能"为同义语的同时代的其他启蒙思想家们不同②,卢梭主要是从塑造、建构完整而全面的理想人性立论的,他以自然状态、自然人性和自然情感为主要内容的"自然"概念具有鲜明的人文理想性,而且既被视为人性完满与和谐的终极依据,也成为用以批判现代社会腐朽与堕落的参照系。

正是在用"自然"观念对抗科学与艺术所带来的社会问题,用原始人的自然本性对抗现代文明的社会性,深刻揭露文明与社会进步之间尖锐矛盾的过程中,卢梭提出了其著名的"回归自然"思想:"我们对风尚加以思考时,就不能不高兴地追怀太古时代的纯朴的景象。那是一幅全然出于自然之手的美丽景色,我们不断地回顾它,并且离开了它我们就不能不感到遗憾。"③卢梭对"自然"概念中的外部自然与内部自然的双重性是有清醒认知的,故而他所要回归的"自然",既指的是自由、平等的人性自然,也指的是给予人类最真实启示的自然界。卢梭的"回归自然"思想实际存在回归外界大自然与回到自然本性两种内涵。

总体而论,卢梭在其整个思想中往往从多个层面上用到"自然"概念。自然有时是用以指称独立于人类社会而存在的自然界的实体概念,有时则意指用以启迪人类当顺应自然及其规律的价值概念;有时意指外在自然,有时则意指内在自然;有时是他批判整个人类文明的一把有力武器,有时又成为寄托其社会政治、文学艺术思想的一种理想状态。尽管卢梭明确地认识到并不存在完美的自然界④,其"自然"概念也具有不能予以简单归纳的复杂性甚至含混性,但理想的自然状态意义上的自然仍然构成了卢梭"自然"概念的核心内涵,它既是卢梭"回归自然"命题产生的思想基础,也是我们理解卢梭自然美观念及其价值的前提。

---

① [法]卢梭:《爱弥儿:论教育》,李平沤译,商务印书馆 1978 年版,第 5 页、第 502 页。卢梭还指出:"大自然从来没有欺骗过我们;欺骗我们的,始终是我们自己。"同上,第 276 页。

② 在卢梭看来,"自然"概念即使具有生理自然义,也已不存在纯生物与本能的内涵。这可以下面的文字为证:"人类当中存在着两种不平等,其中一种,我称之为自然的或生理上的不平等,因为它是由自然确定的,是由于年龄、健康状况、体力、智力或心灵的素质的差异而产生的。另外一种,可以称为精神上的或政治上的不平等,因为它的产生有赖于某种习俗,是经过人们的同意或至少是经过人们的认可而产生的。"[法]卢梭:《论人与人之间不平等的起因和基础》,李平沤译,商务印书馆 2007 年版,第 45 页。

③ [法]卢梭:《论科学与艺术》,何兆武译,上海人民出版社 2007 年版,第 47 页。

④ [法]卢梭:《忏悔录》第二部,范希衡译,人民文学出版社 1982 年版,第 733 页。

二、回归自然：卢梭的自然美与自然审美论

由于卢梭没有关于美学问题的专门论著，其主要涉及美学问题的《新爱洛伊丝》《爱弥儿》《忏悔录》《卢梭评判让—雅克：对话录》和《漫步遐想录》等作品本身也未能提供一个独立的美学体系①，因而较之于人们对其在西方思想和文化史上之于哲学、社会学、伦理学、政治学、法学、教育学、文学、神学等诸领域的杰出贡献与影响的不断追溯与阐发，西方美学史家从美学方面对卢梭的研究与关注显得非常有限②。正像罗素指出的卢梭尽管并不是严格意义上的哲学家但他却对哲学产生了很有力的影响③一样，卢梭虽然也不是专门的美学家，但他却很深刻地影响了西方美学某些方面的气质。在其大量文学和非文学著作中，卢梭自觉不自觉地深入论及美的问题，其中就有本书特别关注自然美。卢梭的启蒙思想体系中的自然美学观念具有鲜明而深刻的现实指向，足以使他能够从美学人才辈出的 18 世纪脱颖而出，成为在自然美学史中占据一章或至少一大截篇幅位置的美学家。

卢梭的心灵似乎生来就富于感受大自然的美。童年在一个名为包塞的

① 正如有美学史家指出的："卢梭没有建立起关于美的理论体系。他对美学的兴趣仅仅表现在，他竭力强调，他赋予了艺术的模式——'自然'以新的意义。他不停地反对他所认为的法兰西审美趣味的矫揉造作和腐败性，无论在衣着方面，还是在舞台或音乐方面。但是，他的许多观点，首先是一位改革家的呼喊，其次才是理论。"[美]吉尔伯特，[德]库恩：《美学史》，夏乾丰译，上海译文出版 1987 年版，第 378 页。上引两位美学史家对卢梭美学非常简略的介绍也仅限于其关于音乐问题的讨论，参阅《美学史》"第九章十八世纪的意大利和法国"之末小节"对卢梭来说，自然是可感的，而不是可知的"。同上书，第 378－379 页。

② 鲍桑葵和克罗齐著名的美学史尽管有时会提到卢梭的名字，但未给卢梭的美学思想保留一席之地；对 18 世纪启蒙哲学研究有独特贡献的卡西尔在其《启蒙哲学》(1932) 的第六章中虽然精辟地阐释了卢梭关于法律、国家和社会的思想及其价值，在集中讨论启蒙时代"美学的基本问题"的第七章里却没给卢梭的美学思想应有的位置(卡西尔后来意识到了这一缺憾，在其专论艺术和美学问题的《人论》[1944]第九章中曾给予弥补)；在比尔兹利的美学史中，卢梭的名字甚至从未出现。相对而言，俄苏和中国的西方美学史著大都能够用一定篇幅对卢梭的美学思想给予特别注意，但其自然美学思想基本上未得到应有的关注。参阅[苏]奥夫相尼科夫：《美学思想史》"第五章启蒙运动美学"之"法国"部分(吴安迪译，陕西人民出版社 1986 年版)；[苏]舍斯塔科夫：《美学史纲》"第五章启蒙运动时期"之"二、法国"(樊莘林等译，上海译文出版社 1986 年版)；李醒尘著：《西方美学史教程》(北京大学出版社 1994 年版)"第六章法国启蒙运动的美学"之"第二节卢梭的美学思想"；蒋孔阳、朱立元主编，范明生著：《西方美学通史》第三卷"十七十八世纪美学"(上海文艺出版社 1999 年版)"第二十一章卢梭"等。

③ 参阅[英]罗素：《西方哲学史》上卷，何兆武、李约瑟译，商务印书馆 1963 年版，第 5 页；《西方哲学史》下卷，马元德译，商务印书馆 1976 年版，第 225 页。

乡村度过的两年时光，培养了他对宁静、纯朴的田园生活的感情。青年时代他在意大利都灵有过为期七八天的徒步旅行，阿尔卑斯群山美丽的风光更是激发了他丰富的想象力与对大自然及其美的喜爱、赞叹。这样，当卢梭日后成为作家时，就被公认为是法国文学中最早表达过对自然美的热爱和欣赏的作家①，《新爱洛伊丝》《爱弥尔》《忏悔录》《漫步遐想录》等文学作品中对湖泊（瑞士的日内瓦湖和比埃纳湖）、山谷（讷沙泰尔邦的特拉维尔山谷和法国尚贝里城附近的厄歇勒山崖）与乡野（法国尚贝里城附近的沙尔麦特乡野和巴黎近郊的蒙莫朗西乡野）等自然风景或自然事物之美的生动而精彩的描绘是他在文学史上不朽的篇章②。也正是在他自己或借助于他笔下的人物对自然美景进行具体描述的过程中他也零零星星地表明了他对于自然美和自然审美的洞见。

　　"在所有一切可以想象得到的景象中，最美的是大自然的景象。"③早在《论人与人之间不平等的起因和基础》中，卢梭就设想理想的共和国除了政治上的诸多优点之外，还需有优越的自然条件和最美好的景致："如蒙上帝眷顾，使这个国家能有一个优越的地理位置、温暖的气候、肥沃的土地和普天之下最美好的景致。"④后来，卢梭根据自己深切的自然审美体验这样写道："一个平原，不管那儿多么美丽，在我看来绝不是美丽的地方。我所需要的是激流、巉岩、苍翠的松杉、幽暗的树林、高山、崎岖的山路以及在我两侧

---

①　法国作家司汤达曾指出："最近我们的人民完全发现了自然的美。这种美伏尔泰还不知道；是卢梭使它风行一时的。"转引自［苏］阿尔泰莫诺夫等：《十八世纪外国文学史》上卷，上海文艺出版社 1958 年版，第 391 页。法国批评家圣勃夫则说，卢梭是第一个使法国文学"充满青翠的绿意的作家"。转引自［法］卢梭：《忏悔录》第二部《附录》《安德烈·莫洛亚为一九四九年法国勒达斯的〈忏悔录〉写的序言，远方译，人民文学出版社 1982 年版，第 823页。中国法国文学史家柳鸣九也指出，卢梭"是法国文学中最早对大自然表示深沉的热爱的作家。他到一处住下，就关心窗外是否有'一片田野的绿色'；逢到景色美丽的黎明，就赶快跑到野外去观看日出。他为了到洛桑去欣赏美丽的湖水，不惜绕道而行，即使旅费短缺。他也是最善于感受大自然之美的鉴赏家，优美的夜景就足以使他忘掉风餐露宿的困苦了"；还说"卢梭第一次引入文学的对大自然美的热爱和欣赏。"［法］卢梭：《忏悔录》第一部"译本序"，黎星译，人民文学出版社 1980 年版，第 12 页、第 21 页。

②　关于卢梭对自然美的具体描述及其特征参见邹华：《大自然如此陈列：卢梭作品中的自然》，《西北师大学报（社会科学版）》2006 年第 1 期。

③　［法］卢梭：《新爱洛伊丝》，李平沤、何三雅译，译林出版社 1993 年版，第 552 页作者注。

④　［法］卢梭：《论人与人之间不平等的起因和基础》，李平沤译，商务印书馆 2007 年版，第 24页。为构思写作"人类不平等的起源""这个重大的题目"，卢梭还专门到凡尔赛附近的风景区圣日耳曼做了一次为期七八天的旅行，且"把这次旅行看成是平生最惬意的旅行之一"，"在那里寻找并且找到了原始时代的景象"，"勇敢地描写了原始时代的历史"。［法］卢梭：《忏悔录》第二部，范希衡译，北京：人民文学出版社 1982 年版，第 479－480 页。另参阅［德］卡西尔：《卢梭·康德·歌德》，刘东译，生活·读书·新知三联书店 2002 年版，第 23页。

使我感到胆战心惊的深谷。"①卢梭似乎更赞同由中国谚语"无限风光在险峰"所强调的那种别样的自然美:"大自然似乎不愿意人们看见它真正的美,因为人们的眼睛对大自然的美太不敏感,即使摆在他们的眼前,他们也会看错它本来的样子的。大自然躲开人常去的地方,它把它最动人的美陈列在山顶上,陈列在密林深处和荒岛上。"②他还写道:"我想聚精会神地沉思,但经常被一些突然出现的景物分散了我的心。有时候是高高悬挂在我头上的重重叠叠的岩石,有时候是在我周围喷吐漫天迷雾的咆哮的大瀑布,有时候是一条奔腾不息的激流,它在我身边冲进一个深渊,水深莫测,我连看也不敢看……有时候在走出一个深谷时,看到一片美丽的草原,顿时感到心旷神怡。"③正如有学者指出的,"不论是描写山峦,描写湖水,还是描写乡野,卢梭笔下的大自然都具有一种粗犷雄浑的美,这是自然之美在卢梭的感受和描写中表现出的基本特色"④。换言之,卢梭所欣赏的自然美景有偏于荒凉、险峻、怪异、雄奇的特征,亦即他所欣赏的自然美有偏重于崇高而非优美的倾向。这显然对崇拜卢梭并对有别于优美的崇高和有别于艺术美的自然美做出过经典研究的康德产生了非同寻常的影响。

但卢梭重视崇高的自然美,并不轻视优美的自然美。这从前引其文字不难发现。如:"你想象那些变化多样的风光,广阔的天地和千百处使人感到惊骇不已的景观,看到周围都是鲜艳的东西、奇异的鸟和奇奇怪怪叫不出名字的草木、处处另有一番天地,另有一个世界,心里真是快乐极了。眼中所看到的这一切,五色斑斓,远非言词所能形容;它们的美,在清新的空气中显得更加迷人……总之,山区的风光有一种难以名之的神奇和巧夺天工之美,使人心旷神怡,忘掉了一切,甚至忘掉了自己,连自己在什么地方都不知道了。"⑤从文中描写的景色和主人公圣普乐心旷神怡的情感反应看,这里涉及的自然美并不是崇高的,而是优美的。

卢梭特别强调人对自然美的直接接触与真切感受,并认为必须从儿童抓起:"自然的景色的生命,是存在于人的心中的,要理解它,就需要对它有

---

① [法]卢梭:《忏悔录》第一部,黎星译,北京:人民文学出版社 1980 年版,第 212 页。

② [法]卢梭:《新爱洛伊丝》,李平沤、何三雅译,译林出版社 1993 年版,第 482 页。

③ [法]卢梭:《新爱洛伊丝》,李平沤、何三雅译,译林出版社 1993 年版,第 53 页。

④ 邹华:《大自然如此陈列:卢梭作品中的自然》,《西北师范大学学报(社会科学版)》2006 年第 1 期。

⑤ [法]卢梭:《新爱洛伊丝》,李平沤、何三雅译,译林出版社 1993 年版,第 55 页。译文中成语"巧夺天工"当为误用,此处末句另一中译是:"这里的景色有种说不出的神奇、超自然,它能悦人心目,使人们忘掉一切,忘掉自己,也不知身在何处。"[法]卢梭:《新爱洛伊丝》第一、二卷,伊信译,商务印书馆 1990 年版,第 90 页。

所感受。孩子看到了各种景物,但是他不能看出联系那些景物的关系,他不能理解它们优美的和谐。要能感受所有这些感觉综合起来的印象,就需要有一种他迄今还没有取得的经验,就需要有一些他迄今还没有感受过的情感。如果他从来没有在干燥的原野上跑过,如果他的脚没有被灼热的沙砾烫过,如果他从来没有感受过太阳照射的岩石所反射的闷人的热气,他怎能领略那美丽的早晨的清新空气呢? 花儿的香、叶儿的美、露珠的湿润,在草地上软绵绵地行走,所有这些,怎能使他的感官感到畅快呢? 如果他还没有经历过美妙的爱情和享乐,鸟儿的歌唱又怎能使他感到陶醉呢? 如果他的想象力还不能给他描绘那一天的快乐,他又怎能带着欢乐的心情去观看那极其美丽的一天的诞生呢? 最后,如果他不知道是谁的手给自然加上了这样的装饰,他又怎能欣赏自然的情景的美呢?”①在卢梭看来,就儿童教育而论,整体优美的自然美是不可缺少的,而且可以发挥其更重要的审美教育价值。事实上,对于卢梭,欣赏、追求大自然的美——不论是优美还是崇高的——均具有有益身心的双重功效:“高山上的空气清新,使人的呼吸更加畅快,身体轻松,头脑非常清醒,心情愉快而不激动,情欲也得到了克制。在这样的地方,心中思考的问题,都是有意义的大问题,而且随着所见到的景物的大小而增减其重大的程度,感官也得到一种既不令人过于兴奋、也不令人产生肉欲的美的享受。看来,站在比人居住之地高的地方,就会抛弃所有一切卑下的尘世感情;当我们愈来愈接近苍穹时,人的心灵就会濡染苍穹的永恒的纯洁……我不相信人们在这样的地方长住,会产生骚动的情绪和无病呻吟的心情;人们没有把山区有益健康的清新的空气浴,当作医治疾病和整饬风尚的良药之一,这使我感到吃惊。”②亚里士多德就悲剧等艺术而提出的“净化说”在此被卢梭从自然美视角做出了更为确切的美学阐释③。

卢梭的自然美思想不仅涉及自然物之美的自然美,更重要的是他明确涉及了自然本性之美的自然美与自然审美。卢梭写道:

在人做的东西中所表现的美完全是模仿的。一切真正的美的典型是存在在大自然中的。我们愈是违背这个老师的指导,我们所做的东

---

① [法]卢梭:《爱弥尔》,李平沤译,商务印书馆1978年版,第218页。值得注意的是,此段文字开头也论及了自然美的本质或主客观性问题。

② [法]卢梭:《新爱洛伊丝》,李平沤、何三雅译,译林出版社1993年版,第54-55页。

③ 对此,耀斯曾结合卢梭的《新爱洛伊丝》第23封信有深入分析研究。参阅[德]耀斯:《审美经验与文学解释学》,顾建光等译,上海译文出版社1997年版,第120页。另参阅本章第三部分。

西便愈不像样子。因此,我们要从我们所喜欢的事物中选择我们的模特儿;至于臆造的美之所以为美,完全是由人的兴之所至和凭借权威来断定的,因此,只不过是因为那些支配我们的人喜欢它,所以才说它是美。支配我们的人是艺术家、大人物和大富翁,而对他们进行支配的,则是他们的利益和虚荣。他们或者是为了炫耀财富,或者是为了从中牟利,竞相寻求消费金钱的新奇的手段。因此,奢侈的习气才得以风靡,从而使人们反而喜欢那些很难得到的和很昂贵的东西。所以,世人所谓的美,不仅不酷似自然,而且硬要做得同自然相反。①

卢梭在此十分明确地立足于产生根源而区分了两种完全对立的美,即自然而然的美与人工臆造的美,而且旗帜鲜明地厚前薄后。在卢梭看来,人工产品的美原本就是模仿大自然自然而然的美的,其范本与价值也当以大自然为标准,但现实中的大量事实告诉我们,人造产品的美常常不仅不酷似自然的美,反而完全背离自然的美,因为其趣味标准常常是由艺术家、权贵、富翁的随心所欲、贪心和虚荣心操纵的。

对此种非自然的人工造作之美,卢梭曾在《新爱洛伊丝》卷四中借主人公圣普乐的书信表达了强烈的厌恶感。面对沃尔玛夫妇的"爱丽舍"果园,圣普乐对它大加赞赏,因为他看到的果园虽经人工整治但仍像大自然的创造那样没有人为的痕迹,并且对上流社会所崇尚的反自然的园林趣味予以辛辣讽刺:"如果有一位巴黎或伦敦的富翁来做这座房屋的主人,而且还带来一位用重金请来破坏这里的自然美的建筑师,他走进这个简朴的地方,一定会看不起的! 一定会叫人把所有这些不值钱的东西通通拔掉! 他要把一切都排列得整整齐齐的,小路要修得漂亮,大道要分岔,美丽的树木要修剪成伞形或扇形,栅栏要精雕细刻,篱笆要加上花纹,弄成方形,篱笆的走向要拐来拐去的,草坪上要铺上英国的细草,草坪的形状有圆的、方的、半圆的和椭圆的,美丽的紫杉要修剪成龙头形、塔形和各种各样的怪物形,花园里要放上漂亮的铜花瓶和石头雕刻的水果!"②由于热爱纯粹本性天成的美,卢梭不仅反对任何出于功利与虚荣目的从而与自然美对立的臆想的美,而且反对任何反季节、反自然的人工的美:"我要把一个季节的美都一点不漏地尽情享受;这个季节没有过完,我绝不提前享受下一个季节的美……正月间,在壁炉架上摆满了人工培养的绿色植物和暗淡而没有香味的花,这不仅没

---

① [法]卢梭:《爱弥尔》,李平沤译,商务印书馆 1978 年版,第 502 页。
② [法]卢梭:《新爱洛伊丝》,李平沤、何三雅译,译林出版社 1993 年版,第 482 页。

有把冬天装扮起来，反而剥夺了春天的美。"①在自然物的美与人工制品及艺术品的美之间，卢梭高度推崇前者而贬低后者，原因很简单：构成自然物之美基础的自然物是纯粹自然天成的，因而自然美（自然物的美及自然而然的美）也是天然、真实的；产生人工制品及艺术品的人是造作、虚伪甚至是丑恶的，亦即非自然的，因而艺术及艺术美也是人为、虚假的。

卢梭不仅对双重意义上的自然美问题均有深刻论述，而且从趣味或审美力（taste）的视角对产生自然美（尤其是自然而然之美意义上的自然美）的自然审美做出了深入探讨。卢梭在《爱弥儿》第四卷偏后部分专门对人类"审美的原理（the principles of taste）"进行了一番具体而微的哲学探讨。卢梭指出："审美力是对大多数人喜欢或不喜欢的事物进行判断的能力"，它"只用在一些不关紧要的东西上，或者，顶多也只是用在一些有趣味的东西上，而不用在生活必需的东西上，对于生活必需的东西，是用不着审美的"②。他认为，原始人并不具备审美力③，但现代人的"审美力是人天生就有的"，因为"审美力是听命于本能的""我们对审美力的原理无可争辩的"④。卢梭对趣味或审美力的界定表明，他已经在康德对"审美"与"美"做出经典界定之前，不仅把捉到了现代美学的核心观念——审美无利害性即审美是人无关功利的情感判断活动⑤，而且认为审美是人的一种既自然又自由的先天能力。就卢梭对双重内涵的自然而非人工化了的艺术之推崇而论，卢梭所关注的审美无利害思想应该主要是基于对双重内涵的自然之欣赏来讲的，他所关注的审美能力应该主要指针对双重内涵自然的审美能力或自然审美能力。

对美与审美的关系问题，卢梭认为二者是共属一体的，而非分离的。所以，尽管卢梭论及多种多样的美，但他并不认为以这些事物来命名的美就是这些事物的一种属性。就自然美而言，卢梭说："自然的壮丽存在于人心中，

① ［法］卢梭：《爱弥尔》，李平沤译，商务印书馆1978年版，第511页。
② ［法］卢梭：《爱弥尔》，李平沤译，商务印书馆1978年版，第500页。文字根据该书英译本有改动。
③ 卢梭说："野蛮人唯一服从的，是他得自自然的禀赋而不是他不可能具有的审美力。"［法］卢梭：《论人与人之间不平等的起因和基础》，第77页。
④ ［法］卢梭：《爱弥尔》，李平沤译，商务印书馆1978年版，第501页、第500页、第501页。
⑤ 关于美与审美无利害的关系，卢梭曾写道："个人利益从来没有产生过伟大而崇高的东西，不能在我心里激起那种只有对正义与美的最纯洁的爱才能产生的圣洁的内心冲动。"［法］卢梭：《忏悔录》第二部，范希衡译，人民文学出版社1983年版，第404页。只要熟悉康德的《判断力批判》，就不难看出，卢梭这里关于审美力的界定对康德的鉴赏判断概念及作为其第一契机的"审美无利害"观念产生了多么巨大的影响，令人遗憾的是，在现有美学史中很难看到对此关系之探讨。对于卢梭美学的忽视由此可见一斑。而此忽视所造成的后果，不仅是对于卢梭以自然美为核心的美学价值的低估，而且是对康德美学某些方面观点的极大误解。当然，卢梭对康德的影响还远不限于这里提到的。

要看到它,必须感受到它。"①换言之,自然美并非自然物的自然属性②,而是人在审美过程中获得的。相对于人们更为熟悉的作为审美活动成果的"自然美",卢梭其实应该更看重根本而过程化的"自然审美"活动。

卢梭深知,人类文明愈是发展,非自然化的程度便愈甚;人的社会化程度高,人便愈是远离天性自然,人也就愈丧失先天的自然趣味与自然审美能力:"我们愈脱离自然的状态,我们就愈丧失我们自然的口味(natural tastes),说得更确切一点,就是习惯将成为我们的第二天性,而且将那样彻底地取代第一天性,以至我们当中谁都不再保有第一天性了。"③因而,古人比现代人更接近自然:"古代的人既生得早,因而更接近于自然,他们的天才更为优异。"④社会地位低的下层人士比社会地位高的上流人士更接近自然:"人们用各种方式表达自己,所处的阶层越是低贱,天性自然越少被伪装。"⑤所有人为的人工制品及由此产生的美是在违背自然人性即不自然的背景下产生的,就此卢梭有理由宣布现代社会中一般由上流社会贵族和精英们所代表的非自然的审美与美都是不合法的。

卢梭由此强调,远离不自然和反自然的社会,通过回归自然、接近和热爱自然来保持或重新获得自然审美能力:"我时时刻刻要尽量地接近自然,以便使大自然赋予我的感官感到舒适,因为我深深相信,它的快乐和我的快乐愈相结合,我的快乐便愈真实。我选择模仿的对象时,我始终要以它为模特儿;在我的爱好中,我首先要偏爱它;在审美的时候,我一定要征求它的意见。"⑥以自然及自然(审)美为美与审美的原型、标准不只是卢梭本人热爱、推重自然与自然美的证明,也应成为处于义无反顾的文明化进程中的现代人需要牢记的箴言。

为此,卢梭在论教育的《爱弥儿》中特别宣示了一种可称之为自然审美

---

① [法]卢梭:《爱弥儿》,李平沤译,商务印书馆1978年版,第218页。文字根据该书英译本有改动。

② 自然美并非是自然事物的一种客观属性,人们对自然美的欣赏与观照亦非一个纯粹客观化的过程。事实上,考察古今中外对自然美表示了极大关注与欣赏的作家和艺术家,我们就会发现,他们往往是情感与精神生活极其丰富的人。使用文学史上的专门术语来讲,对自然美予以欣赏并描述的基本是那些被称作浪漫主义而非现实主义作家。对此,我们只要提一下中国的屈原、李白和西方的卢梭和拜伦就够了。

③ [法]卢梭:《爱弥儿》,李平沤译,商务印书馆1978年版,第191页。

④ [法]卢梭:《爱弥儿》,李平沤译,商务印书馆1978年版,第506页。

⑤ [法]卢梭:《文学与道德杂篇》,吴雅凌译,华夏出版社2009年版,第113页。类似的比较还有很多,比如最接近自然状态的职业是手工劳动等。

⑥ [法]卢梭:《爱弥儿》,李平沤译,商务印书馆1978年版,第509页。卢梭也曾通过他笔下的著名文学形象朱莉写道:"假如美的性质和对美的爱好是由大自然刻印在我的心灵深处的,那么只要这形象没有被扭曲,我将始终拿它作准绳。"[法]卢梭:《新爱洛伊丝》第三、四卷,伊信译,商务印书馆1993年版,第58页;另参阅李平沤、何三雅中译本,第354页。

教育的美学理念。他写道:"我的主要目的是:在教他认识和喜爱各种各样的美的同时,要使他的爱好和审美力(taste)贯注于这种美,要防止他自然的口味改变样子,要防止他将来把他的财产作为他寻求幸福的手段,因为这种手段本来就是在他的身边的……我们可以通过它们去学习利用我们力所能及的好的东西(good things)所具有的真正的美来充实我们的生活。我在这里所说的,并不是道德上的美,因为这种美是取决于一个人的心灵的良好倾向的;我所说的只是排除了偏见色彩的感性的美,真正的官能享受(real delight)的美。"①联系前述卢梭对于受控于艺术家、权贵、富翁的随心所欲、贪心和虚荣心的艺术美之现状的抗议,以及卢梭对大自然给良心没败坏之人所安排的最简朴、最宁静、最自然且最有乐趣的田园生活的推崇②,可以肯定:第一,在众多美的种类中,最值得珍视的是自然美和自然审美,因为自然美是避免了偏见的侧重感性和官能享受的美,它虽非道德美却与人的良心或美好心灵密切相关,因而是"真正的美";第二,自然美的获得和保持或培养自然审美能力的关键是尽量与大自然保持亲密接触,过一种简单朴实而有规律、天然宁静而有乐趣的自然而然的生活;第三,自然审美的实质或宗旨不过是一个人经由"自然"而完成的自我个体启蒙或从席勒开始备受青睐的审美教育。

　　综上所述,卢梭是存在着清晰、完整的以回归自然为旨趣的两种意义上的自然美及自然审美思想的。此"回归自然",首先意味着回归到大自然,感受大自然的美;其次意味着回归到一种自然状态,过一种可称之为自然审美的自然而然的生活。相对于研究者看重的自然物之美的自然美观念,卢梭与自然物之美密切相关的自然天成之美的自然美思想更为根本,也更加重要。启蒙背景下卢梭的自然美与自然审美论即本书所指称的卢梭自然美学。

三、卢梭的启蒙自然美论:现代性自然美学话语的功能维度

　　卢梭的自然美学同他更为著名的哲学、政治学思想一样处于启蒙现代性的历史潮流之中。在前两节分别阐述卢梭启蒙思想中的自然观与自然美

---

①　[法]卢梭:《爱弥尔》,李平沤译,商务印书馆1978年版,第508页。文字根据该书英译本有改动。
②　请参阅:"善良的人应为别人树立的榜样之一就是过居家的田园生活,因为这是人类最朴实的生活,是良心没有败坏的人的最宁静、最自然和最有乐趣的生活。"[法]卢梭:《爱弥儿》,李平沤译,商务印书馆1978年版,第730页。"我们的大多数痛苦都是我们自己造成的,因此,只要我们保持大自然给我们安排的简朴的、有规律的和孤单的生活方式,这些痛苦几乎全都可以避免。"[法]卢梭:《论人与人之间不平等的起因和基础》,李平沤译,商务印书馆2007年版,第54页。

学思想的基础上,本节要集中探究的问题是:被视为启蒙运动"最危险的论敌"①的卢梭之自然美学同"启蒙"是何关系? 卢梭的自然美学有何特征? 在自然美学史上的贡献何在? 如何展示了现代性自然美学话语的功能维度?

美国当代学者平克的《当下的启蒙》指出,并无明确年代界限的启蒙时期,其实有四个理念将纷涌迭现、有些还相互矛盾的各种思想连在一起,这就是理性、科学、人文主义和进步的理念②。卢梭包括自然之思在内的整个思想,虽然对其中个别理念(如理性、科学)有自己独特理解,但只是理解方法与落实路径与众不同,从根本和总体上讲并未超出启蒙的四大理念之外,而且特别经由"自然"概念彰显了启蒙的"人文主义"理念的统领地位(这一点被后来的康德完全继承),因而仍然是启蒙意义上的。

讨论"启蒙"及其被公认的"理性"这一"重中之重"③的理念,不能不提德国启蒙主义哲学家康德的经典界定。1784 年 9 月,康德在卢梭逝世 6 年后的《柏林月刊》杂志应征宏文中写道:"启蒙就是人从他咎由自取的受监护状态走出。受监护状态就是没有他人的指导就不能使用自己的理智的状态……要有勇气使用你自己的理智! 这就是启蒙的格言。"④笔者认为,康德的启蒙定义突出了启蒙的自我启蒙特征及其必需的宽松而自由的言论和思想环境。自我启蒙是就启蒙主体及其任务而言,即凡需要或愿意启蒙的广大公众或任何人,必须克服本身懒惰、怯懦的本性,自由自觉自主地运用自己的理智/理性,而非由别人帮助启蒙或由别人代为启蒙。宽松而自由的言论和思想环境是就自我启蒙的条件而言,即统治者或者监护人必须尽可能按照人的尊严为启蒙者的自我启蒙提供最大的自由,因为"这种启蒙所需要的无非是自由;确切地说,是在一切只要能够叫作自由的东西中最无害的自由,亦即在一切事物中公开地运用自己的理性的自由"⑤。换言之,康德的回

---

① ［德］卡西勒:《启蒙哲学》,顾伟铭等译,山东人民出版社 1988 年版,第 268 页。
② 参阅［美］平克:《当下的启蒙:为理性、科学、人文主义和进步辩护》,侯新智等译,浙江人民出版社 2019 年版,第 8—14 页。
③ ［美］平克:《当下的启蒙:为理性、科学、人文主义和进步辩护》,侯新智等译,浙江人民出版社 2019 年版,第 8 页。
④ ［德］康德:《回答这个问题:什么是启蒙?》,载康德:《康德著作全集》第 8 卷,李秋零译,中国人民大学出版社 2013 年版,第 40 页。参阅另一个流行的中译:"启蒙运动就是人类脱离自己所加之于自己的不成熟状态,不成熟状态就是不经别人的引导,就对运用自己的理智无能为力……要有勇气运用你自己的理智! 这就是启蒙运动的口号。"［德］康德:《回答这个问题:"什么是启蒙运动?"》,载康德:《历史理性批判文集》,何兆武译,商务印书馆 1990 年版,第 22 页。
⑤ ［德］康德:《回答这个问题:什么是启蒙?》,载康德:《康德著作全集》第 8 卷,李秋零译,中国人民大学出版社 2013 年版,第 41 页。

答不仅突出了启蒙的"理性"理念,即勇于公开(而非私下)运用自己的理智/理性的过程,而且特别强调此理性之经由个体本人而非他人的实现过程,即"走出咎由自取"的自我不成熟状态。这无疑是说,"启蒙"是一个人在宽松而自由的社会环境中对自己理性即自觉、自为、自主的自由能力的运用,也可以说内向性(而非外向性)地对自己(而非他人)不成熟本性的自我改造或教育(而非改造或教育他人)过程。卢梭的自然概念及其自然美学(如前所述)总体同康德对启蒙的经典界定在本质或宗旨方面是完全一致的,只是不同于康德启蒙定义着眼于或强调个体启蒙或启蒙个体的社会环境因素或社会性,卢梭主要突出的是"自然"与自然审美对于个体启蒙或启蒙个体的重大审美教育作用。

就人性而论,"蕴含于卢梭的所有著作之中"的"大原则"①并明确表达于《卢梭评判让—雅克:对话录》中的观点是自然与社会的对立或分裂观:"自然让人曾经是多么幸福而良善,而社会却使人变得那么堕落而悲惨。"②这也正是卢梭同包括康德在内的其他启蒙思想家的分歧之处。诚如卡西尔指出的:"卢梭与这些思想领袖的分歧的关键,与其说在于卢梭的思想的内容,不如说在于卢梭的推理方法。卢梭的观点和 18 世纪思想的差异,与其说在于他的政治思想,不如说在于他推演出这些理想并为之辩解的方式。不管 18世纪受当时的政治弊病之害有多深,人们对社会生活的批评却从未达到怀疑社会生活的价值的程度。相反,在 18 世纪人们把社会生活视为目的本身,视为明确的目标。百科全书派中没有谁怀疑人只能生活在友谊和社交中,只有在这样的条件下才能实现其命运。然而,卢梭的真正独创性在于:他竟然攻击这个前提,并对先前的一切改革计划所默认的方法论的前提条件提出了质问。"③卡西尔是在阐述卢梭与其他启蒙思想家法律、国家和社会方面的分歧时所说的这番话,放到本章语境来理解同样可以成立,而且可获得来自自然美学的强力支持与证明。显而易见,导致卢梭同其启蒙战友产生严重分歧的"推理方式""辩解的方式""方法论"中肯定少不了卢梭与众不同的"自然"之思路径。由于卢梭擅长以"自然"为师,立足于"自然"研究并试图改造"社会",而非像别的启蒙思想家立足于"社会"研究并试图改造"社

---

① 美国学者盖伊为卡西尔《卢梭问题》作"导言",载[德]卡西尔:《卢梭问题》,王春华译,译林出版社 2009 年版,第 16 页。

② 转引自盖伊为卡西尔《卢梭问题》作"导言",载[德]卡西尔:《卢梭问题》,王春华译,译林出版社 2009 年版,第 16 页。参阅另一中译:"人天生是幸福而善良的,但是社会使他堕落,使他变坏了。"[法]卢梭:《卢梭评判让—雅克:对话录》,袁树仁译,上海人民出版社 2007 年,第 257 页。

③ [德]卡西尔:《启蒙哲学》,顾伟铭等译,山东人民出版社 1988 年版,第 260 页。

会",他才标举出其一系列独树一帜的启蒙思想。说到底,卢梭同其他启蒙思想家一样处于启蒙现代性的情境中,只是不同于其他启蒙思想家,他拥有包括自然美在内的与众不同的"自然"观。

启蒙时期,关注"自然"的绝不限于卢梭。但卢梭之外的整个启蒙哲学的自然观即关于人与自然关系的认识建立在近代自然科学基础之上:"整个18世纪充满了这样一种信念,即人类历史发展到今天,我们终于能够揭示自然所精心守卫的秘密,使它不再隐没在黑暗中,把它视为无法理解的奇迹而对之惊讶不已,而应当用理性的明灯照亮它,分析它的全部基本力量。"①不同于其他启蒙同行,在卢梭看来,就人与自然的关系而论,与其说是人在**照亮**自然,不如说是自然在**照亮**人。施密特曾罗列启蒙运动"备受责备"的"罪状"之一是"对自然只是一个要统治、处置和开拓的对象这个观点负责"②,作为启蒙运动领袖之一的卢梭明显是个例外,而且他可洗刷被笼而统之强加于启蒙思想的不白之冤。法国哲学家阿多曾指出,面对喜欢隐藏的自然,整个西方文化中出现了两种对待自然秘密的态度:一种是唯意志论的普罗米修斯态度,主张用实验探索与技术揭开自然的面纱,揭示自然的秘密;另一种是沉思的俄耳甫斯态度,认为通过科学技术手段干预自然是危险的,是严重的冒犯与罪过,取而代之的最佳进路是保持自然神秘性的无私欲的哲学或审美进路③。对于自然,如果说别的启蒙思想家采用的普罗米修斯态度,卢梭则明显采取的是俄耳甫斯态度。

凭借着"从大自然那里秉受了可以破除一切成见的那种敏锐感"④,在西方文化史上,卢梭第一个喊出了回归自然的口号。无论从这个口号的内涵看,还是从其出发点与目标看,卢梭的"自然"思想都首先是一种道德哲学或政治哲学⑤,而不是与卢梭《论科学与艺术》同年即1750年正式诞生的自觉意义上的(审)美学(aesthetica)。但卢梭的自然美思想既是其回归自然思想

---

① [德]卡西尔:《启蒙哲学》,顾伟铭等译,山东人民出版社1988年版,第45页。在引文前,卡西尔还引用了孟德斯鸠的话:"我们不妨说,大自然行事有如那些处女,她们长久维护自己最珍贵的贞操,然后有朝一日又允许人们夺去她们精心地维护、始终如一地守卫的贞操。"同上书,第45页。捷克作家昆德拉在《生命不能承受之轻》和《小说的艺术》均提到笛卡尔关于人类是大自然的主人和所有者的观点。

② [美]施密特编:《启蒙运动与现代性:18世纪与20世纪的对话》,徐向东等译,上海人民出版社2005年版,第1页。

③ [法]阿多:《伊西斯的面纱:自然的观念史随笔》,张卜天译,华东师范大学出版社2015年,第348-349页。

④ [法]卢梭:《忏悔录》第二部,范希衡译,人民文学出版社1983年版,第388页。

⑤ 参阅[美]施特劳斯:《自然权利与历史》(彭刚译,生活·读书·新知三联书店2006年版)第六章之"A.卢梭"。

的自然延伸和直接体现,也必然成为此回归自然思想的重要组成部分。因而,这并不影响本章对卢梭"自然"思想的特点与价值做一番美学尤其是自然美学并现代性双重角度的审视。而且,借此能够在一定程度上消除人们对卢梭思想惯用的非美学尤其是缺少自然美学研究的局限性,从而发现其经常被遮蔽的思想光芒。

首先,卢梭重视自然审美甚于艺术审美,他在突出对外在自然物之美欣赏的基础上,也强调对内在浑然天成本性之美自然美的追求甚至膜拜,从而在启蒙时期前所未有地彰显了自然审美的特殊启蒙价值。

朗松的《让—雅克·卢梭思想的统一性》认为卢梭一生"所有著作"核心问题是:"文明人怎样才能不返回自然状态,也不抛弃社会状态中的便利,就重新获得那如此天真幸福的自然才有的好处?"①借助于自然与自然美视角就可发现,如果卢梭的确提出过一种本书本章关心的自然美学思想的话,那么卢梭是通过关乎人情感和趣味的双重意义上的自然美与自然审美活动试图回答上述问题的。

诚如中译将卢梭著作中的"goût"(英译"taste")译为"审美/鉴赏(力)"所表明的,卢梭首先是把包括自然美和自然审美在内的美与审美作为一个关乎人的情感、心灵的趣味问题提出来的。他写道:"心灵的真正享受在于对美的享受。"②"剥夺了我们心中对美的爱,也就是剥夺了人生的乐趣。"③前文梳理的其自然物之美意义上的自然美显然当属此类。卢梭借其笔下的主人公圣普乐还指出:"巴黎这个据说是善于审美的城市,也许是世界上最没有审美力的城市;巴黎人为了讨人家欢喜而采取的种种做法,反而败坏了这个城市的真正的美。"④根据卢梭一贯崇尚自然天然的自然美、反对矫揉造作的艺术美立场,有理由将卢梭这里说的巴黎城市的"审美"理解为艺术审美,而将涉及"真正的美"的"审美"理解为自然审美。在卢梭看来,巴

---

① 转引自盖伊为卡西尔《卢梭问题》作"导言",载[德]卡西尔:《卢梭问题》,王春华译,译林出版社 2009 年版,第 17 页。参阅另一中译:"摆在卢梭面前的问题是文明人怎样既不回到自然状态,又不抛弃社会状态的优越而能恢复自然人的优点——纯真与幸福。"朗松:《卢梭思想的一致性》,载朗松:《朗松文论选》,徐继曾译,百花文艺出版社 2009 年版,第 486 页。朗松指出:"我对卢梭作品的看法是:他的作品各式各样,纷繁杂乱,汹涌澎湃有如惊涛骇浪,但到了一定时刻,各个方面就在总的精神上衔接起来,一致起来了。"同上,第 497 页。施特劳斯也认为卢梭基本观念有一种统一性,而且始于其成名作《论科学与艺术》:"《论科学与艺术》比之后来的著述都更清楚地表现了卢梭基本观念的统一性。"[美]施特劳斯:《自然权利与历史》,彭刚译,生活·读书·新知三联书店 2006 年版,第 262 页。
② [法]卢梭:《新爱洛伊丝》,李平沤、何三雅译,译林出版社 1993 年版,第 211 页。
③ [法]卢梭:《爱弥尔》,李平沤译,商务印书馆 1978 年版,第 412 页。
④ [法]卢梭:《新爱洛伊丝》,李平沤、何三雅译,译林出版社 1993 年版,第 265 页。

黎人艺术审美力愈高，就愈反衬出其自然审美力的低下。概言之，具有重大审美教育功能的自然审美是健全审美的标志，自然审美力有助于艺术审美力的提高，而非相反。

请看卢梭晚年的表述："请你设想一个理想世界，它与我们这个世界很相像，却又完全不同。在那个世界里，大自然与在我们这个地球上完全相同，但经济更受到重视，秩序更井然，场面更优雅，色彩更鲜艳，气味更芬芳，所有的物品都更有趣。整个大自然是那样美好，以至欣赏大自然会使人的灵魂燃起对如此动人景象的热爱，在使他们产生要使这个美好的制度更加美好的欲望同时，也使他们担心会破坏这个世界的和谐。这样便产生了极度敏锐的感受性。这种敏锐的感受性会给具有这种品质的人带来立竿见影的快乐感受。"①卢梭明确指出"敏感性（感受力）是一切行动的本原"，而且较之于"精神感受性"，有"自然感受性"的人"对大自然魅力的沉思冥想和想象使他沉醉，其想象中充满了各种各样品德高尚、美丽、尽善尽美的人物"②。卢梭在此设想的集两重自然内涵于一身、与人类现存世界相像又不同的"理想世界"明显是一个美好的自然审美世界，这个世界之所以让卢梭心心念念和反复申述，是因为只有在此世界中激发出的人的极度敏感而重要"自然感受性"能够承担完成对健全人性人物培养的自我启蒙目标。这分明是后来席勒以游戏冲动说为特色、既是手段又是目的的审美自由及其审美教育思想的自然美学版之预先表达。

就此，卢梭一方面赞美现在通常与艺术美相对的外在自然物之美意义上的自然美，另一方面高扬作为前一种自然美根据的浑然天成本性之美意义上的自然美。两种自然美既同卢梭对人的自然情感的自我发现紧密相连，又同他对抗人类文明异化的倾向密切相关。卢梭重视、凸现自然美的一个重要原因是他对真正属于人的个性解放、自由情感的极力推崇，而情感之所以能够成为他强调自然美的一个重要基点，恰恰因为它与个性、自然一样是最自然的。由此便会明白，由卢梭开创的西方文学与艺术史上的浪漫主义流派为什么在"强烈情感的自然流露"③的同时会对自然与自然美表现出

---

① ［法］卢梭：《卢梭评判让—雅克：对话录》，袁树仁译，上海人民出版社 2007 年，第 2 页。

② ［法］卢梭：《卢梭评判让—雅克：对话录》，袁树仁译，上海人民出版社 2007 年第 127 页、第 144 页。

③ ［英］华兹华斯：《抒情歌谣集》1800 年第二版前言，引自［美］塞尔登：《文学批评理论：从柏拉图到现在》，刘象愚等译，北京大学出版社 2003 年版，第 172、174 页。华兹华斯还写道，诗人"天生就有更生动的感性……他对人性有更深刻的了解……"，"认为人和自然本质上是相互适应的，人的精神自然而然地成为自然界最美丽最有趣的属性的一面镜子。"同上，第 173 页。

那么深厚的兴趣;也会明白,过着极度刻板规律化生活的康德在读罢卢梭的《爱弥儿》等著作后,会以情感为突破口通过对鉴赏判断力的批判研究实现其认识论与伦理学的统一,并对自然美问题予以批判哲学的"礼遇"。中西审美史中对自然美在艺术中的最早或迟后的发现,均与情感紧密结合的事实,恰恰证明了自然美并不是自然物本身的自然属性,而是在自然物与人的情感交流成为可能的条件下才能产生的一种新的特质。只是深刻启迪了康德重要美学与自然美之思的卢梭更关注自然审美的特殊启蒙价值即审美教育功能而非自然审美的本质,因而其自然美学同其更为根本的"自然"概念一样是功能性的而非本质性的。但这正是卢梭自然美学的特征之一,而且丝毫不影响其自然美学的现代性价值及其巨大贡献。

其次,卢梭的自然美学不仅具有启蒙现代性倾向,也具有审美现代性倾向,因而其现代性自然美学话语具有双重现代性特征与价值。

关于卢梭自然美学同启蒙的关系本节一开始已经讨论,这里立足于同启蒙息息相关的现代性角度再予以简述。美国政治哲学家列奥·施特劳斯说:"现代性的第一次危机出现在让—雅克·卢梭的思想中。感受到现代的历险是一个巨大的错误,并返回古典思想中去寻求解救之道的,卢梭并非第一人……然而卢梭并非一个'反动派'。他使自己沉溺于现代性。""卢梭以两种古典观念的名义来攻击现代性:一方面是城邦与德性,另一方面是自然。"①施特劳斯正确地指出了卢梭思想同时具有现代性与反现代性特征,即既处身于以理性为核心理念的启蒙现代性之中,又不同于此现代性的现代性特征。但或许因为缺少自然美学的视角,他只能将卢梭的回归自然理解为是"返回古典",而非理解为卢梭借此开创的以自然审美现代性为特色并试图克服启蒙现代性局限的审美现代性②,从而认识到卢梭自然思想的双重现代性特征与价值。在从《论科学与艺术》开始的所有著述中,卢梭不仅对平克所说的作为启蒙现代性的四大核心理念之一的"科学"没有信心,而且对经常被作为审美现代性核心的艺术独立理念及艺术审美不抱希望。在卢梭这里唯一能够实现启蒙与审美双重现代性重任的只有具有人文主义教化或审美教育指向的自然与自然审美理念。

"如果单单通过理智而不诉诸良心的话,我们是不能遵从任何自然的法

---

① [美]施特劳斯:《自然权利与历史》,彭刚译,生活·读书·新知三联书店 2006 年版,第 257 页、第 258 页。

② 关于"审美(美学)现代性"与"启蒙现代性"的区分及关系,可参阅[美]卡林内斯库:《现代性的五副面孔》,顾爱彬等译,商务印书馆 2002 年版,第 16－17 页、第 48 页;周宪:《审美现代性批判》,商务印书馆 2005 年版,"导言"第 11 页。或参阅本书绪论第二部分相关阐述。

则的；如果自然的权利不以人心自然产生的需要为基础的话，则它不过是一种梦呓。"①卢梭进入启蒙现代性的方案并非由理性直接到理性，而是从感性到自然再到理性。因而，卢梭在此对"良心"与"人心"的强调无不体现着他对"自然"的启蒙或照亮之功的深切关注。卢梭并非有意要背离启蒙现代性的既有轨道。正如前文已经指出的，相对于同时代其他启蒙思想家，他的不同寻常之处只是他用以支持其启蒙思想的资源或方法途径，不是或主要不是科学和艺术即文明本身，而是至少从表面上看是非文明的自然和以此为基的自然美。卢梭提醒自己的启蒙同仁，当人运用那些更加强有力的东西来完成自己的启蒙重任时，千万不能忽略看起来好像是软弱无力的感性的东西，比如良心或情感。比起其他许多启蒙思想家单纯将理性作为知识源泉，"卢梭以明显得多的方式宣布情感为知识源泉"，而且是"人的尚未腐化的、天然的情感"②。卢梭强调遵从自然的呼声和天然的情感，但他并不否认甚至同样宣扬人的理性的重要性与力量。卢梭写道："在我们的时代偏见与谬误假哲学之名如此高据统治地位，由于无知而变得愚笨的人们使得自己的智慧听不到理性的声音，自己的心灵听不到自然的声音。"③在卢梭看来，自恃源于自然但已经区别于自然的人的智慧和心灵应该始终听取理性和自然两者的双重教导。人应当遵从自然，也即依照人所特有的理性在遵从自然，自然与社会不是完全对立的。他心目中的理想人物爱弥儿就能同时将自然和社会的秩序结合起来行事，从而获得一种"以理性为基础的自然的情感"④。对理性与情感二者之于人的价值分工，后来被席勒《审美教育书简》在书名下引用的卢梭的告诫语是："既然人之所以为人是由于有理智的缘故，则人如何行动，就必须靠感情的指引了。"⑤易言之，理想的人格应当是理智与感情获得一种奇妙平衡且最终听从感情指引的人。而且这样的人的"思想和天性（自然）的美，终将使人的高尚品质得到显示"⑥。正如前文已经述及的，卢梭的上述思考其实已经成为后来被席勒明确申述的审美教育思想之雏形——当然是经过了继承卢梭的康德这个重要中介。

耀斯曾结合对《新爱洛伊思》第二十三封信相关文字的引述，深入揭示

---

① ［法］卢梭：《爱弥儿》，李平沤译，商务印书馆1978年版，第326页。
② ［德］文德尔班：《哲学史教程》下卷，罗达仁译，商务印书馆1993年版，第700页。另参阅上书，第636－637页。
③ ［法］卢梭：《论戏剧：致达朗贝尔信》，王子野译，生活·读书·新知三联书店1991年版，第107页。
④ ［法］卢梭：《爱弥儿》，李平沤译，商务印书馆1978年版，第496页。
⑤ ［法］卢梭：《新爱洛伊丝》，李平沤、何三雅译，译林出版社1993年版，第314页。
⑥ ［法］卢梭：《新爱洛伊丝》，李平沤、何三雅译，译林出版社1993年版，第264页。

了作为自然审美感受史"高潮"阶段代表人物卢梭对于自然审美价值的重要贡献："爱德华·伯克和卢梭是使感受从美的传统准则中解放出来的先驱。在这以后，人们在绘画中发现了英国的山脉和湖泊，发现了瑞士的阿尔卑斯山。《新爱洛伊思》的巨大成功也使卢梭对瓦里斯山脉的审美发现家喻户晓。"更重要的是，卢梭笔下的自然审美"整个地颠倒了佩脱拉克的体系。因为在这里，审美经验是从内向外发展的"，即"使观察者得以在风景和他换灵魂的交流中发现真正的自我的，不是否定世界的内向运动，而是捕获世界的外向运动"。总之，"卢梭的新式主人公摆脱了束缚人的日常琐事后，不仅在迄今从未见到的深山中发现了自然的无限风光，而且还使自己从自由而愉快地思索自然的状态中提升到通观全局的高度……犹如从前的古典主义戏剧，万古常新的'自然奇观'引发了净化作用。"①耀斯上述分析表明：卢梭著作中对双重自然内涵的自然审美经验的描述代表着一种真正的现代性体验；万古常新的自然一旦与人建立起一种自然审美关系，此自然审美也会同艺术审美一样发挥其"净化"等审美教育功能。

这样，在理性一路高歌猛进的启蒙时代，进步与文明同时带来的人性分裂却使卢梭敏感地觉察到了自然的审美鉴赏对于完善人性的重要作用，因而在席勒《审美教育书简》问世之前对人同自然疏远引起的近代文明进行了深刻反思和尖锐批判。"同庄子一样，卢梭的美学力量"在于"他对人性的深刻思考和诚挚反省。他厌恶包括艺术在内的整个近代社会文明而呼吁'归返自然'，这个口号所突出的人自身的价值（宁愿放弃物欲也要恢复人的自主性），既不符合势必占据统治地位的资本主义社会发展规律（真），也不符合新兴资产阶级所代表的人的竞争欲求（善），而是以主体自身为目的的美"②。或可指出的是，身处启蒙现代性之中又与其保持了一段距离的卢梭"以主体自身为目的的美"（此"主体"即启蒙主体亦即审美活动中的审美者）不可能是别的什么美，只能是自然美，而且主要是自然而然之美的自然美，而对自然美的凸现则正体现了卢梭有别于启蒙现代性的审美现代性价值倾向。

概言之，卢梭的现代性自然美学兼有从感性到理性的启蒙现代性和借标举自然审美而更看重感性或情感的审美现代性的双重现代性特征。法国学者帕斯曾指出："审美现代性的命运，即自身的矛盾命运：它

---

① ［德］耀斯：《审美经验与文学解释学》，顾建光等译，上海译文出版社 1997 年版，第 118 页、第 118 页，第 122 页，第 120 页。
② 尤西林：《人文学科及其现代意义》，陕西人民教育出版社 1996 年版，第 149－150 页。

在肯定艺术的同时又在对其加以否定,同时宣告了艺术的生命与死亡,崇高与堕落。"①就此而论也可以说,凭借自然否定艺术的卢梭与同时代肯定艺术的其他启蒙思想家合在一起体现了审美现代性既肯定艺术又否定艺术的矛盾命运。只是卢梭否定艺术的理由不仅有艺术的局限性,更重要的还有与此艺术局限性形成鲜明对比而且优势突出的自然和自然美作为样板或标准。

最后,卢梭处身于双重现代性情境中的自然概念及其自然美学,在西方自然美学史上前所未有地深刻揭示了以自由为根本指向的自然和自然审美的价值解构与建构功能。

"我生来便和我所见过的任何人都不同……大自然塑造了我,然后把模子打碎了。"②作为启蒙运动中倡导回归自然的思想家,卢梭与自然的关系超乎寻常:自然不仅给予他敏感孤傲、卓尔不群的性格,也引人瞩目地成就了他对自然的审美趣味和对自然的美学之思。他带着一种众人皆醉我独醒的悲怆和幽思,在西方审美文化史上第一个旗帜鲜明地申述了自然审美的重要功能。对自然美生性敏感、有着丰富自然审美经验的卢梭而言,在面对或崇高或优美的外在大自然的时候,在处于自然状态与自然情感情况下,自爱心和怜悯心也即自然而然的道德情感是能够让一个处于自然审美过程中的人完成对自己不成熟本性的自我改造或自我审美教育。"我们身患一种可以治好的病;我们生来是向善的,如果我们愿意改正,我们就得到自然的帮助。"《爱弥儿》题记特意引用的古罗马哲学家塞涅卡的话表明,卢梭对自然引导人克服或走出自身的不成熟状态寄予厚望且充满信心。

卢梭所有著作中的"自然"之思表明,卢梭与其说假定了一种外在自然界与人性本身自然的善,不如说是尖锐地揭示了人类社会文化过程愈发突出的社会生活及其主人"人类"之人性本身的恶。这迫使卢梭需要一个与之相抗衡的参照系,为此他找到了"自然"。正如卡西尔沿着康德观点指出的,"卢梭并不要把人拉回自然状态,而是要人借助回首跂望来省察传统社会的偏差与缺陷"③。所以,卢梭包括自然美观在内的自然之思与言说,并非是从

---

① 转引自[法]贡巴尼翁:《现代性的五个悖论》,许钧译,商务印书馆2005年版,第2页。此书主要从文学与艺术领域集中探讨了"现代的传统"的现代性悖论史,认为由一个死胡同走向另一个死胡同的现代性,存在着对新的迷信、对未来的笃信、对理论的癖好、对大众文化的呼唤和对否定的激情五个悖论。此书实际自认为也是对审美现代性的研究,但与同类著作一样当然一般不可能顾及自然美问题。

② [法]卢梭:《忏悔录》上卷,黎星译,人民文学出版社1980年版,第1页。

③ [德]卡西尔:《卢梭·康德·歌德》,刘东译,生活·读书·新知三联书店2002年版,第31页。

自然本身出发从而是本质本体性的,而是立足于社会因而是功能性的。此功能既包括批判性的解构功能,也包括建设性的建构功能。对于卢梭来讲,对自然与自然美的高度重视与阐扬,一方面发挥着毫不留情地批判、消解当时人类文明带来的种种价值规范体系的作用,另一方面也发挥着超乎寻常的重新建构起新的价值指向的价值与意义。对此,本章第一部分在阐述卢梭"自然"概念的内涵时已有论及。这里须指出的是,如果说卢梭自然美之思的建构功能的功能性指向是通过自然审美而完成的审美教育,那么其具体内容指向则是人的自由。

　　着眼于其自然权利政治思想的施特劳斯,对卢梭自然概念的自由内涵有深入阐述:"卢梭拒绝返回到人是社会动物的概念,是由于他所关注的是个人、亦即每一个人的彻底的独立性。他保留了自然状态的概念,是由于自然状态保障了个人的彻底独立。他保留了自然状态的概念,是由于他所关注的是这样一种在最大可能的程度上有利于个人独立的自然的标准。"[1]在推崇彻底独立的"自然状态"基础上,卢梭特别强调自我立法的个人自由:"在卢梭看来,自由是比生命更高的善。事实上,他将自由等同于德性或善。他说,自由就是服从于个人对自己的立法……尤其要紧的是,他提出要以一种新的对人的定义来取代传统的定义,在新的定义看来,不是理性而是自由成为了人的特质。可以说卢梭开创了'自由的哲学'。"[2]卢梭因此将"与道德自由非常接近"的"自然自由"作为"公民自由的样板"[3]。结合其"自然"思想而言,卢梭理解的自由即独立自主与自我立法,具体包括天赋或生而有之的自然自由、克服人性堕落、扬弃社会异化的社会自由和完善人性本身的道德自由。与上述三种自由相对应,《爱弥儿》依次论述了自然教育、社会教育、公民教育三种教育形式。在笔者看来,卢梭经由并不完全排斥理性的自然概念而深刻把握到的自由,最突出地表现为以人的自然审美为代表的审美自由,而且同时承担着卢梭上述三大教育功能或审美教育使命。当然,对于将自然与自由、理性与感性等集于一身的审美自由及其功能,只有到接续了卢梭自然观与自然美学的康德那里才得到了更加明确而深入的哲学阐释。

　　任何形式的美与审美都有其现实的建构与解构功能。自然美与自然审美的上述功能之所以异于(正如康德后来明确指出的、在一定程度上也优于)艺术审美,是因为自然事物相对于人工事物而具有的浑然天成特征,正

---

①　[美]施特劳斯:《自然权利与历史》,彭刚译,生活·读书·新知三联书店 2006 年版,第 284 页

②　[美]施特劳斯:《自然权利与历史》,彭刚译,生活·读书·新知三联书店 2006 年版,第 284－285 页。

③　[美]施特劳斯:《自然权利与历史》,彭刚译,生活·读书·新知三联书店 2006 年版,第 288 页。

是此种更加具有本真意义的浑然天成性,自然与自然美方才成为人类对自己创造的人工世界,对自身往往丧失了本真性而显得不自然的行为进行反思与批判的永久标准或典范,进而为人的自由与自然的统一提供意味深长的终极指引。这正是卢梭兼有双重现代性的启蒙自然美论的特殊启蒙价值,也是其自然美学开启的现代性自然美学意义或功能之表现。卢梭以自然及自然美观为核心的启蒙思想的反思与批判性,不仅被随后的德国哲学家与美学家康德以批判哲学的方式继承与发展,而且被德国法兰克福学派以"批判理论"(Kritische theorie)的形式所继承与发展。

第二章 康德:自然美的审美论与目的论内涵

确实,我感到早期审美理论家(研究美的)的最佳候选主题是自然美。①

对自然的美怀有一种直接的兴趣(而不仅仅是具有评判自然的鉴赏力)任何时候都是一个善良灵魂的特征。②

对于美的惊叹以及被大自然如此多种多样的目的所引起的感动……本身具有某种类似宗教情感的东西。③

我希望,即使在这里,解决一个如此纠缠着自然的问题的这种巨大困难,可以用来为我在解决这问题时有某些不能完全避免的模糊性作出辩解,只要这个原则被正确地指出、足够清楚地加以说明就行了。④

卢梭最先揭示的自然与自然美所独具的双重功能及其指引价值,在其后同样处于启蒙与审美双重现代性中的德国伟大哲学家康德那里得到了切切实实的历史回应。"在康德思想发展的一个决定性转折点上,是卢梭为他展示了那个终身不渝的方向。"⑤"在所有的西方思想家中,卢梭对康德的影响最大,也最根本……卢梭对康德的影响是根本性的、奠基性的和方向性的。"⑥卢梭对康德思想的影响是多方面的,这其中肯定包括自然美。接续卢梭"回归自然"之思,明确进入自然美论域的康德并非集中思考自然美问题

---

① 参阅[美]卡罗尔:《超越美学》,李媛媛译,商务印书馆2006年版,第36页。文字根据原著有改动。

② [德]康德:《判断力批判》,邓晓芒译,人民出版社2002年版,第143页。

③ [德]康德:《判断力批判》,邓晓芒译,人民出版社2002年版,第343页。

④ [德]康德:《判断力批判》,邓晓芒译,人民出版社2002年版,第4页。本章引康德《判断力批判》文字一般出自上述邓晓芒译本,为免注释烦琐,有时只在引文之后注"邓译第某页",不再给出其他出版信息。

⑤ [德]卡西尔:《卢梭·康德·歌德》,刘东译,生活·读书·新知三联书店2002年版,第2页。

⑥ 张汝伦:《德国哲学十论》,复旦大学出版社2004年版,第4—5页。

的第一人，但他无疑是对自然美问题予以特别而全面关注并产生深远影响、承上启下的关键人物。如果说卢梭是现代性自然美学的奠基人，那么康德则是现代性自然美学的创立者。康德的自然美学集中体现于其第三批判即《判断力批判》。本章关注的主要问题是：自然美问题何以会进入康德作为沟通其前两大批判之桥梁的第三批判的问题性之中，并在第三批判的审美论与目的论框架中占据着令人瞩目的显要位置？康德审美——目的论视域下的自然美学的内容与要旨是什么？康德的自然美学对于现代性自然美学做出了怎样的独特贡献？

一、自然美问题在康德批判哲学中的地位

众所周知，康德继《纯粹理性批判》和《实践理性批判》之后完成的《判断力批判》并非独立的美学专著，而是首先出于解决前两大批判遗留的问题、完善其哲学体系之需要而完成的哲学著作①。但这并不影响《判断力批判》特别是其第一部分"审美判断力批判"仍被普遍视为康德本人及美学史上的美学经典巨著，甚至被作为美学学科真正独立的标志，成为此后美学家讨论几乎一切美学问题的起点②。这不只缘于此书对审美活动（康德称之为鉴赏或审美判断）、美与崇高精微而独到的分析，对美的艺术与艺术天才问题的集中论述，也因为其对自然美（Naturschönheit）全面、深入且卓有成效的讨论。

阿多诺在《美学理论》中对康德轻视艺术美颇有微词，在专论自然美问题时却明确把康德作为一个确定无疑的起点，说"在康德的《判断力批判》中，对自然美作了一些最有见底的分析"③。马尔科姆·巴德更是把康德视

---

① 康德在《判断力批判》序言中写道："对于作为审美判断力的鉴赏能力的研究在这里不是为了陶冶和培养趣味（因为这种陶冶和培养即使没有迄今和往后的所有这类研究也会进行下去的），而只是出于先验的意图来做的。"邓译第4页。"先验意图"当指通过判断力批判来弥合、完成其整个先验哲学体系的意图。塔塔科维兹指出，康德同阿奎那一样属于美学史上"对美学本身不大感兴趣"却"因将美学包含在其哲学中而对美学做出了贡献"的绝无仅有的两位美学家。参阅［波］塔塔科维兹：《中世纪美学》，褚朔维等译，中国社会科学出版社1991年版，第298页。

② 有学者曾正确地指出，第三部批判"是近代最重要的美学著作之一；实际上，可以公正地说，要不是这部著作，美学就不能以其现代形式而存在"。［英］斯克拉顿：《康德》，周文彰译，中国社会科学出版社1989年版，第131—132页。

③ 参阅［德］阿多诺：《美学理论》，王柯平译，四川人民出版社1998年版，第109页。文字根据该书英文版有改动。

为对自然美学做出空前绝后贡献的伟大思想家:"20 世纪最后十年之前,很少有关于自然美学的重要哲学思考。在那十年以前的整个西方哲学史中,尽管能够在艾迪生、伯克、休谟、叔本华、黑格尔和桑塔耶那的著作中发现一些洞见,但仅有康德一个人对于自然美学做出了重要贡献。康德的贡献,使他之前的所有思考都相形见绌,并且没有任何可以与之相提并论的后继者;也唯有这部由伟人康德完成的关于自然审美欣赏的哲学著作值得人们经久不衰的关注。"①

要问自然美何以会成为康德第三批判的突出内容之一,须从其写作背景及其哲学主题谈起。作为康德第一批判的《纯粹理性批判》以经验现象界的"自然"领域为课题,探究的是以自然科学为代表的人的认识如何可能("我能够知道什么"),康德认为是人的知性(理论理性)凭借因果律赋予自然以规律的,科学知识的普遍必然性也由此得到保证;作为康德第二批判的《实践理性批判》则以超验的"自由"领域为课题,探究的是人的道德行为如何可能("我应该做什么"),康德认为是人的理性(实践理性)凭借道德律和自由律为意志设定规律的,意志自由的普遍有效性也因之而获得。但康德在完成这两大批判过程中发现:作为感觉界的自然概念与作为超感觉界的自由概念——相应地,从内心的全部能力来讲是认识能力和欲求能力,从诸认识能力来讲是知性与理性,从涉及的诸先天原则来讲是合规律性(必然性)与符合终极目的(目的性),从哲学来讲是理论哲学与实践哲学——似乎构成了一种不可调和的对立。"自由概念在自然的理论知识方面什么也没有规定;自然概念在自由的实践规律方面同样也毫无规定"②,好像"这是两个各不相同的世界一样,前者不能对后者发生任何影响",但"后者应当对前者有某种影响,也就是自由概念应当使通过它的规律所提出的目的在感官世界中成为现实"③。在康德看来,二者之间存在着的这条不可估量的鸿沟是如此之深,以至于严重威胁到其哲学体系的根基与人类理性的统一性。这样,批判哲学为了避免其哲学体系大厦因基础沉陷而整体倒塌,就需要一种起桥梁作用的第三种东西,用以实现上述两大方面对立的统合。按照心理学上的认识、意志、情感三分法,康德认为解决此问题的只能是在认识与欲求的对立之间起居间作用的人的愉快和不愉快的情感能力,以及与此相

---

① Malcolm Budd (1941—), *The Aesthetic Appreciation of Nature*: *Essays on the Aesthetics of Nature*, Oxford: Clarendon Press/New York: Oxford University Press, 2002, p. vii.

② [德]康德:《判断力批判》,邓晓芒译,人民出版社 2002 年版,第 30 - 31 页。

③ [德]康德:《判断力批判》,邓晓芒译,人民出版社 2002 年版,第 10 页。

应的在知性与理性之间起居间作用的判断力、在合规律性与终极目的之间起居间作用的合目的性①。从一定意义上来讲,正是"对情感能力的先天原则的'发现',导致了康德《判断力批判》的诞生。"②

既然第三批判立意要把人的情感活动及其先天原则作为解决其先验哲学存在问题的突破口,康德很自然地在其批判哲学与自己先前有所忽视的、由鲍姆加登根据人的知情意心理三分法而率先创立并命名的、以人的情感等感性活动为研究对象的美学(aesthetica/Ästhetik)之间找到了联结点③。《判断力批判》序言明确写道,他所从事的判断力批判"主要发生在我们称之为审美的、与自然界和艺术的美及崇高相关的评判中"④。

在康德看来,发生在自然审美和艺术审美领域中、涉及人的愉快与否的情感能力的判断力之所以能够通过自然合目的性概念完成自然与自由之间及其相应方面的过渡,是由于这种不同于"规定的判断力"的"反思判断力"主要不是用已有的抽象范畴去规定特殊经验的认识活动,而是为特殊经验寻找普遍原理的、无目的而合目的性的自由的审美活动。由于此审美活动,一方面不是典型的认识活动却又带有对感性事物进行判断的认识活动的特征,另一方面不属于典型的实践活动却又是自由的从而能产生并促进一定道德情感的感受性,与道德实践活动相关,这就使之能成为从认识到实践、从必然到自由的过渡。因此,把康德引向对包括自然美问题在内的美学问题研究的原因首先在于,这些美学问题涉及的审美领域关系到解决其自身哲学问题的可能性与必然性。

---

① 参阅[德]文德尔班:《哲学史教程》下卷,罗达仁译,商务印书馆1993年版,第768页。

② 邓晓芒:《论康德的〈判断力批判〉》,载邓晓芒:《康德哲学诸问题》,生活·读书·新知三联书店2006年版,第135页。证明康德发现情感能力先天原则对于其哲学体系重要作用的文献,是他1787年底给朋友的书信(参见[德]康德:《康德书信百封》,李秋零译,上海人民出版社1992年版,第110页),那时正值康德刚刚完成其第二批判但尚未出版之际。

③ 康德在1781年第一批判初版中对鲍姆加登创立的Ästhetik(美学)并不以为然。到1787年第一批判再版时,从一条脚注的最后一句话来看,对这门新学科的态度则已缓和多了。参阅[德]康德:《纯粹理性批判》,邓晓芒译,人民出版社2004年版,第26页注②。原因盖缘于此时第三批判已经在写作计划之中;等到1790年第三批判写作时及完成之后,则已完全赞同这一用法了。比如在《逻辑学讲义》(1800)中,康德尽管仍然不赞成鲍氏将美学称作科学,而应像霍姆一样只称作鉴赏的批判,但已完全认可了这门新独立的学科,且与其姊妹学科逻辑学进行了比较。参阅[德]康德:《逻辑学讲义》,许景行译,商务印书馆1991年版,第5页。康德对于人的愉快和不愉快的情感能力的态度,也经过了从前两大批判的不予重视到第三批判的高度重视的显著改变过程。参阅邓晓芒:《康德哲学诸问题》,第134-140页。现象学美学家盖格尔曾指出:"康德既是第一个把美学建立在情感基础上的人,也是把情感一般地引入到哲学中来的第一个人。"[德]盖格尔:《艺术的意味》,艾彦译,华夏出版社1999年版,第95页。

④ [德]康德:《判断力批判》,邓晓芒译,人民出版社2002年版,第3页。

　　如果再结合英国美学家伯克著名论文《关于我们的美和崇高的概念之起源的哲学考察》和法国启蒙思想家卢梭的《爱弥儿》等著作对康德的影响，以及康德本人的早期美学著作《关于优美和崇高的感情的考察》和虽然晚出但从 1772 年开始就一直在大学讲授的《实用人类学》中关于愉快或不愉快的感情的论述，也就是结合康德此前关注审美学问题且非常熟悉美学史①的事实来看，自然的美与崇高问题在第三批判中的出现同审美学史上的相关讨论关系密切。即便自然美问题在上述著述中还不是很明朗，但它的存在毫无疑问地构成了康德第三批判对于包括自然美问题在内的诸美学问题予以思考的美学学科背景与基础。

　　所以，康德对包括自然美问题在内的美学问题的关注，既是出于完善哲学体系的需要，一定意义上也有解决美学学科相关问题的意图。康德研究专家将此称作康德研究美学（和目的论）问题的双重任务，即体系作用与专业分析②。对于康德而言，这双重任务当然并非平分秋色的，完善体系的任务显然居于首位。不过，以上所述只是自然美问题进入康德研究视域的一方面原因，或者说是直接和表层的背景性原因。康德关注自然美问题的另一方面的原因，当与其整个哲学的基本问题有更深层的关联。

　　思考"人"的问题是贯穿整个康德哲学的核心主题③。康德曾先后多次表示自己一生致力于解决的哲学问题有四个：我能够知道什么？我应该做什么？我可以希望什么？人是什么？分别由形而上学（认识论）、道德（伦理

---

①　苏联学者阿斯穆斯指出，虽然"康德对美学问题的兴趣，不是基于对艺术和它的社会功能的直接兴趣。这个兴趣甚至不是基于对美学理论本身的兴趣"，但是"康德在其基本美学著作问世很久以前，就注意到美学问题"，而且"非常熟悉美学理论方面的书籍。他不仅知道德国的美学书籍——从鲍姆加登到莱辛和文克尔曼的书。他还认真研究了英国美学，了解哈奇生、夏夫兹博里、休谟和伯克的所有优秀美学著作。他也熟悉法国古典主义的文学艺术理论。"[苏]阿斯穆斯：《康德》，孙鼎国译，北京大学出版社 1987 年版，第308、318、308 页。英国当代学者布雷迪也曾谈到康德曾熟读夏夫兹博里、艾迪生、哈奇生、休谟等英国经验主义学者作品，还深受鲍姆加登、门德尔松等德国学者影响的事实。参阅[英]布雷迪：《现代哲学中的崇高：美学、伦理学与自然》，苏冰译，河南大学出版社 2019 年版，第 35 页。

②　参阅[德]赫费：《康德：生平、著作与影响》，郑伊倩译，人民出版社 2007 年版，第 240 - 244 页。

③　李泽厚指出："处于卢梭与黑格尔的中间，整个康德哲学的真正核心、出发点和基础是社会性的'人'。"李泽厚认为，围绕着"人"，康德批判哲学试图解决的根本问题是理性与感性以及总体与个体、社会（普遍必然）与自然（感性个体）之间的关系问题。参阅李泽厚：《批判哲学的批判：康德述评（修订本）》，人民出版社，1984 年，第 367 页。邓晓芒则特别强调贯穿于康德整个哲学体系中的（哲学）人类学或人学（anthropologie）立场与意向。参阅邓晓芒：《冥河的摆渡者：康德的〈判断力批判〉》，武汉大学出版社 2007 年版，第一章。

学)、宗教学和人类学回答,且认为前三个问题都可以归结为最后一个人类学问题①。康德在不同著作中关注的具体问题尽管各自有别,但无不是从不同角度对"人"的问题展开的解答。康德哲学的基本出发点与最终归宿都是人,或者准确地说是人的自由②。但如果从康德思考、解决人及其自由的具体着眼点或参照点来看,自然则构成了"曾热衷于卢梭的自然崇拜"③的康德哲学的另一个关键概念。事实上,始终把人及其自由置于与自然相对的语境中来思考,成为康德哲学一个不可忽略的运思理路。毋宁说,人与自然的关系问题成为康德要解决的基本问题之一④。用"人与自然的关系"这一当代习语并非要给康德哲学贴上一个毫无个性的标签,而是为了获得思考康德哲学主题的一个重要维度。借此维度就可明白为什么康德的批判哲学会走进美学视野并关注到自然美问题。本书绪论已指出,从实践层面讲,自然美产生于自然审美活动中,它本质上反映的是人与自然之间的一种不同于认识与功利等关系的审美关系;从理论层面讲,针对产生自然美的自然审美活动中体现的人与自然的审美关系的反思活动即哲学或审美学研究,就能表明一个理论家的自然美观念。因而,康德关于自然美的观念只能产生于他对人与自然审美关系的思考与研究中,这可谓康德在其哲学(包括美学)背景下关心自然美问题的根本原因。

　　在具体讨论康德关于人与自然关系问题的认识之前,有必要明确一下

---

① 参阅[德]康德:《纯粹理性批判》,邓晓芒译,人民出版社 2004 年版,第 611－612 页;[德]康德:《康德书信百封》,李秋零编译,上海人民出版社 1992 年版,第 200 页;[德]康德:《逻辑学讲义》,许景行译,商务印书馆 1991 年版,第 15 页。

② 关于自由概念之于康德哲学的核心地位与拱心石作用,参阅[美]阿利森的《康德的自由理论》,陈虎平译,辽宁教育出版社 2001 年版;宋继杰的《康德的自由概念》,载《场与有:中西哲学比较与融通》第六辑,中国社会科学出版社 2002 年版;邓晓芒的《康德自由概念的三个层次》,载《复旦学报》2004 年第 2 期。

③ [德]文德尔班:《哲学史教程》下卷,罗达仁译,商务印书馆 1993 年版,第 730 页。

④ 有学者指出:"康德的整个哲学(包括美学)关注的是人,核心是人与自然的关系,人认识自然如何可能,人如何超越自然,根基为自然向人生成。"正因为康德如此重视自然,在他的美学研究中,"自然美成为他的美学关注的主要对象,是美的重要组成部分,对自然美的分析贯穿于他的整个美学体系中。冯以宜:《康德的自然美论》,载《广西师院学报(哲学社会科学版)》1997 年第 3 期。此论无疑是颇有见地的,但论者似乎并未进一步讨论康德美学如何关注人与自然关系问题。其实,有不少国内康德研究者均有上述类似看法,只是主要从美学角度而论的。比如:"他写《判断力批判》……是为了沟通认识与伦理即他的前两大《批判》,以联系自然与人。"李泽厚:《批判哲学的批判》(修订本),人民出版社 1984 年版,第 400－401 页;康德的第三批判是"力图打通天人之际的大著"。[德]康德:《论优美感和崇高感》,何兆武译,商务印书馆 2001 年版,"译序"第 4 页。还可参见劳承万等著:《康德美学论》,中国社会科学出版社 2001 年版,第 34 页。

其"自然"(Natur)概念①的内涵。作为在批判时期的哲学著作中频繁出现、"几乎比比皆是"②的一个概念,康德的"自然"总体上首先是在与"自由"概念相对的意义上使用的,它大致指的是事物的必然性。除此之外,由于在三个层面上的不同划分,康德批判哲学中的"自然"概念也明显存在以下三个层面的双重性内涵:首先,作为物自体的"自然"与作为现象界的"自然",亦即超感性的自然与感性的自然,这是从自然可知与否层次上划分出来的双重性自然概念,它们分别构成了人信仰与认识的对象;其次,在质料的意义上作为现象之总和的自然与在形式的意义上作为各种规则的本性自然,这是由此可知自然内部认识层次上的划分而带来的双重内涵的自然概念,它们分别构成了人感性直观的对象与理智思维的对象;第三,作为外感官对象总和的有形的"外在于我们的自然"(或"外在自然")亦即物质的自然与作为内感官对象的灵魂亦即思维着的"我们之中的自然"(或"内在自然"),它们分别构成物理学与心理学研究的对象③。在这三个层面的双重内涵自然概念中,第一层面属于康德独有的自然概念,后两个层面则是康德对欧洲思想传统中已有自然概念的继承。在大多数情况下,康德的自然概念并非是在与人工世界相对的意义上来使用的,而是作为经验的现实世界的同义词来用的。除此之外,康德对于自然概念还有其他称谓,如"第二自然"(zwite Natur)、"另一个自然"(andern Natur)④、"作为艺术的自然"或"自然技术"⑤等。此后研究将会表明,就意指"自然事物"而言,康德的"自然"概念还有广义的现实(物质)世界与狭义的非人工事物、有机的自然与无机的自然、美的自然与目的论自然等区别。

---

① 关于康德的自然概念或自然观,可参阅张政文:《康德启蒙自然观的文化批判》,载《世界哲学》2006 年第 2 期。张氏从自然观视角将康德的自然概念划分为三个维度:一是不可知自然,它体现了人类在有限存在状态中对终极关怀的渴望;二是人的天性自然,它凸显出人类对自身自然性的合理肯定,表达了人类主体性的展开;三是合目的性自然,它显现了人类的理性自觉。此说对理解康德自然观的确有其方便之处且能启人思考,却并未交代其划分依据,对相关内涵也似有遗漏。

② 邓晓芒语,参见[德]康德:《纯粹理性批判》,邓晓芒译,人民出版社 2004 年版,第 646 页注;[德]康德:《实践理性批判》,邓晓芒译,人民出版社 2003 年版,第 224 页注。正因此故,邓译康德前两大批判的术语索引中,均无有关"自然"的索条目。

③ 以上关于康德自然概念的三层面双重内涵可分别重点参阅[德]康德:《任何一种能够作为科学出现的未来形而上学导论》(庞景仁译,商务印书馆 1978 年版)第 57 – 58 页、《实践理性批判》(邓晓芒译,人民出版社 2003 年版)第 57 – 58 页、《判断力批判》邓译本第 108 页、《纯粹理性批判》邓译本第 356 页、《导论》庞译本第 91 页、《纯粹理性批判》邓译本第 638 页、《判断力批判》邓译本第 291 页。

④ 对这两个概念卓有成效的区别性研究可参阅刘为钦:《"另一个自然"——康德美学的重要范畴》,载《哲学研究》1998 年第 3 期。

⑤ 参阅[德]康德:《〈判断力批判〉第一导言》,载邓晓芒:《冥河的摆渡者:康德的〈判断力批判〉》附录一,武汉大学出版社 2007 年版,第 131 – 178 页。

就康德批判哲学而言，以自然概念为主题、研究知性对于作为感性客体的自然先天立法以达到对自然的理论知识的第一批判，直接关乎人与自然的关系；以自由概念为主题、研究理性对于作为主体中的超感性的自由先天立法以达到绝对的实践自由的第二批判，表面看来研究的只是自由而非自然，但从另一角度来看，实际仍然涉及人与（内在）自然的关系。如果说第一批判解决的是人认识自然的可能性与界限，从而得出人对于作为物自体的自然界不可知，但能为作为感性现象界的外在自然立法的结论，那么第二批判要解决的则是人如何超越感性自然而成就超感性的道德自由，从而得出人为自己内在的感性自然立法的结论；如果说关乎外在自然、属于认识论研究的第一批判反映了康德关于人对自然能动的认识关系的卓越思考，那么关乎人的内在自然、属于伦理学研究的第二批判则反映了康德关于人对自然能动的道德关系的深邃感悟①。

《判断力批判》所要解决的核心问题并未在前述康德哲学关于"人"的问题列表中占有一个确切位置②。不过，不管第三批判属于哪个问题，从其沟通与调和前两大批判的重要使命及其内容来看，它仍然是以人及其自由为中心的，且同样也可以说是围绕人与自然的关系问题这一具体着眼点或维度而展开的。康德自己对此是有所省察的。在《判断力批判》序言中，他把判断力批判探究的核心问题即判断力是否有自己的先验原则问题所面临的困难（或"神秘难解之处"）称作"一个如此纠缠着自然的问题的这种巨大困难"③。判断力的先验原则纠缠着什么自然问题或自然的什么问题呢？康德的回答是"自然的合目的性"。

---

① 正是在此意义上笔者赞同美国著名康德专家 L. W. 贝克如下判断："几乎他（康德）所有的著作都是这个唯一主题的变体：这个主题就是作为一个能动的创造者的人的精神。"贝克：《我们从康德学习什么？》，转引自［德］康德：《实用人类学》，邓晓芒译，上海人民出版社，2002 年，中译本再版序言第 1 页。但是，康德关于人（对于自然）的能动性的论述可说是人类学的，但绝不是人类中心主义的。详见本章第三部分。

② 这就留下一个疑案：《判断力批判》究竟回答的是哲学问题列表中的哪个问题？大多数研究者基本依照康德的划分并不强行将它归入上述列表中某个问题。比如基本以康德上述哲学问题为引线来解构其《康德：生平、著作与影响》（郑伊倩译，人民出版社，2007 年）的德国学者赫费就用"哲学美学和有机体哲学"为标题概括第三批判的主题，与"我能够知道什么？——纯粹理性批判""我应该做什么？——道德哲学和法哲学""我可以希望什么——历史哲学和宗教哲学"三部分构成平行关系。韩水法认为因其涉及神学问题，故可以把第三批判列入回答第三个问题的宗教哲学类著作。参阅韩水法：《康德传》，河北人民出版社，1997 年，第 223 页；邓晓芒则认为相对于前两大批判，应该从总体上把第三批判看作是回答第四个问题的人类学著作。参阅邓晓芒：《冥河的摆渡者：康德的〈判断力批判〉》，武汉大学出版社 2007 年版，第 1—4 页。

③ ［德］康德：《判断力批判》，邓晓芒译，人民出版社 2002 年版，第 4 页。

作为联结彼此分裂的自然与自由之中介的反思判断力的先验原则,"自然的合目的性"概念可谓第三批判中最重要的关键词。康德对此概念先后有两处明确界定与说明:

> 既然有关一个客体的概念就其同时包含有该客体的现实性的根据而言,就叫作目的,而一物与诸物的那种只有按照目的才有可能的性状的协和一致,就叫作该物的合目的性;那么,判断力的原则就自然界从属于一般经验性规律的那些物的形式而言,就叫作在自然界的多样性中的自然的合目的性。①
>
> 如果我们想要依据先验的规定(而不以愉快的情感这类经验性的东西为前提)解释什么是目的:那么目的就是一个概念的对象,只要这概念被看作那对象的原因(即它的可能性的实在的根据);而一个概念从其客体来看的原因性就是合目的性(forma finalis)②。

通常所谓"目的"(Zweck/end)指的是某事物(一般指有机物,尤其指人)对于其他事物的需要或欲望③,康德则从事物的因果性方面来界定、使用"目的"概念④。在康德看来,要追问事物之"因"何以会变成事物之"果",就必须引进"目的"概念,即因有变果的目的。当一个事物的概念构成该事物的一种可能性的根据或原因时,那么此事物的概念所指涉的事物本身就是此事物概念的"目的"。简言之,"目的"表示的是对象与概念的关系,概念的对象即目的。由于某事物的概念实际可被视为那对象的原因,因而目的也构成了该事物得以存在的现实根据。以此而论,概念可被视作对象的原因,"合目的性"(Zweckmäßigkeit)就是某事物的概念与该事物的因果性,它反映的是因某事物的概念适应该事物的目的而产生的和谐统一关系⑤。康德

---

① [德]康德:《判断力批判》,邓晓芒译,人民出版社 2002 年版,第 15 页。着重号原有。

② [德]康德:《判断力批判》,邓晓芒译,人民出版社 2002 年版,第 55 页。着重号原有。

③ 斯宾诺莎说:"所谓目的,就是指欲望而言。"[荷兰]斯宾诺莎:《伦理学》,贺麟译,商务印书馆 1981 年版,第 158 页。

④ "目的"概念实际可分为两种,即外在目的与内在目的,康德用的显然是后者。外在目的指某事物的存在是为了另一事物,实际指的是某事物对另一事物的适应性和有用性关系,它是事物之间的一种机械性的因果性关系;内在目的则指的是事物本身与其概念之间的不同于机械因果性关系的一种特殊的因果性关系。

⑤ 在康德的心目中,因果性有经验的和先验的之别:经验的因果性是我们平时所见到的因果现象,互相联系的两件事物在时间序列里相继出现,即表明其中有因果联系;先验的因果性是就概念与其对象的关系而言,康德依其特有的哲学精神,把此因果性等同于合目的性。参阅曹俊峰:《康德美学引论》,天津教育出版社 1999 年版,第 200 页。

反复强调,合目的性概念只属于反思性的判断力,即它不像规定性的判断力具有通过知性运用范畴产生某种知识的构成性功能,而只具有调节人心灵能力的功能。因而,康德的合目的性概念只是人的观念的产物,是人为了更好地解释自然现象,获得对纷繁复杂的自然事物的统一性认识而"设想"出来的;它不是自然本身的原理,也不是决定行为的道德律令,而是人们去探究自然统一经验所必需的引导规范。由于合目的性概念是针对人对于自然现象概念的关系而言的,因而康德称之为自然的合目的性。

康德把自然的合目的性分为两种①:"在由经验所提供的一个对象上,合目的性可以表现为两种:或是出自单纯主观的原因,在先于一切概念而对该对象的领会中使对象的形式与为了将直观和概念结合为一般知识的那些认识能力协和一致;或是出自客观原因,按照物的一个先行的、包含其形式之根据的概念,而使对象的形式与该物本身的可能性协和一致"②。主观、形式的合目的性与愉快的情感直接相关,产生于鉴赏或审美判断,因为没有一个具体目的,也没有概念参与,但又具有一定的目的性,故又被称为无目的的合目的性③;客观、实在的合目的性与对客体的知性认识相关,须把一个认识到的对象作为一个目的来表现,就像具有实在的客观目的一样,而且要通过一个概念才能被认识。康德区分的上述两种自然合目的性构成了第三批判审美判断力批判与目的论批判分别研究的对象与内容。尽管有上述区分,但康德整个第三批判的两大部分是紧密相关的,其研究对象与内容是统一的,而且整体上统一于可称之为自然目的论的目的论哲学研究④。

---

① 根据第三批判,康德划分出来的合目的性实际有四种,即审美判断所表现出来的主观形式的合目的性、纯粹数学命题等所表现出来的客观形式的合目的性、人在主观实践活动中所表现出来的主观实在的合目的性与生物有机体所表现出来的客观实在的合目的性,康德重点讨论的是第一种和第四种。

② 〔德〕康德:《判断力批判》,邓晓芒译,人民出版社 2002 年版,第 27 – 28 页。

③ 康德对于鉴赏或审美判断中的合目的性实际有多种称谓,除了"形式/主观的合目的性"之外,还有"无目的的合目的性"(参阅邓译第 62、78 页)、"自由合规律性"(参阅邓译第 77 – 78 页)、"审美的合目的性"(参阅邓译第 111 页)。康德明确指出,对于此种合目的性来说,"对象就只是由于它的表象直接与愉快的情感相结合而被称之为合目的的。"(邓译第 25 页)

④ 第三批判虽然由审美判断力批判与目的论批判两部分构成,但统一这两部分的不是前者而是后者即目的论。为数不少的研究者已经揭明第三批判的核心是目的论哲学。劳承万以为,"第三批判的核心是目的论",而且指出,"美学—目的论"在第三批判中的沟通线索,大体上是从三个方面进行的。一是以目的论(人是目的)统辖"主观的(形式的)合目的性(美学)与客观的合目的性";二是以道德神学的无条件立法与自由立法,把超感性与感性统一起来,展示审美的感性世界;三是以宗教类比于艺术(审美)。参阅劳承万:《康德"美是道德的象征"在先验体系中的构架性意义:兼论美学学科的道德形上形态》,《学术研究》2008 年第 7 期。事实上,康德的美学思想与自然哲学、目的论的关系问题是国际康德研究中引人瞩目的热点问题之一。"比如由弗兰克等人编辑校注的《康德美学与自然哲学文(转下页)

概括地讲,康德自然的合目的性概念的精髓在于它反映的是人与自然之间的一种"亲密关系",从而宣告了康德对于自然与人之间的一种不同于认识关系与直接道德关系的新关系之认识,这就是包括人与自然之间的审美关系在内的人与自然之间的目的论关系。正是由于康德对人与自然之间不同于认识、道德关系的目的论关系之发现,而且出于借此填平自己前两大批判所遇到的外在自然的认识论维度与内在自然的伦理学维度之间巨大鸿沟的目的,导致了《判断力批判》的诞生及其对自然美问题的讨论。

自然美问题在第三批判中究竟占据着怎样的位置? 一种观点以为:"康德美学所讨论的对象只是自然""所谓的美只是自然美"。一是"因为他的讨论常常只提及自然",二是因为他在"美的分析"部分中"通过严密的分析得出,美的事物是无利害、无概念、无目的的。在所有事物中,只有自然物符合这些条件;任何人工制品都不符合这些条件""我们甚至可以这样来推断,在康德看来,只有自然才是美的。"②强调自然美在第三批判中无可取代的重要地位无疑是对的,但此观点也需要做仔细分析。

首先,康德在美的分析部分所强调的无利害、无概念、无目的等重要特征是属于"审美判断"(也可理解为"审美"甚至"美")的,而非"美的事物"的。这点与本章主题关系不大,在此只是稍提一下。

其次,康德在整个判断力批判部分的美学讨论中并非"只提及自然",而是常常将自然与艺术或自然美与艺术美相提并论。而且,康德关于自然的合目的性正是在与艺术的类比中获得的。所以经常可看到的情况是:"康德把自然同艺术相提并论。要把这两者都看成一个活的、有机的整体。在合目的性原则基础上对活生生的自然和艺术创作采取了统一的态度。"③比如在序言中,康德就曾明确指出:"为了一条原则(不管它是主观的还是客观的)而感到的这种困窘主要发生在我们称之为审美的、与自然界和艺术的美及崇高相关的评判中。"④可见,康德的判断力批判不仅涉及自然界的美与崇高,而且也涉及艺术的美与崇高。在判断力批判部分,康德的趣味判断实际

(接上页)集》(2001)就力图将自然哲学看成是与康德的美学思想紧密联系在一起的整体","对于美学与目的论、宗教哲学及人类学的研究也正处于方兴未艾的热潮阶段"。郭大为:《愈追思,愈景仰——德国康德哲学研究的近况》,载《世界哲学》2005 年第 1 期。蒋孔阳曾指出,第三批判的前一部分即审美判断力批判是康德的审美观,而后一部分即目的判断力批判是康德的自然观。蒋孔阳:《德国古典美学》,商务印书馆 1980 年版,第 71 页。其实,康德整个第三批判都可以说是表明了康德的自然观。

② 彭锋:《完美的自然:当代环境美学的哲学基础》,北京大学出版社 2005 年版,第 158 页。

③ [苏]古留加:《康德传》,贾泽林等译,商务印书馆 1981 年版,第 185 页。

④ [德]康德:《判断力批判》,邓晓芒译,人民出版社 2002 年版,第 3 页。

既是针对自然审美,也是针对艺术审美(欣赏)的,因为它所举实例,既有自然事物,也有艺术作品;康德的自然美概念实际不仅包括了国内所谓的一部分社会美,甚至也包括了艺术美。如前文已经指出的康德自然美的"自然"概念在不少情况下并非是与人工的艺术世界及其艺术品相对,而是与人的内在精神世界相对,因而其"自然"可说是外在世界或现实的同义语。

再次,康德虽然整体上重视自然美甚于艺术美,但自然美与艺术美不可分割的相关性促使他也并未轻视艺术美。而且值得关注的是:①《判断力批判》导论第九节"纯粹哲学列表"中事关愉快和不愉快的情感的审美判断力的应用范围中列入的只是"艺术"而无"自然"(参阅邓译第33页);②第三批判中并无明确、集中讨论自然美的专门章节,却在上半篇"审美的判断"用了整整12节(第43至54节)专门讨论艺术与美的艺术问题;③第三批判不仅讨论涉及自然美问题本身的各个方面,也论及了自然美与艺术美的关系问题。康德其实是将自然美与艺术美视为各有其价值意义又密不可分的两种美的类型在第三批判中给予了统一思考与研究。因此,自然美问题在康德的第三批判中尽管占据着艺术美无法替代的地位,但康德所谓的美并非仅指自然美而言,即使"他本人偏爱自然美"①。

最后,更重要的或者说问题的要害是:必须弄明白康德的"自然美"概念的内涵究竟是什么? 下节将会看到,康德的自然美概念并非只是一般与艺术美相对意义上的,实际有着多重用法与内涵。

简言之,在第三批判的康德美学中,自然美占据着十分突出的地位,但康德讨论的并非只是自然美,还有艺术美;即便是讨论自然美,也并非只是与艺术美相对的自然美,还有与目的论相对的自然美等。

二、审美论与目的论:康德自然美概念的五重内涵

根据"自然美"概念在《判断力批判》出现的先后顺序及其语境和旨趣,可将康德的自然美思想大致梳理为以下五个层面:①有别于"自然目的"的自然美,即康德广义的自然美观念;②有别于"依附美"的"自由的自然美",即康德自然优美的自然美观念;③有别于"自然的优美"的自然美,即康德"自然的崇高"的自然美观念;④有别于"艺术美"的自然美,即康德一般意义上的自然美观念;⑤有别于"自然物之美"的自然美,即康德"自然天成之美"

---

① ［法］杜夫海纳:《美学与哲学》,孙非译,中国社会科学出版社1985年版,第6页。

意义上的自然美观念。这足可表明自然美问题在康德美学理论中是如何"全面展开"的。

（一）康德与自然目的相对的自然美观

"自然美"（Naturschönheit/natural beauty）概念在《判断力批判》中首次出现于总论全书第二部分"目的判断力批判"的导言第八节，且与总论全书第一部分"审美判断力批判"的导言第七节形成明显对应关系。正是在专论自然的合目的性的"逻辑表象"且不时与前节已专论过的"审美表象"进行对比过程中，康德在与"自然目的"（Naturzwecke/natural ends）相对的意义上明确界定了"自然美"概念：

> 虽然我们关于自然在其按照经验性规律的诸形式中的主观合目的性这一概念根本不是客体的概念，而只是判断力在自然的这种过于庞大的多样性中为自己求得概念（而能在自然中把握方向）的一条原则；但我们这样一来就仿佛是把对我们认识能力的某种考虑按照对一个目的的类比而赋予了自然；这样，我们就可以把自然美看作是形式的（单纯主观的）合目的性概念的表现，而把自然目的看作是实在的（客观的）合目的性概念的表现，前者我们是通过鉴赏（审美地，借助于愉快情感）来评判的，后者则是通过知性和理性（逻辑地，按照概念）来评判的。①

康德在此对于"自然美"与"自然目的"②二概念的区分只是一笔带过，其重要性却不容小视。因为此处不仅有康德关于"自然美"的第一个定义，而且此区分同两种自然的合目的性之区分相对应，并成为其"判断力批判被划

---

① ［德］康德：《判断力批判》，邓晓芒译，人民出版社 2002 年版，第 28 页。括号内文字及着重号均系原有。

② 关于"自然目的"康德曾写道："自然目的概念只是一个反思性的判断力为了它自己的缘故去跟踪经验对象的因果关系的概念。"［德］康德：《〈判断力批判〉第一导言》，邓晓芒：《冥河的摆渡者：康德的〈判断力批判〉》附录一，武汉大学出版社 2007 年版，第 131－178 页。第三批判还指出："一个这样的产品作为有组织的和自组织的存在者，才能被称之为自然目的。"邓译第 223 页。尤西林认为："康德从对有机生命体的特殊认识要求出发，设定自然目的概念，以提供机械论无法承担的统一性原理。'这个目的概念就会是理性的概念（idea）而把一种新的因果作用引入科学中去'（《判断力批判》下卷，韦卓民译本，商务印书馆 1964 年版，第 5 页）。因此，自然目的亦即主体自然概念，仅仅是非实在性的客观合目的性形式。这种主观上充分而客观上无法证实的自然目的概念，乃是一种'信念'（belief）。"尤西林：《人文学科及其现代意义》，陕西人民教育出版社 1996 年版，第 236－237 页。

分为审美的判断力批判和目的论判断批判的根据"①。康德此处阐述的观点是：首先，不同于自然目的是客观实在的合目的性概念的表现，自然美是单纯主观的形式合目的性概念的表现。在康德看来，"表现"（exhibition，英译presentation）即给事物的概念"提供一个相应的直观"②；"直观"则指人的形式感与对象刺激物之间发生的直接而感性的联系③。因而有别于自然目的是人对客观实在的自然合目的性概念的一种直观或感性活动，自然美则是对主观形式的自然合目的性概念的一种直观或感性活动。其次，与自然目的对自然合目的性概念的直观产生于通过知性和理性而完成的目的论判断活动，因而是客观、逻辑的不同，自然美对自然合目的性概念的直观则产生于伴有愉快或不愉快的情感体验的鉴赏活动中，因而是主观、审美的。用第三批判导论第七节和第八节的标题来说，自然美是"自然的合目的性的审美表象"，而自然目的则是"自然合目的性的逻辑表象"④。最后，作为审美表象的自然美反映的是"与主体的关系、而不是与对象的关系"，也即它不是知识；而作为逻辑表象的自然目的虽然实际也非关于自然事物的客观知识，但却可"用作或能够被用于对象的规定（知识）"⑤，也即在一定意义上可以视作一种关于对象的知识。

总体而言，康德与"自然目的"相对的"自然美"观念是归属于审美判断力批判的，是从人以情感为核心的鉴赏或审美判断角度立论的，因而特别突出了（自然）审美活动与（自然）美的感性直观性、情感性与主观性特征。

有别于"自然目的"的"自然美"概念在整个美学史上可谓独一无二，完全是康德式的。问题是：自然美与自然目的的二者之间究竟是何关系？康德为何要做如此区分？加达默尔指出："虽然《纯粹理性批判》曾经摧毁了目的论对自然知识的根本要求，但把这种目的论加以合法化以使之成为判断力的原则，则是康德的哲学意图，这种意图把他的整个哲学导向体系上的完

---

① ［德］康德：《判断力批判》，邓晓芒译，人民出版社 2002 年版，第 29 页。
② ［德］康德：《判断力批判》，邓晓芒译，人民出版社 2002 年版，第 28 页。
③ "直观"（Anschauung）即"直接地"（an）"看到"（schauen）。康德说："一种认识不论以何种方式和通过什么手段与对象发生关系，它借以和对象发生直接关系、并且一切思维作为手段以之为目的，还是直观。但直观只是在对象被给予我们时才发生；而这种事至少对我们人类来说又只是由于对象以某种方式刺激内心才是可能的。通过我们被对象所刺激的方式来获得表象的这种能力（接受能力），就叫作感性。所以，借助于感性，对象被给予我们，且只有感性才给我们提供出直观。"［德］康德：《纯粹理性批判》A19/B33，邓晓芒译，人民出版社 2004 年版，第 25 页。关于康德"直观"概念及其要点可参阅尤西林：《心体与时间》，人民出版社 2009 年版，第 219－220 页。
④ ［德］康德：《判断力批判》，邓晓芒译，人民出版社 2002 年版，第 24 页，第 27 页。
⑤ ［德］康德：《判断力批判》，邓晓芒译，人民出版社 2002 年版，第 24 页。

成。"因此,"这就是自然美问题对于康德所具有的整体意义,即,自然美确立了目的论的中心地位。只有自然美,而不是艺术,才能有益于(确立)目的概念在判断自然中的合法地位"①。邓晓芒则认为:"目的论判断只不过是审美判断所提供出来的合目的性形式的概念通过与艺术品的类比向自然的客观质料上的推广应用,以帮助知性的认识向理性的更高统一性(即把整个自然界统一于一个目的系统之中)上升"②。可以说,目的论视域下的"自然目的"概念是康德通过第三批判来完成其认识论与伦理学之间过渡的关键,与"自然美"有非同寻常的密切相关性:在对自然的合目的性的自然审美判断与目的论判断之间,一方面自然美构成了目的论的基础与前提,另一方面自然目的其实也构成了自然美的基础与前提。

康德对此在目的论批判部分也有充分说明:"一旦凭借有机物向我们提供的自然目的而对自然界所作的目的论评判使我们有理由提出自然的一个巨大的系统的理念,则就连自然界的美、即自然界与我们对它的现象进行领会和评判的诸认识能力的自由游戏的协调一致,也能够以这种方式被看作自然界在其整体中、在人是其中的一员的这个系统中的客观合目的性了。我们可以看成自然界为了我们而拥有的一种恩惠的是,它除了有用的东西之外还如此丰盛地施予美和魅力,因此我们才能够热爱大自然,而且能因为它的无限广大而以敬重来看待它,并在这种观赏中使自己也感到自己高尚起来:就像自然界本来就完全是在这种意图中来搭建并装饰自己壮丽的舞台一样。"③简言之,目的论及其自然目的概念能使我们意识到:自然美,一方面是个体人无关利害的情感愉悦评判的结果,因而是事关人主观性的审美活动的;另一方面实乃大自然对人类全体的一种恩惠,因而是关涉大自然对人的文化促进即目的论教化的。因此,在康德看来,皆为反思性而非规定性判断力的自然的审美判断与目的论判断两者是密切相关、相互作用、交织一体地发挥着对于前两大批判的过渡与中介作用:"目的论判断与审美判断的这种交互融合激发起我们对大自然的道德感情,从而为审美判断(因而也为

---

① [德]加达默尔:《真理与方法》上卷,洪汉鼎译,上海译文出版社1999年版,第70页。

② 邓晓芒:《冥河的摆渡者》,武汉大学出版社2007年版,第30页。

③ [德]康德:《判断力批判》,邓晓芒译,人民出版社2002年版,第230-231页。对此段引文中的"恩惠",康德的注释是:"在审美的部分中我们曾说过:我们领受恩惠地观看美的自然界,因为我们从它的形式上感到了完全自由的(无利害的)愉悦。这是因为,在这个单纯的鉴赏判断中完全不加考虑的是,这种自然的美是为什么目的而实存着的:是为着引起我们的愉快,还是与我们作为目的的没有任何关系。但在一个目的论的判断中我们也对这种关系给予了注意;而这时我们就可以把这件事看作大自然的恩惠,即:大自然本来是要通过展示如此多的美的形态来促进我们的文化。"同上书,第231页注①。另参阅邓晓芒:《冥河的摆渡者》,武汉大学出版社2007年版,第81-82页。

认识)向道德的过渡提供了必不可少的补充。"①

另外,康德现象界事物总和意义上的"自然"概念虽然以非人工的自然物为主要内涵,但基本可视为广义的外在现实世界的代名词,它既包括狭义上的自然事物,也包括人类活动的产物,因而并不具有与"艺术"相对的内涵。古留加指出,康德从发表《论目的论原则在哲学中的运用》一文的 1788 年 1 月开始,就"把自然同艺术相提并论。要把这两者都看成一个活的、有机的整体。在合目的性原则基础上对活生生的自然和艺术创作采取统一的态度——这是《判断力批判》的基本思想之一。这是美学中的新的看法。"②这样,与目的论语境"自然目的"相对的"自然美"概念实际上包括了所有的美,即既包括一般意义上的自然美,也包括艺术美③和国内所谓的社会美。因此,在一切不与艺术美相对的语境中,康德的自然美均是广义上的自然美。康德对自然美的第一重内涵的界定其实是对美的本质与特征的阐释。

(二) 康德自然优美的自然美观

《判断力批判》正文最先提到"自然美"是在第 16 节区分了两种不同的美即自由美与依附美之后:

> 有两种不同的美:自由美(pulchritude vaga),或只是依附的美(pulchritude adhaerens)。前者不以任何有关对象应当是什么的概念为前提;后者则以这样一个概念及按照这个概念的对象完善性为前提。前一种美的类型称之为这物那物的(独立存在的)美;后一种则作为依附于一个概念的(有条件的美)而被赋予那些从属于一个特殊目的的概念之下的客体。花朵是自由的自然美……这一判断是不以任何一个物种的完善性、不以杂多的复合所关系到的任何内在合目的性为基础的。④

---

① 邓晓芒:《冥河的摆渡者》,武汉大学出版社 2007 年版,第 81 页。
② [苏]古留加:《康德传》,贾泽林等译,商务印书馆 1981 年版,第 185－186 页。
③ 请看《判断力批判》导言"Ⅶ. 自然的合目的性的审美表象"一节的下述表述:"一个对象(不论它是自然产物还是艺术品)与诸认识能力之间的合目的性协和一致","由反思事物(自然的和艺术的)形式而来的愉快的感受性"。[德]康德:《判断力批判》,邓晓芒译,人民出版社 2002 年版,第 26 页,第 27 页。这两处分别对"对象""事物"均包括"自然"与"艺术"的特意说明,应该能表明康德此节及整个导论部分的"审美"概念是包括自然审美与艺术审美在内的。
④ [德]康德:《判断力批判》,邓晓芒译,人民出版社 2002 年版,第 65 页。在此节结束时康德又结合鉴赏判断的两种情形指出:自由美产生于"按照出现在他的感官面前东西"而做出的"纯粹的鉴赏判断",依附美则产生于"按照他在思想中所拥有的东西"而做出的"应用的鉴赏判断"。同上,第 67 页。

　　结合康德是在阐明鉴赏判断第三个契机时提出这对概念的背景来看,自由美就是康德从"美的分析"的前三个鉴赏判断的契机中所剥离出来的不涉利害、不经概念、无目的的合目的性的美,也即产生于纯粹鉴赏判断中的美。康德说:"一个不受刺激和激动的任何影响、因而只以形式的合目的性作为规定根据的鉴赏判断,就是一个纯粹的鉴赏判断。"①所以,"只有这种不涉及概念和利害计较,有符合目的性而无目的的纯然形式的美,才算是'纯粹的美'或'自由的美';如果涉及概念、利害计较和目的之类内容意义,这种美就只能叫作'依存的美',即依存于概念,利害计较和目的之类内容意义。"②自由美(或纯粹美)与依附美相互区分的关键是,一个鉴赏或审美判断是单纯涉及事物的形式与感性表象,还是涉及事物的概念、目的和完善性之类的理念内容。涉及前者是自由美,涉及后者则是依附美。

　　康德在此对"花朵"而非花朵之美的"自由的自然美"之定位,容易给人以将美的事物与美混同为一的印象,从而怀疑康德是否与他一再申明的美的主观论立场相悖逆。只要记住康德物自体与现象相分理论及康德同样反复申明的下述看法,此种疑惑也就不会产生:尽管评判美的鉴赏判断的"规定根据只能是主观的""美没有对主体情感的关系自身就什么也不是"③,但美又往往"无概念地作为一个普遍愉悦的客体被设想""就好像美是对象的一种性状"或"好像是物的一个属性似的"④。在康德看来,一朵花的美之所以在鉴赏判断中被评判为自由的,是因为人们不会以任何目的观念来看待它及其物质实体,而只专注于它的形式表象,甚至"就连这位认识到花是植物的受精器官的植物学家,当他通过鉴赏来对此做判断时,他也绝不会考虑到这一自然目的"⑤;而这朵花的美之所以又被评判为自然美,是因为它参与的是一种有关情感愉快且没有任何概念介入的鉴赏判断,而非涉及花实际是什么的目的论判断⑥。可以说"自然美"概念的第二次出现突出了自然美(实为"优美的自然美",详后)的无利害、非概念和无目的特征,这也是对自然美概念的第一个界定,即对主观形式的自然合目的性概念的一种直观的

---

① [德]康德:《判断力批判》,邓晓芒译,人民出版社 2002 年版,第 59 页。关于对"纯粹鉴赏判断"相关论述另参阅第三批判§2、§13 - 16。

② 朱光潜:《西方美学史》下卷,人民出版社 1979 年版,第 365 页。

③ [德]康德:《判断力批判》,邓晓芒译,人民出版社 2002 年版,第 38 页、第 53 页。

④ [德]康德:《判断力批判》,邓晓芒译,人民出版社 2002 年版,第 46 页、第 48 页。

⑤ [德]康德:《判断力批判》,邓晓芒译,人民出版社 2002 年版,第 65 页。

⑥ 由此可见,在崇高的分析论部分康德提到"独立的自然美"(§23/邓译第 83、84 页)应该指的是自由的自然美。

具体化。

自然美出现在自由美的语境中这一情况也带出两者的关系问题。不少美学研究者基本将康德关于自由美与依附美的划分对应于自然美与艺术美的划分①。首先,此说法同康德分别从两个不同层面而划分出来的合计四种美的类型之实际并不相符。自然美与依附美的划分依据是内在的,着眼于鉴赏判断的质、量和关系等诸契机要素;自然美与艺术美的划分依据则是外在的,着眼于参与鉴赏判断的事物的天然或人工性(详后)。其次,这种看法也与康德随后在第 16 节和 17 节举例阐述中提供的实例不相符。被康德归入"自由的自然美"涉及的事物既有自然事物如鸟类(鹦鹉、蜂鸟、天堂鸟)、海洋贝类、美的花朵、美的风景等,还有人类的人工产品或艺术品如希腊式线描、用于镶嵌或糊墙纸的卷叶饰、无标题的幻想曲、全部无词的音乐、美的家具等;归为依附美中的事物既有自然事物如一个人(男人或女人或孩子)、一匹马、一棵美的树、一个美的花园等,也有人工产品如一座建筑(教堂、宫殿、博物馆或花园小屋)、一幢美的住房等。因此,自然美与艺术美既可以是自由美,也可以是非自由美即依附美;同样,自由美与依附美既可以是自然美,也可以不是自然美。康德在此针对花朵的美而提出的"自由的自然美"概念恰恰能说明自然美既可以是自由美,也可以不是。

因此,康德这里的"自然美"虽然主要是指自然事物的美,但又不限于自然事物的美,因而总体仍然基本指的是与自然目的相对的自然美,并不具有与艺术美相区分的内涵,所以是在广义上来用的。只是他在与自然目的相对的自然美意义的范围内区分了自由的自然美与依附的自然美。

康德更深刻地指出,即使是依附美也存在向自由美转换的可能性:"人们可以把许多在直观中直接令人喜欢的东西装到一座建筑物上去,只要那不是要做一座教堂;人们也可以像新西兰人用文身所做的那样,以各种各样的花饰和轻松而有规则的线条来美化一个形象,只要那形象不是一个人;而一个人本来也可以具有更精致得多的面部容貌和更迷人、更柔和的脸形轮廓,只要他不是想表现一个男子汉,乃至于表现一个战

① 比如:"康德认为,艺术不是抛开概念的纯粹美,而是以概念为前提和围绕概念定下来的依存美。"[意]克罗齐:《作为表现的科学和一般语言学的美学的历史》,王天清译,中国社会科学出版社 1984 年版,第 117 页;"这种自由美的例子大量地见之于自然,而不是艺术。"[英]斯克拉顿:《康德》,周文彰译,中国社会科学出版社 1989 年版,第 144 页;康德"对于美的分析实际上只适用于自然美,而不适用于艺术美。"蒋孔阳:《德国古典美学》,商务印书馆 1980 年版,第 110 页。

士。"①换言之，原本一般会有概念介入的事物，一旦摆脱了概念的纠缠只专注于其感性形式而直接"自由地自身使人喜欢"②，同样可以产生纯粹或自由的美。

康德对自由的自然美与依附的自然美的区分，从美学史来看是为了调解理性主义和经验主义美学家双方"关于美的好些纷争"③，也是对西方美学史上自柏拉图以来被反复讨论的绝对美与相对美相分观念的一种回应④；从他自己的哲学意图来看则是为了完成其以目的论为核心的独立的判断力批判，同时又借此来实现其与认识论、伦理学之间的某种深刻关联。自由的自然美是纯粹审美判断中的审美自由感，这极大地充实了康德的自由观念，也彰显了自然美的价值；依附的自然美由于概念、目的、完善等观念的参与并不是纯粹的美，但鉴赏判断借此就与依赖于概念的认识活动以及依赖于目的概念的道德活动具有了相通性，从而借此实现了它们的某种沟通与融合。所以，看似对立、矛盾的自由美与依附美概念，其实全面地表达了康德关于自然美及美的观念。由此而观，人们对于康德美学往往单方面地，即或形式主义或道德主义的理解均非康德本人美的观念。

实际上，美的分析部分通过鉴赏判断四契机讨论最终形成的四个结论基本都可理解为是自由美或纯粹美的特征，相对于从§23节开始的"崇高的分析"所讨论的内容（详见本书下节），有理由将康德有别于依附美的自由的自然美理论看作康德关于自然优美的自然美观念。用康德在目的论判断力批判部分§67节的话来说，自然优美的自然美就是"自然界的美、即自然界与我们对它的现象进行领会和评判的诸认识能力的自由游戏的协调一致"⑤。康德对此种意义上的"自然美"概念的大量使用实际是从"崇高的分析论"部分在与崇高的自然美观念相对的意义上才开始的。

（三）康德自然崇高的自然美观

把自然的崇高也归列为康德的自然美观念，是建基于现代美学美和审美的形态（范畴）划分思想，即认可广义上的美有优美、崇高、悲剧、喜剧甚至

---

① ［德］康德：《判断力批判》，邓晓芒译，人民出版社 2002 年版，第 66 页。
② ［德］康德：《判断力批判》，邓晓芒译，人民出版社 2002 年版，第 65 页。
③ ［德］康德：《判断力批判》，邓晓芒译，人民出版社 2002 年版，第 67 页。
④ 朱光潜曾指出，哈奇生"对绝对美与相对美的区分和康德的纯粹美与依存美的区分有些类似"，《西方美学史》上卷，人民文学出版社 1979 年版，第 224 页。
⑤ ［德］康德：《判断力批判》，邓晓芒译，人民出版社 2002 年版，第 230 页。

丑等类别的不同①。虽然在受 18 世纪英国经验派美学家影响而于 1764 年出版的《论优美感和崇高感》中，康德实际已经着眼于审美情感对优美和崇高进行过专门研究，认为"崇高使人感动，优美则使人迷恋"②。大概因为不及美学史巨著第三批判有名，加之其研究方法和结论基本还是经验主义的，此著对于美学并未产生重要影响。同绝大多数同类研究一样，本章对康德关于崇高及优美的关注也基本限于第三批判。在第三批判中，康德集中区别对待、研究"自然的美"与"自然（界）的崇高"这一对概念是在"崇高的分析论"（§23—29）和"对审美的反思判断力的说明的总注释"。

　　在康德看来，崇高的审美判断同（优）美的审美判断一样具有相同的四个契机或规定性，即"按照量而表现为普遍有效的，按照质而表现为无利害的，按照关系而表现出主观合目的性，按照模态而把这主观合目的性表现为必然的。"③但在正式论述崇高之初，康德重点强调了崇高与美三方面的一致性：①两者都是情感活动，都是本身令人愉悦或喜欢的；②两者都以反思性判断为前提；③两者都是单称判断，却具有普遍有效性。康德强调崇高与（优）美的共性特征或许意在表明：作为两种不同的审美情感体验，崇高与（优）美一起构成了关于人的情感愉快与否的审美判断力批判的主要内容而且具有相同的先天原则即自然的形式的合目的性，因而先天地存在着一些共通性。

　　不过，康德在肯定崇高与（优）美二者共性的基础上更加详尽地比较分析了崇高与（优）美之间的显著差异④，其要点大致可归纳为以下几个方面：

----

① 虽然康德并没有明确将他所讨论的"美"与"崇高"一起归并到一个广义的"美"下面，但他的确将两者统一到了"审美"的名义下：这也正可谓康德对近现代美学上述理论做出的奠基性贡献。

　　另外，康德先后在两种美学著作中对崇高与美的明确区分研究表明，在其"美的分析论"部分及所有同崇高相对的语境中的"美"正是属于作为审美形态（范畴）之一的"优美"。为此尤西林建议："考虑到柏克名作《崇高的与优美的观念之起源的哲学研究》对于康德的重要影响，以及中国古代早有'美'—'大'、'阴柔之美'—'阳刚之美'（姚鼐）对举区分，王国维更结合康德美学而区分'美之为物有两种：一曰优美，一曰壮美'（《静庵文集·红楼梦评论》），建议《判断力批判》（至少是'美的分析论'部分）汉译'美'处改译为'优美'。"尤西林：《"分别说"之美与"同一说"之美 牟宗三的伦理生存美学》注 26，载《文艺研究》2007 年第 11 期第 66 页。另参阅尤西林：《人文学科及其现代意义》，陕西人民教育出版社 1996 年版，第 133 页。

② ［德］康德：《论优美感和崇高感》(1764)，何兆武译，商务印书馆 2001 年版，第 3 页。另一种中译是："崇高令人激动，美令人陶醉。"［德］康德：《对美感和崇高感的观察》，《康德美学文集》，曹俊峰译，北京师范大学出版社 2003 年版，第 13 页。

③ ［德］康德：《判断力批判》邓晓芒译，人民出版社 2002 年版，第 85 页。

④ 康德的论述思路是：先通过§23—24 对优美与崇高的共性与差异性予以总体通论，然后依照量、质、关系和模态的顺序通过§25—29 对崇高的特征进行分别阐释。

第一,从二者所愉悦的对象来看,崇高的愉悦对象是无形式(或不成形式)的和无限的,(优)美的愉悦对象不仅有形式且是受限制的。这里就崇高的愉悦而言的所谓"无形式",并非真的没有形式,而是相对合规律的美的对象的形式,崇高的自然事物的形式表现出混乱、极端狂暴、极无规则的无序性与荒蛮特征①;所谓"无限"也是相对的,主要着眼于客体事物带给人的心理感受。就(优)美的愉悦而言的所谓对象的形式是指自然事物依据其自身的"单纯的机械性"规律而表现出来的形式,且似乎是"艺术的类似物"②即艺术作品,人们对它的形式感受相对而言是确定而受限制的。为此康德说:"愉悦在美那里是与质的表象结合着的,在崇高这里则是与量的表象结合着的。"③(优)美的愉悦之所以与质的表象有关,缘于(优)美的对象与对象的形式有关,且由其内在结构和关系决定的形式(类似亚里士多德四因说中的"形式因")决定着一个事物的性质;崇高的愉悦之所以与量的表象有关,缘于崇高的对象不是作为一个确定的个体表象呈现在主体的眼前,而是作为一个无限的总体感觉呈现在主体的想象力之中,为此存在着数学的崇高与力学的崇高之分野④。

第二,从二者愉悦的心理基础或根源来看,崇高只存于人的心灵、人性理念与思想境界中,源于人的道德情感、理性和使命;(优)美则与主体身外对象的感性形式因素属性关系密切,甚至让人误以为源于事物本身。康德说,崇高是"某个不确定的理性概念的表现",是鉴赏或审美发生时想象力与理性相互作用的某种"精神情调",因而"真正的崇高必须只在判断者的内心中,而不是在自然客体中去寻找";(优)美则是"某个不确定的知性概念的表现",是鉴赏或审美发生时想象力与知性的自由游戏,类似于认识活动,似乎是客体事物的形式因素⑤。因此,我们可以完全正确地把任何一个自然对象称之为美,但"当我们把任何一个自然对象称之为崇高的时候,我们的表达是根本不对的……因为真正的崇高不可能包含在任何感性的形式中,而只针对理性的理念","任何时候都必须与思想境界发生关系。"⑥在康德看来,崇高不在客观自然本身,而在我们的内心中,它实际是由客体事物激起的一种对于人自身"使命"或主体"人性理念"敬重的情感,只是"这种敬重我们通

---

① 参阅[德]康德:《判断力批判》,邓晓芒译,人民出版社 2002 年版,第 84 页。
② [德]康德:《判断力批判》,邓晓芒译,人民出版社 2002 年版,第 84 页。
③ [德]康德:《判断力批判》,邓晓芒译,人民出版社 2002 年版,第 82 页。
④ 参阅[德]康德:《判断力批判》,邓晓芒译,人民出版社 2002 年版,第 85 页。
⑤ 参阅[德]康德:《判断力批判》,邓晓芒译,人民出版社 2002 年版,第 82 页、第 89 页、第 95 页。
⑥ [德]康德:《判断力批判》,邓晓芒译,人民出版社 2002 年版,第 83 页、第 114 页。

过某种偷换而向一个自然客体表示出来",从而"我们认识能力的理性使命对于感性的最大能力的优越性"也借此"向我们直观呈现出来了"①。康德因此明确指出,自然崇高判断在"(实践的)理念的情感即道德情感的素质中有其根基"②。

第三,从二者产生愉悦的主客关系来看,崇高可以被看作是"反目的"的合目的性,(优)美则是"无目的"或直接的合目的性。因为"在我们心中激起崇高情感的东西……与我们的表现能力是不相适合的,并且仿佛对我们的想象力是强暴性的,但这却只是越加被判断为是崇高的",这是说崇高通过反目的性与冲突来实现主观的合目的性;而(优)美的"自然美在其仿佛是预先为我们的判断力规定对象的那个形式中带有某种合目的性,这就自身构成一个愉悦的对象"③。原本共同具有无目的的合目的性的(优)美与崇高在此似乎存在着截然对立,康德就此明确将此区别称为崇高与(优)美最为重要和最为内在的区别。

第四,从二者愉悦的性质及特征来看,崇高的愉悦结合着内心的激动(惊叹、敬重)等道德情感,是一种消极的愉悦;(优)美的愉悦则是内心的静观与单纯而直接的愉悦,是一种积极的愉悦。因为美"直接带有一种促进生命的情感,因而可以和魅力及某种游戏性的想象力结合起来",而崇高的情感"却是一种仅仅间接产生的愉快,因而它是通过对生命力的瞬间阻碍及紧跟而来的生命力的更为强烈的涌流之感而产生的,所以它作为激动并不显得像是游戏,而是想象力的工作中的严肃态度。因此它也不能与魅力结合,并且由于内心不只是被对象所吸引,而且也交替地一再被对象所拒斥,对崇高的愉悦就与其说包含积极的愉快,毋宁说包含着惊叹或敬重,就是说,它应该被称之为消极的愉快。"④崇高的愉快之所以是消极的,是因为它虽合目的或者说合道德,却又有令人不愉快的特征:"崇高的情感的质就是:它是有关审美评判能力的对某个对象的不愉快的情感,这种不愉快在其中却同时又被表象为合目的的。"⑤崇高审美判断中的"不愉快"缘于"理性必须对感性

---

① [德]康德:《判断力批判》,邓晓芒译,人民出版社 2002 年版,第 96 页。遂有美学家断定,康德认为美是客观的而崇高是主观的:"美是客观的还是主观的? 它是事物的一种独立于我们的性质,好比金镑的重量呢,还是更应该像钱币的价值,是事物的一种被人的心灵所赋予的性质? 康德把后一种性质指定给崇高,并在有所限定的他自己的意义上,把前一种性质指定给美。"[英]卡里特:《走向表现主义的美学》(1923),苏晓离等译,光明日报出版社 1990 年版,第 25 页。正如本书前面已指出的,这是一种误解。
② [德]康德:《判断力批判》,邓晓芒译,人民出版社 2002 年版,第 105 页。
③ [德]康德:《判断力批判》,邓晓芒译,人民出版社 2002 年版,第 83 页。
④ [德]康德:《判断力批判》,邓晓芒译,人民出版社 2002 年版,第 83 页。
⑤ [德]康德:《判断力批判》,邓晓芒译,人民出版社 2002 年版,第 98 页。

施加强制力",且"这种强制力被表象为通过作为理性之工具的想象力本身来施行的……亦即一种由想象力自身对它自己的自由加以剥夺的情感"①。此经由想象力与理性相互游戏而完成的"强制力"与"剥夺"性亦即包含着惊叹或敬重的审美崇高感。相对于优美的自然美,崇高的自然美因为关乎人的道德情感因而能借以完成人类认识与伦理之间的沟通,所以备受康德重视并反复阐述。在结束了"崇高的分析论"之后的"对审美的反思判断力的说明的总注释"中,康德总结说:"美就是那在单纯的评判中(因而不是借助于感官感觉按照某种知性概念)令人喜欢的东西……它必须是没有任何利害而令人喜欢的。崇高就是通过自己对感官利害的抵抗而直接令人喜欢的东西。"②

其实在第三批判导论第 VII 部分,康德就把有别于目的论判断的审美判断分为有关(优)美的鉴赏判断与有关崇高的精神情感判断两种:"对由反思事物的(自然的和艺术的)形式而来的愉快的感受性不仅表明了主体身上按照自然概念的在与反思判断力的关系中的诸客体的合目的性,而且反过来也表明了就诸对象而言根据其形式甚至无形式按照自由概念的主体的合目的性;而这样一来就是:审美判断不仅作为鉴赏判断与美相关,而且作为出自某种精神情感的判断与崇高相关,所以那个审美判断力批判就必须分为与此相应的两个主要部分。"③康德在此更简明地将(优)美与崇高从两种合目的性角度予以区分:(优)美是依照自然概念的合目的性,崇高是依照自由概念的合目的性;(优)美是表明了客体身上的合目的性,崇高是表明了主体身上的合目的性。

同早期著作《论优美感和崇高感》对优美与崇高进行的平行比较研究不同,第三批判对(优)美与崇高的先后研究和既侧重异中有同也侧重同中有异的多方比较研究更能承担着康德重大的哲学使命,即完成前两大批判及认识论与伦理学之间的沟通任务。"康德在整个崇高论的每一点上都在强调崇高的特殊性"④,而对每一点崇高特殊性的阐发,康德都无不是在凸现人的道德情感、文化修养与崇高审美的息息相关性。

尽管在"美的分析论"伊始,康德就已经宣称,鉴赏判断是主观的、情感性的判断,由此产生的(优)美当然也是主观的,但在"崇高的分析论"将优美与崇高的比较过程中,对于优美,康德似乎有意淡化其主观性而强化其客观

---

① [德]康德:《判断力批判》,邓晓芒译,人民出版社 2002 年版,第 109 页。
② [德]康德:《判断力批判》,邓晓芒译,人民出版社 2002 年版,第 107 页。
③ [德]康德:《判断力批判》,邓晓芒译,人民出版社 2002 年版,第 27 页。
④ 曹俊峰:《康德美学引论》,天津教育出版社 1999 年版,264 - 265 页。

性;对于崇高,则似乎特意强化其主观性而淡化其客观性。两者的对比研究表明,对于鉴赏判断者(即现代美学所谓的审美主体)而言,优美的鉴赏判断或可简称优美审美中表现出的情感上的直接喜欢,更像是一种无条件的感性接受,从而审美主体将令自己产生直接愉悦感的事物的(优)美表象通过知性与想象力的游戏视为事物的一种客观属性;崇高的鉴赏判断或可简称崇高审美中表现出的情感上的起伏波动,则更像是一种特定情境下强烈情感的自我表现,从而看起来是审美主体对眼前具有一定数学或力学特征的事物之崇高表象的判断,实际乃是对自己作为一个有理性的存在者的自由理性观念的独特表达。康德因此才在作为判断力统一的一个先验原则的形式、主观的合目的性内部再划分出两种合目的性,从而将两者予以区分:(优)美是依照自然概念表明了客体的合目的性,崇高则是依照自由概念表明了主体的合目的性。前两大批判中相互对立的自然与自由、知性与理性,经由审美判断的优美与崇高这两种表现形式而各司其职地实现了它们之间的相互过渡。

康德曾说:"在种种道德品质中,唯有崇高是真正的美德。"①既然如此,在美学关注的(优)美审美与崇高审美之间,康德当然更倾向于通过可以分属道德实践与审美活动两个领域却有密切联系的"崇高"来实现其需要的沟通意图。因为崇高这样一种特殊的"审美经验"的功能就在于它显示出了自然与自由结合的可能性。康德在审美判断力批判即将结束时总结说:"鉴赏仿佛使从感性魅力到习惯性的道德兴趣的过渡无须一个太猛烈的飞跃而成为可能,因为它把想象力即使在其自由中也表现为可以为了知性而作合目的性的规定的,甚至教人在感官对象上也无须感官魅力而感到自由的愉悦。"②确切地说,主要是因为崇高审美经验的存在才使得自由向自然的过渡不至于太突兀。因此,正如在整个三大批判哲学体系中,《判断力批判》以审美和目的论为中介实现了理论理性或科学向实践理性或伦理学的过渡一样,在《判断力批判》内部经从(优)美到崇高的分析也实现了知识论向道德论过渡的逻辑进程。

早在第一批判中,康德业已指明大自然似乎是有意要提醒、启发人的道德使命意识:"明智地为我们着想的大自然在安排我们的理性时,其最后意图本来就只是放在道德上的。"③现在,通过优美与崇高两种不同的审美判断

①　转引自[德]卡西尔:《卢梭·康德·歌德》,刘东译,生活·读书·新知三联书店2002年版,第18页。
②　[德]康德:《判断力批判》,邓晓芒译,人民出版社2002年版,第202页。
③　[德]康德:《纯粹理性批判》,邓晓芒译,人民出版社2004年版,第609页。

力批判的研究,人的道德意识则以关涉感性情感愉快与否的审美判断形式再次向人彰显出来。正如卡西尔形象而意味深长地指出的:康德"崇高学说的意义在于,它从艺术角度指出了幸福论的局限性,而且克服了其狭隘性。18 世纪伦理学竭力追求而没能得到的一种结果,现在由于有美学的帮助,因而像熟透了的果实落入了 18 世纪伦理学的怀抱。"①就此而言,康德在第三批判第 59 节给予美的定义"美是德性——善的象征"②更像是关于崇高的自然美的定义。

　　以上大致就是康德关于自然崇高的自然美观念。这里还有一个问题有待澄清:康德"本人应用时几乎专门针对自然界而言"③的崇高学说是否只适合自然物而不适合艺术品等人类产品? 康德的崇高分析的确主要是限于自然事物,而不是艺术品;而就自然事物,他似乎还排除一般的自然事物而只限于荒蛮的大自然。康德指出:"只考察自然客体上的崇高(因为艺术的崇高永远是被限制在与自然协和一致的那些条件上的)"④;"如果审美判断应当纯粹地(不与作为理性判断的任何目的论的判断相混淆)给出,并且对此还要给出一个完全适合于审美判断力批判的实例,我们就必须不去描述那些艺术作品(如建筑、柱廊等)的崇高,在那里有一种属人的目的在规定着形式和大小,也不去描述那些自然物的崇高,它们的概念已经具有某种确定的目的了(如具有已知的自然规定之动物),而是必须对荒野的大自然(并且甚至只在它本身不具任何魅力、或不具由实际危险而来的激动时)的崇高单就其包含有量而言加以描述。"⑤或许因此之故,有美学史家由康德"崇高的分析"曾以罗马圣彼得教堂和埃及金字塔为实例(§26),遂认为"这种把艺术品作为崇高的典型的说法同康德关于只有自然是崇高的主张是对立的"⑥。

　　然而,康德关于崇高审美的例证分析事实上并不限于上面他所设定的

---

① 〔德〕卡西勒:《启蒙哲学》,顾伟铭等译,山东人民出版社 1988 年版,第 324 页。从本书的研究视角看来,卡西勒所谓"艺术角度"理解为"审美角度"可能更准确。还有学者指出:"自然美与崇高是如此重要,正是因为它们比任何一种形式的艺术更能为我们提供敬重我们自身的自律的伟大这样一个机会。他的这个观点截然不同于他同时代的观点。康德思想中的这个革命激进足以称之为哥白尼式的,尽管(具有讽刺意味地)它使人类回归到道德世界的中心。"转引自申扶民:《康德审美自然观的道德维度》(《学术论坛》2006 年第 7 期)。

② 〔德〕康德:《判断力批判》,邓晓芒译,人民出版社 2002 年版,第 200 页。

③ 〔美〕韦勒克:《近代文学批评史》第 1 卷,杨岂深、杨自伍译,上海译文出版社 1987 年版,第 306 页。

④ 〔德〕康德:《判断力批判》,邓晓芒译,人民出版社 2002 年版,第 83 页。

⑤ 〔德〕康德:《判断力批判》,邓晓芒译,人民出版社 2002 年版,第 91 页。

⑥ 〔美〕吉尔伯特,〔德〕库恩:《美学史》下卷,夏乾丰译,上海译文出版社 1987 年版,第 427 页。两个例子康德在《论优美感和崇高感》中实际都已提到。参阅何兆武中译本,第 5 页。

荒蛮的自然事物。在论述"力学的崇高"时，康德除了提到"险峻高悬的、仿佛威胁着人的山崖，天边高高汇聚挟带着闪电雷鸣的云层，火山以其毁灭一切的暴力，飓风连同它所抛下的废墟，无边无际的被激怒的海洋，一条巨大河流的一个高高的瀑布"①等自然现象之外，还提到人类社会中的诸多事物与现象，如一个值得高度崇敬的战士、一个值得敬重的统帅、一场神圣的正义战争、一种结合有崇高理念的宗教活动、一个谦恭的行动等②。笔者以为，只是出于突出强调崇高与人的道德、精神密切相关的特殊性本质，康德在将崇高审美与（优）美审美进行比较分析时才每每提及"自然（界）的崇高"与"自然（界）的美"，其例证分析也主要针对自然事物而展开。还有一个原因就是康德"自然（界）"应当是广义而非狭义的。因而，"康德虽也以人工的金字塔作为数量崇高的例子，但其意仍在对象的自然巨大体积（自然物质的量），所以并不矛盾。"因为"康德认为崇高的对象只属于自然界，正是为了说明崇高的本质在于人的精神。"③而且，荒蛮的自然事物似乎尤能与有理性的存在者的道德文化素质形成鲜明对比，进而更能在强化崇高不同于优美的本质特征同时实现其哲学沟通意图。因此，康德从来没有认为与（优）美形成鲜明对比的崇高观念完全适用于自然物而不适用于艺术品。就此而论，康德"自然的崇高"同"自然的优美"一样是对与自然目的相对的广义自然美的审美范畴视角下的种类划分概念。

（四）康德与艺术美相对的自然美观

康德与"艺术美"相对的"自然美"概念集中出现在第三批判第 42 节和第 48 节。较之于前述三重特色鲜明的自然美观念，康德与艺术美相对意义上的自然美即一般意义上的自然美思想更加著名。康德对自然美的密切关注可能有赖于艺术美的参照之功，因为他对自然美概念的运用时常离不开艺术美的背景。在美学史上也只有到康德这里，自然美与艺术美才真正成为美学家需要认真直面的对子。当黑格尔说"对于了解艺术美的真实概念，康德的学说确是一个出发点"④时，可能主要是针对康德美学高度重视自然美的情况而言。

自然美与艺术美概念的并列使用自觉不自觉地包含着一个美的种类划分标准，但使用这对概念的绝大多数研究者一般并不就其划分标准问题进

---

①　[德]康德：《判断力批判》，邓晓芒译，人民出版社 2002 年版，第 100 页。
②　参阅[德]康德：《判断力批判》，邓晓芒译，人民出版社 2002 年版，第 102－103 页。
③　李泽厚：《批判哲学的批判》（修订本），人民出版社 1984 年版，第 385 页及注①。
④　[德]黑格尔：《美学》第 1 卷，朱光潜译，商务印书馆 1978 年版，第 72 页。

行明辨。康德大致同样也是如此①。但从其具体论述来看,康德是以参与鉴赏判断的事物的差异性,即是自然事物还是艺术作品作为依据来区分两者的。《判断力批判》序言明确提到"与自然界和艺术的美及崇高相关的评判"②,其导言更是屡屡把自然事物与艺术品对举使用③。康德其实把自然美与艺术美作为两种相互有别又有一定联系的美的种类来对待。

首先,自然美同一个人对其直接的某种兴趣相结合,借此可证明其善良的道德本性;艺术美则同一个人对其间接的兴趣相结合,并不能作为其具有道德之善的证据。

康德是从人对美的两种兴趣出发来说明自然美与艺术美的这一差异的。康德原已充分证明美的鉴赏(即审美)在本质存在层面上并不以某种兴趣(利益或利害)为其规定根据,否则就不是纯粹的鉴赏判断。但他又强调,仍可通过分析发现,鉴赏在发生背景层面上需要和某种"别的东西"结合着才能为自己提供必要的根据。康德由此区分了"对美的经验性兴趣"(§41)和"对美的智性兴趣"(§42):"这种别的东西可以是某种经验性的东西,也就是某种人类本性所固有的爱好,或是某种智性的东西,即意志的能通过理性来先天规定的属性。"④。对美的经验性兴趣同人乐于向他人传达愉快的社会本性有关,它最初体现在由人类丰富多样的社交性、爱好和情欲等本性而产生的装饰、工艺、实用艺术品上,然后产生了作为"文雅化爱好"的艺术作品及艺术美;对美的智性兴趣则同人乐意独自静观自然的习惯有关,它突出体现在一个人必须同时"伴随着直观和反思"⑤的对美的大自然的鉴赏活动中,因而表现出人喜欢却并不满足于自然物感性形式及其魅力、从而隐含着人的道德实践理性根基特征(所谓"意志的能通过理性来先天规定的属性")。对美的艺术的愉悦之所以不是与直接的兴趣相结合,是因为艺术品要么是对自然的模仿,试图达到以假乱真的目的,要么是一种有意引发我们愉快而造作的技术,它们虽然可以有鉴赏的愉悦,但只能通过其目的,不能凭其本身引起兴趣;自然物的美则是摆脱了特定的经验性的利益,而只就自然事物自身的形式被单纯愉悦地静观欣赏,而且在此过程中折射出一个人倾向、忠实于道德的善良灵魂或道德情感。

① 康德曾说:"划分总是以属于一门科学的各个不同部分的那些理性知识之诸原则的某种对立为前提的。"[德]康德:《判断力批判》,邓晓芒译,人民出版社2002年版,第5页。
② [德]康德:《判断力批判》,邓晓芒译,人民出版社2002年版,第3页。
③ 参阅[德]康德:《判断力批判》,邓晓芒译,人民出版社2002年版,第26页、第27页、第32页。
④ [德]康德:《判断力批判》,邓晓芒译,人民出版社2002年版,第138—139页。
⑤ [德]康德:《判断力批判》,邓晓芒译,人民出版社2002年版,第139页、第141页。

康德据此将自然美置于艺术美之上，并强调"自然美对艺术美的这种优点"①请看康德自己的具体表述："对艺术的美（我把将自然美人为地运用于装饰、因而运用于虚荣也算作艺术之列）的兴趣根本不能充当一种忠实于道德的善、甚至倾向于道德的善的思想境界的证据。但反过来我却主张，对自然的美怀有一种直接的兴趣（而不仅仅是具有评判自然美的鉴赏力）任何时候都是一个善良灵魂的特征；而如果这种兴趣是习惯性的，当乐意与对自然的静观相结合时，它就至少表明了一种有利于道德情感的内心情调。"②因为一个具有理性的人"内心若不是同时对此（引者按：即审美判断发生时人与自然事物之间协和一致的关系）感兴趣，就不能对大自然的美进行沉思"，由于"这种兴趣按照亲缘关系说是道德性的"，"而那对自然的美怀有这种兴趣的人，只有当他事先已经很好地建立起了对道德的善的兴趣时，才能怀有这种兴趣。因此谁对自然的美直接感兴趣，我们在他那里就有理由至少去猜测一种对善良意向的素质。"③与此相反，"鉴赏的行家里手们不仅往往表现出，而且甚至通常都表现出爱慕虚荣、自以为是和腐朽的情欲"或者"至多维持着社交乐趣的美事"，也就是说，他们"对艺术的兴趣，艺术只能通过其目的，而永远不能在它自己本身引起兴趣"④。

康德关于艺术美与自然美的第一个区分主要着眼于人们对二者所持的态度及其与一个人的道德素质某种特定关联，这实际上是一种着眼于两种美发生的外在背景性关系区分，还不是关于两种美的本质性区分。本书下一小节的分析还将指出，此区分严格来说同我们要论及的康德关于自然美与艺术美的另两个区分并不处于一个层面上。

其次，美的艺术是天才的艺术，艺术美的评判需要天才；美的自然是被鉴赏的结果，自然美的评判只需要鉴赏力。

康德的这一观念与其三个层级上的艺术分类观⑤密不可分。其一，康德把"艺术"从自然和其他人类活动中分离出来，认为艺术是人为的、体现着自

---

① ［德］康德：《判断力批判》，邓晓芒译，人民出版社 2002 年版，第 142 页。
② ［德］康德：《判断力批判》，邓晓芒译，人民出版社 2002 年版，第 141 页。
③ ［德］康德：《判断力批判》，邓晓芒译，人民出版社 2002 年版，第 143 页。康德关于自然美的这个著名看法，让我们很容易想起喜欢田园并辞官归隐的中国大诗人陶渊明和孤身独居瓦尔登湖并以《瓦尔登湖》闻名的美国作家梭罗。
④ ［德］康德：《判断力批判》，邓晓芒译，人民出版社 2002 年版，第 140 页、第 142 页、第 144 页。
⑤ 康德关于艺术的分类总共有六个层级，前三个详后，第四个层级是对"美的艺术"的分类，即康德依据表达方式，把美的艺术分为语言艺术、造型艺术和感觉游戏艺术三种（§51），第五和第六层级是这三种美的艺术下的，此处从略。

由和目的性的活动,因而与"自然"不同;而艺术作为人为的活动,因为是实践活动而与作为理论活动的科学不同;因为是自由的活动而与作为谋生手段的手工艺活动不同。这是康德关于一般艺术特征的总体认识。其二,在作为人为的活动意义上的"一般艺术"之下,康德又区分了"机械的艺术"和"审美的艺术"两种。机械的艺术实乃出于单纯为了通过一定的知识而具体生产的艺术。其三,在以愉快的情感作为直接意图的"审美的艺术"之下,康德又区分了单纯以享受为目的的"快适的艺术"与把反思判断力作为准绳的"美的艺术"。正是在对"美的艺术"的界说过程中,康德通过"美的艺术是一种当它同时显得像是自然时的艺术"(§45)和"美的艺术是天才的艺术"(§46)两个标题分别提出了关于美的艺术的两个定义。比较而言,后一个定义是更根本的,因为除非是通过天才而产生艺术,否则艺术无法做到原本分明是人为的却能显得像是自然。

康德的"天才"定义及其说明特别突出其"自然性":"天才就是给艺术提供规则的才能(禀赋)。由于这种才能作为艺术家天生的创造性能力本身是属于自然的,所以我们也可以这样来表达:天才就是天生的内心素质,通过它自然给艺术提供规则。"①康德随后进一步揭示了天才的四个具体特征:①独创性,这是最重要的(质);②典范性,即可(从事实、作品中抽出来)作为普遍的范例(量);③神秘性,即无意识、无概念、不能证明、不能传授和模仿,只能依赖于灵感(关系);④有规则,但不是科学规则(因为不能以任何公式写出来),而是自然给出的自然而然的规则(样态)②。在专门研究"构成天才的各种内心能力"(§49)之后,康德回顾总结了关于天才的四个要点,并再次给天才下定义道:"天才就是:一个主体在自由运用其诸认识能力方面的禀赋的典范式的独创性。"③据此有理由认为,康德是想补充说明天才的特征之(5)即自由性。通过创作主体的自由性,康德指出,作为天才的美的艺术仍然是在遵循着作为判断力一条先验原则的主观合目的性,只是此合目的性是一种"不做作的、非有意的主观合目的性"④。

---

① [德]康德:《判断力批判》,邓晓芒译,人民出版社 2002 年版,第 150 页。
② 参阅[德]康德:《判断力批判》,邓晓芒译,人民出版社 2002 年版,第 151－152 页、第 153 页。同时参阅邓晓芒:《冥河的摆渡者:康德的〈判断力批判〉》,第 67 页。
③ [德]康德:《判断力批判》,邓晓芒译,人民出版社 2002 年版,第 163 页。康德后来写道:"一切做作的东西和刻板的东西在这里都是必须避免的;因为美的艺术必须在双重意义上是自由的艺术:一方面它不是一种作为雇工的劳动,后者的量是可以按照确定的尺度来评判、来强制或付给报酬的,另一方面,内心虽然埋头于工作,但同时却又并不着眼于其他目的(不计报酬)而感到满足和兴奋。"同上,第 167 页。
④ [德]康德:《判断力批判》,邓晓芒译,人民出版社 2002 年版,第 162 页。

正是在对美的艺术的天才性的阐释过程中，康德指明了（自然）美的鉴赏与美的艺术或艺术美的第二个不同："为了把美的对象评判为美的对象，要求有鉴赏力，但为了美的艺术本身，即为了产生出这样一些对象来，则要求有天才。"①换言之，产生艺术美的艺术审美活动是一种天才式的创造性活动，而产生自然美的自然审美活动是一种以欣赏为特征的鉴赏活动。

康德在此着眼于产生两种美的审美活动过程特征的第二个区分是关于艺术美与自然美的本质性区分，康德自己将此称作"对自然美和艺术美之间的区别作出的精确的规定"②。笔者认为，康德关于美的艺术即天才的艺术的观点尽管主要是针对作为艺术家的创作而言，可他后来仍然通过分析总结将艺术鉴赏实际也包括进去了："对于美的艺术就会要求有想象力、知性、天才和鉴赏力"，而且"前三种能力通过第四种才获得它们的结合"③。不难看到，康德在此对涉及天才的艺术美是高度肯定的，甚至超过了对自然美的肯定。因而前述康德关于自然美相对于艺术美的优越性的看法，并非绝对的而是有条件的。就康德对天才的定义和对其特征的阐述而论，完全也可以说天才性的艺术美优越于鉴赏性的自然美。不过，康德关注比较自然美与艺术美的重点应该并不在两者的谁高谁低，而是两者既相区分又相联系的紧密关系。因为康德分明指出过涉及天才的艺术美从根本上仍源于"自然"。

最后，自然美是美的事物，艺术美则是对美的事物或事物美的表现。

康德写道："一种自然美是一个美的事物；艺术美则是对一个事物的美的表现。为了把一个自然美评判为自然美，我不需要预先对这对象应当是怎样一个事物拥有一个概念；亦即我并没有必要去认识质料的合目的性（即目的），相反，单是没有目的的知识的那个形式在评判中自身单独就使人喜欢了。但如果对象作为一个艺术品被给予了，并且本身应当被解释为美的，那么由于艺术在原因里（以及在它的原因性里）总是以某种目的为前提的，所以首先必须有一个关于事物应当是什么的概念作基础；而由于一个事物中的多样性与该事物的内在规定的协调一致作为目的就是该事物的完善性，所以在对艺术美的评判中同时也必须把事物的完善性考虑在内，而这是对自然美（作为它本身）的评判所完全不予问津的。"④首句极为简明的表述不止涉及自然美和艺术美概念的完整定义及其区别，还涉及自然美与艺术

---

① ［德］康德：《判断力批判》，邓晓芒译，人民出版社 2002 年版，第 155 页。
② ［德］康德：《判断力批判》，邓晓芒译，人民出版社 2002 年版，第 155 页。
③ ［德］康德：《判断力批判》，邓晓芒译，人民出版社 2002 年版，第 165 页。
④ ［德］康德：《判断力批判》，邓晓芒译，人民出版社 2002 年版，第 155 页。

美的紧密关系①。随后的解释则将自然美视为主观形式的合目的性的典型代表,即自然美的判断是纯粹的鉴赏判断,甚至可将自然美视为美的事物本身,因而完全是自由美性质的;艺术美则是依附美性质的,因为艺术美需要以事物的概念与事物的完善性作为评判基础。

就此康德明确说明了美的艺术或艺术美的优点:"美的艺术的优点恰好表现在,它美丽地描写那些在自然界将会是丑的或讨厌的事物。复仇女神、疾病、兵燹等作为灾祸都能够描述得很美。"②在康德看来,涉及天才创造的艺术美不仅能表现那些直接美的事物,也能表现那些本身不美的事物。因为表现就是给事物(的表象)提供一个直观,所以不管要表现的事物本身是美还是不美,艺术美总要给事物用美的形式提供一个直观,也即通过一个美的艺术品把事物感性地呈现出来。康德后来结合"审美理念"概念更明确地指出艺术美不同于自然美的这个特征:"在美的艺术中这个理念必须通过一个客体概念来引发,而在美的自然中,为了唤起和传达那被看作由那个客体来表达的理念,却只要有对一个给予的直观的反思就够了,而不需要有关一个应当是对象的东西的概念。"③

康德关于自然美与艺术美比较得出的第三个观点,是立足于自然审美与艺术审美中主体与事物(自然物和艺术品)及其表象的关系,并借此对比彰显了自然美的自由纯粹性与形式性、艺术美的依附能动性兼天才天成性④。

无论如何,康德的自然美与艺术美总体都属于与情感相关的审美判断力的范围,因而在区分二者的同时,他不断论及二者的共性特征与联系。

其一,自然美与艺术美都彼此依赖于对方。对此康德有反复阐述。"在一个美的艺术作品上我们必须意识到,它是艺术而不是自然;但在它的形式

---

① 以及后来为克罗齐等表现主义美学家着眼于艺术直觉活动而定义美与审美的"表现"本质等问题。

② [德]康德:《判断力批判》,邓晓芒译,人民出版社 2002 年版,第 156 页。参阅加达默尔对此之评述,[德]加达默尔:《真理与方法》上卷,洪汉鼎译,上海译文出版社 1999 年版,第 67页。

③ [德]康德:《判断力批判》,邓晓芒译,人民出版社 2002 年版,第 165 页。

④ 这里的"艺术"应该限定是天才或伟大的艺术,因为并非所有的艺术都会给人以自然天成的感受的。席勒在人称《谈美书简》的 1793 年 2 月 28 日信中,根据康德关于自然美与艺术美的上述区分,划分出了两种艺术美:"有两种艺术美:a)选择的美或质料的美——这是对自然美的模仿。b)表现的美或者形式的美——这是对自然的模仿。没有后者就没有艺术家。二者结合才产生出伟大的艺术家。"[德]席勒:《席勒美学文集》,张玉能编译,人民出版社 2011 年版,第 89 页;又见[德]席勒:《美育书简》附录,徐恒醇译,中国文联出版公司 1984 年版,第 177 页。

中的合目的性却必须看起来像是摆脱了有意规则的一切强制，以至于它好像只是自然的一个产物……自然是美的，如果它看上去同时像是艺术；而艺术只有当我们意识到它是艺术而在我们看来它却又像是自然时，才能被称为美的。"①简言之，无论自然物还是艺术品，要想获得美的评价的前提条件是：像是对方而不是自己。美的需要使得原本存在于自然美和艺术美之间的界限也因之消失。换言之，自然美与艺术美的产生均需要一个自然物或艺术品在作为一个自然物与作为一个艺术品之间保持一种神秘的张力。"因为不论是谈到自然美还是艺术美，我们都可以一般地说：美就是那在单纯评判中（而不是在感官感觉中，也不是通过某个概念）而令人喜欢的东西。而艺术任何时候都有一个要产生出某物来的确定意图。"②也就是说，美的艺术为了保持自己是美的艺术而非机械的艺术，必须摆脱任何外在的目的意图而同自然美一样成为单纯令人喜欢的东西，也即维持其作为审美判断力所需要的形式的合目的性。"所以美的艺术作品里的合目的性，尽管它是有意的，但却不显得是有意的；就是说，美的艺术必须看起来像是自然，虽然人们意识到它是艺术。"③也正是在此意义上康德把艺术称作第二自然④。在以上分析中，康德主要是从艺术美角度来谈的。康德在"美的分析"与"崇高的分析"比较中还从自然美的角度指出："独立的自然美向我们揭示出大自然的一种技巧，这技巧使大自然表现为一个依据规律的系统……从而使得这些现象不仅必须被评判为属于艺术的类似物的。所以自然美虽然实际上并没有扩展我们对自然客体的知识，但毕竟扩展了我们关于自然的概念，即把作为单纯机械性的自然概念扩展成了作为艺术的同一个自然的概念：这就吁请我们深入地去研究这样一种形式的可能性。"⑤在目的论判断力批判部分康德也指出："自然的美由于它只有在与关于对象之外部直观的反思的关系中、因而只是因为表面的形式才被赋予了对象，它就可以正当地被称为

---

① ［德］康德：《判断力批判》，邓晓芒译，人民出版社 2002 年版，第 149 页。参见席勒《谈美书简》(1793 年 2 月 23 日)对此命题的解释，载［德］席勒：《席勒美学文集》，张玉能编著，人民出版社 2011 年版，第 82 页；又见［德］席勒：《美育书简》附录，徐恒醇译，中国文联出版公司 1984 年版，第 166 页。

② ［德］康德：《判断力批判》，邓晓芒译，人民出版社 2002 年版，第 150 页。

③ ［德］康德：《判断力批判》，邓晓芒译，人民出版社 2002 年版，第 150 页。

④ 李泽厚说："所谓'第二自然'也就是艺术显得不像人为，亦即其目的不是直接显露出来，而是好像自然那样，是一种无目的的合目的性的形式，才能引起审美感受。但同时，又知其为人为的艺术作品，所以这种感受便具有知性的目的兴趣，不同于欣赏真正的自然美、形式美。"李泽厚：《批判哲学的批判：康德述评》(修订本)，人民出版社 1984 年版，第 389 页。

⑤ ［德］康德：《判断力批判》，邓晓芒译，人民出版社 2002 年版，第 84 页。

艺术的一个类似物。"①

其二,自然美与艺术美都是对审美理念的表达。康德说:"我们可以一般地把美(不管它是自然美还是艺术美)称之为对审美理念的表达(Ausdruck/expression):只是在美的艺术中这个理念必须通过一个客体概念来引发,而在美的自然中,为了唤起和传达那被看作由那个客体来表达的理念,却只要有对一个给予的直观的反思就够了,而不需要有关一个应当是对象的东西的概念。"②关于"审美理念"(die asthetischen Ideen)③,康德视之为"理性理念的对立面",并多次解释说:"我把审美/感性理念理解为想象力的那样一种表象,它引起很多的思考,却没有任何一个确定的观念,也就是概念能够适合于它,因而没有任何言说能够完全达到它并使它完全得到理解。""审美理念是想象力的一个加入到给予概念之中的表象,这表象在想象力的自由运用中与各个部分表象的这样一种多样性结合一起,以至于对它来说找不到任何一种标志着一个确定概念的表达。""一个审美理念不能成为任何知识,是因为它是一个(想象力)永远不能找到一个概念与之相适应的直观。"④根据康德的多方解释大致可以肯定:所谓审美理念即感性的形象或表象,它不是理性观念却又包含丰富的思想,是一种可想象却不可言传、介乎感性与理性之间的想象力的表象。审美理念实质上是在审美活动中由人的想象力创造出来的一种能充分显现理性观念的感性形象。康德提出这个概念实际是为了后文说美是道德的象征做铺垫。也即不管是自然美还是艺术美都可理解为道德的象征。

相对于自然美与艺术美的差异性,康德更愿意将两者置于密切相关性之中,以保证审美判断力批判的统一性。康德是通过"主观合目的性"概念,既让自然美保持其艺术美的本质要求,又让艺术美保持其自然美的要求。区别只是,自然美通过单纯形式的主观合目的性,艺术美通过只有天才的艺术才能担当的"不做作的、非有意的主观合目的性"⑤。对于康德,"天才是自

① [德]康德:《判断力批判》,邓晓芒译,人民出版社 2002 年版,第 225 页。
② [德]康德:《判断力批判》,邓晓芒译,人民出版社 2002 年版,第 165 页。
③ 此概念中译颇为分歧。比如:宗白华译为"审美诸观念",又说亦可译"审美诸理想"。[德]康德:《判断力批判》上卷,宗白华译,商务印书馆 1964 年版,第 160 页及以下。朱光潜译为"审美意象",又云"指审美活动中所见到的具体意象,近似我国诗话家所说的'意境',亦即典型形象或理想"。朱光潜:《西方美学史》下卷,人民文学出版社 1979 年版,第 398 页及以下。牟宗三译为"美学理念"。[德]康德:《康德判断力之批判》,牟宗三译,西北大学出版社 2008 年版,第 262 页及以下。本书从邓晓芒中译本。参阅邓译第 158 页及以下。
④ [德]康德:《判断力批判》,邓晓芒译,人民出版社 2002 年版,第 158 页、第 161 页、第 188 页。
⑤ [德]康德:《判断力批判》,邓晓芒译,人民出版社 2002 年版,第 162 页。

然的一个宠儿——就像自然美被看作自然的一种恩赐一样。美的艺术必须被看作自然。自然通过天才赋予艺术以规则。在所有这些表述中，自然概念乃是毫无争议的标准尺度。因此，天才概念所成就的事只是把美的艺术的产品同自然美在审美上加以等同看待。"①可以说，主要通过兼有自然与艺术性的"天才"概念，康德既把自然（美）与艺术（美）区分开来，也把自然（美）与艺术（美）联系起来。区分是着眼于自然美与艺术美各自发生的本质特征，联系则是着眼于两者共同属于审美的判断力。自然美与艺术美的相互类比与依附性既直接表达了康德关于这两种美不可分离关系的认识，更承担着衔接第三批判两大部分进而实现前两大批判相互沟通的哲学使命：正是在自然美与艺术美彼此不同但又相互参照的统一性中，在像是艺术品的自然和表现为自然的艺术品概念之间，包含或提供了从审美判断力向自然目的论判断过渡的中介。②

（五）康德浑然天成之美的自然美观

从康德对自然美与艺术美所进行的第一次分析对比中已经明确的一个观点是：自然美同一个人对其直接的某种兴趣相结合，借此可证明他善良的道德本性；艺术美同一个人对其间接的兴趣相结合，并不能借此提供他具有道德之善的证据。本小节要指出的是：康德在上述对比中所说的自然美应该是本性天成之美意义上的自然美，而非自然事物之美意义上的自然美。请看§42的几个段落：

> 一个人孤独地（并且没有想到要把他所注意到的传达给别人的企图）观赏着一朵野花、一只鸟、一只昆虫等的美的形体，以便赞叹它、喜爱它，不愿意在自然界中完全失去它，哪怕这样就会对他有些损害，更不能从中看出对他有什么好处，那么他就对自然的美（Schönheit der Natur）怀有一种直接的、虽然又是智性的兴趣。就是说，他所喜欢的不仅是在形式上的自然产物，而且也是这产物的存有（Dasein），而并没有感性魅力掺杂进来，或者说他也未把任何目的与之结合在一起。但在这里值得注意的是：假如人们原来在偷偷地欺骗这位美的热爱者，把人造的花（人们可以把它做得完全和自然的花一模一样）插到了地里，或把人工雕刻的鸟放到了树枝头，而他后来又发现了这一欺骗，那他原先

---

① ［德］加达默尔：《真理与方法》上卷，洪汉鼎译，上海译文出版社1999年版，第70页。
② 参阅邓晓芒：《康德哲学诸问题》，生活·读书·新知三联书店2006年版，第150页，第169页。

对此所怀有的直接的兴趣马上就消失了,但取代它的或许是另外一种兴趣,即为了别人的眼睛而用这些东西来装饰自己的房间的虚荣的兴趣。自然所产生的是前一种美:这个观念必须伴随着直观和反思;只有在这一基础上才建立起了人们对此所怀有的直接的兴趣。①

鸟儿的歌唱宣告了欢乐和对自己生存的满足。至少我们是这样阐释自然界的,不论它的意图是不是如此。但我们在此对美所怀有的这种兴趣绝对需要的是,它是自然的美,而一旦我们发现有人在欺骗我们,它只是艺术而已,则这种兴趣就完全消失了;这样一来,甚至就连鉴赏也不再能在这上面感到任何美,或视觉也不再能在这上面发现任何魅力了。有什么比在宁静夏夜柔和的月光下,在寂寞的灌木丛中夜莺那迷人而美妙的鸣啭,得到诗人更高赞赏的呢?然而我们有这样的实例,即人们并没有在那里发现任何唱歌的夜莺,而是某位诙谐的店主为了使那些投宿到他这里来享受乡下新鲜空气的客人们得到最大的满足,而以这种方式欺骗他们,他把一个恶作剧的男孩藏进灌木丛,这男孩懂得如何最近似于自然地模仿这种鸟鸣(用芦苇或嘴里的哨管)。一旦人们发现这是个骗局,就没有人会继续忍受着去听这种先前被认为是如此有魅力的歌声了;其他任何鸣禽的情况也是如此。那必须是自然,或被我们认为是自然,以便我们能对美本身怀有一种直接的兴趣。进一步说……那些对自然美没有任何情感,并在餐饮之间执着于单纯感官感觉的享受的人,我们就把他们的思想境界看作粗俗的和鄙陋的。②

康德在上述两大段文字中通过相似的实例反复阐述的核心问题是"对自然美的直接、智性的兴趣",只是前一段落侧重于什么叫作对自然美怀有直接、智性的兴趣,后一段落则侧重于什么样的自然事物才能使人保证对它怀有直接、智性的兴趣,或者说使人能够对美怀有直接、智性的兴趣的条件是什么。

令人疑惑不解的是:为什么康德一方面说"单纯鉴赏判断中相互几乎不分高下的这两类客体"③,即自然物与艺术品作为客体在单纯鉴赏判断中都产生美,因而是无高下之别的;另一方面却又反复强调产生直接、智性兴趣

---

① [德]康德:《判断力批判》,邓晓芒译,人民出版社 2002 年版,第 141 页。
② [德]康德:《判断力批判》,邓晓芒译,人民出版社 2002 年版,第 144 - 145 页。
③ [德]康德:《判断力批判》,邓晓芒译,人民出版社 2002 年版,第 142 页。

的事物必须是自然事物而非人工事物,并以此说明自然美有一种相对于艺术美的优点或优越性? 根据生活常识,能够以假乱真、巧夺天工的人工制品或艺术品,不是同样甚至有时比自然事物更完美因而也常常能够给人以极大的审美愉快吗? 邓晓芒的解释是:"康德与卢梭一样,认为从自然美到艺术美虽然在形式方面是发展了,但从道德上看是一种堕落,是以假乱真(如用假花代替真花)和对本性的偏离。所以他主张返回大自然的美而远离社会的浮华。这种旨趣当然已不是纯粹鉴赏的态度,因为后者是不管对象的存在(不论它是自然物不是艺术品)而只就其形式来下判断的……"①邓晓芒在此正确地指出了康德对卢梭自然美观念的继承性,也提到了艺术在"以假乱真"方面对自然本性的偏离,但没有明确指出康德在此对卢梭有别于自然事物之美的另一种自然美——自然而然、浑然天成自然美观念的继承性。笔者以为,康德认为优越于艺术美的自然美概念并非是自然事物之美意义上的自然美,而是自然而然、浑然天成之美意义上的自然美,即与人工美相对的天然美。

第一,以上观点可通过康德分别在第三批判§41 和§42 分别阐述的"美的经验性兴趣"与"美的智性兴趣"可以得到印证。如上文所述,在康德看来,对美的经验性兴趣出于人通过装饰增加事物的魅力,并乐意向社会传达自己愉悦的社交本性,且主要着眼于事物的形式;对美的智性兴趣则"没有想要把他所注意到的传达给别人的企图"②,因而只是独自运用自己先天的直观和反思能力,同时着眼于事物的形式与存在本身。这里"美的智性兴趣"所关注的事物"存在本身"应该是突出的是自然事物内在的浑然天成本性,而非"美的经验兴趣"所关注的自然事物的外在形式特性。

第二,可从康德相关具体文字表述可以得到证明。前引两段文字中,康德分别突出的以假乱真的花鸟的"人造""人工"特征与大自然真实的鸟鸣"必须是自然,或被我们认为是自然"的对比性表明,能够让"我们能对美本身怀有一种直接的兴趣"的"自然美"针对的是自然事物的非人工人造的内在的自然天成性,而非自然事物的外在形式。因而,比起大自然真实存在的花鸟和鸟鸣,人工雕刻得栩栩如生的花鸟和模仿得惟妙惟肖的鸟鸣声之所以让对美怀有直接兴趣的人失去兴趣,并不是因为它们本身不美,而是因为它们作为审美客体,是人工人造的,即非浑然天成的。在康德看来,事关自然事物智性兴趣的自然审美,必须只是无条件地喜欢、观赏和赞叹自然事物

---

① 邓晓芒:《冥河的摆渡者:康德的〈判断力批判〉》,武汉大学出版社 2007 年版,第 63 页。

② [德]康德:《判断力批判》,邓晓芒译,人民出版社 2002 年版,第 141 页。

存在及其形式，而不容许任何人工和人为的东西介入其中。换言之，从两种自然审美的审美客体而言，外在自然物之美的自然美依赖于自然事物的物质质料，内在天性之美的自然美则依赖于事物自然而然的浑然天成性。所以，康德在§42节就自然美与艺术美的比较，从客体角度看，更多的是从参与审美活动的自然物同人类造物或艺术品的不同来源的角度进行的。

黑格尔在阐述对艺术"模仿自然说"的反对立场时也基本赞同康德的观点。他强调对夜莺歌声的人工化的逼真模仿"既不是自然的自由流露，又不是艺术作品，而只是一种巧戏法"，"夜莺的歌声，只有在从夜莺自己的生命源泉中不在意地自然流露出来，而同时又酷似人的情感的声音时，才能使人感到兴趣"①。黑格尔在此对"从夜莺自己的生命源泉中不在意地自然流露"即"自然的自由流露"的强调，明显在凸显夜莺歌声的自然天成本性。拿现代生活中的实例来说，一个天然天生的美女之所以优越于一个经美体而人造的美女，无非是因为前者是天生丽质，后者是非天然而有人工干预的结果。

第三，不能忽略的康德用词上的一个细节是：康德在《判断力批判》中的"自然美"概念有两种德文表述，即 Naturschönheiten（邓译本作"自然美"）和 Schönheit der Natur（邓译本作"自然的美"），分别出现约13次和7次。但在上述引文所在的§42节中，康德始用 Naturschönheiten 达5次，而 Schönheit der Natur 只用了2次；在上面引用的康德原文中，康德用的也是前者而非后者。虽然这两个词从内涵上并不能达到区分的目的，但康德大概通过用词上的变化也在提醒读者两者内涵上的差异②。

如果认可上述分析，也可以消除人们在理解康德比较自然美与艺术美时似乎表现出来的矛盾：从作为鉴赏的对象看，自然美优越于艺术美；从作为天才的对象看，艺术美又优于自然美③。其实这里并没有矛盾，因为两组概念的内涵所指并不相同。可以说，卢梭的影响和康德哲学的旨趣决定了康德对"自然物之美"意义上的自然美与"本性天成之美"意义上的自然美不

---

① ［德］黑格尔：《美学》第1卷，朱光潜译，商务印书馆1979年版，第54页。

② 同样，《判断力批判》中的"艺术美"概念也有两种表达：kunstschönheit（邓译作"艺术美"）和 schönen der kunst（邓译作"艺术的美"），分别出现了7次和1次（仅§42第2段）。另外，这里顺便要指出邓译第三批判中的一个小的疏漏：§58末段中的"艺术"（邓译本第198页）当为"艺术美"，这是笔者结合上下文语境并查阅了德文原文及宗白华译本、相关英译本后得出的一个判断。

③ 有学者以为这里存在着矛盾，并从艺术美视角称之为康德的"艺术悖论"。参阅杨道圣：《艺术的悖论——康德论作为鉴赏力对象的艺术与作为天才作品的艺术》，载《海淀走读大学学报》2002年第1期。

仅做了区分，而且突出了各自的独特价值。

三、康德审美：目的论自然美观：现代性自然美学话语的自由维度

在上文中，我们主要跟随康德思路，梳理了其自然美概念的五重内涵。概括地讲，在第三批判导论部分同"自然目的"对举的"自然美"，即作为"形式的（单纯主观的）合目的性概念的表现"的自然美，是康德广义的自然美观。此自然美反映的是康德对美的本质与特征的总体说明，也承担着为其第三批判两大部分即审美判断力批判与目的论判断力批判的分工划界的任务，即反思判断力针对作为现象界的自然即整个外在现实世界（以非人工的纯自然事物为代表，但也包括非自然的比如人工的社会劳动产品甚至艺术作品），既可以发生通过逻辑表象方式而展开的客观地反思性目的论判断，也可以发生通过感性/情感表象方式而展开的主观地反思性审美判断。同审美判断力部分美的分析与崇高的分析相对应，同时也同自由美与依附美相对应，"自然的优美"与"自然的崇高"两种自然美，是康德审美范畴视角下的关于广义自然美的分类学说，反映的是康德对趣味鉴赏活动的两种不同的审美形态观。同"艺术美"对举的自然美也即一般意义上的自然美是康德狭义的自然美观，反映的是康德从审美客体角度划分出来的两种不同的审美类型观。有别于以上四重针对广义或狭义的外在自然事物而言的"自然物之美"意义上的自然美，"浑然天成之美"意义上的自然美则反映的是康德侧重事物内在本性的自然美观。

康德批判哲学中的自然美之思，同其他美学思想一样原本是要克服其前两大批判的巨大鸿沟，但其审美与目的论双重视域中的自然美概念的五重内涵，不仅使西方思想史上由卢梭率先从功能层面给予特别关注的自然美概念第一次获得了十分丰富的理论内涵，而且开启了审美与道德之思在自然问题中的双向互动关系及其现代性论域。就此我们可以总结康德兼有现代美学奠基性阐释与鲜明伦理学指向的自然美思考的现代性特征及其贡献。

康德对自然美概念内涵的深刻洞察建基于他对美及与其紧密相关的审美概念内涵著名的美学分析，从而在美学的框架内事实性地创建了自然美学。

作为美学的"实际创始人"[①]，康德沿着美学之父鲍姆加登开辟的方向，

---

①　邓晓芒：《西方美学史纲》，武汉大学出版社 2008 年版，第 80 页。

把审美划归于以情感为核心的感性而非艺术领域[1],这个领域则是在自古希腊时期即已存在的人的心意结构知意情三分格局中获得其存在的合法依据。作为一门独立的现代学科的(审)美学借此得以成立,并被先天性打上了现代性与康德哲学的烙印。如前所述,康德的自然美绝大多数情况下是同目的论相对而言的,因而实乃广义自然即现实世界的美。所以,康德的自然美实际反映的是人与广义自然即现实世界之间的不同于知性认知关系、实践伦理关系的审美关系。而就与艺术美相对而言的狭义的自然美及自然而然或本性天成的自然美而言,自然审美即人与作为审美客体的自然事物及其本性天成之间发生的审美活动,不仅体现出审美的共性特征,而且表现出其个性特征。这样,在人与现实审美关系的背景下,康德在美学史上实际首次系统地论证了人与自然的审美关系,从而使自然美学得以真正诞生并初具规模。

尽管康德进入自然美论域是从修补、完善其批判哲学体系的意图出发的,但毫无疑问的是他继卢梭之后对自然美问题做出了无与伦比的杰出思考。自然美因他而成为一个需要认真对待的美学问题,康德因此可被视作自然美问题史上的重要里程碑。仿照鲍桑葵《美学史》一个标题——"康德——把问题纳入一个焦点"[2],也可以说康德在整个西方以探求艺术或艺术美为要务的艺术哲学主流美学传统中,把自然美问题纳入到了一个十分显赫的"焦点"即自然美学的焦点上。虽然康德沿袭了卢梭情感论自然美研究理路,但与卢梭大多在文学作品范围内、自觉不自觉地专注于自然美的功能性价值不同,康德在其审美—目的论批判哲学范围内、立足于其哲学体系暨美学问题的双重意图,对美和自然美本身的基本理论问题进行了更为自觉而精微的探究。

耐人寻味的是,康德对现代性美学的奠基主要是在对自然美的思考中进行的,以致不少研究者根据第三批判美的分析部分认为康德美学关注的只是自然美。从美学视角而言,任何涉及具体事物的美——不管是自然美,还是经常与自然美相对而言的艺术美——的讨论,都不能不面对或触及美的种类划分,因而自然美(以及康德并未忽略的艺术美)的规定性取决于其

---

[1] 蒋孔阳曾指出鲍姆加登与康德在美学研究对象问题上同西方美学研究传统不一致的实情:"除了鲍姆加登和康德等人之外,美学史上大多数的美学家,却是更多地联系艺术,把艺术当成是美学的主要对象,来进行美学的研究的。"蒋孔阳:《美学研究的对象、范围和任务》,原载《安徽大学学报》1979 年第 3 期,见蒋孔阳:《美和美的创造》,江苏人民出版社 1981 年版,第 2 页。

[2] [英]鲍桑葵:《美学史》,张今译,商务印书馆 1985 年版,第 332 页。

上行属概念即美的规定性。或许正是美学上的这个原因，康德才会在于美的本质规定及其重大使命问题的大背景下讨论到自然美问题，甚至可以说康德主要首先着眼于自然美而展开其美学研究的。可以设想，若没有康德在审美判断力批判名下对人的审美/感性活动、鉴赏/趣味活动以及美、崇高等问题所进行的美学学科意义上的开创性研究，或者说对审美与美的基本原理的精细分析，自然美概念就不会有自己独立的学理性内涵。换言之，自然美在美学史上能成为一个经典的美学概念与问题，不只是本书所关心的孤立的自然美学现象，而首先是一个美学现象。康德之所以是十分重要的自然美学家，是因为他首先是一个十分重要的美学家。

康德的自然美论既然是带着自己的哲学问题与美学兴趣的，也就不可能论及、解决所有自然美学问题。事实上，仅就概念而论，康德并没有给予自然美十分明确而精确的统一定义。但他的美学在包括自然美学史在内的美学史上的"蓄水池"作用同其哲学在哲学史上的"蓄水池"作用一样明显而重大。

"早期审美理论家（研究美的）的最佳候选主题是自然美"①。"大自然自由的美景……多样性在那里过分丰富到没有节制的大自然，不服从任何人为规则的强制，则可以给他的鉴赏力不断提供食粮。"②如前所述，康德美学能够进入自然美学论域，显然不仅有美学的原因，更有其整体哲学体系及其主题的原因。康德为什么主要借助于自然与自然美主题而进入美学领域进而完成其哲学使命呢？借此问题，我们可认识到康德自然美学的第二个特点与贡献：康德对自然美问题的深入思考建基于他对人与自然、自由之关系问题的一贯思考，从而使自然美在启蒙性质的批判哲学内获得了其深邃的自由内涵。

康德本人将自由称作自己整个哲学体系的"拱顶石"："自由的概念，一旦其实在性通过实践理性的一条无可置疑的规律而被证明了，它现在就构成了纯粹理性的、甚至思辨理性的体系的整个大厦的拱顶石。"③有哲学史家也指出："我们可以毫不夸张地说，从根本上看，康德的批判哲学是一种自由哲学。"④那么，康德的自由概念是什么？

邓晓芒认为，以三大批判为代表的康德哲学体系中的"自由"概念有三

---

① 参阅[美]诺埃尔·卡罗尔：《超越美学》，李媛媛译，商务印书馆 2006 年版，第 36 页。文字根据英文原著有改动。

② [德]康德：《判断力批判》，邓晓芒译，人民出版社 2002 年版，第 80 页。

③ [德]康德：《实践理性批判》，邓晓芒译，人民出版社 2003 年版，第 2 页。

④ [美]阿利森：《康德的自由理论》，陈虎平译，辽宁教育出版社 2001 年版，导言第 1 页。

个层次,即在认识论层次上作为理性概念即理念的"先验自由"(内部又分摆脱一切机械因果性约束的消极自由与自行开始一个因果系列原因性的积极自由)、在实践层次上作为理性事实的"实践自由"(内部又分作为一般实践理性自由的自由的任意与作为纯粹实践理性自由的自由意志)和在内心审美中作为经验现象即社会心理现象的"自由感",这三种自由分别代表着康德对自由的可能性、必然性和现实性的全面描述。在邓晓芒看来,先验自由与实践自由都具有自由本体的意义,自由感虽然属于反思判断力范围而并非人的自由本体,但可以作为人的自由本体在经验中"象征"或"类比"①。

对于康德美学中的自由,胡友峰称之为"审美自由",并指出:康德的审美自由不能简单理解为康德阐明的审美无利害或者是知性和想象力的自由和谐游戏等具体表述,而要理解为由彼此契合、相互照应的经验层次、先验层次和超验层次三个层次构成的有机系统②。更具体地讲,"经验的审美自由感可以确保审美的感性物质,始终与人的直观感受相互亲和;先验的审美共通感确保了审美自由的普遍传达,保证了审美的普遍必然性;而实践理性则使审美始终面向本体的境界,保持审美的超验性……康德美学的基本理论旨趣不是论证艺术的合法性问题,而是作为其先验哲学体系的一环用来沟通现象的自然界和本体的自由界,因而审美自由感则更多地与经验的自然界相互关联,超验的追思则更多地与自由本体界相互关联,而先验的审美共通感则处于两者之间,一方面保证审美自由感不与欲望快感同流合污,另一方面又确保实践理性的超验追思不至于与现象界隔绝,因而康德美学中的自由观念是一个紧密的整体,不可分开。"③

刘凯则把康德美学中的自由区分为相互有别但又息息相关的三个维度,即作为心意机能活动自由的感性自由、作为审美活动先验基础自由的先验自由与作为审美活动本体指向自由的超越自由④。就第三批判而论,康德的审美自由不仅存在上述三个维度,而且具有十分丰富的内涵:美的分析中阐述的作为审美无利害的感性自由、作为想象力与知性自由游戏的先验自由、作为无目的的合目的性的形式自由、作为审美共通感的情感自由,崇高的分析中阐述的作为理性指向的自由的数学崇高、作为理性自觉的自由的力学崇高,以及艺术论中的艺术作为美的艺术自由、作为好像自然的艺术自

①　参阅邓晓芒:《康德哲学诸问题》,生活·读书·新知三联书店 2006 年版,第 191 - 204 页、第 191 - 204 页。

②　参阅胡友峰:《康德美学的自然与自由观念》,浙江大学出版社 2009 年版,第 114 页。

③　胡友峰:《康德美学的自然与自由观念》,浙江大学出版社 2009 年版,第 156 页。

④　刘凯:《康德美学中的自由问题研究》,人民出版社 2014 年版,第 76 - 82 页。

由、作为天才活动的艺术自由①。

上述国内学者对康德美学自由理论的研究表明，原本在批判哲学中分属两个领域因而不无对立冲突的"自由"与"自然"概念在以无利害的情感愉悦为基本特征的审美活动中不仅实现了其预期的和谐统一，从而实现了其批判哲学体系的完整统一，而且借此实现了认识活动与伦理实践活动的和谐统一。更为重要的是，在康德看来，在人类与自然即现实世界结成的三种活动关系中，审美活动的自由不仅有其独立与丰富性，而且可以渗透到知性认识活动、伦理实践活动中，从而发挥其独特的中介与沟通功能。以上论述无疑有助于我们认识康德哲学与美学不同领域中自由概念内涵及其功能，但似乎缺少对康德"自由"概念诸层面既有分别又一以贯之的总体精神之把握。作为一个启蒙思想家，康德一生万变不离其宗、唯自由是求，那么贯穿于其"人的哲学"方方面面的"自由"精神究竟是什么呢？

"自由"精神只能从康德对启蒙精神的理解中去寻找。正如本书第一章已经结合康德对"启蒙"的定义而指出的，启蒙是一个人运用自己理性能力的过程，也就是对自己不成熟本性（亦即有待改造的自然）的自我改造或教育过程。因而，作为启蒙思想家的康德不像同时代的其他启蒙思想家（包括给予康德多方面影响的卢梭）那样试图扮演一个救世主的角色、用知识去照亮待开化的民众，即启蒙他人（这同卢梭促使康德抛弃旧有精英立场、尊重芸芸众生的意味深长的人文性影响及康德的自我启蒙有重大关系），而是强调人的自我启蒙。国内学者李秋零根据康德哲学精神将此自我启蒙总结为"三自"原则，即自己思维、理性地自我批判和自己立法②。

根据康德提出的区别于知性、理性的另外一种能力即判断力——而且是有别于康德前两大批判的规定判断力（由一般到特殊）的反思判断力（由特殊到一般）③，实际还可以增加一个原则，即自己反思。而且，如果考虑到"立法"可同时涵盖第一批判阐述的"人为自然立法"和第二批判阐述的"人为自己立法"两种"立法""批判"可合并到"思维"里的话，康德的自我启蒙原则似乎可概括为以下三个要点，即知性地自己思维、理性地自己立法、感性地自己反思。依据康德上述启蒙精神，我们有理由猜想康德对"自由"的诸多理解的精髓或精神也就是自己思维、自己立法、自己反思。这三种关于"自由"的精神，从区分的意义上看，分别对应于康德的认识论、伦理学和美

---

① 参阅刘凯：《康德美学中的自由问题研究》，人民出版社 2014 年版，第三章（第 83 - 125 页）。

② 李秋零：《康德与启蒙运动》，《中国人民大学学报》2020 年第 6 期。

③ 本句括号内的夹注解释参阅［德］康德：《判断力批判》导言最后（邓译第 33 页）的表格及其上文与其他相关解释说明。

学(包括目的论,甚至可包括宗教学和历史等领域)三大哲学领域,从综合的意义上看,则其实又不同程度且以其一为主地贯穿于三大哲学的每一个领域。

此"三自"自由精神在一定意义上也可以概括为一个概念,即"自主"。康德在《未来形而上学导论》针对自由的自主自发性写道:"如果自由必须是现象的某些原因的一种性质,那么,对现象(即事件)来说,自由就一定是自发地(sponte)——换言之,用不着原因的因果性,即用不着任何别的理由来规定——把现象开始起来的一种能力。"他还指出:"自由这一理念仅仅发生在理智的东西(作为原因)对现象(作为结果)之间的关系上……我把自由解释为自发地开始一个事件的能力。"①在康德看来,自由一定是作为理性存在者的人的自由,并具体呈现为人与作为现象的自然界之间的一种关系,此关系发生过程即人自发自主地开始现象或事件的过程,也是人自由精神的展示过程。对于康德,客观的外在自然世界作为自在之物有其必然性但没有自由,但一旦与人发生关系就必然有自由出现,而且因其关系的性质差异而有了区分,即获得知识的自由、道德立法的自由和审美的自由。

在康德看来,就人同自然的关系这件同样需要自我启蒙才能处理得妥当的事情而言,区别于单纯的认识活动主要凭借知性能力对广义的自然世界思维(或立法、批判)、单纯的道德实践活动主要凭借理性能力对作为内外自然的人自己本身展开立法,单纯的审美活动则凭借情感能力对广义的自然世界展开反思性判断,而上述三种活动的展开既是分别作为认识求知、伦理实践与趣味审美活动自身的本质呈现过程,也是实现或呈现人的自我启蒙或自由的过程。以上对审美活动中自由的解释是针对广义的自然美(实际既包括狭义的自然美、也包括社会美及艺术美)。就与艺术美相对而言的狭义的自然美及自然而然或本性天成的自然美而言,自然审美即人与自然事物及其本性天成之间发生的审美活动,不仅体现出一般审美的共性特征,而且表现出因作为审美客体的自然事物及其本性天成的特殊性而带来的个性特征,即因为自然事物的完全浑然天成性而与人之间发生的道德象征关系。

从审美的角度看,康德美学中的自由当然是一种自由感,但康德显然不满足于将审美自由理解为一种感觉自由,他更看重的是此感觉自由的重大意义,这就是审美尤其是自然审美和自然美对于人的道德建构意义。因此,同康德赋予自然美以自由内涵相联系相类似,康德还赋予自然美以道德象

---

① [德]康德:《未来形而上学导论》,庞景仁译,商务印书馆1978年版,第129页。

征意味,从而正式在美学领域内开辟了包括自然美与自然审美在内的整个美与审美的道德自由伦理学维度。

"自由固然是道德律的 ratio essendi(存在理由),但道德律却是自由的 ratio cognoscendi(认识理由)。"①康德哲学虽有三大批判的分野,但总归属于一种实践哲学。不仅第二批判如此,第一批判也是。因此康德才说:"明智地为我们着想的大自然在安排我们的理性时,其最后意图本来就只是放在道德上的。""只有当我们把一个依照道德律发布命令的最高理性同时又作为自然的原因而置于基础的位置上时,才可以有希望。"②

对康德美学尤其是其中自然美理论的道德伦理价值,学者们已有大量阐述。盖耶尔在其《康德》末章"自由的历史"中指出:"康德的道德哲学、美学以及目的论都终结于下面这一主张,即我们都必须能够将我们的道德目标——和普遍法则与经由自由达到的普遍幸福相一致的自由的保存与促进——看作是可以在自然的世界中实现的。"③加达默尔将康德美学中由自然美的兴趣所证明的"道德性"称之为"自然美的道德意味":"正是因为我们在自然中找不到任何一个自在的目的,而只是发现美,即一种旨在达到我们愉悦目的的合目的性,因而自然就由此给予了我们一个'暗示',我们实际上就是最终目的、造化的终极目标。""自然美的意味深长的功利性正在于:它还能使我们意识到我们自己的道德规定性。"④文德尔班则从哲学史的视角指出,从夏夫兹博里开始,道德原则"在内容染上了审美色彩""伦理的心理根底从理智认识的领域移植于心灵的情感领域,直接与美感相邻。在意志和行为的领域里,美表现为美……'审美力'是伦理的能力,也是审美的能力""人具有像对美一样的对善的天然情感"⑤。总体而论,康德继承夏夫兹博里的思路(如前所述,其实还有对卢梭自然启蒙思想的继承),并更加明显且思辨性地挖掘了审美活动的伦理内涵与价值。

康德判断力批判视域中的自然美思想不仅作为自然美学完成了其认识论与伦理学的桥梁使命,它本身也构成一种伦理学。此伦理学的核心价值就是:"人只有作为道德的存在者才可能是创造的一个终极目的。"⑥因为在康德看来,自然界从无机物到有机物再到人的自然进程表明,自然界林林总

①　[德]康德:《实践理性批判》,邓晓芒译,人民出版社 2003 年版,第 2 页注。
②　[德]康德:《纯粹理性批判》,邓晓芒译,人民出版社 2004 年版,第 609 页、第 615 页。
③　[美]盖耶尔:《康德》,宫睿译,人民出版社 2015 年版,第 379 页。
④　[德]加达默尔:《真理与方法》,洪汉鼎译,上海译文出版社 1999 年版,第 65 页、第 66 页。
⑤　[德]文德尔班:《哲学史教程》下卷,罗达仁译,商务印书馆 1993 年版,第 699 页。
⑥　[德]康德:《判断力批判》,邓晓芒译,人民出版社 2002 年版,第 300 页。

总的各类生命有机体不管怎样合乎目的，安排得怎样巧妙合理，如果缺失了人，一切都将失去意义，也将毫无目的可言。"如果在其中没有人（一般有理性的存在者）的话，就都会是无意义的；也就是说，没有人，这整个创造都将只是一片荒漠，是白费的和没有终极目的的。"①而这一切不仅可以在对自然美（包括自然崇高与自然优美）的直接欣赏与体验过程中获得，也可以在对自然目的的智性观照中获得。按照康德的观点，不管是审美判断还是目的论判断都是从特殊到一般的合目的性地反思判断力。二者的区别在于，审美判断是自然事物及其自然本性符合反思主体本身，目的论判断是自然好像本身就符合自己的目的。"假设一个人正值他内心趋向于道德感情的心情中。自然美景的环绕中处身于对自己生活的宁静无忧的享受，那么他在心里就会感到一种要为此而感谢某个人的需要。"②出现在第三批判目的论部分的这个表述，实际在一定程度上是对整个第三批判审美论与目的论道德价值的综合性表达。一个人对自然美的直接兴趣是其善良灵魂的象征，一个人真真切切地自然审美也可激发他对自然目的的深刻领悟进而产生感谢他人的道德情怀。包括审美与目的论两方面内容的整个判断力批判的伦理学旨趣就此得以完全实现。美国学者布克金曾经指出："人对大自然的统治起源于人对人的现实统治。"③依照康德的意思也可以说，自然美或人对大自然及其浑然天成本性的审美来源于社会生活中人与人之间的社会美或社会审美关系。当然，在卢梭和康德都赞同的意义上，自然美或自然审美也能以审美教育的方式发挥道德教育的净化功能。

就本书特别关注的第三批判中的自然美审美论部分之研究而言，自然美的各个层面的道德象征意味有着程度上的区别，即从优美的自然美到崇高的自然美，再到同艺术美相对的狭义的自然美及自然天成的自然美，其道德意味与价值是依次递增的。我们看到，在康德那里，道德感情既是自然审美展开的必要准备，也是自然审美活动的必然结果。道德在康德的自然美学里，与其说是自然审美与自然美的教化成果（就像亚里士多德认为悲剧因审美者的怜悯与恐惧之情而产生净化的教化成果一样），不如说是自然审美与自然美的潜在原因——康德实际称之为"证明"也即"象征"。说自然美具

---

① ［德］康德：《判断力批判》，邓晓芒译，人民出版社 2002 年版，第 299 页。但康德并非后现代思想所批判的人类中心主义者。详见下文。

② ［德］康德：《判断力批判》，邓晓芒译，人民出版社 2002 年版，第 302 页。

③ 转引自纳什：《大自然的权利：环境伦理学史》，杨通进译，青岛出版社 1999 年版，第 199 页。在布克金原著中译本中，此话被译成："人支配自然这一观念本身来源于现实中人对人的支配。"［美］布克金：《自由生态学：等级制的出现与消解》，郇庆治译，山东大学出版社 2008 年版，"1982 年版导言"第 1 页。

有伦理道德意味，并不是强调审美与一般伦理实践活动没有差别，而是说审美活动并不同道德绝缘，相互之间会有互渗性的影响。因而，即便美在一定意义上可以实现或达到人的德行教化之目的，道德也并不就此成为审美或美的本质。故康德才强调"美是道德的象征"，就与自由与道德的一致性而言，此命题实际表达的也可以说是"美是自由的象征"。

康德的自然美自然观和目的论自然观一起捍卫的实际是人的道德尊严。人的道德尊严可能会在艺术作品里得到极其深刻地表达，但即使是写出伟大艺术作品的艺术家与欣赏者并不一定会对其予以自我启蒙意义上的实践性捍卫。浪漫主义文学运动及现代激进的个人主义思潮就是如此。康德对艺术有保留地批判和在与自然类似的意义上对艺术尤其天才艺术的维护反映出其自然美之思的深刻洞见，这就是：不管是现代的主体性还是后现代的主体间性，如果放弃了借助于自然美和自然目的而深刻认识到的对自然的敬畏之心，均不可救药地会陷入人类中心的泥淖之中不能自拔。

同康德对自然美所开示出来的人的自我启蒙自由与人性道德尊严相关联，康德并非一个人类中心主义论者，他寄予自然审美一种新人文主义的审美现代性价值诉求。

哈贝马斯说："现代的首要特征在于主体自由"，而主体自由"在个人身上表现为道德自主和自我实现"，并"最终在与私人领域密切相关的公共领域里表现为围绕习得反思文化所展开的教化过程"①。哈贝马斯在此关于现代性主体自由在两个领域的表现之说明，综合起来用在以自然美为代表的康德美学这里实在是再恰当不过。因为康德已经充分证明：一方面，不同于实践领域的主体自由即道德自主，审美领域的主体自由实际正是以情感满足为务的自我实现，而且表现为美的价值存在；另一方面，基于共通感审美领域的主体自由的美又通过反思判断力这一特殊的认识能力也即与真的结合而具有为适应走向公共领域的社会生活而进行的自我教化即向善特征。这也就是前述康德关于自然审美活动将审美自由的情感与道德自由的内蕴统一于审美中，从而最大限度地实现人的主体自由现代性的过程。"审美从宗教与伦理中的近代独立，被视为现代性的分化性标志之一……康德以'美'统一'真'与'善'，则标志着'美'在现代性中的突出地位。"②这可谓是康德自然美学的现代性价值的概括说明。

---

①　[德]哈贝马斯：《现代性的哲学话语》，曹卫东等译，译林出版社 2004 版，第 96 页。
②　尤西林：《心体与时间：二十世纪中国美学与现代性》，人民出版社 2009 年版，第 59 页。

　　肯定康德"对自然美作了一些最有见地的分析"的阿多诺敏锐地指出,在康德的自然美思考已经存在着使自然美继他之后从美学史消失的因素,这就是"人类自由与尊严观念至上"①观念的出现;在哈贝马斯以主体自由为核心内涵的现代性哲学话语讨论中,包括康德自然美思想在内的康德哲学及其美学也被置于现代性框架中②。阿多诺和哈贝马斯的分析固然有其合理的一面,但他们似乎均忽略了下面一点:康德对人类道德自由观念的宣扬,恰恰是在人对作为物自体的自然界不可僭越的限定中来进行的,而且始终没有脱离人的感性情感基点。所以,康德更多地宣示了人的道德理性自由,而非黑格尔的绝对(工具)理性自由③,康德的审美现代性也由此获得了其非人类中心主义或"非自我中心态"④特征。

　　同卢梭不怎么自觉地借助自然与自然美彰显其启蒙与反启蒙思想的现代性有别,康德出于批判哲学及其启蒙思想家使命而给予自然美问题前所未有的条分缕析则表现出鲜明的理论自觉性。在康德这里,自然审美代表了一种非艺术审美的现代性,此现代性的最主要特征应该是对深刻地寄寓着道德人性理念的自然及其天然本性的推崇——这一点与围绕艺术活动而经常表现出来的狂傲形成鲜明对比。

　　自然与艺术的关联由来已久,远在古希腊时期就已经有了柏拉图和亚里士多德的著名模仿说出现,并被讨论至今,甚至成为文艺理论中的经典问题。如前所述,康德并没有像他以前的"古人"⑤一样简单地抬高自然美贬低艺术美,也不像后来的不少美学家站在非此即彼的立场,对自然美与艺术美予以厚此薄彼地简单对待,从而得出简单化的结论。康德实际把自然与艺术品、自然美与艺术美置于同等重要的位置予以讨论,这不仅是因为自然(美)与艺术(美)各有其存在的价值同时相互促动,原本就不存在任何对立

---

①　[德]阿多诺:《美学理论》,王柯平译,四川人民出版社 1998 年版,第 109、110 页。文字根据该书英文版有改动。

②　参阅[德]哈贝马斯:《现代性的哲学话语》,曹卫东等译,译林出版社 2004 版,第 23 页。

③　或许正因此故,即使是论及康德哲学现代性特征的哈贝马斯,也将黑格尔而非康德当作第一位开创现代性话语的哲学家。参阅[德]哈贝马斯:《现代性的哲学话语》,第 40 页。另参阅本书下一章。美与道德的自然而然地结合产生了关于人自身的最高的美——道德美。席勒写道:"在有一种像是出于自身的自然本性的活动时,道德的行为才是美的行为。总而言之,只有在精神的自律与现象中的自律相一致的情况下,自由的行为才是美的行为。以此为基础,人的性格的完善的最高程度是道德的美;因为只有在履行义务成为人的本性时,道德美才产生。"[德]席勒:《席勒美学文集》,张玉能编译,人民出版社 2011 年版,第 75 页。

④　尤西林:《心体与时间:二十世纪中国美学与现代性》,人民出版社 2009 年版,第 108 页。

⑤　请参阅以下说法:"为古人所接受的真理之一:自然美高于艺术美。"[波]塔塔科维兹:《古代美学》,杨力等译,中国社会科学出版社 1990 年版,第 429 页。

关系,而且整个第三批判的论证体系从根本上就无法离开艺术的参照作用。事实上,"以艺术品为类比中介,自然的合目的性不仅提供了理解自然有机系统的一条协调性预设,而且呈现为自然界向道德的人进化的历史目的论演化趋势远景。审美判断与目的论判断由此以'象征'与'自由感'的方式沟通了自然与自由、知性与理性、认识与道德两界的分立。"①

诚如不少有识之士意识到的,从形形色色的现代艺术到当代匪夷所思的行为艺术,那些眼中只有艺术、罔顾其他的所谓艺术表现,无不将艺术现代性的种种弊端暴露无遗。正因如此,在诸多审美类型中,沿着卢梭开辟的自然之思路径,康德强调自然审美的价值意义,因为这种自然审美对艺术现代性及启蒙现代性的偏颇具有明显的矫正功能。

另外,康德的自然美理论具有鲜明的人文目的论哲学研究方法特征。康德对自然美的关注既不像卢梭那样更像是一种文学性的描述,也不像柏克和康德本人早期一样是一种心理学式的描述,他采用的是一种哲学分析的角度。康德曾指出:"卢梭,他运用综合的方法,并且是从自然人出发;我运用分析的方法,并且是从文明人出发。"②而在他所用的哲学分析方法中,有别于传统实体性的机械目的论和神学目的论,康德把合目的性的自然目的论变成了具有调节性作用的思维原则,在这条原则的指导下把整个大自然看作是一个以人的道德为终极目的的系统。由于该原则在康德那里并不是关于自然的客观知识,而只是像人这样的有限的理性存在者由自然启发给人的用以调节自身行为、提升自己道德水准的调节性原则。也只有通过这种方法,康德寄予自然美的人文道德深意及伦理学指向才能获得真正的哲学证明。人在目的论反思判断中能够彻底领悟大自然给予的期望,即要做一个道德的人。这一领悟本身就体现了人强大的自我反省能力,也可以说仍然是人向自然立法的继续,只是这里的"自然"并非现实世界,仍然是现象界。正是因为有了目的论的视角,张岱年针对老庄提出的追求自然却恰恰陷入非自然的悖论问题③方可获得或许较为圆满的回答:只因为我们是一个有理性的存在者,所以在自然的人与人形成的人之间,仍然有一个价值层次的区分,这就是:任何人为的行为即便是自然的,也应该接受在先的大自然的检验,并进而调整自己的行为,以真正对得起有理性的存在者这个称号。在康德看来,做一个为自己立法的人既是自由的人,也同样是自然的

---

① 尤西林:《心体与时间:二十世纪中国美学与现代性》,人民出版社 2009 年版,第 227 页。
② 康德:《〈对美感和崇高的观察〉反思录》,载《康德美学文集》,曹俊峰译,北京师范大学出版社 2003 年版,第 78 页。
③ 参阅本书第六章第一节末尾相关引用及分析。

人。曾经在卢梭那里完全对立的"自然的人"与"人为的人"①在康德这里因此被完全统一起来了：作为一个理性存在者的人，在对自然的感性鉴赏过程或审美活动中，在对自然的目的论反思中，获得了对人类道德使命的真切体悟。

康德关于自然美的观念从多个方面承载着他对审美活动及其哲学体系的深入思考。整体而言，此思考是从属于其自然目的论的，此目的论或许可以称之为人文目的论。因为，康德从各个层次所剥离出来或分析把捉到的自然美观念存在着一个重要的人文性指向，这就是并不"把自然美与实用价值等量齐观，视自然美为人类游乐与怡悦的手段"，也从未"将自然美片面地纳入人类中心主义而视为人类主体性文化形式……从而阻断了自然美与自然的实质性关联"。② 可以说，与早期英法启蒙思想对自然的暴力性的祛魅（disenchantment）不同，受卢梭影响，康德的自然美同其一贯的自然概念一样包含着对自然的人文性"复魅"倾向。因而，康德的自然美毫无疑问是一种"人文自然观"。③

"康德能被突出地视为发现、解决或接近带来解决美学学科问题的人"④，作为凭借《判断力批判》而成为真正"新美学的创立者"⑤的康德对整个美学学科的创立与建设做出了有目共睹的伟大贡献，而其中他十分突出地对于自然美问题的全方位思考及其重要贡献更引人瞩目，也更值得当今所有热衷于自然美问题的人们仔细琢磨与反复考量。

法国社会学家费里曾经指出："未来环境整体化不能靠应用科学或政治知识来实现，只能靠应用美学知识来实现……我们周围的环境可能有一天会由于'美学革命'而发生天翻地覆的变化……生态学以及与之有关的一切，预示着一种受美学理论支配的现代化新浪潮的出现。"⑥显而易见，由卢

---

① 卢梭在《忏悔录》中回忆自己写《论人与人之间不平等的起因和基础》的思想状态时指出："每天其余的时间，我就钻进树林深处，在那里寻找并且找到了原始时代的景象，我勇敢地描写了原始时代的历史……我拿人为的人和自然的人对比，向他们指出，人的苦难的真正根源就在于人的所谓进化。"[法]卢梭：《忏悔录》第二部，范希衡译，北京：人民文学出版社1982年版，第480页。

② 尤西林：《人文学科及其现代意义》，陕西人民教育出版社1996年版，第233页。

③ 关于"人文自然观"及其现代性内涵可参阅尤西林：《人文科学导论》，高等教育出版社2002年版，第六章，尤其是第165-166页。也可参阅本书第六章第四节相关论述。

④ [意]克罗齐：《作为表现的科学和一般语言学的美学的历史》，王天清译，中国社会科学出版社1984年版，第115页。

⑤ [德]卡西尔：《语言与神话》，于晓等译，生活·读书·新知三联书店1988年版，第129页。

⑥ [法]费里：《现代化与协商一致》，原载法国《神灵》杂志1985年第5期，转引自鲁枢元：《生态文艺学》，陕西人民教育出版社2000年版，第27页。

梭开创,在康德这里得到系统诠释的自然美学就是可以引发一场美学革命的应用美学知识观。康德极为重要的自然美思想虽然在其后由黑格尔的艺术哲学①奠定的以艺术为中心的美学研究传统中受到了冷遇,但它仍然时不时地给差不多只专注与艺术美相关的美学问题的美学家以提醒(即使以潜在或被否定的形式):自然美的存在是不容忽视的。直到 20 世纪 60 年代后期,康德的自然美学终于找到自己的回应者阿多诺和杜夫海纳,他们接续了康德对自然美的著名思考,"分别发展了康德自然美思想中的不同方面"②。尤其是在与当代环境美学、生态美学研究热潮彼此互动的背景下,随着自然美问题逐渐或再次作为美学关注的重要课题之一而大放异彩,康德的自然美思想因此不能不成为人们重新捡拾自然美话题时不可或缺的资源。

　　当然,在其德国古典哲学美学视域下,康德虽然在卢梭思想的基础上创立了现代性的自然美学,但他并没有解决所有的自然美问题。借助于他之后出现的自然美学视角而论,康德的自然美学突出地表现出德国古典哲学美学的唯心主义与主体性特征,因而他既未能意识到自然审美实际是有别于艺术审美的现实审美,未能意识到自然审美的社会历史性与实践性,更也未能意识到自然审美的存在论本质与特性。对自然美学的现代性研究还需要引进康德之后其他思想家或美学家如马克思、海德格尔的自然美思想。

---

①　黑格尔在《美学》和《哲学史讲演录》中均通过第三批判介绍了康德美学,却对康德的自然美概念只字未提,仅专注于其一般的美和艺术美思想。参阅[德]黑格尔:《美学》第一卷,第70－76 页;[德]黑格尔:《哲学史讲演录》第 4 卷,贺麟、王太庆译,商务印书馆 1978 年版,第294－303 页。

②　彭锋:《完美的自然:环境美学的哲学基础》,北京大学出版社 2005 年版,第 200 页。

第三章　黑格尔:自然美的艺术哲学论

　　无论它们表现为"自然爱隐藏",蒙上面纱或揭开面纱,还是伊西斯的形象。这些隐喻和形象表达与影响了人类对自然的态度。诗歌可以揭开自然的面纱。[1]

　　我们可以肯定地说,艺术美高于自然。因为艺术美是由心灵(Geist)产生和再生的美,心灵和它的产品比自然和它的现象高多少,艺术美也就比自然美高多少。[2]

　　我们都喜爱自然美,都对那些把自然美保留在作品之中的艺术家感谢不尽。[3]

　　实际上,随着艺术的成长,它愈加接近自然美。[4]

　　本章试图在讨论自然美与艺术美的关系问题的基础上进一步探究由康德首先触及的自然美特征问题。如前所述,自然物之美意义上的自然美概念起初就是与在围绕艺术作品而发生的艺术审美活动中产生的艺术美概念一同产生的。在人们讨论艺术与自然的关系问题过程中,自然而然或浑然天成之美意义上的自然美概念也时有出现。尤其是在康德对自然美问题进行了著名讨论之后,从艺术美视角或在相对于艺术美的意义上思考自然美成为人们把握自然美的一种研究习惯。这是一种有别于自亚里士多德到浪漫主义之前立足于模仿说、从自然视角看待艺术或从艺术视角看待自然的一种新的研究方式,即美学的研究方式。简言之,人们的自然美观念与艺术美观念相伴而生,二者往往也是在相互对照中来显示各自的本质特征。这

---

[1]　[法]阿多:《伊西斯的面纱:自然的观念史随笔》,张卜天译,华东师范大学出版社 2015 年,第 6 页。

[2]　[德]黑格尔:《美学》第一卷,朱光潜译,商务印书馆 1979 年版,第 4 页。

[3]　[英]贡布里希:《艺术发展史:艺术的故事》,范景中译,天津人民美术出版社 1998 年版,第 5 页。

[4]　参阅[德]阿多诺:《美学理论》,王柯平译,四川人民出版社 1998 年版,第 139 页。文字根据该书英文版有改动。

也正构成了本章借助于西方哲学美学史上以艺术哲学美学著称的黑格尔艺术哲学体系视域中的自然美观念来讨论自然美特征的逻辑前提。因为此观念不仅涉及两种美的关系及其特征问题，而且构成了西方美学对待自然美问题消极态度的重要转折点。

黑格尔是康德之后对自然美发表影响深远看法的著名美学家，尽管他是以贬低自然美而闻名的。如果说康德更倾向于参照自然美来思考艺术美，那么黑格尔则是参照艺术美来考察自然美。黑格尔对自然美的这种态度，基本主宰了此后整个西方艺术美学①关于自然美的主导观念。随着“美学的艺术哲学化”②，已得到美学界基本认可的一个观点就是：把黑格尔作为艺术哲学化之后的西方美学对自然美忽视的一个转折点。舒斯特曼在其《分析美学的分析》指出：“一种势不可挡的倾向就是由艺术对自然美所作出的压倒优势和占领，自从黑格尔以后，我们已很难发现像过去那样，美学家会对自然投入更多的注意。”③巴德也强调：“自然美学研究的长期停滞，是从黑格尔将自然美的地位置于艺术美之下开始”④。在康德那里尚可与艺术美平分秋色、甚至稍胜一筹的自然美自此黯然失色，自然美充其量是作为艺术美的陪衬与附庸而出现的。在当代环境美学出现之前，独立的自然美研究鲜有出现，出现的基本是艺术美学或艺术学视域中的自然美讨论。

一、自然美问题在黑格尔艺术哲学美学中的位置

黑格尔在《美学讲演录》（又名《美学》）开篇伊始即明确表示，他理解的美学是美的艺术的哲学，其“真正的研究对象是艺术美”⑤。与将诗人驱逐于

---

① 包括艺术哲学美学、艺术心理学美学或艺术社会学美学等，因为现在的美学不是艺术哲学，就是艺术心理学或艺术社会学。当代美国美学家卡罗尔以为传统所谓的“美学”大致可区分为艺术哲学、（审）美学哲学和介乎前二者之间的艺术的审美理论三部分。由于艺术的审美理论，艺术哲学与美学哲学实际又成为一回事，从而这三者的区分又变得毫无意义，以至出现这个领域名称的模糊性。卡罗尔以为此种混淆现在公开出现在艺术的审美理论中，“它实质上将艺术与审美混为一体”。参阅［美］卡罗尔：《超越美学》，李媛媛译，商务印书馆2006年版，第33页。
② 关于这个概念及其现象的产生原因参阅朱狄：《当代西方美学与艺术哲学研究》，原载《今日中国哲学》（广西人民出版社1996年版），引自朱狄：《美学·艺术·灵感》，武汉大学出版社2007年版，第2页。
③ 转引自朱狄：《当代西方艺术哲学》，人民出版社1994年版，第1页。
④ 参阅［英］巴德：《自然美学的基本谱系》，刘悦笛译，《世界哲学》2008年第3期。文字根据该书英文原版有改动。
⑤ ［德］黑格尔：《美学》第一卷，朱光潜译，商务印书馆1979年版，第183页。

理想国之外的柏拉图相仿，黑格尔就此理所当然地将自然美放逐于作为"艺术哲学"的美学统辖区域。不过，多少有点令人奇怪的是：这个不属于艺术哲学美学领地的"游民"又时常光明正大地进入黑格尔宏大的美学体系"范围"之中，成为他用哲学方法编织的艺术美花环上的一朵小花。黑格尔在《美学》讲演结束语中形象地说，其美学就是"用哲学的方法把艺术的美和形象的每一个本质特征编成"的"一种花环"，从而"使美学成为一门完整的科学"①。这不能不引发人的探究兴趣：这个被黑格尔在绪论中已经从其研究范围中排除掉的不值得研究的对象，何以需要他用一章篇幅来专门另眼相看呢？自然美问题在黑格尔艺术哲学美学体系中究竟占据着怎样的位置？

　　黑格尔的艺术哲学是其以绝对理念为核心而构筑起来的哲学体系的重要组成部分。在黑格尔那里，绝对理念是世界万事万物的共同本质和基础，它是一个始终处于自我对立又统一的矛盾运动之中的精神实体。在其具有创造性的矛盾运动发展过程中，绝对理念依次经历了"自在的逻辑阶段——自为的自然阶段——自在而自为的精神阶段"三阶段演进过程。在逻辑阶段，绝对理念作为纯粹抽象的逻辑概念超时空、超自然、超社会地自我发展着；在自然阶段，绝对理念转化为自然界，表现为大千世界感性事物的形式；在精神阶段，绝对理念又否定自然界先后表现为主观精神（个人意识）——客观精神（法、道德、伦理等社会意识）——绝对精神（艺术、宗教和哲学）阶段，最终返回自身。黑格尔通过对"绝对理念"不断实现自己的辩证发展过程三个阶段的分别描述，就建立起了他的由逻辑学、自然哲学和精神哲学三大部分构建的"百科大全式"的哲学体系。黑格尔的艺术哲学即美学就是其精神哲学的第一个组成部分，可以说是对绝对理念运动到绝对精神阶段中的第一阶段的产物即艺术（美的艺术）的系统研究。

　　根据这个哲学体系框架，黑格尔"把艺术看成是由绝对理念本身生发出来的"②一个系统，这个系统的基础是作为绝对理念之表现的艺术美的理念。为了与作为绝对理念的理念相区别，黑格尔又称艺术美的理念为"理想"③。而从艺术美的理念或理想的运动来看，艺术便经历了艺术美的普遍理念——艺术美的三种特殊表现类型（象征型艺术、古典型艺术与浪漫型艺术）——艺术美个别化为各种门类的艺术系统（建筑、雕刻、绘画、音乐、诗歌等）三阶段运动过程。黑格尔的整个美学讲演就是对此艺术美系统的展开

　　① ［德］黑格尔：《美学》第三卷下册，朱光潜译，商务印书馆 1981 年版，第 335 页。

　　② ［德］黑格尔：《美学》第一卷，朱光潜译，商务印书馆 1979 年版，第 87 页。

　　③ 参阅［德］黑格尔：《美学》第一卷，朱光潜译，商务印书馆 1979 年版，第 92－94 页。

或具体化,与上述三个阶段相对应,《美学》作为著作形式也很自然地被分为三卷。

从以上介绍不难看出,在黑格尔设定的艺术哲学体系框架中,是没有自然美位置的。基于其包括艺术哲学体系框架在内的整个哲学体系的逻辑框架,作为产生自然美基础的自然界或自然物是处于绝对理念发展的自然阶段的,而这是绝对理念自为却不自在的阶段,是看不出心灵的自由的,当然也就无美可言。这正是黑格尔何以要将自然美从美学研究对象中排除出去的主要原因。

然而,在艺术哲学美学体系的具体展开过程中,黑格尔又把自然美纳入了他的美学框架之中。事实上,存在于其艺术哲学讲演中的逻辑起点除了前述作为艺术哲学体系基础的艺术美的理念或理想之外,还有另一个起点,即美或美的理念①,它同样也构成黑格尔艺术哲学体系的基础。黑格尔解释说:"把美称为美的理念,意思是说,美本身应该理解为理念,而且应该理解为一种确定形式的理念,即理想。"而"理念不是别的,就是概念,概念所代表的实在,以及这二者的统一。"他又概括说:"概念与实在的这种统一就是理念的抽象的定义。"②作为一种理念或理想的美究竟是什么? 黑格尔的著名定义是:"美是理念的感性显现。"③正是根据上述认识与美的定义,黑格尔又给自然美"安排"了一个自认为恰当的位置。

朱光潜曾指出:"从'美是理念的感性显现'这个定义看,黑格尔所了解的艺术必然要有自然为理念的对立面,才能造成统一体('自然'在他的美学里有各种别名,例如'感性因素''外在实在''外在方面'等)"④。而"自然既然是逻辑概念的'另一体',是精神这个统一体里的一个否定面,它就有不同程度的抽象的精神或理念的显现,也就有不同程度的美,尽管这种美还是不完善的。"⑤换言之,对于黑格尔来说,自然或自然美在一定意义上可以理解为理念美或美的理念的矛盾运动需要经历的一个阶段,只有经过了这个阶段,才能有艺术美阶段的出现。这样,美或美的理念运动展开的另一个线索就是:美的理念(正题)——自然美(反题)——艺术美(合题)。依照黑格尔的逻辑,同样构成其艺术哲学体系的这个线索是比前一个艺术哲学体系线索(即"艺术美的普遍理念——艺术美的三种特殊表现类型——艺术美个别

---

① 这两个起点实质是一致而不对立的,但在黑格尔的运思过程中显然也发挥着不同的功用。
② [德]黑格尔:《美学》第一卷,朱光潜译,商务印书馆 1979 年版,第 135 页。
③ [德]黑格尔:《美学》第一卷,朱光潜译,商务印书馆 1979 年版,第 142 页。
④ 朱光潜:《西方美学史》下卷,人民文学出版社 1979 年版,第 485－486 页。
⑤ 朱光潜:《西方美学史》下卷,人民文学出版社 1979 年版,第 487 页。

化为各种门类的艺术系统")更根本的线索。因为这个线索恰恰与绝对理念辩证展开三阶段(逻辑阶段——自然阶段——精神阶段)是完全对应的。黑格尔就此不仅把自然美置于艺术美的前一个阶段,而且称之为"第一种美":"美是理念,即概念和体现概念的实在二者的直接的统一,但是这种统一须直接在感性的实在的显现中存在着,才是美的理念。理念的最浅近的客观存在就是自然,第一种美就是自然美。"①黑格尔还将自然美称为"美的第一种存在"②。正因为有这一条线索的存在,黑格尔艺术哲学体系的第一部分"艺术美的理念或理想"就被分为三个阶段:"第一阶段一般地讨论美的概念;第二阶段讨论自然美,自然美缺陷使得艺术美(即理想)成为必要的;第三阶段的研究对象是理想如何实现为艺术作品中的艺术表现。"③与此相对应,《美学》第一卷作为著作形式也很自然地被分为三章,专门讨论自然美的则是第二章。由此可见,即便黑格尔从总体上轻视自然美,但却并未否认自然美的存在④。

综上所述,黑格尔对于自然美的理解从一开始就处于一种由其哲学体系与自然美概念所限定的逻辑困境之中,从而出现了黑格尔自然美观念的逻辑悖论。这就是,一方面自然美在由精神哲学体系中衍生出的艺术哲学体系(艺术美的普遍理念——艺术美的三种特殊表现类型——艺术美个别化为各种门类的艺术系统)中没有地位,另一方面自然美在绝对理念哲学体系中衍生出来的美的逻辑体系(美的理念——自然美——艺术美)中却占有比艺术美领先一步的位置。正是此困境和克服此困境的要求,形成了黑格尔对于自然美既排斥又论证的矛盾心态,出现了黑格尔关于"自然美的两重观点"⑤。尽管如此,自然美处于绝对理念运动较低的自然阶段,艺术美则处于绝对理念运动较高的精神阶段的思想体系安排,使得自然美永远无法获得同艺术美对等的美学地位。另外,黑格尔同康德一样,尽管在与艺术美相对的意义上使用并讨论了自然美概念,但囿于其哲学与艺术体系框架的局限,对明显被包含在自然美与艺术美二概念之内的美的划分依据缺乏清楚的认识。当然,可能在黑格尔看来,在自己哲学体系内部对自然美所处位置的逻辑性安排就已经表明了的自己的划分标准——至于此标准是不是美学学理视角,这并非他关心的问题。

---

① [德]黑格尔:《美学》第一卷,朱光潜译,商务印书馆1979年版,第149页。
② [德]黑格尔:《美学》第一卷,朱光潜译,商务印书馆1979年版,第183页。
③ [德]黑格尔:《美学》第一卷,朱光潜译,商务印书馆1979年版,第134页。
④ 参阅朱光潜:《西方美学史》下卷,人民文学出版社1979年版,第485-487页。
⑤ 参见朱立元:《黑格尔美学论稿》(复旦大学出版社1986年版)之"七自然美的两重观点"。

二、艺术美与"第一种美"：黑格尔对自然美的责难与论证

（一）艺术美高于自然美：黑格尔对自然美的责难①

黑格尔对自然美有着两种不无矛盾的处理方式，我们的研究将从两个方面展开。

在全书序论部分之一"美学的范围和地位"，黑格尔首先以这一段文字开始集中表明其自然美观：

> 根据"艺术的哲学"这个名称，我们就把自然美除开了……在日常生活中我们固然常说美的颜色，美的天空，美的河流，以及美的花卉，美的动物，尤其常说的是美的人。我们姑且不去争辩在什么程度上可以把美的性质加到这些对象上去，以及自然美是否可以和艺术美相提并论，不过我们可以肯定地说，艺术美高于自然。因为艺术美是由心灵（geist，又译精神）产生和再生的美，心灵和它的产品比自然和它的现象高多少，艺术美也就比自然美高多少。②

很明显，黑格尔旗帜鲜明地抬高艺术美贬低（甚至排斥）自然美，尽管有所保留地提到了自然美——即包括颜色、天空、河流、花卉、动物和人等在内的自然事物的美。黑格尔之所以认为艺术美高于自然美，首先是因为艺术美比自然美更能表现出作为绝对理念之呈现的人的心灵或精神活动及其自由。他举例说，一个无聊或古怪的幻想高于太阳的原因在于：幻想虽然是偶然和短暂的，但它既然产生于人的大脑，就可以反映心灵的活动和自由；而太阳作为自然物虽然是绝对必然的东西，但由于绝对理念沉沦于单纯的物质状态中致使太阳本身没有自我意识和自由，因而要受制于其他事物的关系，所以它连美的东西都算不上。黑格尔进一步指出："心灵和它的艺术美'高于'自然，这里的'高于'却不仅是一种相对的或量的分别。只有心灵才是真实的，只有心灵才涵盖一切，所以一切美只有在涉及这较高境界而且由

---

① "对自然美的责难"（Condemnation of natural beauty）系阿多诺《美学理论》第 4 章第 1 节的标题。［德］阿多诺：《美学理论》，王柯平译，四川人民出版社 1998 年版，第 109 页。
② ［德］黑格尔：《美学》第一卷，朱光潜译，商务印书馆 1979 年版，第 4 页。着重号原有。

这较高境界产生出来时,才真正是美的。就这个意义来说,自然美只是属于心灵的那种美的反映,它反映的只是一种不完全不完善的形态,而按照它的实体,这种形态原已包含在心灵里。"①在黑格尔看来,由于自然美与艺术美分别处于绝对理念运动的自然阶段与精神阶段,从而自然美表现出一种非心灵或精神性,就人能欣赏自然美而论,自然美充其量只是心灵或精神的不完全反映形态。因此,艺术美对于自然美的优势并非是相对的量的层面上的,而是绝对的本质层面的。事实上,作为绝对理念之体现的意识和自我意识既是黑格尔区分自然与精神的重要根据,也是其区分并判别艺术美与自然美高低的关键尺度②。

黑格尔贬低自然美的另一个理由是:他认为,从学术史来看,自然事物的实际效用价值比自然事物的美更值得人们去研究(如,描绘对医疗有用的矿物、动植物的价值,可建立起"一种研究那些可用来医病的自然事物的科学,即药物学"),因为"就自然美来说,概念既不确定,又没有什么标准",根本无法"把自然事物的美单提出来看,就它来成立一种科学,或做出有系统的说明"③。简言之,只有实用价值而非审美价值的自然事物决定了所谓的自然美其实根本不值得或不适合、也无法作为哲学科学研究的对象而予以重视。

不难看到,第一,黑格尔贬低自然美而抬高艺术美的两个理由,是在为自己把美学研究的对象限定于艺术美的范围做出辩护的背景下给出的;第二,他厚艺术美而薄自然美的两个理由分别是从两种美的产生来源和对其研究价值着眼的,因而总体上可以说都是外在的;第三,他从与心灵及其产品艺术美的关系角度给自然美提供了第一个定义,即自然美只是心灵美的不完全和不完善的反映,但由于立足于是否体现绝对精神,他既否认自然美与心灵或精神的直接关系,在其逻辑中事实上也不承认自然美与心灵的间接关系;第四,黑格尔自觉不自觉地将"自然"与"自然美"当成可以互换的概念来同等对待,从而不仅抹杀了自然美与自然的界限,而且严重低估并忽视了自然事物的审美价值。在黑格尔看来,如果承认自然事物有审美价值,自然美就必然有其存在的合法性或充分理由。

当然,即使是对于将艺术作为美学研究对象,仍然存在着被质疑是否值得作为科学研究的对象的种种观点及其理由。对此,黑格尔先列举对方观

---

① [德]黑格尔:《美学》第一卷,朱光潜译,商务印书馆1979年版,第5页。据朱光潜同页译注,"较高境界"仍然指的是心灵。
② 参阅贾红雨:《黑格尔艺术哲学重述》,《哲学研究》2020年第2期,第107页正文及脚注。
③ [德]黑格尔:《美学》第一卷,朱光潜译,商务印书馆1979年版,第5页。

点,然后逐一予以批驳。结论是:美的艺术或自由的艺术(黑格尔特别强调他研究的并非一般艺术)非但是哲学研究的对象,而且可以认识到其本质,因此必然要成为艺术哲学或美学的唯一研究对象。

黑格尔第二次涉及自然美问题,是在全书绪论之"三艺术美的概念"部分反驳一些流行的艺术观念之时。针对艺术作品作为人的活动的产品是从外在现象来的、因而人的艺术作品要低于自然的产品的观点,黑格尔从三方面予以反驳:①艺术作品要经过心灵的渗透而且可以表现神圣的理想,所以比未经心灵渗透且不能表现神圣的理想的自然产品要更高一层;②艺术作品比自然事物更具有"永久性",后者不免转变消逝,在外形方面显得不稳定;③艺术作品尽管同自然产品一样皆为神的作品,但因为它处于绝对精神运动的精神阶段,因而是通过"具有自生自发的有意识的心灵形式"①媒介产生的,所以比媒介只是无意识、感性、外在的自然产品更能获得一种符合它本性和神性的显现。

黑格尔在此同时实际摆明了艺术美相对于自然美的三个优越性,其中第一、三点仍然是从前文已经指出的是否经由心灵的创造来立论的。值得注意的是第二点,这也可视为他贬低自然美的第三个理由,这是从作为实体的艺术品与自然物是否具有永久性与稳定性出发的,因而仍然是非常外在的一个理由②。另外,黑格尔在此虽然明确承认了自然物与艺术品一样都是"神"的产品,但他并未像现代美学原理一般理解的那样,将自然物与艺术品一视同仁地看作审美活动中的审美客体,进而承认至少可经由其欣赏者而分别产生自然美与艺术美。就两人对自然美问题的美学研究而论,同康德在哲学体系需要之外仍能重视审美现象的美学原理性解释不同,黑格尔所谓的艺术哲学研究似乎只有自己的哲学体系和艺术学体系而极少看到对审美现象的美学原理性意识。

基于上述观点,黑格尔在此部分发表了关于风景画高于自然风景的著名议论:"艺术作品抓住事件,个别人物以及行动的转变和结局所具有的人的旨趣和精神价值,把它表现出来,这就比起原来非艺术的现实世界所能体现的,更为纯粹,也更为鲜明。因此,艺术作品比起任何未经心灵渗透的自然产品要高一层。例如一幅风景画是根据艺术家的情感和识见描绘出来的,因此,这样出自心灵的作品就要高于本来的自然风景。"③在这里,黑格尔

---

① ［德］黑格尔:《美学》第一卷,朱光潜译,商务印书馆1979年版,第38页。

② 或者受黑格尔影响,依据此理由而形成的关于艺术美(实乃艺术文本)相对于自然美的一个特征在现今关于艺术美与自然美特征比较的美学原理著作里经常可以看到。

③ ［德］黑格尔:《美学》第一卷,朱光潜译,商务印书馆1979年版,第37页。

继续重申"自然产品"即自然事物因"未经心灵渗透"因而低于经过心灵渗透的艺术作品的观点。而且,像有意无意地将自然美等同于自然一样,黑格尔显然也有意无意地也将风景与他所谓的"自然产品"完全等量齐观①。

在专门讨论自然美的第一卷第二章最后一节"自然美的缺陷"的标题下,黑格尔第三次集中重申了其关于自然美不及艺术美观点。黑格尔先明确指出,其美学的"真正研究对象是艺术美,只有艺术美才是符合美的理念的实在",所以艺术美或理想是本身就完满的美,而自然本身就算有美也是不完满的美,然后摆明自己要解决的问题:"艺术美的完满和单纯自然的不完满究竟是由什么原因形成的? 因此我们必须把问题这样提出:自然美何以必然不完满? 这种不完满表现在哪里? 只有解决了这个问题,我们才能更精确地说明理想的必然性和本质。"②可见,黑格尔讨论自然美并非为解决自然美本身的问题,而只是为他更加喜爱的艺术美鸣锣开道:"自然美的缺陷使得艺术美(即理想)成为必要的。"③

由于"自然美的顶峰是动物的生命"④,黑格尔主要针对自然界最高级的个别自然生命即个别动物和人的身体本身来回答上述问题。在他看来,只要将有生命的自然物或自然生命的自然美相对于艺术美的缺陷揭示出来,就能充分说明还包括无生命的自然物的自然美在内的整个自然界自然美的缺陷。黑格尔之所以把人的生命体即肉体也列入作为个别自然生命的自然物范围内,是因为处于"日常散文世界里"的个人只表现出单纯的身体方面的意图和目的,"不能使人见出独立完整的生命和自由,而这种生命和自由的印象却正是美的概念的基础"⑤。黑格尔应该是基于身心分离观而将作为自然界高级生命的人的身体自然归到他所谓的自然美范围内的⑥。黑格尔从三个方面来阐释自然美的缺陷:

---

① 齐美尔《风景的哲学》一文就正确地指出,进入人视野中的自然界的花草树木、鸟兽虫鱼、江河湖海、天光云影等自然事物本身并非风景,风景的产生必须通过人超脱组成大自然的各要素本身,从而把这些自然要素形成一个统一的整体,因为"产生风景的概念有其特有的思维过程"。换言之,风景不是纯粹自在、客观的自然事物自身,而是产生并存在于这些自然事物与具体的人在特定情景下相互作用的时刻与过程中。因而,对于齐美尔,风景本身就是审美对象,也就是一种美。参阅[德]齐美尔:《风景的哲学》,载《桥与门——齐美尔随笔集》,涯鸿等译,生活·读书·新知三联书店上海分店 1991 年版,第 158 页。
② [德]黑格尔:《美学》第一卷,朱光潜译,商务印书馆 1979 年版,第 183 页、第 184 页。
③ [德]黑格尔:《美学》第一卷,朱光潜译,商务印书馆 1979 年版,第 134 页。
④ [德]黑格尔:《美学》第一卷,朱光潜译,商务印书馆 1979 年版,第 170 页。
⑤ [德]黑格尔:《美学》第一卷,朱光潜译,商务印书馆 1979 年版,第 192 页。
⑥ 就此而论,基于黑格尔理念论哲学背景下的艺术哲学美学,很难设想并认同当代美学研究中的两个热点——身体美学和生命美学。

其一,自然生命缺乏自我意识,因而它只是一种内在而非自为的存在。黑格尔指出,自然生命"在直接现实中的内在因素仍然只是内在的……不能越出在它本身以内的情感,不能贯注到全部实在里去"①。更具体地讲,"自然生命并不能看到它自己的灵魂,因为所谓自然的东西正是指它的灵魂只是停留在内在的状态,不能把自己外现为观念性的东西。这就是说,动物的灵魂,像我们已经说明的,不是自为地成为这种观念性的统一;假如它是自为的,它就会把这种自为存在的自己显现给旁人看见。"②在黑格尔看来,处于绝对理念自然阶段的自然生命虽然有其感性的一面,但由于缺少自我意识和不能自我显现,因而是一种完全内在或自在的存在,它不能像作为人的心灵产品的艺术品那样具有完满的观念性和积极的主体性,充分显现绝对理念内容。

其二,自然生命由于不是自为的存在,因而必然听命于偶然性和必然性的需要,受制于自然环境及外在条件,表现出其作为直接个别客观存在物对外在世界的依存性③。比如,动物和人的肉体被束缚在特定的水陆空自然环境下,以自然给定的有限生活方式、生活习惯而生存着,因而总体是被动而非能动的、自在而非自觉的、依存而非自由的。也就是说,自然生命不像艺术那样能够借助艺术家自觉主动地对自身的个别细节和偶然现象进行理想化和典型化地再创造④,从而表现出其自由和无限的特征。

其三,自然生命由于不是自为的存在,而必然是"是有局限性地固定的物种,而不能越过这个物种的界限"⑤,从而表现出作为直接个别客观存在的局限性。换言之,自然生命物受制于其物种限制而只能是生糙的自然,而不像艺术是经过心灵渗透的第二自然。

黑格尔在此通过自然生命的缺陷而阐述的自然美的缺陷,实际与第三

---

① [德]黑格尔:《美学》第一卷,朱光潜译,商务印书馆1979年版,第186页、第195页。
② [德]黑格尔:《美学》第一卷,朱光潜译,商务印书馆1979年版,第170－171页。朱光潜曾解释说:"所谓'自为'就是'自觉'、'自己认识到自己'。只有自在自为的状态,精神才是真正'绝对的'、'无限的'、'自由的'、'独立自足的'。"朱光潜:《西方美学史》下卷,人民文学出版社1979年版,第474页。
③ 参阅[德]黑格尔:《美学》第一卷,朱光潜译,商务印书馆1979年版,第190－191页。
④ 黑格尔把艺术相对于具有偶然和必然性的自然事物及自然生命的个性特征及其优势称作"清洗",而这对于缺少自我意识的自然事物和自然生命都是不可能存在的:"因为艺术要把被偶然性和外在形状玷污的事物还原到它与它的真正概念的和谐,它就要把现象中凡是不符合这概念的东西一齐抛开,只有通过这种清洗,它才能把理想表现出来。人们可以把这种清洗说成艺术的谄媚,就像说画像家对所画的人谄媚一样。"[德]黑格尔:《美学》第一卷,朱光潜译,商务印书馆1979年版,第200页。
⑤ [德]黑格尔:《美学》第一卷,朱光潜译,商务印书馆1979年版,第193页。

章第一节中关于艺术美的三个"美的个性"特征形成了鲜明的对照关系。正是由于作为"美的第一种存在"的自然美有着自身无法克服的诸多缺陷,"美的第二种存在"即艺术美就成为一种必然。依据"美是理念的感性显现",对于黑格尔来说,理念或概念(他又称之为心灵、灵魂、精神或在内因素)代表了理性的方面,体现理念或概念的实在(他又称之为客观存在、物质或直接现实)代表了感性的方面。美的理念最初作为抽象的普遍概念,理念与感性的内在矛盾是抽象未分的,但它的矛盾运动特性决定了它必定要异化为客观实在,在现实中展开理念与客观存在的矛盾,这就产生了自然美。不过,对于处于自然阶段的自然美而言,理念与感性是相互分离的,理念找不到充分显现自己的感性形式。在精神阶段则不然,美的理念通过扬弃自然美的抽象性,向艺术美上升,在理想的境界中达到感性与理性的和谐统一的美。简言之,符合黑格尔美的定义的只是艺术美,而不是自然美。

　　同此前论述自然美的不足列举的理由基本是外在的(诸如非心灵创造的、在外在形式上不具有永久性和稳定性及不值得和不适合作科学研究等)不同,黑格尔在此部分对于自然美不及于艺术美之缺陷的说明,更加着眼于内在本质的方面,故相对来说更具说服力。不过,常用自然物本身代替自然物的美来与艺术美进行比照,以及完全无视审美发生时自然与艺术品在作为审美客体方面的共同性的论述思路,不能不影响到人们对其以上种种观点与结论的认同感。"被黑格尔视为自然美之缺陷的东西(也就是它逃避概念界说的事实),实际是美自身的本质。"[①]黑格尔上述由关于自然美的自在性、偶然性和物种有限性缺陷,对于强调自然美的不可复制性、不可概念化与不可界说性的阿多诺而言,恰恰可能是自然美的独特性。上述研究表明,黑格尔贬低自然美,与其说是缘于自然美本身的种种缺陷,不如说是缘于其建立无所不包的理念论哲学体系之追求,及对由艺术及其作品所表达出来的人的主体性地位的过分强调与渲染(详后说明)。

(二)"第一种美":黑格尔的自然美观

　　作为"美的第一种存在",自然美尽管事实上不像艺术美那么完美无缺,因而是"不完满的美",但在表现绝对理念方面所具有的逻辑上的优先性促使黑格尔不得不对自然美予以正面论证。在专论自然美的第一卷第二章,黑格尔是分两节来展开上述论证的。由此大致可把握到黑格尔关于自然美的以下主要看法:

---

① [德]阿多诺:《美学理论》,王柯平译,四川人民出版社 1998 年版,第 136 页。

首先,随着美的理念本身的自生发、自发展历程,自然美也经历了一个相应的发展过程。依托于其初步的进化论观点,黑格尔把自然界的有限事物描述成一个从无机物到有机物、由低到高的逐渐上升过程。在此过程中,美的理念的运动便产生了以机械物理方式孤立散在的个别自然物即矿物的美、被统摄于同一系统中的个别自然物(如太阳系)的美及作为有机生命体的美三个阶段的美。就有机生命体阶段的美而言,又存在着植物界的美、动物界的美、人体美等的不同。在逐级上升的运动过程中,精神的作用显现得越多,单纯物质的作用就越少,美的程度也越高。但不管是哪一阶段、哪种类型的美,虽有高低等级上的差异,但都还是自在而非自为的,还看不出主体的观念性的统一。也就是说,在自然美中,理念与现实仍然是分裂的,而感性形式与理性内容分则两伤,合则并美。这就需要艺术美。这样,自然美作为美的历程中的否定环节,必然要扬弃自身感性与理性相互对立的抽象性,向更高的艺术美阶段上升。

其次,自然美在自然物本身的形式特征表现为一种抽象形式的美,呈现为由低到高发展的整齐一律、平衡对称、符合规律与和谐。黑格尔指出,前述关于自然美的发展历史各阶段的美,就表现出不同的形式美特征。具体来说,矿物的美主要表现在形式上,是一种形式美,达到了"整齐一律、平衡对称";植物的美具有生命过程的三环节(自我结构形成,有同体作用,生殖族类繁殖),也是一种形式美或现象的美,具有整齐一律、平衡对称、趋于符合规律的特征,但缺乏自我感觉和灵魂性;动物的美,主要是种类的美,是自然美的顶峰,具有外在器官方面的整齐一律、平衡对称和内在器官方面的符合规律、和谐特征。

那么,自然美从本质上看究竟是怎样的美呢? 黑格尔曾经对自然美做出了以下具有定义性质的解释:

> 自然作为具体的概念和理念的感性表现时,就可以称为美的;这就是说,在观照符合概念的自然形象时,我们朦胧预感到上述那种感性与理性的符合,而在感性观察中,全体各部分的内在必然性和协调一致性也呈现于敏感。对自然美的观照就止于这种对概念的朦胧预感。认识到各部分虽然显得本身是独立自由的,而在形状、轮廓、运动等方面却可见出协调一致的,这种领悟还是不确定的,抽象的。内在的统一还是内在的,对于观照还没有现出具体的观念的形式,而观察也只满足于看到各部分之中一般有一种必然的起生气灌注作用的协调一致那种普遍性。由此可见,我们只有在自然形象的符合概念的客体性相之中见出

受到生气灌注的互相依存的关系时，才可以见出自然的美。这种互相依存的关系是直接与材料统一的，形式就直接生活在材料里，作为材料的真正本质和赋予形状的力量。这番话就可以作为现阶段的美的一般定义。①

"现阶段"即相对于艺术美阶段的自然美阶段。尤其由首句表明的自然美定义——自然美是自然作为具体的概念和理念的感性表现，显然是从"美是理念的感性显现"推演而来的。在此似乎可以看到，黑格尔将自然美放到了与艺术美同等的地位。事实并非如此。中间的那些句子——尤其是被黑格尔自己加了着重号的字句分明强调自然美仍然是无法与艺术美相提并论的。也就是说，自然美尽管可以理解为是理念的感性表现（显现），尽管自然物具有自己内在的本身特有的定性和自由能力，但也仅此而已，因为此显现仍然不能由自然物自身表达出来，从而其感性（即具体自然物的个别存在）与理性（即理念或概念）的关系是不确定而抽象的，而且是内在的，故而并不能充分表达出明确的观念。

对于黑格尔，只有通过真实的心灵、涵盖一切的心灵产生出来的美才是真正的美，而艺术美正是这样的美，自然美则不是。因此，"自然美只是属于心灵的那种美的反映，它反映的只是一种不完全不完善的形态。"而且"作为在感性上是客观的理念，自然界的生命才是美的，这就是说，真实（即理念）在它的最浅近的自然形式（即生命）里直接地存在于一种个别的适合于它的实在事物里。但是由于理念还只是在直接的感性形式里存在，有生命的自然事物之所以美，既不是为它本身，也不是由它本身为着要显现美而创造出来的。自然美只是为其他对象而美，这就是说，为我们，为审美的意识而美。"②这就是黑格尔关于自然美之所以是自然美的著名观点。为了说明这个观点，黑格尔以人的音乐、舞蹈与动物的运动设例比较：人的音乐、舞蹈的运动是体现着人的意图的，也是本身符合规律的，而动物的运动则是完全偶然而受局限的，只是出于生存欲望的目的，是纯然自在的。因而，动物的运动如果有美可言，显然是通过人类的观照思考，按照自然生命的普遍性把它变成自为的之后的结果。

概言之，自然美虽然以"自然"命名，但自然美并不是自然物本身的美，而是向人生成、对于人而言的美。也可以说自然美是在审美活动中产生的，

---

① ［德］黑格尔：《美学》第一卷，朱光潜译，商务印书馆 1979 年版，第 168 页。着重号原有。

② ［德］黑格尔：《美学》第一卷，朱光潜译，商务印书馆 1979 年版，第 5 页、第 160 页。

是与人的审美意识或审美经验密切相关的。黑格尔关于自然美本质与现实发生（来源）的看法，无疑有其合理的内核，在一定意义上，是我们应该认可的。但我们也不应忽略其理念论哲学背景。事实上，黑格尔并不是一个主观美论者，而是一个理性主义的客观美论者。他在此只不过是在其艺术哲学美学及其理性主义哲学的前提下强调作为现实世界具体的绝对理念或精神的人的心灵对于自然美的重要性。

黑格尔指出："艺术的普遍而绝对的需要是由于人是一种能思考的意识，这就是说，他由自己而且为自己造成他自己是什么，和一切是什么。自然界事物只是直接的，一次的，而人作为心灵却复现他自己，因为他首先作为自然物而存在，其次他还为自己而存在，观照自己，认识自己，思考自己，只有通过这种自为的存在，人才是心灵。"①加达默尔对此曾阐述道："我们在自然界和历史界所碰到的一切事物中，正是艺术品最直接地向我们述说。它具有一种支配着我们整个存在的神秘的亲近性，似乎在艺术品和我们之间根本不存在距离，而我们同艺术品打交道就好像是同我们自己打交道一样。"②所以，单纯的自然之所以无美可言，是因为自然只是自在的，它没有自我意识，认识不到自己的存在，而理念（及作为理念在人间的具体体现的人的心灵）是自在自为的，是有自我意识的，是可以自己认识自己的。以上就是黑格尔关于自然美的第三个方面的看法，即自然美的本质观。

如前所述，既然自然美是因为人而美，那么人是如何与自然美打交道的？这涉及黑格尔的关于自然美的第四个方面的看法，即自然审美观或自然审美经验学说。黑格尔的问题是："生命在它的直接感性存在里以什么方式并且通过什么路径才能对于我们显现为美的？"③黑格尔的回答是："无论是个别的偶然欲望，自发运动和满足需要的动作所给我们的感性印象，还是由推理来见出的有机体的目的性，都不能使我们感到动物的生命就是自然美；美却起于个别形象的显现，不论在静止中也好，在运动中也好，却与满足需要的目的性无关，与自发运动的完全孤立的偶然性也无关。美只能在形象中见出，因为只有形象才是外在的显现。"④由于美只能在形象中显现自己，自然美也不例外，所以人只有以自然生命的感性形象为基础或借助于其感性形象才能把握到它的美。

① ［德］黑格尔：《美学》第一卷，朱光潜译，商务印书馆1979年版，第38-39页。
② ［德］加达默尔：《美学和解释学》(1964)，载《哲学解释学》，夏镇平等译，上海译文出版社1994年版，第96页。
③ ［德］黑格尔：《美学》第一卷，朱光潜译，商务印书馆1979年版，第160页。
④ ［德］黑格尔：《美学》第一卷，朱光潜译，商务印书馆1979年版，第161页。

在黑格尔看来,更重要的是,人要欣赏自然物的美需要形成一种特定的审美态度,黑格尔称之为"敏感"(Sinn/sense):"对象一般呈现于敏感,在自然界我们要借一种对自然形象的充满敏感的观照,来维持真正的审美态度。'敏感'这个词是很奇妙的,它用作两种相反的意义。第一,它指直接感受的器官;第二,它也指意义、思想、事物的普遍性。所以'敏感'一方面涉及存在的直接的外在的方面,另一方面也涉及存在的内在本质。充满敏感的观照并不很把这两方面分别开来,而是把对立的方面包括在一个方面里,在感性直接观照里同时了解到本质和概念。但是因为这种观照统摄这两方面的性质于尚未分裂的统一体,所以它还不能使概念作为概念而呈现于意识,只能产生一种概念的朦胧预感。"①敏感或审美敏感的核心旨意在于它是人的一种介乎一般感觉与概念思考之间的特殊的感知方式,也是感性和理性和谐统一于一体的感受能力,它既可认识自然物的现象,也可认识其本质。此审美敏感实际差不多就是现代美学原理中所谓的审美感知或审美领悟,正是凭借人对客体事物的敏感性感知,才使得发生于主客体之间的审美活动及其意义呈现成为可能。当然,敏感所具有的客观与主观、现象与本质、形象与概念的统一等属性无疑更符合黑格尔对于理念及美的理念的理解。从黑格尔的界定来看,"敏感"并不专属于自然审美活动,而是所有审美活动都存在的一种现象。而且基于其自然美低于艺术美的逻辑设定,黑格尔才紧接着指出说自然审美中的"敏感"感知是一种朦胧的预感。也就是说,它并不像艺术审美活动中体现得那样确定。简言之,审美"敏感"是人观照自然美或进行自然审美的最适当的方式。

关于人对自然事物的审美感知方式,黑格尔在谈"对自然生命的观察方式"时还论及可称之为"感发契合"说的重要观点。黑格尔写道:

> 在另一意义上我们还可以说自然美,例如在对一片自然风景的观照里,摆在我们面前的并不是有机的有生命的形体,这里并没有什么由全体有机地区分成的部分,根据它们的概念,显现为生气灌注的观念性的统一体,而是一方面只有一系列的复杂的对象和外表联系在一起的许多不同的有机的或是无机的形体,例如山峰的轮廓、蜿蜒的河流、树林、草棚、民房、城市、宫殿、道路、船只、天和海、谷和壑之类;另一方面在这种万象纷呈之中却现出一种愉快的动人的外在和谐,引人入胜。

> 自然美还由于感发心情和契合心情而得到一种特性。例如寂静的

---

① [德]黑格尔:《美学》第一卷,朱光潜译,商务印书馆1979年版,第166-167页。

月夜，平静的山谷，其中有小溪蜿蜒地流着，一望无边波涛汹涌的海洋的雄伟气象，以及星空的肃穆而庄严的气象就是属于这一类。这里的意蕴并不属于对象本身，而是在于所唤醒的心情。①

不同于上文所谈的纯粹自然生命的自然美，黑格尔在此说的是自然风景的自然美，但他并没有重复前文关于风景画高于自然风景本身的论调，而是明确将自然美的范围由作为自然美顶峰的自然生命扩大到了自然风景。黑格尔指出，作为自然物的自然风景一方面以其本身所固有的、与生俱来的特定外表、形体(式)及其表现而是自在的、外在于人的，另一方面却因为其种种表现引起、感发或符合了最富于心灵性的人的特定的心情与观念，从而获得了自己的"外在和谐""意蕴"等"特性"，而这就是自然风景的自然美。但黑格尔强调，这些包含一定内容且令人愉快的"特性"并不属于风景本身，而仍然是相对于人而言的，是人的一种心灵表现。在黑格尔看来，契合并不是发生在人与自然事物之间的契合，而毋宁说是发生在人与自己由自然风景感发而来的某种心情或观念的契合。由此可见，黑格尔仍然是在说风景的自然美不是缘于自然风景自身，而仍然是缘于人。紧跟上面后一引文之后，黑格尔实际是针对动物美而言的"契合说"同样能够说明这一点："我们甚至于说动物美，如果它们现出某一种灵魂的表现，和人的特性有一种契合，例如勇敢，强壮，敏捷，和蔼之类。从一方面看，这种表现固然是对象所固有的，见出动物生活的一方面，而从另一方面看，这种表现却联系到人的观念和人所特有的心情。"②另外，也可参见黑格尔针对康德第三批判第42节中夜莺一例所做的不同解释："我们在那里面所认识到的既不是自然的自由流露，又不是艺术作品，而只是一种巧戏法……夜莺的歌声，只有在从夜莺自己的生命源泉中不在意地自然流露出来，而同时又酷似人的情感的声音时，才能使人感到兴趣。"③顺便要指出的是，从黑格尔在上面第一段引文中列举的事例看，他所谓的自然风景中涉及的事物，并非完全是自然事物，这恰恰能够说明，他所谓的自然美在此语境中是广义的，是包括了一部分国内美学界所说的社会美或生活美在内的。朱立元曾明确地指出过这一点："在《美学》中，凡谈及自然美时大都指非社会的自然事物，但有的地方，他却把自然美的范畴扩大了。"④

①　[德]黑格尔：《美学》第一卷，朱光潜译，商务印书馆1979年版，第170页。
②　[德]黑格尔：《美学》第一卷，朱光潜译，商务印书馆1979年版，第170页。
③　[德]黑格尔：《美学》第一卷，朱光潜译，商务印书馆1979年版，第54页。
④　朱立元：《黑格尔美学论稿》，复旦大学出版社1986年版，第110页。

　　在第三卷论及作为"浪漫型艺术"的绘画时,黑格尔提到了风景画,再一次对关于自然风景的"感发契合说"做出了更加细致地例证阐述:"与宗教范围相对立的是单就它本身来看,既无亲切情感又无神性的东西,这就是自然,特别就绘画来说,就是自然风景……可以在对它完全外在的东西里发现一种心情的共鸣(或回声),可以在客观事物里认出某些与精神有亲属关系的特点。山岳、树林、原谷、河流、草地、日光、月光以及群星灿烂的天空,如果单就它们直接呈现的样子来看,都不过作为山岳、溪流、日光等而为人所认识,但是第一,这些对象本身已有一种独立的旨趣,因为在它们上面显现出的是自然的自由生命,这就在也具有生命的主体心里产生一种契合感;第二,客观事物的某些特殊情境可以在心灵中唤起一种情调,而这种情调与自然的情调是对应的。人可以体会自然的生命以及自然对灵魂和心情所发出的声音,所以人也可以在自然里感到很亲切。阿卡迪亚人曾提到一种叫潘恩的林神在黑暗的森林里使人起恐怖之感,与此相类似,自然风景中许多不同的境界,例如自然的温和爽朗,芬芳的寂静,明媚的春光,冬天的严寒,早晨的苏醒,夜晚的宁静之类,也契合人的某些心境。平静而深不可测的大海可能蕴藏着无穷的翻天覆地的威力,人的灵魂也有这种情况;反过来说,大海的咆哮翻腾,涌起狂风巨浪也可以引起灵魂的同情共鸣。"①

　　与此前的论述相比,黑格尔此大段文字在一定程度上特别强调了人与自然之间发生感发与契合时同情共鸣特征。但需指出的是,黑格尔在此所谓的感发与契合,只是从自然风景对于人的意义而言的,它仍然主要是由观照者赋予的,是"心灵对对象的一种情感性的自我渗透"②,因而是单方面的,并非是相互的,所以并不是移情的表现③,也同中国文化中发生于人与自然之间的天人合一并不相类。事实上,黑格尔在全书绪论中明确表达了他对此类天人合一说的否定态度。他说:"艺术通过它的表象,尽管它还是在感性世界的范围里,却可以使人解脱感性的威力。当然,人们常爱说:人应与自然契合成为一体。但是就它的抽象意义来说,这种契合一体只是粗野性

---

　　①　[德]黑格尔:《美学》第三卷上册,朱光潜译,商务印书馆1979年版,第262-263页。
　　②　[德]黑格尔:《美学》第二卷,朱光潜译,商务印书馆1979年版,第383页。
　　③　朱光潜曾明确将黑格尔的感发契合说与移情说联系起来并强调二者之别:"这就是后来几乎统治德国美学思想的'移情作用'。黑格尔并没有在这上面再做文章,足见他对此并不重视。"朱光潜:《西方美学史》下卷,人民文学出版社1979年版,第490页。朱光潜强调,黑格尔的感发契合观与移情说固然有一定联系,但仍有区别。请看朱光潜的"移情"定义:"什么是移情作用?用简单的话来说,它就是人在观察外界事物时,设身处在事物的境地,把原来没有生命的东西看成有生命的东西,仿佛它也有感觉、思想、情感、意志和活动,同时,人自己也受到对事物的这种错觉的影响,多少和事物发生同情和共鸣。"同上书,第597页。

和野蛮性,而艺术替人把这契合一体拆开,这样,它就用慈祥的手替人解去自然的束缚。"①因此,在黑格尔的哲学中,尽管已经存在着后来被马克思明确提出的人的本质对象化和自然人化思想②,但鲜明强化人的主体能动性的客观唯心主义的理念论哲学体系并不容许人的自然化。另外,从上面引文所举事例看,黑格尔分明也涉及了为康德所重视的不同于自然优美的自然崇高,但关心艺术美更甚于自然美的他也只是一笔带过。

以上所述就是黑格尔关于自然美的第四个观点,即人对自然美的观照过程是一个充满审美敏感的感发与契合的过程。

黑格尔对自然美的思考基本是在与艺术美相对的意义上进行的,但偶尔也提到了自然而然之美意义上的自然美问题。比如,《美学》第三卷在论及园林艺术时,黑格尔还谈到了与人工美相对意义上的自然美;在说明宗教绘画时,还提到尼俄珀虽然丧失了女儿,但她"却仍保持着纯粹的崇高和未经亏损的美。在她的痛苦里她还保持住的是这位不幸者的自然存在方面,也就是构成她的全部实际存在的那种已变成自然的美;这种实际的个性还保持着它原有的美。③"但此种意义上的自然美观念是非常有限的,简直可以忽略不计。

黑格尔关于自然美问题的主要观点大致如上,此种梳理可使我们对其自然美观念概貌获得较为清楚的整体把握,并进而有助于对此自然美学现代性特征及意义的认识。

三、黑格尔艺术哲学自然美论:现代性自然美学话语的艺术维度

同康德一样,黑格尔进入包括自然美在内的美学论域与构筑其缜密、有机的哲学体系之宏愿是分不开的。但与相对而言是消极、被动地进入美学论域的康德不同,黑格尔可以说是以更加积极、主动的姿态致力于此前已经基本定型的美学(而非艺术哲学、文艺学、艺术学)问题研究,建立起自己以艺术哲学为标识的所谓美学思想体系,并将其"带到哲学把握的独裁之下"④的。因而,康德关心其哲学体系及其问题更甚于关心包括自然美在内的美学问题;黑格尔则既关心其哲学体系及其问题,也不放过包括自然美在

---

① ［德］黑格尔:《美学》第一卷,朱光潜译,商务印书馆1979年版,第61页。
② 参见朱立元:《黑格尔美学论稿》,复旦大学出版社1986年版,第108-109页。
③ ［德］黑格尔:《美学》第三卷上册,朱光潜译,商务印书馆1979年版,第104页、第255页。
④ ［德］韦尔施:《重构美学》,陆扬等译,上海译文出版社2002年版,第173页。

内的诸美学问题。

但与康德把自然美淹没于整个《判断力批判》中①不同,黑格尔在《美学》中给予自然美以专门一章待遇,这或许是自然美概念第一次以独立"形象"出现于一个哲学家的美学著作内。然而,自然美问题的这一次正式亮相,其象征意义远大于其应有的实质意义。诚如加达默尔指出的:"黑格尔的美学完全处于艺术的立足点上"②,"自然美概念也被抛弃,或者说,被加以不同理解。康德曾经竭力描述的自然美的道德兴趣,现在退回到艺术作品里人的自我发现的背后去了。在黑格尔庞大的《美学》中,自然美只作为'精神的反映'而出现。自然美在他的整个美学体系中根本不是一个独立的元素。"③换言之,在黑格尔这里,自然美范畴并没有因此而赢得自身真正的独立性,反而在宏大的艺术哲学美学体系中深受责难和排挤。"真理是思想体系的首要价值……一种理论,无论它多么精致和简洁,只要它不真实,就必须加以拒绝或修正。"④黑格尔的整个思想体系或许有其无可否认的真理性及其价值,但此体系下的自然美理论明显有其非真理和不真实性。将自然美问题严格地置于以艺术美为核心的艺术哲学美学体系⑤之中是黑格尔自然美观念研究的第一个显著特点。

由此决定了黑格尔自然美之思的第二个特点是,自然美在黑格尔美学中是作为艺术美的附庸与陪衬出现的。这取决于黑格尔对于艺术美与自然美关系的以下基本理解。第一,尽管自然美是使美的理念得以客观存在或显现的"第一种美",但作为有诸多缺点与不足的感性显现形式,自然美实际构成了被艺术美扬弃的一个阶段。而且,艺术美作为使绝对理念得以直接或感性显现的"第一种形式",它与作为对绝对理念的想象(或表象)性形式的宗教、作为对绝对理念自由思考的形式的哲学一起构成了绝对精神或心灵的三个领域。第二,原本只是作为两种不同审美客体的自然物与艺术品也存在着根本差异,因为"自然这个名词马上令人想起必然性和规律性,这

①　如前所述,尽管有人说整个第三批判(当然主要是第一部分)思考的对象只是自然美,但自然美仍然没能像艺术美一样以专门章节的形式出现,而且在导论第九节"纯粹哲学列表"中事关愉快和不愉快的情感的审美判断力的"应用范围"中没有位置,因为列入其中的只是"艺术"而没有"自然"。参阅本书第二章。

②　[德]加达默尔:《真理与方法》上卷,洪汉鼎译,上海译文出版社1999年版,第75-76页。

③　[德]加达默尔:《真理与方法》上卷,洪汉鼎译,上海译文出版社1999年版,第75页。

④　[美]罗尔斯:《正义论》,何怀宏等译,中国社会科学出版社1988年版,第3页。

⑤　黑格尔的美学按照他本人的说法是艺术哲学,但严格说来或许只适合《美学》第一卷(这也正好说明了研究黑格尔美学而非艺术哲学的读者为什么差不多只需要读第一卷就足够了的原因);从《美学》其余两卷来看,黑格尔的艺术哲学实际是艺术史,是文艺理论,是文艺批评或以上几者的综合。

就是说,令人想起一种较适宜于科学研究、可望认识清楚的对象"①,"自然乃是精神的不自觉的行动的产物,在自然中,精神是它自身的他物,而不是作为精神而出现。但是……在艺术里,精神以自觉的方式实现自己,在多样性的形态下知道它的现实性。"②由此黑格尔对于自然物所代表的自然世界表现出极大的排斥,却对"人工制品的世界"③表现出极大的迷恋,从而仅仅将艺术品看作主体。正像杜夫海纳指出的那样,作为审美客体的自然物在审美活动中同样可以成为一个准主体,但黑格尔似乎只认可艺术品这个人造的准主体。④ 第三,从审美的现实发生本质来看,黑格尔并没有将自然美与艺术美置于具有相同原理的审美活动中来思考(犹如康德那样,以不同于认识与意志活动的情感活动的主观合目的性作为自然美与艺术美得以产生的共同的先天原则),而是认为:艺术美是由心灵产生和再生的美,自然美只是属于心灵的那种美的反映,二者是自然与理想的区别。第四,艺术是诉诸人的内心生活的,是人的"自我复现",而自然界就缺乏这种明确的目的性和内在的理性因素。艺术不仅是为着人的情感和思想而存在的,其表现的真正对象是人,艺术的根本任务是塑造人物性格,因为"性格就是理想艺术表现的真正中心"⑤。黑格尔因此"把艺术看成是由绝对理念本身生发出来的,并且把艺术的目的看成是绝对本身的感性表现",他的艺术哲学的各个部分就是"从艺术即绝对理念的表现这个总概念推演出来"⑥的。诚如阿多诺指出的,在自然美与艺术美的关系问题上,"黑格尔居然忽视了这一事实:如果没有那难以捉摸的、被称之为自然美的维度,对艺术的真正欣赏则是不可能的。"⑦

　　黑格尔艺术哲学背景下的自然美之思的第三个特征是对情感有意无意的忽视,这也是导致黑格尔轻视自然美的一个重要的原因。本书前面两章

①　[德]黑格尔:《美学》第一卷,朱光潜译,商务印书馆1979年版,第9页。
②　[德]黑格尔:《哲学史讲演录》第4卷,贺麟、王太庆译,商务印书馆1978年版,第378页。
③　[英]伊格尔顿《美学意识形态》,王杰等译,广西师范大学出版社1997年版,第111页。伊格尔顿还指出:"在18世纪后期,从这些人们熟知的概念中产生出来的,是把艺术品看作一种主体的这样一种匪夷所思的观念。"同上,第4页。
④　尽管黑格尔以为一门严格的科学(哲学)必须在其研究展开之前对作为其研究对象的概念某些前提或先行条件进行证明,以确保其真实或必然性,但由于此证明的艰巨性,他"没有别的办法,只好阙疑待查式地采用艺术的概念",只是从这个概念的实在性即艺术作品概念出发来开始自己的研究。参见[德]黑格尔:《美学》第一卷,朱光潜译,商务印书馆1979年版,第31页。按照同页朱光潜的译注,"阙疑待查式"(lemmatisch)即"采用一个字,暂不问其本义,待将来查考。"
⑤　[德]黑格尔:《美学》第一卷,朱光潜译,商务印书馆1979年版,第300页。
⑥　[德]黑格尔:《美学》第一卷,朱光潜译,商务印书馆1979年版,第87页。
⑦　[德]阿多诺:《美学理论》,王柯平译,四川人民出版社1998年版,第112页。

已经指出，自然美的发现与人的情感的自我发现紧密相连。卢梭和康德之所以重视、凸现自然美，其中一个重要原因就是他们对个性情感的极力推崇。黑格尔的艺术哲学美学体系的逻辑起点并不是与科学认知和实践相对的人的情感、感性，而是绝对理念及其运动轨迹。毫无疑问，黑格尔把艺术及艺术美视为人类的重要的精神领域，将其置于人的对象化自由创造本性之展现的高度上来理解。"然而，尽管黑格尔明确地把美的艺术称作所谓'自由的艺术'（freie Kunst），他却没有真的让这些美的艺术得到自由。因为他专横地指派给它们'最高的任务'：'成为认识和表现神圣性、人类的最深刻的旨趣以及心灵的最深广的真理的一种方式和手段'。"①"艺术当然包含丰富的感性内容，但黑格尔'仅仅认可身体上那些看起来对于理念开放的感觉'。'美是理念的感性显现'之界定更将活生生的人的感性变为既外在于人也不在客观现实中的绝对理念的载体。"②诚如学者们指出的："就美学本身来看，艺术终究被看作已经走向衰亡，美归根到底只是对'绝对精神'的认识的一个被扬弃了的初级阶段，人本主义在黑格尔美学中得到了最大的发挥，同时又遭受了最彻底的覆灭：绝对理念—神，作为人的理性的异化物，把人当作一种感性的动物来玩弄、来诱导、来怜悯，而把他心中一切能动自由的精神内容据为己有。黑格尔的美学最终成为一种反美学。"③因而，一如对艺术美的态度，黑格尔认为对自然美的欣赏过程并非是一个情感表现的过程。因此他更加强调对于自然美的欣赏应该采取一种更加理智的方式。由此也能说明黑格尔为什么会反对浪漫主义："黑格尔之所以贬低自然美，同他与消极浪漫派的思想分歧直接有关。"④黑格尔与浪漫主义的分歧归根结底与他作为一个客观唯心主义者对自然审美活动中可以不产生艺术文本却包含极为丰富的情感体验或审美经验视而不见密切相关，也表现出

---

① ［美］舒斯特曼：《生活即审美：审美经验和生活艺术》，彭锋等译，北京大学出版社 2007 年版，第 91 页。其中引文参见［德］黑格尔：《美学》第一卷，朱光潜译，商务印书馆 1979 年版，第 10 页。正如舒斯特曼《生活即审美：审美经验和生活艺术》导论充满矛盾的标题"对艺术终结的审美复兴"所表达的那样，艺术的终结与审美的复兴恰恰形成一种耐人寻味的张力。不管艺术是否真的行将终结，只要自然的东西仍然存在，由与自然事物照面时所产生的自然审美及自然美经验将永远成为人们不可消除的审美记忆。不难看到，当继承实用主义美学衣钵的舒斯特曼在把审美经验复兴的希望寄托给通俗艺术、娱乐艺术、乡村歌舞电影、城市及身体的时候，仍然像其老师杜威一样忽视了自然审美经验与自然美的存在。

② 杜学敏：《马克思的实践感性观及其审美现代性》，《陕西师范大学学报（哲学社会科学版）》2002 年第 4 期。引文中的前一处引文出自［英］伊格尔顿：《美学意识形态》，王杰等译，广西师范大学出版社 1997 年版，第 188 页。

③ 邓晓芒、易中天：《黄与蓝的交响：中西美学比较论》，人民文学出版社 1999 年版，第 200 页。

④ 朱立元：《黑格尔美学论稿》，复旦大学出版社 1986 年版，第 101 页。

他对卢梭、康德先后深刻认识并阐发的"自然"及自然美的启蒙意义的严重低估。

黑格尔自然美之思的最后一个特征是黑格尔自然美观念的现代性话语背景。黑格尔轻视自然美的具体原因，前文已予以说明。但黑格尔的美学之所以"主要成了一种艺术理论，它只是一部思辨的艺术哲学史或艺术的哲学思辨史"，其哲学背景上的一个根本原因是他对人与自然深刻关系的忽视："黑格尔，则以实体化的绝对理念作为一切归趋，自然与人被统一在精神的不断上升的历史阶梯中，自然界的有机体不过是绝对理念的一个环节，人与自然的深刻关系在黑格尔美学史并不占据多大地位。"①所以黑格尔重视艺术美，而且从艺术美的优位立场来看待和贬低自然美，是因为他一方面抬高了人的地位（如阿多诺指出的），另一方面则忽视了自然本身对于人的意义——哪怕是一种神秘的道德启蒙意义。

在当代德国哲学家哈贝马斯以主体性自由为核心内容的现代性话语研究中，黑格尔也被当作第一位开创现代性话语的哲学家，且此话语中就包括黑格尔的艺术哲学美学话语。哈贝马斯之所以认为黑格尔是"第一位清楚地阐释现代（moderne Zeit）概念的哲学家"，是因为黑格尔将主体性即个人主义、批判的权利、行为的自主性和唯心主义哲学视为现代的原则②。可以说，黑格尔的美学同其哲学一样把人类理性的力量推崇到了差不多是极致的程度。黑格尔现代性话语在自然美方面的体现就是将自然美完全纳入其理性主义的艺术哲学体系中。因而，黑格尔与康德从一开始就处于不同的现代性背景中。

总体而言，"黑格尔对自然美概念之否定只是文字上的而非事实上的。"③所以，黑格尔的美学"虽自称艺术哲学，但仍保持着绝对理念运动的巨大的哲学史背景，因此还不同于莱辛和歌德那种实质是艺术学的美学。"④正因如此，黑格尔在轻视自然美的艺术哲学背景下，仍然能够对自然美发表自己启迪后人的著名看法。尽管如此，正如前文已经一再提及的，由谢林开始、黑格尔正式确立的对于美学的艺术哲学定位及其对自然美的整体估价所产生的深远影响就是对自然美的忽略不计。克罗齐曾经说："自然的美只是审美的再造所用的一种刺激物，有再造就必先有创造。如果原先没有想

① 李泽厚：《批判哲学的批判：康德述评》（修订本），人民出版社1984年版，第408页。
② 参阅［德］哈贝马斯：《现代性的哲学话语》，曹卫东等译，译林出版社2004版，第5、40页。
③ ［意］克罗齐：《作为表现的科学和一般语言学的美学的历史》，王天清译，中国社会科学出版社1984年版，第294页。
④ 尤西林：《人文学科及其现代意义》，陕西人民教育出版社1996年版，第150页注。

象所形成的审美的直觉品,自然就绝不能提醒什么直觉品出来。对于自然的美,人就像神话中凝视泉水的那位纳西瑟斯……每人根据自己心中的表现品去看自然的事实。"①对于黑格尔、克罗齐等许多美学家来说,自然美与其说是人对自然的欣赏,毋宁说是人自恋式的自我欣赏,从而已经由卢梭、康德所深刻阐发的自然对于人的象征意义与启示价值基本被一笔勾销。

因此,直到 20 世纪 60 年代,我们仍然可以看到解释学大师加达默尔对自然美与艺术美的下述评论:"从其实际的起源来看,以及从康德在他的《判断力批判》中为其提供的基础来看,哲学审美包括一个更为广阔的领域,这无疑是确实的,因为它包括了自然和艺术的美,甚至还包括了崇高美。同样不容辩驳,在康德哲学中,自然美对于审美趣味判断的基本确定,尤其是对他的'无利害关系的愉悦'概念具有优先地位。但我们必须承认,自然美根本不会在由人创造并为人创造的艺术品向我们述说某些内容的意义上向我们'述说'任何东西。我们可以正确地断定,艺术品绝不会像一朵花或某件装饰品那样满足于一种'纯美学'方式。对于艺术,康德讲的是'理智化的'愉悦。但这种说法也帮不了什么忙。艺术品所引起的'不纯的'、理智化的愉悦仍然是使我们这些美学家感兴趣的东西。确实,黑格尔对于自然美和艺术美的关系这个问题所作的更敏锐的反思使他得出正确的结论,即自然美是对艺术美的反思。如果某种自然的对象被认为是美的而受到欣赏,它并不是一种'纯美学'对象的无时间、无言词的给定性,就像一个具有毕达哥拉斯数学头脑的人所认为的那样,其展示基础在于形式、颜色的和谐与图案的对称。事实正好相反,自然如何使我们愉悦须取决于环境,由特定时代的艺术创造性所决定找打上印记的环境。对风景(比如阿尔卑斯山的风景)的审美历史或花园艺术的变迁现象不可辩驳地证明了这一点。如果我们想定义美学和解释学的关系,那么我们从艺术品出发而不是从自然美出发便是完全正当的。"②在此,透过其自我陈述可知,与其说是加达默尔自己的解释学视角,不如说是黑格尔而非康德的巨大影响决定了其艺术美优越优先于自然美的观点。

而且,此种忽视即便从 20 世纪 60 年代开始已经被人们予以重新关注,即便经历了当代环境美学等众多学科对自然美问题的高度重视与热心探究,也未能产生实质性的改观。这一点,不仅从那些重视自然美问题或挑战

---

① [意]克罗齐:《作为表现科学和一般语言学的美学的理论》,田时纲译,中国社会科学出版社 2007 年版,第 109 页。

② [德]加达默尔:《美学和解释学》(1964),《哲学解释学》,夏镇平等译,上海译文出版社 1994 年版,第 98—99 页。

传统艺术美学一统美学天下的格局的美学家——如前文述及的阿多诺、韦尔施等——仍然摆脱不了其艺术哲学美学观念的事实中可以得到证明,更从当代美学家基维主持出版的《美学指南》及其对"今日之美学"的估价中可以得到证明。在这部会聚英语圈 20 位美学家编撰、试图反映 20 世纪美学学科现状的共计 18 章外加一个导言的美学教科书中,所有的美学问题被分为"核心问题"和"艺术及其他问题"两大部分,自然美问题根本无缘出现于基本除了艺术问题还是艺术问题的"核心问题"中,而只能有幸在"艺术及其他问题"中与文学、视觉艺术、电影、音乐、舞蹈、悲剧等更加分支的艺术问题并列的倒数第二章(倒数第一是美学的"宗教维度")中占据全书十八分之一的位置。其所以如此,是因为即使"现在正经历着姗姗来迟的复兴"的"'自然'美学"(the aesthetics of nature),自然美却仍然被认为是一个"所涉及的问题在读者看来似乎有些边缘化"的问题①。由此可见,要想在作为艺术哲学的美学传统中赢得一席之地,自然美学还有十分漫长的路要走。

黑格尔艺术或文艺美学及其视域中的自然美观念,同样很自然地从根本上影响了自 20 世纪之初方始接受并研习诞生于西方的美学学科的中国学者之自然美观念,朱光潜正是其中的典型个案②。毫不奇怪,正是把美学在相当程度上文艺理论化了的朱光潜先生,在中国第一个鲜明而具体地集中表述了他对于自然美的认识。

总之,本章之所以将黑格尔的自然美观置于现代性自然美学话语的特征维度,是源于黑格尔对自然美的思考是在与受他青睐的艺术美的特征对比研究中获得的。在他之前的康德以及席勒那里,已经对自然美与艺术美的关系做过明确探究,在黑格尔之后的艺术美学中,自然美与艺术美的关系

---

① 〔美〕基维主编:《美学指南》,彭锋等译,南京大学出版社 2008 年版,第 8 页。据英文原版略有改动。

② 关于黑格尔与朱光潜美学的关系问题完全可作为一个重要课题来研究。就德国古典美学范围而言,相对于康德,黑格尔对于朱光潜的影响是巨大的。事实上,从一开始朱光潜就将他们两人置于对立的美学研究视角中。朱光潜曾明确将康德与黑格尔分别作为美学研究对象两种对立看法——现实说与艺术说的代表:"已往美学家就大致可分两派,一派侧重对一般审美活动的研究,例如康德,一派侧重艺术,例如黑格尔。"朱光潜:《了解艺术美,有助于现实美》(原载《新建设》1961 年第二、三期合刊),引自《朱光潜全集》第 10 卷,安徽教育出版社 1993 年版,第 275 页。在黑格尔《美学》"译后记"中,朱光潜对黑格尔的推崇更是无以复加:"在马克思主义以前,西方美学和文艺理论的书籍虽是汗牛充栋,真正有科学价值而影响深广的也只有两部书,一部是古希腊的亚里士多德的《诗学》,另一部就是十九世纪初期的黑格尔的《美学》。"〔德〕黑格尔:《美学》第三卷下册,第 337 页。朱光潜的评价视角完全是文艺理论美学式的。西方文艺理论美学与艺术哲学美学传统对其巨大影响,由此亦可见一斑。关于朱光潜的自然美观可参阅杜学敏:《现实与艺术的对立融合:朱光潜美学中的自然美观及其现代性》,载《陕西师范大学学报(哲学社会科学版)》2020 年第 3 期。

一再被提起。黑格尔旗帜鲜明地将自己的美学称之为艺术哲学,为此他重视艺术与艺术美,而轻视自然与自然美。黑格尔以艺术美为核心的美学思考,不仅使艺术美的观念深入人心,也使艺术美与自然美的对立关系与争论明朗化,且使自然美处于甘拜艺术美下风的依附地位。黑格尔的自然美观既依傍于其庞大的理念论哲学体系及其主体主义本质,也同启蒙现代性对人的理性的过分夸大与主体性过度膨胀脱不了干系。

"在原理上处理自然美和艺术美的关系,是美学的重要课题之一。"①前面数章以及本章中涉及的古今中外不同时空和文化背景下的自然美之思,促使我们需要对已经一再被论及的自然美与艺术美的关系问题进行集中讨论。本章关注的黑格尔上述艺术美观念背景下的自然美论当然也是对此问题的著名讨论,但其过于强大的客观唯心主义哲学诉求在一定意义上不能不影响此讨论的自然美学价值。好在我们还有值得关注的其他理论资源。

自然与艺术之间密切而复杂的关系由来已久,由于"自然""艺术""美"本身的复杂难辨,要想理清自然美与艺术美之间的纠葛显得更其繁难。事实上,正像在哲学暨文艺理论批评史上有诗与哲学的争吵一样,在美学领域实际一直也存在着艺术美与自然美的争吵。人们沿着任何一点蛛丝马迹都可以将此争吵追溯到西方美学史的源头古希腊时期:"关于自然美,柏拉图有一个截然不同的描述,即它是理念真实的最清晰形象""人类和动物形体的自然美也明确地提到了,也没有排斥华兹华斯、罗斯金证明的无生命自然的美"②,而亚里士多德把美界定为模仿的理论本身就是对自然(美)的忽视。这似乎也在暗示模仿说与表现说的对立,也即艺术美与自然美的对立。自然美与艺术美争吵的焦点首先集中于两者的本质或来源问题上。根据两者的对立或统一状况,借助于日本美学家的研究③大致可将历史上关于自然美与艺术美关系的认识梳理为以下四种:

(1)"自然美一元论",即在朴素实在论的基础上,把美视作本来就客观地存在于自然对象之中的一种属性或品质,艺术由此被归结为是对自然美事物的模仿、再现和构成。此说或可把在 20 世纪 60 年代初就倡导自然主义美学的美国美学家罗曼奈尔作为代表。罗曼奈尔指出,自然主义正是在致力于消除艺术与自然的区别,从而成就一种自然而然地人生美学的意义

① [日]竹内敏雄主编:《美学百科词典》,刘晓路等译,湖南人民出版社 1988 年版,第 162 页。

② [英]卡里特:《走向表现主义美学》,苏晓离等译,光明日报出版社 1990 年版,第 42 - 43 页、第 47 页。

③ 参见[日]竹内敏雄主编:《美学百科词典》,刘晓路等译,湖南人民出版社 1988 年版,第 162 - 163 页。

上才是一种自然主义美学。"那种认为有所谓孤立的'艺术经验'的全部见解必然会导致二元论,因为一旦把艺术的经验和余下的经验分开以后,我们除了在理论上给艺术品一个单独的领域,在实践上给予它一个特殊的地方如博物馆或音乐厅以外,便别无事情可做。"他还写道:"自然靠它的本能在广大的世界上显然做的那些,人在艺术天地里也靠自己的绝顶聪明卓越地做了。而且自然之母在宇宙的规模上好像无意识地为了事情本身而做了许多事,而人则是在艺术的水平上有意识地为了艺术本身而创造了艺术。尽管一件人为的艺术作品在许多重要方面显然不同于一个非人为的自然作品,但都是一种作品,即试行用某些东西(原料)制造出某些东西(成品)。因此艺术是人最近似自然的部分。人作为艺术家,自然作为能(energy),同样都是把某些东西造成某些东西;就这一点而言,艺术和实在之间并不隔一层,更谈不上隔'三层',这正是柏拉图的那部被误解得很厉害的高级悲剧经典《理想国》所作的接近讽刺的结论。"①此种彻底的自然主义美学家的自然美一元论,完全无视自然美与艺术美的区别,当然是不合理的,但在一定意义上仍然给忽略艺术美的自然性基础(它在自然美这里得以本质性的呈现)的艺术美一元论者一个非常必要而重要的提醒,这可以看作是此观点的价值。

(2)"艺术美一元论",即从观念论出发,把美的本质看作理念的感性显现,因而把通过精神产生的艺术美当作高级的、完全的美,使自然美处于从属于艺术美的地位。代表人物首先应该是前文已经论及的黑格尔。在黑格尔之前首倡"艺术哲学"美学的谢林②实际已经表明了此类看法,他曾明确写道:"远非纯粹偶然美的自然可以给艺术提供规则,毋宁说完美无缺的艺术

① [美]罗曼奈尔:《自然主义美学绪论》,原载美国《美学与艺术批评》1960 年冬季号,周煦良译,见《国外社会科学文摘》1961 年第 5 期。
② 谢林在哲学史上首次正式提出"艺术哲学"(Philosophie der Kunst)是在其《先验唯心论体系》,随后在其《学术研究方法论》《艺术哲学》和《论造型艺术与自然界的关系》等诸多著作——尤其是《艺术哲学》——中进行了系统阐发。"但由于黑格尔后期的势头完全压倒了谢林,并且其《美学讲演录》整理成书的时间(1833)也比谢林的《艺术哲学》正式出版的时间(1861)早了将近三十年,所以前者在这个领域的后续影响也大大超过乃至掩盖了后者。"先刚:《建构与反思:谢林和黑格尔艺术哲学的差异》,《文艺研究》2020 年第 6 期。关于黑格尔与谢林两人"艺术哲学"的一致与差异可参见上面提到的先刚文章;关于谢林本人艺术哲学体系的基本内容与构架可参阅先刚:《谢林艺术哲学的体系及其双重架构》,《学术月刊》2020 年第 12 期。后文作为"代序"又见于[德]谢林:《艺术哲学》,先刚译,北京大学出版社2021 版。谢林的《艺术哲学》另有魏庆征中译本,中国社会出版社 1996 年版。不过,从谢林的上述"艺术哲学"美学著述看,除了本书下文引述的相关文字等之外,他极少论及"自然美"。

所创造的东西才是评判自然美的原则与标准。"①于是，康德关于自然美与艺术美是互为证明的观点，就转变为自然美的存在必须借助于艺术美才能得以证明。法国社会学家拉罗把美学看成艺术哲学或艺术批评和艺术史的哲学，因而他声称"自然美应当被认为依存于艺术美，并来自艺术美"，"因为单纯的自然，荒无人烟的平静的自然，是既谈不上美，也谈不上丑，而只是非美学的。当通过艺术的媒介来观看自然时，它方才第一次获得了一定的审美价值，获得了为人所选择并加以修饰过的'虚拟的美学意义上的'美。只有艺术，方才具有真正的、合格的'美学意义上的'美。"②诚如介绍上述观点的李斯托威尔指出的："自然的美，不可能是从艺术的美中抽绎出来的。这样，把美学局限于只是对艺术的研究，就会从它的范围中排斥掉整个自然美领域。"③简言之，单凭艺术美一元论是无法正确解决自然美问题的。

（3）把美的价值根据归于主观创造的形成作用，认为自然美没有越出纯然的所与性范围，因而只承认艺术美为本来的美，这是"自然美否定论"。20世纪著名的表现主义美学家克罗齐就持此论，他更明确地把自然美视为人自恋的结果："对于用艺术家的眼光去静观自然的人来说，自然才是美的……自然美是被发现的""人面对自然美，恰如神话中的那西瑟斯面对水泉"④。国内两次美学论争中的高尔泰和吕荧的主观美论者也当是此论的代表。从将主客统一的基点最终置于主体主观而言，朱光潜大致也可以作为此说的支持者。他认为自然美实际仍然是一种艺术美，或准确地说"自然美就是一种雏形的起始阶段的艺术美"⑤。此说基本是一种主观主义的自然美与艺术美关系观，其最大特点是用艺术美吞并或取消了自然美。

（4）立足于"纯粹创造"原理说明艺术创造的美，同时认为自然美也并非单纯客观的自然事物及其属性而是通过纯粹感情创造共同形成的，因而用同一原理解释艺术美和自然美，这是"自然美—艺术美同一说"。

本节前文已经引述过其观点的英国美学家卡里特虽然被归于表现主义的阵营，但他不仅不像克罗齐那样否定自然美，而且在其所能达到的限度

---

① ［德］谢林：《先验唯心论体系》，梁志学、石泉译，商务印书馆1976年版，第271页。
② ［英］李斯托威尔：《近代美学史评述》，蒋孔阳译，上海译文出版社1980年版，第184页、第117页。
③ ［英］李斯托威尔：《近代美学史评述》，蒋孔阳译，上海译文出版社1980年版，第187页。
④ ［意］克罗齐：《作为表现科学和一般语言学的美学的理论》，田时纲译，中国社会科学出版社2007年版，第135页、第136页。
⑤ 朱光潜：《朱光潜美学文集》第三卷，上海文艺出版社1983年版，第75页。关于朱光潜的自然美观及其审美现代性参阅杜学敏：《现实与艺术的对立融合：朱光潜美学中的自然美观及其现代性》，载《陕西师范大学学报（哲学社会科学版）》2020年第3期。

内,对自然美相对于艺术美的独立性,对两者平等互生的关系也给予了较为出色的辨析,实际可称之为"自然美—艺术美同一说"的赞同者。他写道:"我不知道幼儿的步态应被叫作艺术还是自然,但就欣赏而言,我在最富有艺术性的舞蹈和小鹿的蹀步甚至波浪的曲线之间,并没有发现什么种类上的不同。它们是一些同一种类的相似物。""艺术美和自然美完全是同质的。每个人都是艺术家,这不仅在于他能用语言向别人传达他的印象,还因为他能领悟自然世界和艺术的美;由于自然世界和艺术不能直接用语言向他说话,他必须为自己创造或再创造这两种东西。"事实上,卡里特一方面说,任何自然美都是艺术美,因为"任何一个能欣赏高山的人都是艺术家";另一方面也说,"艺术正是被艺术家的慧眼卓识所看到的自然美"①。

英国美学史家鲍桑葵在其《美学史》第一章"自然美同艺术美的关系"一节的下面一段文字,使我们有理由也将他列入"自然美—艺术美同一说"阵营。他写道:"一切美都寓于知觉或想象中。当我们把大自然当作一个美的领域而同艺术区别开来的时候,我们的意思并不是说,事物具有不以人的知觉为转移的美,像万有引力或刚性一样可以相互作用。因此,必须认为,在我们所谓的自然美的概念中暗含有某种规范的、通常的审美欣赏能力。但是,如果是这样的话,事情就很明显了:这样的'大自然'主要是在程度上和'艺术'有所区别。两者都存在于人们的知觉或想象这一媒介中,只不过前者存在于通常心灵的转瞬即逝的一般表象或观念中,后者则存在于天才人物的直觉中。这种直觉经过提高固定下来,因此,可以记录下来,并加以解释。"②

很明显,"自然美—艺术美同一说"是比前述三种学说都要更加合理的自然美与艺术美关系说。在一定意义上可以视之为近代认识论美学关于自然美与艺术美关系的一种普遍认识:无论是自然美还是艺术美,其实均离不开人的审美感知与想象活动,因而两者在本质层面上是具有共同本质的两种审美或美的类型。同一说之所以没像自然美否定说那样将自然美"收编"于艺术美之内,是因为他们也注意到产生自然美与艺术美过程的差异性,即自然美产生于对自然事物的审美感知中,艺术美的产生则同艺术家对艺术作品的审美创造与接受者对艺术作品的审美感知息息相关;自然美的审美

---

① ［英］卡里特:《走向表现主义的美学》,苏晓离等译,光明日报出版社1990年版,第38页,第40页,第40页注②,第41页。

② ［英］鲍桑葵:《美学史》,张今译,商务印书馆1985年版,第7页。值得格外留意的是,鲍桑葵在此实际非常正确地指出了,自然美、艺术美等概念并不表明以参与审美活动的客观事物即审美客体的类型来命名的美就源于该事物本身。

体验是一种稍纵即逝地表象或观念,艺术家则通过自己对特定艺术品的创造活动不仅将自然(审)美的直觉经验确定、保存下来,从而既让不同于自然美的艺术美得以产生,也让包括艺术家本人在内的艺术接受者对艺术美的审美欣赏、解释成为可能。阿多诺曾强调,较之于艺术美,"自然美的实质委实具有其不可概括化与不可概念化等特征","自然美是由其不可界说性得以界说的……作为不确定的东西,自然美敌视所有一切界说。"①加达默尔的说法则是:"自然美相对于艺术美的优越性只是自然美缺乏特定表现力的反面说法。"②自然美的这个特征恰同艺术美内容的确切性形成鲜明对比,这也从反面说明了艺术美存在的必要及其特征。美国美学家帕克于是说:"通过艺术,本来是私人事情的审美生活得到了社会的认可和协助。"③他就此对自然美与艺术美做了如下三方面不乏启迪性地比较:第一,自然美是对于特定刺激即自然物的直接反应,而艺术美同有意识构成和设计的东西密切相关;第二,自然美由较直接的经验组成,艺术美离不开艺术家创作的艺术作品;第三,直接的自然美具有不可以传达和昙花一现的特征,而艺术美通过艺术家所构造的固定而经久的作品是可以传达和持久的④。

　　总之,自然与艺术可谓人类的两个指引者,前者给人以自由想象,后者给人以自由表达,二者之间的矛盾是存在的,但将二者视为绝对对立则是虚妄的。正如迪基所说:"艺术和自然之间的边界已经开放,在现代文明状态中,它就像赤道一样是现实的和无形的。"⑤只是由于两种不同审美客体的差异而产生的自然美与艺术美也是如此。"艺术和自然不必相互竞争,因为它们属于不同的审美客体群体。相反,它们的差别是以富有成效的相互作用为前提的。"⑥不管是对于自然美还是艺术美而言,两者其实"都同时存在自然素材和精神创造两种因素,都是在二者综合统一的基础上形成的。只不过相对地说,前者在自然美中更突出,而后者在艺术美中更突出,但不管怎么说,在审美体验的根本构造上,自然美和艺术美是吻合和统一的。"⑦强调艺术即经验的美国实用主义美学家杜威说:"艺术作为客观现象,使用自然材料与手段这一事实,就证明自然不过是指人与他的记忆和希望,他的理解

①　[德]阿多诺:《美学理论》,王柯平译,四川人民出版社1998年版,第125页、第129页。
②　[德]加达默尔:《真理与方法》上卷,洪汉鼎译,上海译文出版社1999年版,第66页。
③　[美]帕克:《美学原理》,张今译,广西师范大学出版社2001年版,第20页。
④　参见[美]帕克:《美学原理》,张今译,广西师范大学出版社2001年版,第19-20页。
⑤　转引自[俄]曼科夫斯卡娅:《国外生态美学》下,由之译,载《国外社会科学》1992年第12期。
⑥　[俄]曼科夫斯卡娅:《国外生态美学》上,由之译,载《国外社会科学》1992年第11期。
⑦　[日]竹内敏雄主编:《美学百科词典》,湖南人民出版社1988年版,第162-163页。

与欲望，与那些片面的哲学说成就是'自然'的东西相互作用形成的综合体。自然的对立面不是艺术，而是武断的想法、幻想，以及僵化的惯例。"①同样，自然美的对立面不是艺术美，而是对自然美的无感及各种武断和僵化的观念。因而，任何将自然美与艺术美截然对立起来，置于非此即彼境地中，不是用自然美吞并艺术美，就是用艺术美吞并自然美，均非对待自然美与艺术美关系的正确作法。毋宁说，自然美与艺术美存在着一种既彼此独立又相互关联的特殊关系，差异中有统一、统一中有差异实际构成了自然美与艺术美两者关系的正常状态。

"衡量一种哲学是否深刻的尺度之一，就是看它是否把自然看作与文化是互补的，而给予她应有的尊重。"②同样可以说，衡量一种美学是否深刻的尺度之一，就是看它是否把自然美看作与艺术美是互补的，而给予应有的尊重。所以，自然美学并非只是强调自然美的美学，它同样对于艺术美给予充分的理解。不过在当前自然美仍然普遍受轻视的背景之下，更应该重温一下表现主义美学家卡里特的下述中肯之言："自然美和艺术美一样是美学论题中的一个合法部分；对美学理论家来说，忽视他的研究论题中的这样一个富有特色的部分，常常是有害的。"因为"对自然美的忽视意味着丧失了对那些轻率地应用于艺术的理论进行检验的宝贵手段。"③由此我们需要转入对自然美特征的集中研究，因为只有在大致将自然美不同于艺术美的特征辨认清楚的前提下，才能真正发现自然美的"宝贵"之处。

自然美的特征从来都不是孤立存在的，只要我们将自然美视为与艺术美相提并论的一种美与审美的类型，即便是谈自然美的特征也仍然要在与艺术美相对的语境下来进行。因此，前面论述自然美与艺术美关系时对自然美的特征已经多有涉及；我们也看到，从康德开始直到当代自然美学及环境美学、生态美学，对自然美与艺术美关系的说明必然要带出两者特征的讨论，而对两者特征的讨论，同样也必然要带出两者关系问题。另外，讨论自然美相对于艺术美的特征问题，必须强调的三个前提是：第一，必须将自然美与艺术美并列起来，而不是将自然与艺术、自然美与艺术、自然与艺术美并列起来。第二，自然美与艺术美之间的特征比较研究实际是在自然审美与艺术审美之间展开的，离开确切的并提基础，肯定不利于思考二者的本质

①　[美]杜威：《艺术即经验》，高建平译，商务印书馆 2005 年版，第 168 页。
②　[美]罗尔斯顿：《哲学走向荒野》，刘耳等译，吉林人民出版社 2000 年版，"代中文版序"第 11 页。
③　[英]卡里特：《走向表现主义的美学》，苏晓离等译，光明日报出版社 1990 年版，第 42 页、第 43 页。

特征及其关系，甚至会得出牛头不对马嘴的结论。第三，不能像被卢卡奇批评的那样在对比式地讨论自然美与艺术美问题时"教条地事先"被一种"等级制的提问方式给搅坏了，即是否自然美要高于艺术美"①，从而片面地厚此薄彼乃至对自然美相对于艺术美的优越性②视而不见，而是尽可能全面地认识到自然美与艺术美各自的优越性。

在当代环境伦理学视域中，自然美同艺术美的关系问题得到更加实证与深入性的回应与论证。美国哲学哈格洛夫曾正确地指出，自然美与艺术美二者都各有其被喜欢从而优于另一方之处："由于艺术品和自然物属于不同的创造性活动，应该以不同的审美标准来衡量，因而我们似乎可以说，比较自然美和艺术美就如同比较苹果和橘子一样是不恰当的。其实，只要两者的相互关系没有被完全遗忘，只要自然美对艺术美的贡献没有被忽略，得出这样的结论也未尝不可。关键的问题是要知道，某些自然美原则上和艺术美一样，同样值得保护。"③换言之，不管是艺术美还是自然美其实都是善的一部分，因而自然美跟艺术美一样有其重要价值，而且应该成为被促进、保护对象，因为"相对艺术而言，真实的物质存在在自然美的创造和对自然美的审美中发挥着更基础的作用"，而且"自然美的创造与物质存在有着艺术美所没有的更本质的联系——也就是说，自然美的存在先于它的本质"④。当然，为了纠正美学研究更为普遍的专注于艺术审美而忽略自然审美进而将艺术美凌驾于自然美之上的偏误，也为了完成当代环境学保护自然的本体论论证，哈格洛夫更强调未受人类影响的"自然"意义上的自然美的"优越性"⑤。

思考自然美是现代艺术哲学美学不可缺少的一部分。启蒙运动以来，黑格尔艺术哲学及此后众多艺术论背景下的自然美论，既存在对自然美的贬低之论，也存在将自然美置于同艺术美同等重要地位且承认其无可替代特色的公允之论。不论对自然美持何态度，艺术论视域下的自然美论研究都在一定程度上突出了自然美在美的家族中的独特性与复杂性，以及自然美作为审美现代性的另一独特构成的不可或缺性。

总之，黑格尔轻视自然美的自然美学现代性话语可谓特色与局限性并

① ［匈］卢卡奇：《审美特性》，徐恒醇译，社会科学文献出版社2015年版，第1027页。
② 比如卢卡奇就曾从艺术美与自然美的产生基础即艺术与自然指出："艺术可能向社会败坏了的趣味献媚，而自然却不会。"参见［匈］卢卡奇：《审美特性》，徐恒醇译，社会科学文献出版社2015年版，第1029页。
③ ［美］哈格洛夫：《环境伦理学基础》，杨通进等译，重庆出版社2007年版，第234页。
④ ［美］哈格洛夫：《环境伦理学基础》，杨通进等译，重庆出版社2007年版，第242页。
⑤ 参阅［美］哈格洛夫：《环境伦理学基础》，杨通进等译，重庆出版社2007年版，第六章。

存:第一,较之于康德,虽然同样是德国著名的古典哲学美学家,但黑格尔从属于其思辨性理性主义理念哲学的自然美观表现出启蒙现代性而非审美现代性的特征;第二,比起重视自然美的康德,黑格尔的自然美之思更严重地未能意识到自然美有别于艺术美的现实美本质、特征及其优势,更不可能充分认识到作为现实美的自然美在克服启蒙现代性矛盾方面的巨大价值;第三,黑格尔对自然美双重现代性价值的低估,既同其对柏拉图理性主义理念哲学的继承相关,也同柏拉图以来重视艺术的社会功能而漠视艺术同现实或广义的自然世界联系的偏见密不可分;第四,黑格尔同康德一样虽然都在一定程度上触及了自然美与艺术美的问题性及二者之间深刻的关联性,但均因为缺少宇宙并存在论关切而未能发现天成天然性自然对于二者的重大意义。当然,借助将黑格尔辩证而历史的唯心主义改造为辩证而历史的唯物主义的马克思自然观以及海德格尔现象学存在论自然观,人们对黑格尔的上述特色与偏见可能会看得更加清楚。

第四章 马克思：自然美的社会实践根源论

  随便问一位普通老百姓，万事万物为什么而存在？一般都会回答，创造万物是为了我们的实用与便利……简言之，万物构成的宏大景观每天被自信地认为是注定要为人类特殊的方便服务。因此，人类物种集体傲慢地把自己抬高到周围无数生灵之上。①

  人对自然的关系首先……是实践的即以活动为基础的关系。②

  正是在改造对象世界中，人才真正地证明自己是类存在物。这种生产是人的能动的类生活。通过这种生产，自然界才表现为他的作品和他的现实。因此，劳动的对象是人的类生活的对象化：人不仅像在意识中那样在精神上使自己二重化，而且能动地、现实地使自己二重化，从而在他所创造的世界中直观自身。③

  自然本身并不是美，美的自然是社会化的结果，也就是人的本质对象化的结果。自然的社会性是自然美的根源。④

  相对于前述三位美学家或消极或积极地进入自然美论域，被视为马克思主义美学开创者的马克思基本无意进入本书关注的自然美问题。相对而言，马克思似乎更重视文学与艺术的社会历史实践性等问题。比厄斯利指出，马克思热爱文学也从哲学上关注文学，却"没有制定出一套美学理论来"，尽管"马克思制定出了辩证唯物主义美学的基本原理"（如艺术是从属于文化上的上层建筑、是统治阶级的意识形态、艺术对经济等社会条件因果性的依赖关系等理论），在早期的《1844年经济学哲学手稿》中对劳动异化

---

① 图尔明语，转引自[英]基思·托马斯：《人类与自然世界：1500—1800年间英国观念的变化》，宋丽丽译，译林出版社2009年版，第6页。

② [德]马克思：《评阿·瓦格纳的"政治经济学教科书"》，载《马克思恩格斯全集》第19卷，人民出版社1963年版，第405页。

③ [德]马克思：《1844年经济学哲学手稿》，人民出版社2000年版，第58页。

④ 李泽厚：《美学论集》，上海文艺出版社1980年版，第25页。

所作的深刻的现象学分析中"也包含了对艺术生产的许多重要的暗示"①。李泽厚说："从马克思、恩格斯开始，到卢卡奇、阿多诺，从苏联到中国，迄至今日，从形态说，马克思主义美学主要是一种艺术理论，特别是艺术社会学的理论。"②除了屈指可数的关于自然美欣赏的零星见解③外，确实难以找到马克思专门针对自然美问题的理论言说。马克思被牵扯到自然美学论域，主要源于其以《1844 年经济学哲学手稿》（以下简称《手稿》）为代表的相关著作（如《德意志意识形态》《1857—1858 年经济学手稿》《资本论》等）对人与自然关系的深刻认识，及其对中国实践美学自然美观的重大影响。

　　自马克思的《手稿》分别于 1927 年节选、1932 年全文公开发表以来，自苏联、欧美至中国，从 20 世纪到 21 世纪，由美而自然美，用其中的"自然人化"或"人化的自然"思想来"解开什么是美特别是自然美之谜"④就逐渐成为国内美学界十分引人瞩目的美学潮流。学者们指出："20 世纪七八十年代关于自然美的讨论从某种意义上说是 20 世纪五六十年代的继续。从理论上看，对自然美的认识主要是要解决自然何以有美的问题……20 世纪五六十年代关于自然美的讨论，涉及了众多的理论问题。其中一个重要的观点是从马克思《手稿》中的'人化的自然'和'人的本质力量的对象化'出发，架起人与自然之间的桥梁。人与自然的审美关系，人对自然的影响及自然对人的影响，自然美的生成，都试图在这里找到可信的说明。"⑤而且，"虽然不同研究者对这一概念的理解存在差异，但除蔡仪之外，自然美的本质在于'自然的人化'却是新中国建立后的四十年里美学界几近形成共识的判断。"⑥

　　为什么从李泽厚自称 1956 年"最早提到马克思《手稿》，并企图依据它

　①　［美］比厄斯利：《美学史：从古希腊到当代》（英汉对照版），高建平译，高等教育出版社 2018 年版，第 599 - 601 页。

　②　李泽厚：《美学四讲》，生活·读书·新知三联书店 1989 年版，第 22 页。

　③　参见国内外多种相关文选：［法］弗莱维勒编：《马克思恩格斯论文学与艺术》，王道乾译，平明出版社 1951 年版；［苏］里夫希茨编：《马克思恩格斯论艺术》（四卷本），中国社会科学出版社 1982—1985 年版；杨炳编：《马克思恩格斯论文艺和美学》（全两册），文化艺术出版社 1982 年版；陆梅林辑注：《马克思恩格斯论文学与艺术》（全两册），人民文学出版社 1982—1983 年版；董学文编：《马克思恩格斯论美学》，文化艺术出版社 1983 年版。其中，董学文选编专列了"自然美"名目，收录分别节选自《马克思恩格斯全集》第 1 卷、第 2 卷、第 39 卷、第 13 卷中的五小段文字，参阅同上书，第 6 - 9 页。

　④　杨安崙、黄治正：《"人化的自然"理论不能解决美的本质问题》，《江汉论坛》1982 年第 8 期。

　⑤　戴阿宝、李世涛：《问题与立场：20 世纪中国美学论争辩》，首都师范大学出版社 2006 年版，第 182 页。当然，《手稿》与中国当代美学的互动关系不止限于自然美问题，"从某种意义上说，《手稿》成为当时美学热和美学争鸣的一个最基本的战场"。同上，第 203 页。

　⑥　刘成纪：《"自然的人化"与新中国自然美理论的逻辑进展》，《学术月刊》2009 年第 9 期。

作美的本质探讨"①开始，'自然的人化'逐渐成为国内美学界广泛使用的公共性概念"②？如此巨大地影响了 20 世纪以来（尤其是两次美学热中的）中国当代美学的《手稿》中的"自然人化"思想同美——特别是同自然美究竟存在着怎样历史与逻辑的必然联系？以上述问题为引导，本章试图在探究马克思本人"自然人化"观《手稿》等文献文本语境、基本内涵及其自然美问题意义，以及中国著名美学家李泽厚等相关研究的基础上，着重阐释此思想同自然美问题之间真正内在的必然相关性，并发掘其现代性自然美学价值。

一、马克思自然人化观与自然美问题

深受中国学术尤其美学界青睐的马克思"自然人化"概念在其《手稿》中并未直接出现。蔡仪因此明确表示过他对马克思有此思想的质疑："最重要的话，即所谓'自然界的人化'和'人的对象化'，我们翻来覆去地查，也没有找到明确的出处。"③与"自然人化"最具相关性且仅此一见的概念是"人化的自然界"。作为"人化的自然界"一词关键成分的"人化"概念在《手稿》中亦仅三见，且两次是否定性的"非人化"：①"生产不仅把人当作商品、当作商品人、当作具有商品的规定的人生产出来；它依照这个规定把人当作既在精神上又在肉体上非人化的存在物生产出来。"②"不仅五官感觉，而且连所谓精神感觉、实践感觉（意志、爱等），一句话，人的感觉、感觉的人性，都只是由于它的对象的存在，由于人化的自然界，才产生出来的。"③"自然科学却通过工业日益在实践上进入人的生活，改造人的生活，并为人的解放做准备，尽管它不得不直接地使非人化充分发展。"④

《手稿》中普遍使用且与"人化的自然界"意思大致相近的概念是大约出现了 60 多次的"对象性"和 20 多次的"对象化"。不过，某概念用得少并不表明就没有由此概念所表达的思想，某思想能否被认可接受也并不一定受

①　李泽厚：《美学论集》，上海文艺出版社 1980 年版，第 51 页。引文系李泽厚 1979 年编辑其《美学论集》首篇论文《论美感、美和艺术：兼论朱光潜的唯心主义美学思想》（原载《哲学研究》1956 年第 5 期）之"补记"。

②　刘成纪：《"自然的人化"与新中国自然美理论的逻辑进展》，《学术月刊》2009 年第 9 期。

③　蔡仪：《马克思究竟怎样论美？》(1976 年作)，载《美学论著初编》下卷，上海文艺出版社 1982 年版，第 924 页。

④　［德］马克思：《1844 年经济学哲学手稿》，人民出版社 2000 年版，第 66、87、89 页。另一流行中译本上述关键处分别译作"非人化了的""人化了的自然界""非人化"。参见［德］马克思：《1844 年经济学哲学手稿》，刘丕坤译，人民出版社 1979 年版，第 59、79、81 页。

制于某个具体概念使用的多寡。要问马克思究竟表达了怎样的"自然人化"或"人化自然"①思想，回到马克思本人使用"人化的自然界"这个概念的文本及其语境中应该是首选之策。为方便获得一种整体感，笔者特将其前后连贯的相关三段文字悉录如下，并先对其逐段做大意分析，然后做整体分析（出于行文方便，笔者已给这些段落分别编号 A、B、C······）：

A

因此，一方面，随着对象性的现实在社会中对人来说到处成为人的本质力量的现实，成为人的现实，因而成为人自己的本质力量的现实，一切对象对他来说就成为他自身的对象化，成为确证和实现他的个性的对象，成为他的对象，这就是说，对象成为他自身。对象如何对他来说成为他的对象，这取决于对象的性质以及与之相适应的本质力量的性质；因为正是这种关系的规定性形成一种特殊的、现实的肯定方式。眼睛对对象的感觉不同于耳朵，眼睛的对象是不同于耳朵的对象的。每一种本质力量的独特性，恰好就是这种本质力量的独特的本质，因而也是它的对象化的独特方式，是它的对象性的、现实的、活生生的存在的独特方式。因此，人不仅通过思维，而且以全部感觉在对象中肯定自己。②

A 段主要着眼于人的本质力量对象化活动的对象方面（因为下文明确指出对象化有对象、主体及将两者结合起来的对象化本身三个因素），整体论述对象化的实质与存在方式。而所谓"人的本质力量"从《手稿》全文看既指人的社会性，又指人的个性（即自由自觉的创造性与能动性），实乃人集社会性与个性于一体的丰富、全面而深刻的人性本质。马克思给对象化这一人性本质加"力量"应该意在突出它是作为生命存在的人特有的潜能，它虽

① 以汉语语法结构而论，"人化的自然（界）"与"自然（界）的人化"应是两个意涵虽有联系但明显不同的短语；前者系名词，语义重心在"自然"，强调人对自然影响的既成结果；后者则偏于动词"化"，语义重心在"人化"，强调人影响自然的动态过程。二短语也常被去掉"的"字而分别用作"人化自然"或"自然人化"。若将其中的"人化"理解为动词，两者都可作动词用。由于汉语词汇词性的不确定性或灵活性，上述对二短语词性侧重分析与区别只具有相对意义。在众多使用者那里，它们实际上基本被视为语法结构不同但语义相同的一对近义词。关于对此概念的美学界定，参阅朱立元主编：《美学大辞典》，上海辞书出版社 2010 年版，第 25－26 页。

② ［德］马克思：《1844 年经济学哲学手稿》，人民出版社 2000 年版，第 86－87 页。1956 年，首段开头一句（句号前）曾被李泽厚在国内第一次引用，并作为马克思的"人化的自然"思想，阐释其关于美的客观性与社会性观点并自然美的根源。详见本章第二部分。

然静态但随时可动态化，因而具有能动性与创造性。对象化或对象性活动的现实展开过程，亦即人通过参与此过程的对象或现实中的一切存在物来确证、实现人的社会性与个性等人性本质力量的过程。马克思强调，人的本质力量对象化的实现既取决于参与对象化的对象的和人的本质力量双方的性质，更取决于双方所结成的对象化活动本身及其对象性关系。A 段后半部分揭示了人对象化的展现或存在方式即人的感觉或思维方式。在马克思看来，任何一种具有其独特性的对象化或人的本质力量对象化活动的展开过程，或者说人通过对象化活动来确证、肯定自己的过程，既可以通过抽象思维来进行，也可以通过更加具体、丰富和全面的感性或感觉活动来实现。

　　B

　　另一方面，即从主体方面来看：只有音乐才能激起人的音乐感；对于没有音乐感的耳朵来说，最美的音乐毫无意义，不是对象，因为我的对象只能是我的一种本质力量的确证，就是说，它只能像我的本质力量作为一种主体能力自为地存在着那样才对我而存在，因为任何一个对象对我的意义（它只是对那个与它相适应的感觉来说才有意义）恰好都以我的感觉所及的程度为限。因此，社会的人的感觉不同于非社会的人的感觉。只是由于人的本质客观地展开的丰富性，主体的、人的感性的丰富性，如有音乐感的耳朵、能感受形式美的眼睛，总之，那些能成为人的享受的感觉，即确证自己是人的本质力量的感觉，才一部分发展起来，一部分产生出来。因为，不仅五官感觉，而且连所谓精神感觉、实践感觉（意志、爱等），一句话，人的感觉、感觉的人性，都是由于它的对象的存在，由于人化的自然界，才产生出来的。①

　　B 段主要着眼于对象化活动的主体方面，整体论述人的感性或五官感觉对于对象化活动的意义及其产生条件或形成原因。前半部分强调人的感性感觉对于人的对象化活动的意义。马克思在上文已经指出人的感性感觉活动同人的对象化活动存在的密切相关性；这里则强调，体现人的本质力量的对象对人的意义必须通过人的全部感觉感性传达给人，因而人的感觉感性能力的发展程度在一定意义上也就决定着人的本质对象化活动的程度，从而人的感觉感性能力也就成为人的主体能力或人的本质的体现，或者用下文的话来说，成为享受、确证人的本质力量的体现。此段后半部分则指

---

①　［德］马克思：《1844 年经济学哲学手稿》，人民出版社 2000 年版，第 87 页。

出,人用以享受、确证人的本质力量的感觉感性并非是与生俱来的,它只能产生、发展于人的对象化活动本身及其成果——人的对象或"人化的自然界"。正是在此意义上,才有下文所说的"五官感觉的形成是迄今全部世界历史的产物",而所谓"迄今全部世界历史"也就是人通过对象化活动实现自己本质力量的历史。

C

五官感觉的形成是迄今为止全部世界历史的产物。囿于粗陋的实际需要的感觉,也只具有有限的意义。对于一个挨饿的人来说并不存在人的食物形式,而只有作为食物的抽象存在;食物同样也可能具有最粗糙的形式,而且不能说,这种进食活动与动物的进食活动有什么不同。忧心忡忡的、贫穷的人对最美丽的景色都没有什么感觉;经营矿物的商人只看到矿物的商业价值,而看不到矿物的美和独特性;他没有矿物学的感觉。因此,一方面为了使人的感觉成为人的,另一方面为了创造同人的本质和自然界的本质的全部丰富性相适应的人的感觉,无论从理论方面还是从实践方面来说,人的本质的对象化都是必要的。①

读到 C 段最后一句,我们可知,相对于前两段主要对人的本质对象化"从理论方面"的阐述,本段主要是对它"从实践方面"的阐述。首句是承前启后的过渡句,强调体现人感性丰富性即人的本质人性的五官感觉源于人类漫长的社会历史。随后,马克思通过现实生活中的两个与对象化形成鲜明对比的事例做反面举例论证,即忧心忡忡的饥饿的穷人与食物美景、矿物商人与矿物之间均不存在真正体现人的对象化本质关系。在马克思看来,前文在理论上已经证明的人的对象化本质在生活实践层面其实经常触目惊心地表现为人的对象化本质的反面即异化。末句突出强调人的本质对象化对于人的感觉的形成——或可称之为感觉人化或人化感觉——的重大意义,因为"人化感觉"既是人之为人的本质,也构成了对象化的两个要素即人本身与自然界之间发生了人的本质对象化活动关系的重要感觉基础甚至本质证明。

概括地讲,马克思这三段文字的主要论述的是国内美学界耳熟能详的"人的本质力量对象化"这一著名思想。在马克思看来,对象化或对象性活动也就是人的本质力量的对象化,而且同此本质力量一部分的人的感性感觉关系异常密切而重大。一方面,人的本质对象化活动的实现或确证必须

---

① ［德］马克思:《1844 年经济学哲学手稿》,人民出版社 2000 年版,第 87 - 88 页。

通过人的全部感觉感性才能实现，因为人的全部感觉感性构成了人的对象化的存在方式；另一方面，人的感性感觉又必须通过人的本质对象化活动产生和发展起来，因为人的对象化活动及其成果构成了人的全部感觉感性产生和发展的前提与条件。因而人的本质对象化与人的感性感觉存在着一种密不可分的共属一体的息息相关性。正是在突出此相关性的过程中，马克思把"对象的存在"即"人化的自然界"看作是其根本原因。

　　单凭仅此一见的此概念本身而言，"人化的自然界"是马克思作为用以揭示包括美感在内的人的感觉感性形成的条件而出现的。作为名词化了的"人化的自然界"无非也就是上述几个段落中反复提到的"对象性的现实""人的本质力量的现实""人的现实""人自己的本质力量的现实""一切对象""他自身的对象化"①"确证和实现他的个性的对象""他的对象""对象性的、现实的、活生生的存在""我的对象""对象的存在"等词语所表达的意义，也即与人的实践活动②密切相关的、由人的自由自觉的本质力量所创造的对象化或对象性世界。就此，人们完全有理由把从没有直接出现但贯穿《手稿》中的"人化的自然界"的动词形态即"自然的人化"也视为"对象化"或"人的本质对象化"的近义词来对待。因而，广为流行的所谓马克思的人化自然或自然人化思想实际上与马克思对人的对象性活动、对象化活动或人的本质对象化活动的相关论述是完全一致的。也可以说，对象化亦即自然人化；人化的自然也就是对象化的自然，自然的人化也就是自然的对象化。可见，《手稿》中的确存在着值得关注的"自然人化"思想，尽管"自然人化"这个概念没有出现。

　　上述分析也表明，马克思的"自然人化"思想并非是一种美学理论，因为此对象化或自然人化思想，从总体上并非首先针对审美现象的美学研究，而是青年马克思颇具哲学思辨性的人的本质理论。但仅就上文所引三个段落而论，其中分明不止一次直接涉及马克思一些著名的美学见解，如所引 B 段中关于音乐感之于美的音乐的重要性、对象化活动对形成能感受形式美的眼睛的重要性③的观点，所引 C 段中关于穷人对美景、矿商对矿物之美无

---

① 关于"他自身的对象化"参阅朱光潜：《朱光潜美学文集》第三卷，上海文艺出版社 1983 年版，第 507 页注。

② 《手稿》中对于中国实践美学极其重要的"实践"概念本身其实也出现了 20 多次，究其内涵，其中不少与"对象化"概念有根本上的一致性。比如论述"美的规律"那个段落一开始使用的"实践"。

③ 对于前者，朱光潜说："这两句极简单的话就解决了美和美感的不可分割的关系以及美是主观的、客观的还是主客观统一的问题，上句说音乐的美感须以客观存在的音乐为先决条件，下句说音乐美也要有'懂音乐的耳朵'这个主观条件。"朱光潜：《朱光潜美学文集》第三卷，上海文艺出版社 1983 年版，第 476 页。

感,三段文字整体关涉到的关于美、美感的产生等观点。整个《手稿》中直接论及"美"的也不限于这几处,还有被国内美学界尤其是马克思主义美学普遍高度关注的"劳动生产了美""人也按照美的规律来构造"①等命题。事实上,《手稿》一经问世,上述内容作为马克思《手稿》美学或马克思美学一直倍受美学界关注、研讨,乃至形成论辩,至今不休,相关成果自然也是层出不穷。

马克思《手稿》中的"自然人化"理论同美学问题的关联性体现在:

其一,就"美"论而言,《手稿》中直接论"美"的具体语句固然能反映出马克思关于美、美感以及二者关系及其产生等问题的美学观点,但《手稿》与美学的本质关联或者说《手稿》美学思想的独特性首先体现在将美同人现实的对象化活动或人的社会实践本质相结合的思想。这是马克思《手稿》中美学产生的哲学基础与前提。这不仅体现在前引《手稿》的三段文字中,也体现在下述同样著名的段落中(段首字母编号接前引《手稿》文字编号),尤其是 D 段:

D

通过实践创造对象世界,改造无机界,人证明自己是有意识的类存在物,就是说是这样一种存在物,它把类看作自己的本质,或者说把自身看作类存在物。诚然,动物也生产。动物为自己营造巢穴或住所,如蜜蜂、海狸、蚂蚁等。但是,动物只生产它自己或它的幼仔所直接需要的东西;动物的生产是片面的,而人的生产是全面的;动物只是在直接的肉体需要的支配下生产,而人甚至不受肉体需要的影响也进行生产,并且只有不受这种需要的影响才进行真正的生产;动物只生产自身,而人再生产整个自然界;动物的产品直接属于它的肉体,而人则自由地面对自己的产品。动物只是按照它所属的那个种类的尺度和需要来构造,而人却懂得按照任何一个种的尺度来进行生产,并且懂得处处都把固有的尺度运用于对象;因此,人也按照美的规律来构造。②

就此段中的"美的规律",尤西林指出:"作为与动物式劳动相区别的人类劳动一系列对比结语,'按照美的规律来构造'就是体现人的本质的自由

---

① ［德］马克思:《1844 年经济学哲学手稿》,人民出版社 2000 年版,第 54 页、第 58 页。关于 1990 年代以前国内美学界关于围绕"美的规律"问题的讨论的基本观点,可参阅蒋孔阳:《美学新论》,北京:人民文学出版社 1993 年版,第 199-210 页。

② ［德］马克思:《1844 年经济学哲学手稿》,人民出版社 2000 年版,第 57-58 页。

劳动。'美的规律'—'自由劳动'—'人的本质'三个概念三位一体。'自由'是对以动物式活动为原型的现实谋生劳动的超越。这种超越敞开为无限性。'按照美的规律来构造'是将劳动定向于超越动物性活动的自由方向中。只有在'美的规律'所昭示的自由劳动方向中,人的劳动才是人的劳动。"①

E

因此,正是在改造对象世界中,人才真正地证明自己是类存在物。这种生产是人的能动的类生活。通过这种生产,自然界才表现为他的作品和他的现实。因此,劳动的对象是人的类生活的对象化:人不仅像在意识中那样在精神上使自己二重化,而且能动地、现实地使自己二重化,从而在他所创造的世界中直观自身。因此,异化劳动从人那里夺去了他的生产的对象,也就人那里夺去了他的类生活,即他的现实的类对象性,把人对动物所具有的优点变成缺点,因为从人那里夺走了他的无机的身体即自然界。②

尤西林认为此段文字包含两个重要观点:"第一,劳动改造世界是人的自由能动本质的对象化,因而人的自由本质必须依托于劳动。第二,与传统意识哲学精神对象化不同,人首先是通过物质生产活动对象化自身指出的:从而有'现实地使自己二重化'与意识中'在精神上使自己二重化'两种直观自身的形态。这一区分对于美学极为重要,它提供了艺术哲学传统视野之外的现实审美观念,以及现实审美与艺术审美相互关系理解的基本框架。以劳动为基础的人类生活普遍而必然的审美性质由此揭示。这也是日常生活审美化与艺术生活化,以及区别于意识哲学的身体美学诸种当代美学趋势的基础根据。"③

F

同样,异化劳动把自主活动、自由活动贬低为手段,也就是把人的类生活变成维持人的肉体生存的手段。因此,人具有的关于自己的类的意识,由于异化而改变,以致类生活对他来说竟成了手段。④

---

① 尤西林主编:《美学原理》第 2 版,高等教育出版社 2018 年版,第 27 页。
② [德]马克思:《1844 年经济学哲学手稿》,人民出版社 2000 年版,第 58 页。
③ 尤西林主编:《美学原理》第 2 版,高等教育出版社 2018 年版,第 26 页。
④ [德]马克思:《1844 年经济学哲学手稿》,人民出版社 2000 年版,第 58 页。

　　笔者认为,以上引文出现在马克思关于"异化劳动"(特意引用的 F 段文字即是证明)的阐述语境中,但整体在人兽之辨的思路背景上揭示了资本主义私有制条件下人的对象化本质与异化(劳动)现实的一体两面性。其中 D 段论及的对于美学非常重要的"美的规律"究竟是何规律、有何重大价值一直存在严重分歧,但从语境看,可以肯定的是:马克思理解的"美的规律"或"美"是具体体现为对象化劳动的两个二重化(即精神的二重化和现实的二重化,二重化也即对象化)的现实社会实践的"美的规律"或"美",而非像西方美学传统着眼于艺术活动尤其是艺术作品的形式谈"美的规律"或"美";不仅如此,马克思理解的"美的规律"或"美"因为不脱离以生产劳动为代表、将自然规律与自身目的统一起来的自由的社会实践,而具有了将单纯科学认识活动中的"真"与单纯功利目的活动中的"善"两种价值相统一的特征。简言之,马克思着眼于对象化社会劳动、生产与实践而理解的同人的本质紧密相关的"美"是集真善于一体或真善美三位一体的"美"。此乃马克思自然人化思想的"美"的本体论。对此,李泽厚较早有深入论述,详见下节。

　　其二,就"审美"论而言,人的本质对象化或自然人化同人的感性感觉尤其是审美之间存在的共属一体关系是给予此自然人化思想的以美学阐释的关节点。因为在马克思看来,对象化一方面是精神和现实的两个二重化,另一方面则是对两个二重化的成果也即对人本质类似于艺术作品一般的自由直观。既然人的自由自觉的创造性本质需要通过与人关系密切的对象性或人化世界(自然)得以直观呈现或确认,并且同时在人的感性感觉层面获得体验或表现,那么当与人关系密切的对象性或人化世界(自然)得以直观呈现或确认,并同时使当事人获得愉悦的感性经验之时,人的本质对象化或自然人化活动同时也就可以称之为审美活动。因为按照康德的经典界定,人的审美活动正是一种发生在人的感性感觉或情感领域的无利害的自由愉悦活动。当人化自然中的"人"是"类"概念或集合意义上的"人"时,同人的对象化活动一同存在的审美活动是历史发生学意义上的,就此可将马克思的对象化或自然人化思想视为对人类审美活动历史根源的揭示与说明;而当人化自然中的"人"是个体意义上的"人"时,同人的对象化活动一同存在的审美活动是现实发生学意义上的,就此可将马克思的对象化或自然人化思想视为对审美活动现实本质的揭示与说明。此乃马克思自然人化思想的审美根源论与审美本质论。

　　以上两点就是马克思人化自然思想的美学意义。马克思的"自然人化"思想尽管并非是美学思想,但此思想对于美与审美问题的重要启示价值仍不容小觑。正因如此,"自然人化"这个与"实践"相联系甚至等同的概念不仅成为中国实践美学建构自身的重要理论基石,也成为实践美学在世界范围内产生重要影响的根本原因。

明白了马克思自然人化思想的美学意义,也就明白此思想同作为美与审美种类概念的自然美的关联性:第一,马克思的自然人化思想虽然是一种人的本质观,但同时也可理解为一种深刻揭示人与自然之间包括审美在内的自由本质关系的自然观。这种人的本质并自然观的特别之处在于它从哲学上深刻洞察到了人与自然关系的社会历史实践本质与感性动态发展特征。详见本章第三节。第二,马克思对于人与自然关系的社会—历史及实践性质的阐述中已经包含着人与自然(现实)审美关系的现实性与无限可能性:当外在自然只是作为人的生存环境与衣食来源,自然就仍然只是满足人的物质欲望、生理需求的对象,而非精神性审美对象;但当自然成为人的自然也即对象化的自然,同时在精神地二重化过程直观此对象并有自由愉悦感产生,人与自然之间就发生了一种自然审美关系。此种关系不仅是本源或起源意义上的,而且是本质本体意义上的。第三,因为马克思《手稿》中的"自然"兼有狭义自然(即同人类社会的人工人造之物相对的天然自然事物,如前引 C 段文字中提到的美丽的景色、美的矿物)和广义自然(即同人密切相关的感性现实、对象性世界或外部现实世界)内涵,所以马克思自然人化思想对人与自然之间的自然审美关系的理解,包含人与狭义的纯粹自然世界之间的自然审美关系,但更主要的是指人同外在现实世界的现实审美关系。因此,马克思的自然人化或人化自然思想固然可用来揭示自然美本身的根源或本质,但它实际上是对有别于艺术美的社会美和自然美共同根源或本质的说明。这可谓马克思自然人化或人化自然思想之于自然美的重要价值。而且,此价值只有通过中国实践美学的阐释才看得更为清楚。

二、自然人化与中国实践美学视域中的自然美问题

自然美的根源或本质问题在中国当代美学中占据着一个非同寻常的位置,基于马克思的自然人化思想来解释说明此根源或本质也是实践美学仍为主流的国内美学界关于自然美问题的一种普遍看法。李泽厚被公认为中国实践美学的首席代表,相比于一同两度参与美学论争的朱光潜、蔡仪、高尔泰诸位学者,对自然美的关心也尤为突出。李泽厚说,当年甫一投入"美是主观还是客观的"的哲学辩论(1956—1962 年)就发现,"如何令人信服地

解释自然美成了检验各种哲学理论的试金石"①。因而,从进入美学论域伊始,李泽厚就颇为自觉地把握到而且挑明了自然美问题在美的根源问题解答中的特殊地位,并把解决自然美根源问题进而解决美的根源问题视作自己的学术责任。故本章主要结合李泽厚对马克思自然人化思想的相关论述来关注中国实践美学视域中自然美观。本节关注的问题是:李泽厚是如何借助"自然人化"来阐述其自然美观的? 其自然美观有何重要贡献与局限?

　　李泽厚引用马克思《手稿》文字始于其首篇美学论文《论美感、美和艺术:兼论朱光潜的唯心主义美学思想(研究提纲)》②,且有两处。第一处是在该文第一部分论"美感的矛盾二重性"("美感的个人心理的主观直觉性质和社会生活的客观功利性质,即主观直觉性和客观功利性。")③之时,涉及本书上文引用《手稿》B段和C段中的部分文字,他的阐释是:"马克思曾强调指出审美感的人类历史性质。人类在改造世界的同时也就改造了自己。人类灵敏的五官感觉是在这个社会生活的实践斗争中才不断地发展、精细起来,使它们由一种生理的器官发展而为一种人类所独有的'文化器官'……人是

---

① 李泽厚:《课虚无以责有(2003年)》,见李泽厚:《实用理性与乐感文化》,生活·读书·新知三联书店2008年版,第278-279页。在写于1959年的《〈新美学〉的根本问题在哪里?》一文中,李泽厚明确表示自然美问题确是他最先提出的,"因为在自然美问题上最易暴露各派美学的特点"。李泽厚:《美学论集》,上海文艺出版社1980年版,第138页。众所周知,20世纪五六十年代的美学大讨论,正式发端于朱光潜的《我的文艺思想的反动性》,鉴于朱光潜美学的文艺理论或文艺心理学定位,自然美问题在最初的讨论主题中几乎未被涉及。可以说正是因为李泽厚的关注及其重要影响,自然美问题才成为那场美学论争中仅次于美的本质问题的第二重大问题,从而在当时乃至以后占据着其他美的种类无法望其项背的重要位置。

② 原载《哲学研究》1956年第5期。《哲学研究》在1956年为季刊,后改双月刊,全年共出5期,第5期当出刊于12月。李在此文末1979年12月"补记"中说:"在国内美学文章中,本文大概是最早提到马克思的《1844年经济学哲学手稿》,并企图依据它作美的本质探讨的。"李泽厚:《美学论集》,上海文艺出版社1980年版,第51页。据单世联考证,周扬在1937年《我们需要新的美学》一文和20世纪40年代编选《马克思主义与文艺》第一辑"意识形态的文艺"之第五节"马克思论艺术生产劳动与艺术创造及艺术感受性"中先后两次引用《手稿》中关于"音乐的耳朵"一段文字,后者还选辑了《手稿》中有关"美的规律"一段文字;蔡仪1947年版的《新美学》第二章第五节中也引用过《手稿》文句。参见单世联:《1949年后的朱光潜:从自由主义到马克思主义》,载石刚编:《现代中国的制度与文化》,社会科学出版社有限公司2004年版,第204页注70。据笔者了解,曹景元《美感与美:批判朱光潜的美学思想》(原载《文艺报》1956年第17期,9月15日出刊)一文已引用马克思《手稿》文字来论述美和美感问题;朱光潜《美学怎样才能既是唯物的又是辩证的:评蔡仪同志的美学观点》(原载《人民日报》1956年12月25日)一文也引用《手稿》关于"音乐的耳朵"文字来阐述美与美感的关系。上提李、曹、朱三文皆发表于1956年,曹文被收文艺报编辑部编《美学问题讨论集》第一集(1956年12月编,作家出版社1957年5月版);朱、李文被收文艺报编辑部《美学问题讨论集》第二集(1957年4月编,作家出版社1957年8月版)。当然,就关注《手稿》"自然人化"思想并借此来论证美的本质问题而言,李言其文最早当是事实。

③ 李泽厚:《美学论集》,上海文艺出版社1980年版,第4页。

生物的和社会的存在的统一。人的五官也是如此，五官的生理的存在使它表现快感，社会的存在则引起美感，这二者的统一存在，使二者各包含对方于自身……人类的审美感是世界历史的成果，是人类文化和精神面貌的标志。"①在此处，他为阐述"美感的社会本质"而主要关注的是"马克思主义美学关于美感的客观社会历史的功利性质的理论"②，虽然潜在地包含但并未明确提及马克思的"自然人化"理论。

　　第二处是在该文第二部分论"美的客观性和社会性"之时。李泽厚先引用《手稿》的文字（对应于本章前引其 A 段文字开始两句），然后进行了阐述：

　　　　"……在社会中，对于人来说，既然对象的现实处处都是人的本质力量的现实，都是人的现实，也就是说，都是人自己的本质力量的现实，那么对于人来说，一切对象都是他本身的对象化，都是确定和实现他的个性的对象，也就是他的对象，也就是他本身的对象。"这里的"他"，不是一种任意的主观情感，而是有着一定历史规定性的客观的人类实践。自然对象只有成为"人化的自然"，只有在自然对象上"客观地揭开了人的本质的丰富性"的时候，它才成为美。所以，高山大河等自然现象本身，并不如旧唯物主义所形而上学地认为的那样，有所谓美的客观存在。自然本身并不是美，美的自然是社会化的结果，也就是人的本质对象化的结果。自然的社会性是自然美的根源。③

　　就李泽厚所引《手稿》译文而言，马克思的文字：第一，主要谈人的社会现实就是人的本质对象化了的现实，人的本质是通过现实世界中经过对象化的现实得以确定与现实；第二，原文中并无李泽厚阐述中各出现一次的"实践"与"人化的自然"两个重要概念，也没出现七次的"自然"这个关键词。但对李泽厚而言：第一，人的本质对象化就是自然的人化，也就是自然的社会化，而人化之所以是社会化，是因为能够实施"人化"的"人"并非个体，而是人类；第二，人的本质对象化了的现实或简言之对象化了的现实就是"人化的自然"；第三，因为经过对象化或人化的"自然"揭示了人的本质力量的丰富性，所以自然才美。换言之，未同人发生关系的自然本身并不美，自然

① 李泽厚：《美学论集》，上海文艺出版社 1980 年版，第 13 页、第 13－14 页。
② 李泽厚：《美学论集》，上海文艺出版社 1980 年版，第 13 页。
③ 李泽厚：《美学论集》，上海文艺出版社 1980 年版，第 25 页。

之所以美是因为自然经过了人的对象化即人的社会实践,并且揭示了人的本质力量及其丰富性;第四,自然美的根源在于人的本质对象化,也即自然的人化,亦即对自然实施了影响的人的社会实践。当然,第四点中的"自然的人化",李泽厚并没有直接表达出来,只是隐含于其分析过程的逻辑性之中。

上述马克思的有关理论在李泽厚文中的登场,是从属于他完成对朱光潜的唯心主义和蔡仪的形而上学唯物主义的美学批判,解决美的客观存在问题,并论述自己关于美的客观性与社会性观点之目的。随后,在对近代西方美学家喜谈的"移情说"的自然美理论的批判基础上,李泽厚更加明确地总结陈述了其美暨自然美的来源观:"人能够欣赏自然美,人能够把自己的感情'移'到对象里去,实际上,这就是说,人能够在自然对象里直觉地认识自己本质力量的对象化。认识美的社会性,这绝不是一件简单的事,这是一个长期的人类历史过程。在这个过程中,人类创造了客体、对象,使自然具有了社会性,同时也创造了主体、自身,使人自己具有了欣赏自然的审美能力。所以,归根结底,自然美就只是社会生活的美(现实美)的一种特殊的存在形式,是一种'对象化'的存在形式……所以,我们的结论就是:美不是物的自然属性,而是物的社会属性。美是社会生活中不依存于人的主观意识的客观现实的存在。自然美只是这种存在的特殊形式。"①李泽厚理解的"美是蕴藏着真正的社会深度和人生真理的生活形象(包括社会形象和自然形象)"②,因而客观社会性和具体形象是美的基本特性,自然美当然也不能例外。李泽厚对自然美的本质(实乃根源)的阐释是同对美的本质的阐释结合在一起的,而且着眼于人类总体,故自然美作为社会生活美的特殊性与个体性尚未被触及。

尽管长达四五十页、洋洋洒洒3万多字却注明只是"研究提纲",李泽厚美学处女作的《论美感、美和艺术》无疑是一篇颇有马克思主义美学建构抱负的专业论文,它对其正题所列三大重要美学论题率先做了不无系统且持之有故的论述。此文也可谓李泽厚马克思主义美学诞生之作,后来所有著述总体均可谓对其基本观点的深化和发挥,作为其哲学基础的马克思自然人化理论也在这些著述中持续不断地被反复直引或意引阐发。李泽厚涉及

---

① 李泽厚:《美学论集》,上海文艺出版社1980年版,第28-29页。

② 李泽厚:《美学论集》,上海文艺出版社1980年版,第28-29页、第30页。在次年的《关于当前美学问题的争论》中,李泽厚对美的理解是:"美包含着现实生活发展的本质、规律和理想而用感官可以直接感知的具体形象(包括社会形象、自然形象和艺术形象)。"同上,第98页。值得注意的是对"形象"的说明中加进了"艺术形象"。

自然人化理论和自然美问题的论文还有《美的客观性和社会性:评朱光潜、蔡仪的美学观》(原载《人民日报》1957 年 1 月 9 日)、《关于当前美学问题的争论:试再论美的客观性和社会性》(原载《学术月刊》1957 年第 10 期)、《论美是生活及其他:兼答蔡仪先生》(原载《新建设》1958 年第 5 期)、《〈新美学〉的根本问题在哪里?》(写于 1959 年,初见《美学论集》)、《山水花鸟的美:关于自然美问题的商讨》(原载《人民日报》1959 年 7 月 14 日)和《美学三题议:与朱光潜同志继续论辩》(载《哲学研究》1962 年第 2 期)6 篇。

李泽厚为什么如此关心自然美问题,且经常性地将其同对美的界定结合在一起? 其《关于当前美学问题的争论》明确回答道:"我想通过自然美来说明美的社会性。"①《美的客观性和社会性》则说:"社会生活中美的社会性,本来是不会有多大的疑问的。问题常常是发生在自然美的方面。表面看来,自然美的确是最麻烦的问题,因为在这里,美的客观性与社会性似乎很难统一……"②不过,李泽厚强调自然社会性的深层原因应该同他彻底坚持唯物主义有关,可能更重要的还有作为李泽厚美学哲学基础的马克思自然人化观同自然美有一种"先天"性的联系之故:"自然人化"这个概念本身就已经在突出自然与人的联系,特别是将这里的"人"理解为人类总体的时候。"在审美的经验自然当中,我们介入到社会活动之中,并且不是单纯的一个人,往往被设定在公共的情境里面。我们的社会性是内在于我们的审美经验之中的,无论是面对艺术还是自然,都是如此。"③在环境美学家看来,自然美的社会性根本无须说明,人的自然审美经验产生的环境性与介入性决定了自然美必然是社会性的。只是李泽厚是严格将美与美感分开,从而也将自然美与自然审美经验分开的,而且缺少后来环境美学赖以产生的"环境"视角,这才导致他特别看重通过自然美来阐述美的社会性。

在《关于当前美学问题的争论》中,李泽厚再次将自然美与"人化的自然"联系起来并说明其意义,并反复强调其客观社会实践性而非主观社会意识性:"这才是我们所理解的自然美的所谓'人化的自然'的意义:通过人类实践来改造自然,使自然在客观上人化、社会化,从而具有美的性质,所以,这就与朱光潜、高尔泰所说'人化的自然'——社会意识作用于自然的结果

---

① 李泽厚:《美学论集》,上海文艺出版社 1980 年版,第 85 页。
② 李泽厚:《美学论集》,上海文艺出版社 1980 年版,第 60 页。另参阅同上书,第 112 页。另外,在李泽厚看来,美的社会性与美感的社会性是有根本不同的。参阅《美学论集》第 25 - 26 页、第 55 - 56 页。
③ [英]伯林特主编:《环境与艺术:环境美学的多维视角》,刘悦笛等译,重庆出版社 2007 年版,第 15 页。

根本不同。"①因为"我所了解的自然的社会存在,是指自然与人们现实生活所发生的客观社会关系、作用、地位……这种社会性就不是人们主观意识作用的结果,而是不以人们意志为转移的客观存在,它是人类社会生活中的自然和自然物本身所具有的属性"②。李泽厚尽管强调"自然和自然美是根本不同的……马克思所说的这一切,都是说明'自然的人化',自然与人类的历史现实关系使自然成为人类的现实"③,但他实际同蔡仪都认为自然美同其自然属性一样是不受制于人的意志情感活动的客观事物或客观实体,只是在蔡仪的客观性之上加进了有社会存在内容的社会性。

李泽厚写于 1959 年但当时未公开发表的《〈新美学〉的根本问题在哪里?》在批评蔡仪美学"根本上缺乏马克思主义的基本精神"的过程中,较之以前更自觉地将"实践"的概念作为阐述美的本质关键词。请看他的反复申述:"一切的美(包括自然美)都必须依赖于作为实践者的'人'亦即社会生活实践才能存在。""要真正由现实事物来考察美、把握美的本质,就必须从现实(现实事物)与实践(生活)的不可分割的关系中,由实践(生活斗争)对现实的能动作用中来考察和把握,才能发现美(包括自然美)的存在的秘密。而蔡仪就恰恰没有这样做。""一句话,当现实肯定着人类实践(生活)的时候,现实对人就是美的,不管人在主观意识上有没有认识到或能不能反映出,它在客观上对人就是美的。"④"所以,美的本质就是现实对实践的肯定;反过来丑就是现实对实践的否定……自然的美、丑在根本上取决于人类改造自然的状况和程度,亦即自然'向人生成'的状况和程度。"⑤李泽厚着眼于自由来理解《手稿》中的"美的规律":"自由是认识了的必然,正确反映从而运用规律的实践是自由的实践,自由的实践就是能实现的,也就是创造美的实践。正是要从这个意义上来了解马克思的这段话。"⑥不难看到,"实践"与"自由"概念的出现使李泽厚的美暨自然美观获得了更为丰富的后来才被命名的"实践美学"的内涵。

《美学三题议》是李泽厚讨论自然美问题的另一重要文章。首先,第一

---

① 李泽厚:《美学论集》,上海文艺出版社 1980 年版,第 93 页。
② 李泽厚:《美学论集》,上海文艺出版社 1980 年版,第 87 页。
③ 李泽厚:《美学论集》,上海文艺出版社 1980 年版,第 144 - 145 页。
④ 李泽厚:《美学论集》,上海文艺出版社 1980 年版,第 122 页、第 144 页、第 146 页。
⑤ 李泽厚:《美学论集》,上海文艺出版社 1980 年版,第 147 页。并引用马克思《费尔巴哈论纲》、毛泽东《实践论》及马克思《手稿》中的大量文字为证来强调"自然的人化"的意义。参见上书,第 122 - 124 页、第 144 - 145 页、第 148 页。
⑥ 参见李泽厚:《美学论集》,上海文艺出版社 1980 年版,第 148 页。李就此强调指出,马克思主义认识论是实践论认识论而非旧唯物论的反映论认识论。参见同上书,第 123 页。

次正面且更准确地阐述了他所理解的"人化的自然"理论:"马克思用它('人化')并不是象现在我们许多同志所理解那样是指审美活动,指赋予自然以人的主观意识(思想情感等),而是指人类的基本的客观实践活动,指通过改造自然赋予自然以社会的(人的)性质、意义。'人化'者,通过实践(改造自然)而非通过意识(欣赏自然)去'化'也。所以,自然的人化是指经过社会实践使自然从与人无干的、敌对的或自在的变为与人相关的、有益的、为人的对象。"①"所谓'人化',所谓通过实践使人的本质对象化,并不是说只有人直接动过的、改造过的自然才'人化'了,没有动过的、改造过的就没有'人化'。而是指通过人类的基本实践使整个自然逐渐被人征服,从而(使自然)与人类社会生活的关系发生了改变……所以,人化的自然,是指人类社会历史发展的整个成果……是一个极为深刻的哲学概念,而不能仅从它的表面字义来狭隘、简单、庸俗地去理解和确定"②"实践在人化客观自然界的同时,也就人化了主体的自然——五官感觉……主体的自然人化与客观的自然的人化同是人类几十万年实践的历史成果,是同一事情的两个方面……"③可见,李泽厚所谓"自然人化"具有三点要意:第一,指人通过客观的实践改造自然活动同时赋予自然以社会意义,而非对自然的精神化;第二,是哲学概念,指人类通过基本实践逐渐改变了自然与人类社会生活的关系,而非仅指对自然的直接改造,未经人直接改造但关系发生改变的也是自然的人化;第三,包括客观自然界的人化,也包括主体自身尤其是五官感觉的人化。

其次,李泽厚结合其美的本质观在自然美、社会美、艺术美的三分关系中对三种美的性质及其关系给予了相当具体而清晰的"个性化"理论阐释:"美是诞生在人的实践与现实的相互作用和统一中,而不是诞生在人的意识与自然的相互作用或统一中,是依存于人类社会生活、实践的客观存在,但却不是依存于人类社会意识的所谓'主客观的统一'。由上可知,一方面,'真'主体化了,现实与人的实践、善、合目的性相关,对人有利有益有用,具有了社会功利的性质,这是美的内容;另一方面,'善'对象化了,实践与现实、真、合规律性相关,具有感性、具体的性质,'具有外部的存在',这是美的形式。现实存在对人类实践有用有利有益,这是社会美。社会美以内容胜,它的形式服务于具体的合需要性……但随着实践的对象化愈来愈普遍概括,因而愈来愈自由,于是这对象化的存在形式也就愈来愈自由,它自由地

----

① 李泽厚:《美学论集》,上海文艺出版社 1980 年版,第 172 页。
② 李泽厚:《美学论集》,上海文艺出版社 1980 年版,第 173 – 174 页
③ 李泽厚:《美学论集》,上海文艺出版社 1980 年版,第 175 页。

联系着、表现着朦胧而广泛的合目的、合需要的社会内容。这是自然美。自然美以形式胜,它的内容概括而朦胧,像是'与内容不相干的',独立而自由。"①而社会美与自然美"高度统一起来,成为一种更集中、更典型、更高的美。这就是艺术美。"②在李泽厚看来,美并非抽象的而是具体的,是包含着人类对象化即社会实践活动的目的功利性之善与被对象化的事物规律性之真的统一体,它既有着丰富的社会生活内容,也有着被对象化的事物的感性形式。区别在于:社会美更鲜明地体现着美的社会性内容,自然美更鲜明地体现着美的对象化形式,艺术美则是将社会美的社会性内容与自然美的对象化形式高度统一起来的美。

李泽厚因此将自然美的"本质"归结为"自然的人化"的同时还将其界定为"形式美",而且强调此"形式"主要是一种外在形式:"自然美的本质在于'自然的人化'……自然美的本质、内容是'自然的人化',而自然美的现象、形式却是形式美。"而"形式美,不是指形式充分、完满地体现了内容的意思(这是内形式),而是指与该具体内容好像无干的,相对独立的外在形式的美。"③他举例说:"今天山水花鸟等大自然的美多半是一种形式美。"

也是在此文中,李泽厚还让步性地把有别于现实的"自然的人化"的意识中的"自然的人化"算作第二种含义的"自然的人化",并主要限定在艺术创造与艺术欣赏活动中的"自然美"范围内:"这种意识中的'自然的人化'不能创造现实中的自然美,但却能创造艺术中的自然美;它不是自然美存在的本质,但却是欣赏自然美的现象。"④

李泽厚在 1989 年的一次访谈中说:"我自己的看法与五六十年代相比较,有所展开。最近出的这本《美学四讲》概括了我的美学观点……有些思想和提法与五十年代有变化,但主要观点没有根本性改变。"⑤从美学视角看,李泽厚美学以"文革"为界大致分为前后两个时期。以上是李泽厚 20 世

---

① 李泽厚:《美学论集》,上海文艺出版社 1980 年版,第 163-164 页。
② 李泽厚:《美学论集》,上海文艺出版社 1980 年版,第 164 页。
③ 李泽厚:《美学论集》,上海文艺出版社 1980 年版,第 174 页。
④ 李泽厚:《美学论集》,上海文艺出版社 1980 年版,第 178 页。李还就此针对朱光潜的"人化的自然"说:"至于朱先生所再三强调的审美活动中的'人化',那也只是客观上的'人化'——自然的人化与五官的人化——的主观表现反映。"同上,第 177 页。关于上述两种"人化的自然"及其关系,李在后来的《山水花鸟的美:关于自然美问题的商讨》一文中又做了集中说明:"应该区分两种所谓'人化':客观实际上的'自然的人化'(社会生活所造成)与艺术或欣赏中的'自然的人化'(意识作用造成)。自然之所以美,是由于前者而不是由于后者。后者只是前者某种曲折复杂的能动反映。"同上,第 192 页。
⑤ 李泽厚:《走我自己的路》(增定本),安徽文艺出版社 1994 年版,第 558 页。另外诚如李自述的他"不会再写美学方面的文章和书"。同上,第 570 页。事实基本如此。

纪五六十年代参加国内第一次美学论争时关于"人化的自然"和"自然美"问题的主要看法，也可以说是李泽厚前期美学思想中的自然美思想。"文革"结束以后，李泽厚的美学可称之为李泽厚后期美学思想。在此阶段他完成了后来被合编合称为"美学三书"的三部美学专著，即《美的历程》《华夏美学》《美学四讲》①，还出版了研究和发挥康德思想的《批判哲学的批判：康德述评》。其结合人化自然等思想对于自然美问题的看法基本可由《美学四讲》来代表。其主要观点是：

第一，在说明"自然美是美学的难题"的基础上，还突现了自然美问题重大的理论与实践价值："不但自然美的存在是有关美的本质的重要问题，而且自然美的观赏，也是有关消除异化、建立心理本体的重要问题，因此正是哲学美学所应着重处理的。"②

第二，重申了《美学三题议》提出的着眼于真善关系对自然美与社会美的区别性界说，但给予了更为明确而精准地解释。"按前述美是真善统一的观点，如果说就社会美而言，善是形式，真是内容的话；那么自然美便恰恰相反，真是形式，善是内容。"③关于"真"和"善"，李泽厚在之前讲社会美时指出："我曾把自然界本身的规律叫作'真'，把人类实践主体的根本性质叫作'善'。"④换言之，"真"突出地体现为客观事物的规律性，"善"突出地体现为作为主体的人的目的性。对于李泽厚而言，虽然无论什么美其实都是真与善、内容与形式的统一，但作为美的种类的社会美与自然美也有其各有侧重特殊性的："这个统一在这里表现为主体活动的形式——善的形式，善本身好像就是一种形式，是能改造一切对象、到处适用的形式力量，于是这种实践活动的美的实质，恰恰在于它的合规律性的内容，即真成了善的内容。这是就主体（实践活动）说。从客观对象说，善却成了内容。自然事物的美的实质是它的合目的性（符合社会需要、实践目的）的内容，即善成了真的内容。前者是社会美，后者是自然美。"⑤对于李泽厚而言，社会美更多地侧重于实践活动主体层面，作为实践活动的过程，它本质上是将鲜明的善的社会

---

① 正如此书"序"所云，《美学四讲》实际系由"文革"结束后发表的四次演讲稿《美学的对象与范围》《谈美》《美感谈》和《艺术杂谈》（均收入湖南人民出版社 1985 年版《李泽厚哲学美学文选》一书）整理而成。其中集中谈自然美问题的是《谈美》，系由作者 1984 年 8 月承德学术会议上的发言删节整理而成。

② 李泽厚：《美学四讲》，生活·读书·新知三联书店 1999 年版，第 74 页。李申述自然美的意义其实是针对黑格尔以后特别是 20 世纪以来西方美学界否定自然美偏见而言的，参见上书，第 73 - 74 页、第 2 - 7 页。

③ 李泽厚：《美学四讲》，生活·读书·新知三联书店 1999 年版，第 76 页。

④ 李泽厚：《美学四讲》，生活·读书·新知三联书店 1999 年版，第 63 页。

⑤ 李泽厚：《美学四讲》，生活·读书·新知三联书店 1999 年版，第 64 页。

内容通过合乎自然规律的真的形式化的过程，即规律性之真成了目的性善的内容；自然美则更多地侧重于实践活动的客观对象层面，作为实践活动的产物，它本质上是以自然的规律性形式体现了善的社会性内容。因而，自然美并非单纯是其自然形式属性。

第三，继续用"自然的人化"理论来说明自然美的根源、本质，但重点区分了广义狭义两种含义上的"自然的人化"，而非外在内在两个方面意义上的"自然的人化"。至此，李泽厚便提出了其外在、内在两个方面和狭义、广义两种含义的"自然的人化"理论。李泽厚写道："为什么自然本身的色彩、形体、姿态会引起人的审美愉快并觉得美呢？对这个问题，我当年提出了'美的客观性与社会性相统一'亦即'自然的人化'说。但'自然的人化'说却一直遭到误解和反对。它常常被人们从字面含义上理解为被人力开发了的自然对象，如开垦了的土地、种植的庄稼、被饲养的家畜等。它们的确可以是美的对象。那么，在此之外的广大自然，美在何处和美从何来呢？其实，'自然的人化'可分狭义和广义两种含义。通过劳动、技术去改造自然事物，这是狭义的自然人化。我所说的自然的人化，一般都是从广义上说的，广义的'自然的人化'是一个哲学概念。天空、大海、沙漠、荒山野林，没有经人去改造，但也是'自然的人化'。因为'自然的人化'指的是人类征服自然的历史尺度，指的是整个社会发展达到一定阶段，人和自然的关系发生了根本改变。"①需要指出的是，前一阶段李主要用"自然的人化"来说明自然美的根源、本质，但在《美学四讲》中，"自然的人化"实际多次出现，发挥着不同的功能：在"美学"一章，两个方面意义上的"自然的人化"被用来说明人类文明的诞生：外在自然的人化即山河大地日月星辰的人化，创造了物质文明；内在自然的人化即人的感官、感知和情感、欲望的人化，创造了精神文明。在"美"一章，广义与狭义上的"自然的人化"被继续用来说明美——尤其是自然美的本质与根源。在"美感"一章，两个方面的"自然的人化"被分别用来说明美和美感的本质，即外在自然的人化使客体世界成为美的现实，内在自然的人化使主体心理获有审美情感。另外，《美学四讲》还用自然人化来论证李泽厚1980年代提出的著名的"积淀说""建立新感性"等新的理论。

第四，提出了与"自然的人化"相对应的"人的自然化"思想：一是人与自然环境、自然生态的关系，人与自然界的友好和睦，相互依存，不是去征服、破坏，而是把自然作为自己安居乐业、休养生息的美好环境；二是把自然景物和景象作为欣赏、欢娱的对象，人的栽花养草、游山玩水、乐于景观、投身

---

① 李泽厚：《美学四讲》，生活·读书·新知三联书店1999年版，第74—75页。

于大自然中,似乎与它合为一体;三是通过某种学习,如呼吸吐纳,使身心节律与自然节律相吻合呼应,而达到与"天"(自然)合一的境界状态。① 此处的人的自然化与本书强调的自然天成之美的自然美内涵实际有深刻关联。对此本书将在第六章第三节述及。

第五,对中国古代的"天人合一"观做出了"西体中用"式地自然美学解释。② 同前一点一样,我们看到,随着中国古典思想的进入,李泽厚的自然美观发生了一些明显的变化。

李泽厚始于1956年终于1989年,针对马克思《手稿》自然人化思想所做的与自然美问题密切相关的阐释大致如上所述。李泽厚美学从研究对象看,总体是由美、美感、艺术与美学四个各有其独立性的部分构成的,因而缺乏一以贯之的核心范畴。但从哲学基础看却有同人的本质对象化、自然人化概念紧密结合的社会实践作为其核心范畴。以实践美学及其首席代表而著称于20世纪中国美学史的李泽厚,正是在对"人的本质对象化—自然人化—社会实践"三个关键概念三位一体的相互阐释中建立起了自己卓然独立、自成一家的美学体系。如前所述,李泽厚在逐渐建构其实践美学过程中,对自然人化理论与自然美问题本身及其两者之间密切关系的一再阐发是慧眼独具而引人瞩目,此阐发在自然美学史上的贡献与局限也值得总结反思。

总之,在李泽厚看来,"马克思从劳动、实践、社会生产出发,来谈人的解放和自由的人",因而,他所理解并坚持的"马克思主义美学不把意识或艺术作为出发点,而从社会实践和'自然的人化'这个哲学问题出发。"③站在巨人马克思的"肩膀"上,李泽厚的自然美研究有三个突出贡献:首先,经由李泽厚的特别关注与阐发,自然美问题被放置在更为广阔的人与自然关系的社会生活及以此为前提而存在的现实生活审美的背景下研究,而非囿于艺术或文艺领域在艺术与自然的关系背景下作为艺术美的附庸讨论。其次,立足于马克思实践论的自然人化思想或哲学基础,在实践美学的视域内对自然美产生的社会根源给予了合理的解释,这既体现了马克思自然人化思想的美学价值,也体现了中国实践美学对于自然美问题研究的独特价值。最后,在马克思主义哲学美学背景上将自然美同美的根源联结在一起,从而赋

---

① 参阅李泽厚:《美学四讲》,生活·读书·新知三联书店1999年版,第81页。他还指出:"庄子哲学作为美学,包含了现实生活、人生态度、理想人格和无意识等许多方面,这就是'人的自然化'的全部内容。"同上,第187页。

② 参阅李泽厚:《中国古代思想史论》,人民出版社1985年版,第321-322页。

③ 李泽厚:《批判哲学的批判:康德述评》(修订本),人民出版社1984年版,第414页。

予自然美以崇高的美学地位,也在一定意义上彰显了自然向人生成的哲学根源论价值及其审美价值。不过,李泽厚对自然美的解释总体上并非如他所一再强调的那样是对自然美的本质论的解释。这既同他对"本质"与"根源"二概念的混同有关,也同他所关注的美学问题及其所理解的马克思主义哲学有关。

从李泽厚常常将"根源"与"本质"连在一起使用的自觉不自觉的语言表达方式意指内涵看,他基本将"根源"与"本质"视为两个完全相同的概念,而且只是在"根源"的一般意义上来使用它们。由此,他十分自然地将美的本质与美的根源问题经常相提并论甚至混为一谈。[①] 他曾明确表示:"所谓'美的本质'是指从根本上、根源上、从其充分而必要的最后条件上来追究美。"[②]不过,李泽厚有时似乎也清醒地意识到这两者的不同。比如他曾指出:"朱光潜所强调的主客观统一,它可以说明艺术的本质特征,但不是美的根源、本质。"[③]但总体而论,李泽厚自己旗帜鲜明地也表示,他只对美的根源而非本质感兴趣。李泽厚称自己的哲学是"人类学本体论"或"主体性实践哲学",他喜欢讲"本体"概念也应该与此密切相关。[④]

李泽厚后来明确表示:"五十年代我提出美感二重性,七十年代我提出'内在自然的人化',都只是在美学范围内,并都以美感来作为例证。实际上,所谓'内在自然的人化'比美感要广泛得多。美感只是其最高成果,其他还有认识论和伦理学方面的成果。我在七十年代末所提出的'自由直观'

---

① 李泽厚在与高建平的一次"哲学答问"中,当被问及"在我们讲人的本质的时候,有两个概念似乎须加以区别,这就是'起源'和'本质'"时,李泽厚回答说:"'本质'的含义是不清楚的,可以作多种理解。我所强调的'工具本体',是说人与动物的根源性的区别。工具本体包括了整个科技、工艺、社会关系、社会结构等。"李泽厚:《李泽厚哲学文存》下,安徽文艺出版社1999年,第493页。许多学者已经指明,李泽厚美学自然人化学说的适用范围是美的根源而非美的本质。尤西林指出:"李泽厚依据物质生产所引起的自然人化,说明的只是心体的历史来源,而并非揭示心体的功能。借用朱光潜一个重要的区分:美的条件不等于美的本质。"尤西林:《朱光潜实践观中的心体:重建中国实践哲学—美学的一个关节点》,《学术月刊》1997年第7期。叶朗指出:"美(或审美活动)的'最后根源'或'前提条件'和美(或审美活动)的本质虽有联系,但并不是一个概念。"叶朗:《胸中之竹:走向现代之中国美学》,安徽教育出版社1998年版,第281页。李西建说:"从实践论美学所强调的主张和表现特征看,其理论的缺陷也是十分明显的。概括地说,李泽厚依据物质生产所引起的自然人化的理论,说明的只是美的历史来源,而并未揭示美的本性和功能。"李西建:《当代中国美学的历史与现状:中国实践论美学问题发展史》,载《学术月刊》1998年第9期。

② 李泽厚:《美学四讲》,生活·读书·新知三联书店1999年版,第61页。

③ 李泽厚:《美学四讲》,生活·读书·新知三联书店1999年版,第183页。

④ 他曾说:"什么是本体?本体是最后的实在、一切的根源。"李泽厚:《华夏美学》,中外文化出版公司1989年版,第230页;完全一样的界定另参见李泽厚:《哲学答问》,载《李泽厚哲学文存》下,安徽文艺出版社1999年,第464页。

(认识论)和'自由意志'(伦理学)便都属于'内在自然人化'的范围。"①从这个自述来看,既然自然人化——尤其是内在自然的人化不仅是美学范围内的审美(美感)的根源,而且也构成了认识论范围内真理的根源、伦理学范围内道德的根源。既然它是人审美、认识与道德活动三者的共同根源,那么就不能将自然人化视为包括自然审美在内的审美的独特本质来看待。但通常着眼于根源而非独特本质的研究思路,使李泽厚本人与赞同此思路的研究者总体对此缺少清醒认识。

就李泽厚立足于马克思《手稿》对"自然人化"思想从美的客观性与社会性之统一到建立起来的实践美学的最大特点是用自然美的历史发生或起源研究完全取代了自然美的现实发生或本质研究。此做法的最大优势在于对自然美历史发生的社会根源差不多做出了符合唯物主义的恰当解释,但如果要把此类研究视为是对自然美的本质研究,那么该做法的最大问题就是方法论上的,即这是一种完全脱离了当下发生的现实的自然审美活动的主客对立的认识论而非存在论自然美研究②;此种研究严重忽视了(自然)美与(自然)审美的心性或精神性质。由此可见,所谓的自然美难题并不是自然美本身所带来的,而纯粹由研究方法及其某些偏颇所导致的。

如本书绪论及的,美的本质与美的根源是两个虽有关联但仍有很大区别的问题。如果承认二者的区别,那么李泽厚实践美学的贡献首先的一点,就是基于马克思的自然人化理论较为成功地解决了审美和美的根源问题。李泽厚的实践论美学从根本上来讲与其说是一种关于美和审美的本体论(存在论)美学,不如说是一种审美起源论或侧重于历史发生的审美发生学美学。任何审美起源学说最终都会将审美还原为非审美的东西,因为侧重于历史性的审美起源研究就是要找出导致美和审美产生的非审美的关键因素。只是李泽厚的审美发生美学,更多地不是像他自己宣称的那样是人类学性质的,而是审美社会学视角的。李泽厚美学的贡献与适用范围,甚至局限只有从此角度去理解才是真正合理的。因此,其局限与其说是内容和观点方面的,毋宁说是立论范围方面的。

李泽厚后来在一次对谈中说:"一般所谓的自然美,实际是说人对自然及风景的欣赏以及山水诗、画等,它们其实属于美感范围。这里有语言的问

---

① 李泽厚:《己卯五说》,中国电影出版社 1999 年版,第 140 页。

② 叶朗说:"脱离活生生的现实的审美活动,脱离所谓'美的现象层',去寻求所谓'美的普遍必然性本质',寻求所谓'美本身',其结果找到的只能是柏拉图式的美的理念。这一点其实朱先生在五十年代的讨论中就早已指出了。"叶朗:《胸中之竹:走向现代之中国美学》,安徽教育出版社 1998 年版,第 282 页。

题,因为用在这里'自然美'这三个字或这个词表面上好像与美的本质直接相关,其实不然。"①李泽厚自首篇论文始就很明确地提出了关于美与美感以及关于自然美的美与审美(美感)分离的观点,且这一观点从来就没有改变过:在他看来,美与美感相当于楼的基础与楼的高层之关系,是根本不容混淆的。不过,不难注意到,美感与美的对立在马克思《手稿》那里是根本不存在的,尤其是在本体论或存在论的层面上。由于李泽厚坚持美学上的实践认识论,因而对实践本体/存在论基本上是视而不见的。对此,作为实践美学的另一支的代表,即着眼于审美关系建构实践美学的蒋孔阳及其学生朱立元是有所论及的,他们不断明确和深化地论证了实践存在论美学②。

实践美学从其哲学基础讲,其实也就是自然人化美学,此自然人化或实践美学不同于以前美学的独特性是,将人与自然或现实的审美关系放到对象化的或人类社会历史或个体当下的实践活动中来理解。在 2004 年 9 月在北京第二外国语学院召开的"实践美学的反思与展望"研讨会上,李泽厚表示正式接受对其美学的"实践美学"定位。他说:"我以前提出的只是实践美学的哲学基础,并非实践美学本身,也就是说,仅从哲学层次谈论了实践美学。这正是我当年没有提出和接受'实践美学'这一称号的重要原因。"③李泽厚的解释或许可以做如下理解:第一,对他而言,实践美学仍然处于建设状态,而非完成状态;第二,以自然人化思想为核心的实践概念只发挥的是美学解释审美产生的哲学基础的作用,而非解释审美活动本身本质特征的作用。有学者因此不无道理地指出:"李泽厚更关注的是给美学安排位置,而不是对美学问题作出具体的解释。"④

总体而论,由于与艺术美相对的自然界之美的自然美是 20 世纪中国美学中主导性的自然美观念,且被认为与两次美学大讨论关心的核心即美的本质关系密切,所以成为各家美学热衷讨论的问题之一。但学者们对自然美的热烈讨论从根本上讲并非是要解决自然美本身的问题,而是出于对美的本质(实为根源)这个最具挑战性问题的解答。因而,问题的关键或许不是谁是谁非,而是他们讨论问题的视角与基点。

另外,李泽厚不仅注意到了适合用人化自然解释其本质或根源的自然

---

① 李泽厚:《世纪新梦》,安徽文艺出版社 1998 年版,第 272 页。

② 参阅蒋孔阳:《德国古典美学》,商务印书馆 1980 年版,第 353 - 359 页;蒋孔阳:《美学新论》,人民文学出版社 1993/2006 年版;朱立元:《走向实践存在论美学》,苏州大学出版社 2008 年版。

③ 王柯平主编:《跨世纪的论辩:实践美学的反思与展望》,安徽教育出版社 2006 年版,第 42 页。

④ 赵汀阳:《美学和未来美学:批评与展望》,中国社会科学出版社 1990 年版,第 129 页。

界之美的自然美,其实后来也注意到了由道家所宣示的自然而然之美的自然美,而且用"人的自然化"来阐释它。详见本书第六章第三节。

三、马克思实践论的自然美论:现代性自然美学话语的根源维度

《手稿》的"自然人化"思想不仅有其人的本质对象化思想的直接而具体的文本语境,还有整个《手稿》中关于人的本质、人与自然及社会之间关系问题的哲学讨论,关于劳动与异化劳动、造成异化的私有制以及对其加以克服的共产主义的哲学、政治经济学分析等更大的文本语境,以及更为宏大的、为西方马克思主义者和中国马克思主义实践论学者所看重的共产主义理想和人道主义或人性论渊源。这些可谓马克思"自然人化"观的思想背景。正如有学者指出:"马克思的思想与现代性的开始有着密切的联系;如果割裂它与中世纪之后在欧洲出现的启蒙哲学、经济合理化、科学技术创新与社会去传统化的历史承接关系,那是不可想象的。"①

众所周知,黑格尔的"对象化""人的自我产生"与费尔巴哈的"人和自然"一起,构成了马克思"对象化"理论或"人化自然"思想的哲学来源。不止如此,被阿尔都塞称之为《资本论》的先声,《资本论的草稿》,或《资本论》的草图"②的《手稿》,其实不仅体现了1844年的青年马克思对德国古典哲学的深刻批判,而且体现了他对英法古典政治经济学"引人入胜"的深入研究。马克思在《手稿》中是通过对劳动的对象化、对由劳动所体现出来的人的对象化本质的阐述,通过对私有制条件下人的对象化劳动或活动被完全异化的资本主义社会之深刻批判③,通过对"私有财产即人的自我异化的积极的扬弃"④的共产主义社会中人性完全复归的热切展望,来阐述自己的对象化或人化自然思想的。因而,马克思的"自然人化"连同其充满哲学思辨气息

---

① [英]阿比奈特:《现代性之后的马克思主义:政治、技术与社会变革》,王维先等译,江苏人民出版社2011年版,第1页。

② [法]路易·阿尔都塞:《保卫马克思》,顾良译,商务印书馆,2006年版,第149页。

③ 朱光潜在《马克思的〈经济学—哲学手稿〉中的美学问题》(1980)中指出:《手稿》"是既从人性论又从阶级斗争论观点出发的",其"总的目的……是要发动工人运动来进行社会主义革命的"。《朱光潜美学文集》第三卷,上海文艺出版社1983年版,第463页、第479页。尤西林在《马克思主义美学与当代人文理想主义》(《人文杂志》1998第3期)则说:"1932年公之于世的《巴黎手稿》(1844),则是以对异化劳动的批判否定了古典经济学对雇佣劳动价值本体的虚妄崇拜。这实际上也是对物质文明自发进程的批判。"

④ [德]马克思:《1844年经济学哲学手稿》,人民出版社2000年版,第81页。又参见上书第85页。

的整个《手稿》，实际蕴含着马克思对资本主义私有制条件下雇佣劳动强烈的人文价值论批判立场，基于对人的非对象化的异化劳动现实分析却面向未来自由、理想、圆满人性的深邃认识及其远大抱负。这正体现了马克思自然人化思想产生的现代性背景。由马克思提出并经中国实践美学阐释的、马克思的实践论自然人化思想与自然美观对于自然美学的现代性价值就此得以产生。

首先，马克思的实践论自然人化思想前所未有地揭示了人与自然之间产生审美关系的社会—历史性质。如前所述，马克思《手稿》中的自然人化思想是从属于其人的本质观的，而在他看来，人的本质其实是在对人与自然之间包括审美在内的社会历史性关系的阐述中表达出来的。

法兰克福学派代表人物之一施密特说："把马克思的自然概念从一开始同其他种种自然观区别开来的东西，是马克思自然概念的社会—历史性质……他把自然看成从最初起就是和人的活动相关联的。他有关自然的其他一切言论都是思辨的、认识论的或自然科学的，都已是以人对自然进行工艺学的、经济的占有之方式总体为前提的，即以社会的实践为前提的。"①因而，施密特十分强调马克思自然概念与社会概念的紧密相关性与统一性："在马克思看来，自然不仅仅是一个社会范畴。从自然的形式、内容、范围以及对象性来看，自然绝不可能完全被消融到对它进行占有的历史过程里去。如果自然是一个社会范畴，那么社会同时是一个自然的范畴，这个逆命题也是正确的……自然的社会烙印与自然的独立性构成统一。"②著名的匈牙利马克思主义哲学家与美学家卢卡奇在其美学巨著《审美特性》中同样旗帜鲜明而更为细致地揭示了自然美作为"人的社会—历史的本质"："自然美的概念远远超过本来意义的自然界，它也扩展到人，即不仅作为自然存在物（人的身体），也涉及人的内在特性、人的社会关系以及各种制度、社会事件和历史等。"③在卢卡奇看来，"每一种对'自然美'的体验都是以在社会化的人的支配下自然界屈从的一定阶段为基础的，当然在其整体的复杂性中带有各种矛盾性"，因而"形而上学地、实体化地提出'自然美'，只会引起思想上的

---

① ［德］施密特：《马克思的自然概念》，欧力同、吴仲昉译，商务印书馆1988年版，第2－3页。另参阅［匈］卢卡奇：《黑格尔的〈美学〉》，载《卢卡契文论论文集》（一），中国社会科学出版社1980年版，第432页；［匈］卢卡奇：《历史与阶级意识》，杜章智等译，商务印书馆1992年版，第203页。

② ［德］施密特：《马克思的自然概念》，欧力同、吴仲昉译，商务印书馆1988年版，第67页。

③ ［匈］卢卡奇：《审美特性》，徐恒醇译，社会科学文献出版社2015年版，第1077页、第1004页。

混乱"①。国内李泽厚也说:"马克思《手稿》是从人的本质、从人类整个发展(异化和人性复归)中讲'自然的人化',提到'美的规律'的。因此,'自然的人化'涉及的是人类实践活动与自然的历史关系。"②

马克思本人曾明确强调,"人对自然的关系首先……是实践的即以活动为基础的关系。"③所以,马克思所理解的"自然"从来都不是像各种唯心主义理解的那样是抽象的、与人无干的,而是具体、感性的,因为"被抽象地理解的,自为的,被确定为与人分隔开来的自然界,对人来说也是无"④;也不是像机械唯物主义理解的那样是静态、孤立的,而是动态和发展的,因为"你对人和对自然界的一切关系,都必须是你的现实的个人生活的、与你的意志的对象相符合的特定表现"⑤。马克思所理解的"自然"一定是处于社会—历史实践中的或经过社会—历史实践"自然人化"过了的。

事实上单就《手稿》而论,马克思对人与自然之间的社会历史关系的阐述,并不是单一而是有着多个层面的,因而是十分丰富的。"无论是在人那里还是在动物那里,类生活从肉体方面说来就在于人(和动物一样)靠无机界生活,而人和动物相比越有普遍性,人赖以生活的无机界就越广阔。从理论领域说来,植物、动物、石头、空气、光等,一方面作为自然科学的对象,一方面作为艺术的对象,都是人的意识的一部分,是人的精神的无机界,是人必须事先进行加工以便享用和消化的精神食粮;同样,从实践领域说来,这些东西也是人的生活和人的活动的一部分。人在肉体上只有靠这些自然产品才能生活,不管这些产品是以食物、燃料、衣着的形式还是以住房等的形式表现出来。在实践上,人的普遍性正是表现为这样的普遍性,它把整个自然界——首先作为人的直接的生活资料,其次作为人的生命活动的对象(材料)和工具——变成人的无机的身体。自然界,就它自身不是人的身体而言,是人的无机的身体。人靠自然界生活。这就是说,自然界是人为了不致死亡而必须与之处于持续不断的交互作用过程的、人的身体。所谓人的肉体生活和精神生活同自然界联系,不外是说自然界同自身相联系,因为人是自然界的一部分。"⑥在马克思看来,自然界从实践领域看是人直接的生活资

---

①　[匈]卢卡奇:《审美特性》,徐恒醇译,社会科学文献出版社 2015 年版,第 1077 页。

②　李泽厚:《美学四讲》,生活·读书·新知三联书店 1999 年版,第 76 页。

③　[德]马克思:《评阿·瓦格纳的"政治经济学教科书"》,载《马克思恩格斯全集》第 19 卷,人民出版社 1963 年版,第 405 页。另参阅[美]福斯特:《马克思的生态学:唯物主义与自然》,刘仁胜等译,高等教育出版社 2006 年版,第 3 页。

④　[德]马克思:《1844 年经济学哲学手稿》,人民出版社 2000 年版,第 116 页。

⑤　[德]马克思:《1844 年经济学哲学手稿》,人民出版社 2000 年版,第 146 页。

⑥　[德]马克思:《1844 年经济学哲学手稿》,人民出版社 2000 年版,第 56 - 57 页。

料与工具、人的物质生活的一部分、人的无机的身体,从理论领域看又是人的精神生活活动对象、人的意识的一部分、人精神的无机界或精神食粮,因而无论就人的物质与肉体生活,还是就人的精神生活都离不开自然界而言,自然界与人的关系都是息息相关的。马克思就此将人与自然界的关系称之为是自然界同自身的关系。

正如前引《手稿》C 段文字首句所说的:"五官感觉的形成是迄今为止全部世界历史的产物",马克思不仅着眼于自然的角度,将人与自然的关系理解为自然内部之间的关系,而且着眼于人的角度,将人与自然的关系理解为由人构成的社会内部的关系。"自然界的人的本质只有对社会的人来说才是存在的;因为只有在社会中,自然界对人来说才是人与人联系的纽带,才是他为别人的存在和别人为他的存在,只有在社会中,自然界才是人自己的人的存在的基础,才是人的现实的生活要素。只有在社会中,人的自然的存在对他来说才是他的人的存在,并且自然界对他来说才成为人。因此,社会是人同自然界的完成了的本质的统一,是自然界的真正复活,是人的实现了的自然主义和自然界的实现了的人道主义。"①施密特指出:"马克思在'巴黎手稿'中,把劳动看成是自然的人化这一进步过程,而这个过程同人的自然化过程则是相一致的。因此,在打上劳动烙印的历史中,发现一个愈加明显的等式:自然主义＝人本主义,而在经济学分析中更富有批判性的马克思也认为,自然和人的斗争可以改变,但根本不可能废除。"②在马克思看来,包括属于自然一部分的人在内的自然界不仅存在着自然与自然的关系,而且存在着一种更深刻社会关联。换言之,马克思对人与自然之间关系的思考同对人与人之间关系的思考紧紧结合在一起,从而把人化的自然和人的社会化看作同一过程辩证统一的两个方面。而且此统一不是抽象不变的,而是具体历史的。马克思认为,作为一个类存在物,人是在社会中也就是在人与他人之间关系中才能体现其自由自觉的对象化本质,而此社会性关系必然会通过作为"人与人联系纽带"的"自然界"体现出来。因而,一方面人是属于自然的,另一方面自然也是属于社会性的人的,正是在这个意义上,马克思才说自然对人来说也成为人的或者说成为人道主义的自然。如果说这里着眼于人而言的人与自然的关系体现了"自然界的人的本质",那么前一点着眼于自然而言的人与自然的关系体现的则是"人的自然的本质"③。

①　[德]马克思:《1844 年经济学哲学手稿》,人民出版社 2000 年版,第 83 页。
②　[德]施密特:《马克思的自然概念》,欧力同、吴仲昉译,商务印书馆 1988 年版,第 75 页。
③　关于马克思对"自然界的人的本质"与"人的自然的本质"这一对短语的使用参阅[德]马克思:《1844 年经济学哲学手稿》,人民出版社 2000 年版,第 89 页。

　　马克思对人与自然关系的阐述还有第三个层面上的,这就是将前述"人的自然的本质"与"自然界的人的本质"联结起来的人与自然共同的"劳动/实践的本质"。马克思指出:"被抽象地理解的,自为的,被确定为与人分隔开来的自然界,对人来说也是无""整个所谓世界历史不外是人通过人的劳动而诞生的过程,是自然界对人来说的生成过程,所以关于他通过自身而诞生、关于他的产生过程,他有直观的、无可辩驳的证明""只要人对自然界的感觉,自然界的人的感觉,因而也是人的自然感觉还没有被人本身的劳动创造出来,那么感觉和精神之间的抽象的敌对就是必然的"①。在这些文字中,马克思强调:其一,"劳动"在人的自然的本质与自然界的人的本质产生过程中具有重大作用,因为离开人的劳动,上述两个本质充其量只是一种抽象的存在。其二,上述关于与自然关系的三个本质是在人类社会的发展过程中逐渐建立起来的。其三,因为在劳动/实践过程中人能够直观自己对象化本质的感觉需求与能力的产生,使得人与自然之间的一种审美关系的产生变成现实。

　　卢卡奇曾经突出地强调建基于社会实践观之上的马克思思想的优越性。他是特别就黑格尔的自然美观来说明这一点的:"黑格尔在他的美学中相当明确地预感到,那个自然——对美学来说它是作为自然美能得以呈现的美学对象而出现的——是社会和自然相互影响一个领域。然而,黑格尔由于他的唯心主义立场,未能将这一有用的看法辩证地想到底,他常常又重蹈唯心主义所固有的蔑视自然的覆辙,因此尽管有一些天才的预感,这个重要的问题在他那里仍然没有解决。这个问题也是只有马克思主义才能解决。由于马克思认识到并且从经济上具体化了社会同自然的物质变换关系,他就把所有有关的问题都从仅仅是预感的境地出众地显露出来,并使之有可能科学地探讨这些问题(对美学也是如此)。"②"马克思划时代的意义,就在于他不仅把人与自然统一起来研究,而且从人与自然的关系中全面地来研究人"③,此"全面"性可说是由上述三个层面来表明的。

　　马克思的自然人化思想特别有说服力地揭示了自然美产生的社会根源是人的本质对象化活动或社会实践。如前所述,马克思在针对人与自然关系的分析中,最重要的成果就是对于人的社会历史实践的强调。马克思的

---

①　[德]马克思:《1844 年经济学哲学手稿》,人民出版社 2000 年版,第 116 页、第 92 页、第 128 页。

②　[匈]卢卡奇:《黑格尔的〈美学〉》,载《卢卡奇文学论文集》(一),中国社会科学出版社 1980 年版,第 426 页。又参上书,第 443 页。

③　蒋孔阳:《美学新论》,人民文学出版社 1993 年版,第 4 页。

自然观有别于他之前所有的自然观的核心或精髓正是实践。此实践论的自然思想对于美学的重要性突出地表现在它对人的实践感性或实践感性的前所未有的洞察。① 这里之所以将马克思的感性与实践连在一起，是为了强调指出，马克思所说的"实践"不仅是物质性的，而且始终与人的感性须臾不可分离，这种与实践不离不弃的感性既指实践活动的客观感性对象，又指包括感性意识和需要、意志和情感等在内的伴随实践整个过程的诸感觉，更指把这两者联系起来的人的具体的感性实践活动本身。

《手稿》对此之论述除了前引 A 和 B 段文字外，还有下述文字："对私有财产的扬弃，是人的一切感觉和特性的彻底解放；但这种扬弃之所以是这种解放，正是因为这些感觉和特性无论在主体上还是客体上都成为人的。眼睛成为人的眼睛，正像眼睛的对象成为社会的、人的、由人并为了人创造出来的对象一样。因此，感觉在自己的实践中直接成为理论家。感觉为了物而同物发生关系，但物本身是对自身和对人的一种对象性的、人的关系，反过来也是这样。当物按人的方式同人发生关系时，我才能在实践上按人的方式同物发生关系。因此，需要和享受失去了自己的利己主义性质，而自然界失去了自己的纯粹的有用性，因为效用成了人的效用。"②马克思在此强调，人的社会实践之所以是人的（区别于动物）是因为在人与自然之间同时展开的物质和精神活动中，它一方面是人自由自觉本质的现实的对象化过程，另一方面是在人的感性感觉中得以把握的过程。因为上述两面一体的过程摆脱了利己主义性质即直接的功利性，因而实践及其对实践的感性感觉是一种"彻底解放"（相对于未摆脱利己主义或功利性时）。马克思这里主要针对扬弃了私有财产而发生的人的实践及其感性的论述说明，从美学视角看实际揭示了人的实践活动的审美性，也就是说原本为满足人直接有限效用的实践转变成了满足真正属于或能体现人的需要的审美需要和享受。蒋孔阳曾指出，就美学而论，马克思在人类美学思想发展中的不同凡响之处在于，他把美学研究从康德重主观的方向转移到和人的劳动实践分不开的重客观的方向。"这样，美学研究的逻辑起点，既不是客观的物质世界或精神世界，更不是主观的心意状态，而是社会化了的人的审美实践活动。"③

事实上，在中国实践美学对马克思自然人化的实践论阐释过程中，特别

---

①　关于对马克思实践观与感性的紧密相关性及其审美现代性价值的阐释可看杜学敏：《马克思的实践感性观及其审美现代性》，载《陕西师范大学学报（哲学社会科学版）》2002 年第4 期。

②　[德]马克思：《1844 年经济学哲学手稿》，人民出版社 2000 年版，第85－86 页。

③　蒋孔阳：《美学新论》，人民文学出版社 1993 年版，第490 页。

突出了由社会实践所彰显的人的本质与美的本质紧密相关性："美的本质与人的本质就是这样紧密联系着的，人的本质不是自然进化的生物，也不是什么神秘的理性，它是实践的产物。美的本质也如此。美的本质标志着人类实践对世界的改造。"而且，"美的本质是人的本质最完满的展现，美的哲学是人的哲学的最高级的巅峰。"①不过，通过上述分析我们已经看到，马克思对美的本质与人的本质密切关联的分析并非是抽象的，而是始终紧扣了兼有审美特性的人的社会实践活动来进行的。因而，马克思对具有审美解放意义的人类社会实践的分析，不仅揭示了包括自然审美与美在内的现实审美产生的社会实践背景与原因，而且前所未有地阐释了审美在人类社会实践活动中以及体现人的本质方面的重大理论与实践意义。

　　凡是有穿透力的哲学概念或思想实际可以从多个方面去阐释，马克思的"实践"概念是这样，为中国实践美学家看重的"自然人化"实际也是这样。这两个概念之所以具有穿透力，是因为它们突出了作为历史唯物论的马克思的优势，此优势就是它既是唯物的又是历史的。从哲学的层面上讲，人与自然的关系既非包含关系（比如说自然是人的一部分或者说人是自然的一部分），也非同一关系。人通过劳动或实践同自然打交道的过程是一个双向的物质与精神交流过程，人改造自然的同时也被自然所改造，人对象化的同时对象也人化，人化自然的同时也被自然化。这就是在实践的基础上深刻地体现着自然即人、人即自然的统一性。不过，人与自然的亲密关系不是体现在自然对人的统一或人对自然的统一，而是体现在通过人类更基础、根本的劳动或实践活动过程中发生的人与自然的自由协作关系上。此种自由协作的自由创造性，完全可以跟艺术哲学美学推崇的艺术创造相媲美："青年马克思把劳动比作艺术家的创造性生产"②。

　　最后，不同于所有以艺术为核心的审美现代性话语，马克思的实践论自然美观的现代性价值突出地体现《手稿》中三位一体的"美的规律—自由劳动—人的本质"学说，从而自然人化理论的重要美学价值还在于它代表的是基于现实劳动并面向未来现实人生的审美现代性话语③。较之于卢梭对自然美的功能阐释、康德对自然美的自由本质与内涵的阐释、黑格尔看重精神性的艺术美而看轻实践的自然美的艺术哲学阐释，马克思本人的自然人化理论以及以李泽厚为代表的中国美学家对马克思自然人化理论的实践美学

①　李泽厚：《批判哲学的批判：康德述评》（修订本），人民出版社1984年版，第417-418页，第436页。

②　［德］哈贝马斯：《现代性的哲学话语》，曹卫东译，译林出版社2004年版，第73页。

③　参阅尤西林主编：《美学原理》第2版，高等教育出版社2018年版，第27-28页。

阐释，特别突出地强调了自然美的社会历史性与现实实践特征，而且代表了对自然美的美的根源或起源问题的解答，而非对于美——尤其作为美的分类的自然美的独特本质问题①的解答，这正显示了马克思并非纯粹实践论的自然美论却具有潜在美学资源的重大价值，也在一定意义上体现了中国实践美学的突出贡献。

20世纪中期以来，马克思的以自然人化为代表的自然观已被生态学、环境学、生态伦理学、环境伦理学等多种新兴学科所关注，也成为当代生态美学、环境美学的重要学术资源。此情况表明：一方面，马克思的自然人化思想本身完全可以不仅仅囿限于其实践基础而建立起对自然美做出著名解释的实践美学，还可以有更多层面的、包括对自然美问题研究在内诸多美学启迪价值；另一方面，人们对立足于劳动或实践而阐释出来的实践论美学及其自然美观是不满意的，因而不仅产生了针对实践美学的所谓后实践美学、实践存在论美学等，也产生了直面马克思经典文本，不以实践为哲学基础的形形色色的马克思主义美学，这其中就包括本书第六章关注的当代中国的生态美学。

---

① 如前所述，虽然马克思"自然人化"思想对于美学的启迪意义绝不限于是美和审美的根源方面的，也可以是建基于自由劳动的美的和审美的本质方面的。

第五章　海德格尔与杜夫海纳：
自然美的现象学本质论

　　自然之所以强大，因为它是圣美的……自然之所以是"美的"，是因为它是"无所不在，令人惊叹"的……无所不在的自然有所迷惑（Beruckung）又有所出神（Entruckung），而这同时的迷惑和出神就是美的本质。美让对立者在对立者中，让其相互并存于其统一体中，因而从或许是差异者的纯正性那里让一切在一切中在场。美是无所不在的现身（Allgegenwart）。①

　　美乃是以希腊方式被经验的真理，就是对从自身而来的在场者的解蔽，即对φύσις（涌现、自然），对希腊人于其中并且由之而得以生活的那种自然的解蔽。②

　　在人与自然的对立中，就有着一种隐秘的亲缘关系。③

　　不幸的是，在有关自然的审美性质问题上，几乎没有专家，也没有传统。④

　　本书绪论和前一章强调事物的根（起）源与本质二者之别。就根源之问指向事物存在或发生的条件，而本质之问则指向事物存在或发生的机制本身而言，探究事物的本质可谓一件颇有现象学特征的事情。因为直面事物本身及其本质的现象学"由于在方法上的突破，它能够处理各种以前的哲学处理不了的问题，而且处理得有独到之处"⑤。作为 20 世纪西方哲学史上以

---

① ［德］海德格尔：《荷尔德林诗的阐释》，孙周兴译，商务印书馆 2000 年版，第 61 - 62 页。
② ［德］海德格尔：《荷尔德林诗的阐释》，孙周兴译，商务印书馆 2000 年版，第 197 页。
③ ［法］杜夫海纳：《美学与哲学》，孙非译，中国社会科学出版社 1985 年版，第 46 页。
④ ［法］杜夫海纳：《美学与哲学》，孙非译，中国社会科学出版社 1985 年版，第 39 页。
⑤ 张祥龙：《朝向事情本身：现象学导论七讲》，团结出版社 2003 年版，"课程目的"。根据国内外的现象学研究专家归纳，现象学具有四个层次上的区分，即最广义的现象学、广义的现象学、严格意义上的现象学和最严格意义上的现象学，并且认为人们多在广义的现象学这个层面上来理解和把握现象学概念。参见［美］施皮格伯格：《现象学运动》，王炳文、张金言译，商务印书馆 1995 年版，第 41 页；倪梁康主编：《面向实事本身：现象学经典文选》，东方出版社 2000 年版，第 5 - 6 页。

"运动"著称而影响深远的现象学,对于像"自然美本质"这样的美学难题应该有自己的解释能力。鉴于同自然美问题密切相关的海德格尔与杜夫海纳思想的现象学背景或特征,本章主要分别借助于他们来关注现象学究竟是怎么面对自然美本质这一自然美学终究绕不开的根本问题的:首先分别梳理海德格尔的存在论现象学哲学与杜夫海纳的审美经验现象学美学背景下的关于人与自然关系及自然美问题的相关论述,然后揭示两位思想家具有现象学特色的自然美本质观的自然美学现代性话语特征与贡献。

一、海德格尔存在论现象学哲学中的自然美观

同马克思相仿,海德格尔大概从未想过要正式进入本书关心的自然美与自然美学问题。从海德格尔存在论哲学体系中的美学之思的自觉性而言,他的确未能脱离黑格尔奠定的艺术哲学框架。这应缘于他对黑格尔艺术哲学美学的高度推崇和对客观唯心主义理念论哲学的存在论批判继承①。海德格尔对黑格尔实为艺术哲学美学的赞誉令人瞩目而且意味深长。其《艺术作品的本源》云:"黑格尔的《美学讲演录》是西方历史上关于艺术之本质的最全面的沉思,因为那是一种根据形而上学而做的沉思。"②其《尼采》则不惜以"最伟大"来称颂之:"西方传统中最后和最伟大的美学是黑格尔的美学。"③这样,由于深受黑格尔影响,从《艺术作品的本源》开始正式进入美学论域的海德格尔,仍然主要限于美本身和艺术问题的范围来展开其"美学"思考(虽然他对传统美学颇有微词),因而从表面上看海德格尔似乎从未顾及自然美问题,更别提推重自康德以来一般同艺术美相对而言的自然美。然而,事实上海德格尔明确在与"艺术美"相对的意义上提到过"自然美"概念:"美本身无非是那个东西,它在自行显示中把这种感情状态生产出来。但美可以是自然的美和艺术的美。因为艺术——只要它是'美的'艺术——以自己的方式生产出美,所以对艺术的沉思就成了美学。"④海德格尔在此对

①　关于黑格尔与海德格尔的联系及其影响可参阅薛华:《黑格尔与艺术难题:一段问题史》(中国社会科学出版社 1986 年版)一书,尤其是其中的《黑格尔关于艺术终结的论点》《海德格尔对黑格尔论点的思考》两篇。

②　[德]海德格尔:《林中路》(修订译本),孙周兴译,上海译文出版社 2004 年版,第 68 页。

③　[德]海德格尔:《尼采》,孙周兴译,商务印书馆 2002 年版,第 91 页。就此而言,我们完全可以认可哈贝马斯关于海德格尔的美学是"古典主义艺术观"性质的判定。[德]哈贝马斯:《现代性的哲学话语》,曹卫东等译,译林出版社 2004 年版,第 114 页。

④　[德]海德格尔:《尼采》,孙周兴译,商务印书馆 2002 年版,第 84 页。

美学史上一般意义上的自然美只是轻描淡写地一笔带过,且对美的分类问题同对美学本身一样持保留态度(这或许是他对自然美问题不曾直接或集中予以论述的原因),但毫无疑问的是海德格尔仍然承认了作为美的种类之一的自然美是存在的。更重要的是,海德格尔事实性地存在着本书关注的由其自然观与美论思想所体现出来的耐人寻味的自然美学思想。

立足于现象学哲学立场,海德格尔曾明确指出哲学的真正和唯一的主题是存在而非存在者:"我们主张:存在是哲学真正的和唯一的主题……用否定的方式说:哲学不是关于存在者的科学,而是关于存在的科学或者存在论。"①海德格尔一生的哲学主题就是在多个层面上彻底追问存在本身及其与人的本质关联之难题。"自然"与"美"则是其上述追问过程中常常被海德格尔哲学和美学研究者视而不见的两个关键词。海德格尔在其重要著作中大量针对"自然"与"美"的真知灼见使我们不能不把海德格尔纳入自然美问题论域并给予高度关注。海德格尔存在论背景下的人的生存问题思考在一定意义上正是对人内外在自然审美的思考,它对理解双重意义上的自然美的本质问题有着不容忽略的重大价值。

对于"自然"(φύσις/physis)概念,海德格尔在其论及人与世界(自然)关系的巨著《存在与时间》中就有明确探讨。他指出:"人们力图从自然去解释世界",但"'自然'这一现象也只有从世界概念,换言之,从对此在的分析中,才能在存在论上得到把握"。② 这里将海德格尔与西方传统的"自然"概念区别开来的关键是,"自然"与"世界"并不是在一般意义而是在此在"在世"或者说"在自然"的存在论的意义上才是同义词。因此,从其著名哲学事业伊始,海德格尔看重的并不是作为存在物或存在者的自然,而是自然的存在及其与人亲密一体的存在性关系。他写道:"锤子、钳子、针,它们在自己身上就指向它们由之构成的东西:钢、铁、矿石、石头、木头。在被使用的用具中,'自然'通过使用被共同揭示着,这是自在自然产品的光照中的'自然'。这里却不可把自然了解为只还现成在手的东西,也不可了解为自然威力。森林是一片林场,山是采石场,河流是水力,风是'扬帆'之风。随着被揭示的周围世界来照面的乃是这样被揭示的'自然'。人们尽可以无视自然作为上手事物所具有的那种存在方式,而仅仅就它纯粹的现成状态来揭示它、规定它,然而在这种自然揭示面前,那个'澎湃争涌'的自然,那个向我们袭来、又

---

① [德]海德格尔:《现象学之基本问题》,丁耘译,上海译文出版社 2008 年版,第 12 页。
② [德]海德格尔:《存在与时间》修订译本,陈嘉映等译,生活·读书·新知三联书店 1999 年版,第 77 页。

作为景象摄获我们的自然，却始终深藏不露。植物学家的植物不是田畔花丛，地理学确定下来的河流'发源处'不是'幽谷源头'。"①在由此在思考存在本身的早期海德格尔看来，自然物及其整个自然界在人以科学活动为代表的纯粹认识过程中，只是作为与人对立的客体化了的存在者而存在，因而它是封闭的或被遮蔽的；但在人的在手上手状态下，在"世界"及其存在领悟层面上，自然物才会真正成其为自然物，自然界才会真正成其为自然界，也才能够真正展露出其自然本性或本性自然存在。因而，较之于外在的有形自然（自然事物），海德格尔更加看重向人敞开的无形的自然，即存在者的自然本性及其自然而然的展示其存在的动态存在过程本身。只有此"自然"才是海德格尔存在论现象学真正关心的"自然"。

在《论根据的本质》中，海德格尔明确区别了两种自然，即"作为自然科学之对象的自然"与"在某种源始意义上的自然"，也即作为认识论的客体化自然与作为存在论的自然而然发生的自然。在这两种"自然"中，海德格尔更为重视对后一"自然"的存在论阐释。这是因为："自然源始地是在此在中可敞开的，因为此在作为现身的、有情态的此在在存在者中间生存。"②换言之，"源始自然"不同于客体自然的根本之处在于，它本质上并非人肆意操纵、利用、支配之物，而是同作为此在的人一起参与人的生存活动中的存在之物，因而"源始自然"或"存在性自然"同人处于亲密一体的生存处境中。

大约从《论真理的本质》开始，作为掌握了"伟大的现象学艺术"之精髓的杰出现象学家，海德格尔更加自觉地通过追溯希腊文自然——φύσις（拉丁文写作 physis）的本义，来反复强调作为 physis 意义上的"自然"概念本身所具有的那种非同寻常却被现代人遗忘的深刻意涵与价值，并发挥、申述其存在论思想。海德格尔说："存在者整体自行揭示为φύσις，即'自然'；但'自然'在此还不是意指存在者的一个特殊领域，而是指存在者之为存在者整体，而且是在涌现着的在场（das aufgehende Anwesen）这个意义上来说的。"③这是说，自然不是作为存在者的自然事物，而是自然事物的存在或在场。

海德格尔的《形而上学导论》写道："对存在者整体本身的发问真正肇端于希腊人，在那个时代，人们称存在者为φύσις，希腊文里在者这个基本词汇习惯于译为'自然'。在拉丁文中，这个译名，即 natura 的真正意思为'出生''诞生'。但是，拉丁译名已经减损了φύσις这个希腊词的原初内容，毁坏了它

---

①　[德]海德格尔：《存在与时间》修订译本，陈嘉映等译，生活·读书·新知三联书店1999年版，第83页。

②　[德]海德格尔：《路标》，孙周兴译，商务印书馆2000年版，第182页注。

③　[德]海德格尔：《路标》，孙周兴译，商务印书馆2000年版，第218－219页。

本来的哲学的命名力量。"①"那么，φύσις 这个词说的是什么呢？说的是自身绽开（例如，玫瑰花开放），说的是揭开自身的开展，说的是在如此开展中进入现象，保持并停留于现象中。简略地说，φύσις 就是既绽开又持留的强力……φύσις 作为绽开是可以处处经历到的，例如，天空启明（旭日东升）、大海涨潮、植物的更生、动物和人类的生育。"②海德格尔这里对于"自然"的解释，既是对古希腊时代亚里士多德等哲学家已经发现的"自然"自我生成、发生的本源性意涵的恢复性阐释，也同曾接受其影响的中国道家颇为接近：自然不是作为存在者的自然物，不是任何现成的存在者，而是包括人在内的自然物自然而然地自在天成本身，自然就是如日升日落、潮起潮落般地存在、活动、生长、生存或展开过程，就是生命的诞生，也可说就是人与万事万物一起自然而然或自在自由的生存、生活。

在《论 Φύσις 的本质和概念》一书中，海德格尔结合亚里士多德《物理学》第二卷第一章中的"自然"概念（参见本书绪论对"自然"概念的考辨），专门对"在西方历史的不同时代里"始终在"本质上处于优先地位"③的"自然"概念的内涵进行了系统而详尽的梳理与解释，并通过其希腊文词源性分析明确地将"自然"与另一个海德格尔后期哲学关键词"真理"——作为无蔽的、归属于存在的真理——联系起来："存在乃是自行遮蔽着的解蔽——这就是原初意义上的 φύσις。自行解蔽乃是入于无蔽状态的显露，即首先把无蔽状态本身庇护入本质之中：无蔽状态就是 ά-λήθεια，我们译之为真理（Wahrheit）。这种真理原初地（而且也即在本质上）并不是人类认识和陈述的一个特性，更不是任何纯粹的价值，或者人类应力求——人们并不知道这是为何之故——实现的'理念'。相反，作为自行解蔽，真理属于存在本身：φύσις 乃是 άλήθεια，即解蔽，因而 κρύπτεσθαι φιλεί（喜欢遮蔽）。"④概言之，存在即自然，自然即存在，作为一种非符合论真理性存在的自然既是遮蔽隐藏又是解蔽无蔽，或者说既是解蔽无蔽又是遮蔽隐藏。针对赫拉克利特残篇第一百二十三"自然喜欢躲藏起来"⑤，海德格尔在《无蔽（赫拉克利特，残篇第十六）》中则分析说："说到底，φύσις（涌现、自然）与 κρύπτεσθαι（自行遮蔽）并不是相互分离的，而是相互喜好的。它们是同一者。在这样一种喜好中，一方才赐予另一方自己的本质。这种本身相互的恩赐乃是 φιλείν（喜好、热爱）和

①　［德］海德格尔：《形而上学导论》，熊伟译，商务印书馆，1996 年，第 15 页。
②　［德］海德格尔：《形而上学导论》，熊伟译，商务印书馆，1996 年，第 16 页。
③　［德］海德格尔：《路标》，孙周兴译，商务印书馆 2000 年版，第 277 页。
④　［德］海德格尔：《路标》，孙周兴译，商务印书馆 2000 年版，第 351 页。
⑤　北京大学哲学系编：《西方哲学原著选读》上卷，商务印书馆 1986 年版，第 26 页。

φιλία（喜好、热爱）的本质。在这种涌现和自行遮蔽相互转让的喜好中,有着φύσις（涌现、自然）的本质丰富性。因此,残篇第一百二十三φύσις κρύπτεσθαι φιλεί的译文或许就可以是:'涌现（来自自行遮蔽）赠予自行遮蔽以恩惠'。"[①]这样,归属于存在的"自然"同非认识论而是存在论的"真理"一样是在既自身显现又自身遮蔽的过程中展示着它自身的存在即自然本性的。

　　海德格尔当然知道艺术概念自始就与自然构成了一种对立关系[②],但从《形而上学导论》开始,在对艺术、思、技术的追问及荷尔德林诗的阐释中,海德格尔把本质意义上的艺术、作诗、思,甚至技术活动也一起置入与原始意义上的"自然"的相关性中来理解。其《科学与沉思》写道:"自然（φύσις）的生长、运作也是一种'作为',而且是在φύσις（放置）的准确意义上的'作为'。只是后来,φύσις（涌现、自然）与φύσις（设置、放置）这个两个名称才进入一种对立之中……φύσις（涌现、自然）就是φύσις（放置）:从自身而来把某物呈放出来、把它产生出来、带出来,也就是使之进入在场之中。"[③]自然并非是无所事事或无所作为的,毋宁说也是一种有所作为,中国道家崇尚的无为而为的思想在海德格尔这里以存在论的方式得以表达。强调"自然"的"作为"或有为性,是在突出自然不只是存在者,更可以是一种不容忽视的存在。这就为重新认识自然与艺术的关系开辟了新的思路。在《形而上学之克服》一书中,海德格尔批评了将自然与人的理性和自由对立起来的观念:"在存在变成'自然'（natur）的狭隘化过程中,显示出作为φύσις（涌现、自然）的存在的一种姗姗来迟的、含糊不清的余音。自然被对立于理性和自由。因为自然是存在者,所以自由和应当就没有被思考为存在。"[④]在 1967 年 4 月 4 日于雅典科学和艺术学院所做的一次报告中,海德格尔更是明确地挖掘了"自然"与"艺术"之间的共属一体联系:"艺术应合于φύσις（涌现、自然）,但却绝不是已然在场者的一种复制和描摹。φύσις（涌现、自然）与τέχνη（技艺）以一种神秘的方式共属一体。"[⑤]海德格尔无疑是认为,自然从本质上讲并非被艺术模仿再现的对象,作为一种"有为"的艺术实乃应合于同样"有为"的自然,因而也是一种"有为"的自然,是一种自然性存在或存在性自然。换言之,自然与艺术不存在必然与自由的对立,二者并非对象性的被反映与反映的认识论关

---

① ［德］海德格尔:《演讲与论文集》,孙周兴译,生活·读书·新知三联书店 2005 年版,第 296 — 297 页。

② 参见［德］海德格尔:《尼采》,孙周兴译,商务印书馆 2002 年版,第 87 页。

③ ［德］海德格尔:《演讲与论文集》,孙周兴译,生活·读书·新知三联书店 2005 年版,第 42 — 43 页。

④ ［德］海德格尔:《演讲与论文集》,孙周兴译,生活·读书·新知三联书店 2005 年版,第 76 页。

⑤ ［德］海德格尔:《艺术的起源与思想的规定》,孙周兴译,《世界哲学》2006 年第 1 期。

系,而是共属一体的存在论关系。

海德格尔现象学视域下对φύσις/physis 意义上的"自然"概念的反复阐释表明:第一,在不否认自然事物与自然本性两种基本内涵的前提下,"自然"概念被前所未有地给予一种存在论阐释,被赋予一种与人共属一体的始终处于自由自在运动状态的存在品性。海德格尔既不是在主客两分思维预设下将"自然"自然客体化,从而像普遍流行的西方传统观念那样将其视为外在于人的自然界,也不是在简单意义上回归或启用古希腊时代就有的内在本质本性的"自然",强调"自然"的自然而然性或自我生成生发意义,虽然其自然概念与后者比较接近。第二,作为存在的自然或自然的存在,不仅出现在人直接与自然现象打交道的过程中,也出现在貌似与自然对立的人的艺术活动以及技术活动过程中。第三,其存在的"自然"思想与中国老庄道家与道合一的内在自然观即自在天成、自然而然意义上的"自然"思想明显有一种相似性或相关性。对于老庄,不仅纯粹的自然事物是合乎天道自然的,人的行为即人道也能在效法天道自然的过程合乎自然;对于海德格尔,不仅大自然的万事万物是存在的自然或自然的存在现象,而且像艺术甚至技术等任何创造性的人类活动都可以是存在的自然或自然的存在现象。如果考虑中国道家观念对海德格尔后期思想的深刻影响,此种相似性或许并非只是我们作为一种简单的比附与联想加上去的,而是海德格尔在其西方思想框架中对中国道家思想吸收之后的海德格尔式表达[①]。

再来看海德格尔的"美"观念。海德格尔《艺术作品的本源》中关于"美"的著名定义是:"这种被嵌入作品之中的闪耀(Scheinen)就是美。美是作为无蔽的真理的一种现身方式。"[②]在此文献二十年后"后记"中,海德格尔在批评传统观念将美与真(和善)相分离的基础上,明确将美同有别于"符合论"真理的"无蔽/存在论"真理观联系起来,且置之于存在论而非主客对峙的认识论与体验论美学语境里来讨论。他写道:"真理是存在者之为存在者的无蔽状态。真理是存在之真理。美与真理并非比肩而立的。当真理自行设置入作品,它便显现出来。这种显现(Erscheinen)——作为在作品中的真理的这一存在和作为作品——就是美。因此,美属于真理的自行发生(Sichereignen)。美

----

① 关于海德格尔与道家思想的相通之处,参见张祥龙:《海德格尔思想与中国天道:终极视域的天启与交融》(生活·读书·新知三联书店 1996 年版)第三部分及附录。尽管海德格尔曾与萧师毅于 1946 年合译过《道德经》的中的 8 章,但或许由于西文译本都用反身代词消解了"自然"的缘故,他对于先秦道家的重要用语——"自然"却只字未提。参见赵东明:《"自然"之意义:一种海德格尔式的诠释》,载《哲学研究》2002 年第 6 期。

② [德]海德格尔:《林中路(修订本)》,孙周兴译,上海译文出版社 2004 年版,第 43 页。

不仅仅与趣味相关,不只是趣味的对象。美依据于形式,而这无非是因为forma(形式)一度从作为存在者这存在状态的存在那里获得了照亮。"①就其美论的艺术论背景而论,海德格尔的"美"或许主要可属于艺术美范畴,但从其更大的存在论哲学背景而论,海德格尔的"美"应该并不限于狭隘的艺术美范畴而具有包括了艺术美与自然美等所有美在内的广义性内涵。对于海德格尔而言,同physis意义上的"自然"一样,美与真理、存在也是密切相关的,而且只能在真理或存在的发生事件及其显现形式而非人的主观趣味与体验中获得其基本的规定性,才能获得一种最为本质的显现。

在《尼采》中,海德格尔还结合遭人百般误解的康德"审美无利害性"理论指出:"康德本人只是首先准备性地和开拓性地作出'不带任何功利'这个规定,在语言表述上也已经十分清晰地显明了这个规定的否定性;但人们却把这个规定说成康德唯一的、同时也是肯定性的关于美的陈述……人们没有看到当对对象的功利兴趣被取消后在审美行为中保留下来的东西……与对象本身的本质性关联恰恰是通过'无功利'而发挥作用的。对象才首次作为纯粹对象显露出来,而这样一种显露(in-den-Vorschein-kommen)就是美。'美'一词意味着在这样一种显露之假相中的显现。"②海德格尔无疑不仅在一定意义上承认了他所谓的"美"是康德与物自体相对意义上的"现象",而且只能诞生于康德称之为无利害性的审美活动中,虽然他并没有用"审美"一词,但至少强调了美同存在论真理发生的共属一体性,因而,此"美"并非对象性的,即美并非是事物的属性或者主体的体验,而是在主客不分的情况下与"真理"一起产生因而是存在性质的,即美是一种显露、显现性存在活动。

在阐释荷尔德林《追忆》诗的《追忆》一文中,海德格尔结合荷尔德林的诗句"他们犹如画家,聚集大地的美丽……"分析道:"在这里,美绝不是指各种各样的优美诱人和令人欢喜之物。大地的美丽乃是在其美之状态中的大地。"③还指出,"美之状态"实乃存在的存有之状态:"美乃是存有之在场状态(die Anwesenheit des Seyns)。存有是存在者之真实……美原始地起统一作用的整一。这个整一只有当它作为起统一作用的东西而被聚合为整一时才能显现出来……诗人们犹如画家聚集(大地的美丽)。他们在可见之物的外观中让存有(即ἰδέα,可译"相")显现出来。在这里,'犹如画家'并不是指这些诗人们描画现实事物。描画的本质要素在于对某种景象的筹划中,而

---

①　[德]海德格尔:《林中路(修订本)》,孙周兴译,上海译文出版社 2004 年版,第 69 - 70 页。
②　[德]海德格尔:《尼采》,孙周兴译,商务印书馆 2002 年版,第 120 页。
③　[德]海德格尔:《荷尔德林诗的阐释》,孙周兴译,商务印书馆 2000 年版,第 161 页。

美就在这种景象的统一体中显示自己⋯⋯诗人的天职就是让美的东西在美之筹划中显现出来。"①对于海德格尔,诗人的作用并非描摹、模仿现实事物本身,而是同其所关涉的存在者一起进入存有事件的发生中,让美的东西自行显现自身。较之于前引《尼采》中的文字,海德格尔这里主要立足于文学和绘画或笼统地讲立足于艺术来谈美:他一方面从否定的方面表明自己并非情感论/体验论美学与模仿说艺术论的信徒,另一方面继续从其《艺术作品的本源》中已经揭示的艺术与美的本质观出发,从肯定的方面强调(艺术)美实乃作为"通道"的诗人、画家或笼统地讲艺术家展示在其"作品"中的存在论真理,因为艺术家(尤其是伟大艺术家)创作一部作品的过程并非为所欲为的主观行为过程,而是"让"作品问世的过程。与其说这是由人完成的创造,毋宁说这是到场的诸存在者像泉水一样自我涌现,走向解蔽的创造,人只不过是此创造过程中的参与者(绝非领导者)之一和见证人。②

在《荷尔德林的大地和天空》一文对荷尔德林《希腊》一诗的分析中,海德格尔反复强调美与真理、艺术的共属一体关系。请看下面这些反反复复地表述:"在这种闪现中在场的东西就是美。"③"美乃是以希腊方式被经验的真理,就是对从自身而来的在场者的解蔽,即对φύσις(涌现、自然),对希腊人于其中并且由之而得以生活的那种自然的解蔽。"④"在这里,存在之真理已经作为在场者的闪现着的解蔽而原初地自行澄明了。在这里,真理曾经就是美本身。"⑤"对希腊人来说,有待显示的东西,亦即从它本身而来闪现者,也就是真实(das Wahre),即美。因此,它就需要艺术,需要人的诗意本质。诗意地栖居的人把一切闪现者,大地和天空和神圣者,带入那种自为地持立的、保存一切的显露之中,使这一切闪现者在作品形态中达到可靠的持立。"⑥一言以蔽之,美同自然一样,并非存在者性质的,而是存在性质的,是在场性存在或存在性在场;并非与真或真理无关,而是真理性的存在或存在性的真理。

对于美与存在、真理的共属一体性,海德格尔在《尼采》中更集中的表述是:"按其本质把真理实现出来,亦即把存在揭示出来,这就是美所完成的事情。美是这样来完成这件事的:它在假象中闪烁着令人出神,把人推入在假

① [德]海德格尔:《荷尔德林诗的阐释》,孙周兴译,商务印书馆 2000 年版,第 162—163 页。
② 关于海德格尔《艺术作品的本源》中的艺术创作本质观及其通道说可参见杜学敏:《论海德格尔的艺术创造及其人的诗意生存思想》,载《陕西师范大学学报(哲学社会科学版)》2006年第 6 期。
③ [德]海德格尔:《荷尔德林诗的阐释》,孙周兴译,商务印书馆 2000 年版,第 196 页。
④ [德]海德格尔:《荷尔德林诗的阐释》,孙周兴译,商务印书馆 2000 年版,第 197 页。
⑤ [德]海德格尔:《荷尔德林诗的阐释》,孙周兴译,商务印书馆 2000 年版,第 198 页。
⑥ [德]海德格尔:《荷尔德林诗的阐释》,孙周兴译,商务印书馆 2000 年版,第 198—199 页。

象中闪现的存在之中，这就是说，它把人推入存在之敞开状态之中，推入真理之中。真理和美本质上都与这个同一者（即存在）相关联；它们在这个唯一的决定性的事情上是共属一体的，那就是：使存在敞开出来并且使之保持敞开。"①总之，"美与真理，两者都与存在相联系，而且两者都是存在者之存在的揭示方式。"②对于海德格尔来说，"存在比人更具有本原性"，"人在他与存在的关系中不仅不是本原的，人之所以存在，仅仅是就他被存在所安排并在他的思维中加入存在事件而言的。因此，对海德格尔来说，基本的关系并非人同自己的关系（亦即他的'自我意识'，他的主观性）而是他同在者展示其自身的存在事件的关系以及向这种事件的投入。"③毫无疑问，海德格尔反复申述的美就是存在之美、真理之美，而从美的归属上来考虑，所谓存在、真理之美绝非由某客体事物即所谓审美客体而来的美，即以参与审美的客体事件命名的艺术美、形式美、社会美等，而只能是一种存在论意义上的真理发生或存在事件的美，也可以称之为人类本真性地诸般存在形态之美。因而，就自然美视角而论，同老庄的美是与道共属一体的本体论意义上的自然美相类似，海德格尔的美是与存在（真理）共属一体的存在论意义上的自然美，也可以说是偏指向内在的自然而然或浑然天成之美的自然美。

在《如当节日的时候……》中，海德格尔实际结合荷尔德林诗句的阐释很明确地把"自然"与"美"两者联系起来予以阐述："自然之所以强大，因为它是圣美的……自然之所以是'美的'，是因为它是'无所不在，令人惊叹'的……无所不在的自然有所迷惑（Beruckung）又有所出神（Entruckung），而这同时的迷惑和出神就是美的本质。美让对立者在对立者中，让其相互并存于其统一体中，因而从或许是差异者的纯正性那里让一切在一切中在场。美是无所不在的现身（Allgegenwart）。"④即便在其原始语境下去阅读，这些表述也颇为晦涩，但有一点似乎是清楚的，这就是：第一，海德格尔无论是对"美"与"自然"的各自分析，还是对两者关系的分析，都是将其放在人与事物共属一体的存在活动之中，而非像传统思想那样在主客两分的背景下将二者或者客体化或者主体化。第二，海德格尔对"美"与"自然"共同具有且归属于不无神秘性的"存在"的"无所不在的现身"特征的论说，并非直接是对本书关心的"自然美"的论述，但完全可从双重内涵上的"自然美"来理解。

---

① ［德］海德格尔：《尼采》，孙周兴译，商务印书馆2002年版，第219页。
② ［德］海德格尔：《尼采》，孙周兴译，商务印书馆2002年版，第220页。
③ 参见美国学者林格的加达默尔《哲学解释学》"编者导言"，载［德］加达默尔：《哲学解释学》，夏镇平等译，上海译文出版社1994年版，"编者导言"第49页、第48页。
④ ［德］海德格尔：《荷尔德林诗的阐释》，孙周兴译，商务印书馆2000年版，第61－62页。

即使海德格尔一向并不看重外在自然物之美意义上的自然美,但仍可从其相关论述中梳理出其独辟蹊径的"自然"与"美"或"自然美"理论,从而为我们从存在论视角理解双重内涵自然美的本质提供内涵丰富而有启迪性的资源。

在海德格尔看来,存在论意义上的美自始就不与发生于人类技术、艺术活动中的美相背离。前文已经论及海德格尔将人类的艺术与技术及哲学之思活动也视为与真理的自然而然(physis)的发生事件,因而在人类一切本真性的活动中毋宁说都存在着与存在(真理)共属一体的美,此美也即作为本性天成之美的自然美,它有别于作为外在事物之美的自然美。鉴于此"自然"的存在论意义上的广义性,此本性天成之美的自然美是包括了当代美学分类研究中所有的美和人类审美活动的。就此而论,海德格尔的美学,即便是主要立足于艺术与诗来展开,究其根本其实并非是黑格尔开创的艺术哲学美学和诗学美学,而是涵盖了人类一切存在论活动的自然哲学美学。

海德格尔于 20 世纪 50 年代在《物》《筑·居·思》《……人诗意的栖居……》《什么召唤思?》等一系列演讲中提出的"诗意栖居"和"天地神人四方整体"思想也可以从其自然存在之美思想角度进行理解。在 1959 年 6 月至 1960 年 1 月先后做过四次的《荷尔德林的大地和天空》演讲文本中,海德格尔写道:"……这就是大地和天空的婚礼,在那里,人与'无论何种精灵',亦即某神,更共同地让美在大地上居住。美乃是整个无限关系连同中心的无蔽状态的纯粹闪现。但这个中心却作为起中介作用的嵌合者和指定者而存在。它是把其显现储备起来的四方关系的嵌合。自从伟大的开端涌现出来——涌现就是φύσις,即'自然'——整个关系就已经准备到来了。美已经被召唤入作品之中了,以便把一切都释放到不可损害的本己之中,并且把一切都庇护起来。"①此段文字中的"让美在大地上居住"与"四方关系"应该就是前提四篇演讲中的"诗意地栖居"与"天地神人四方整体"关系,无蔽之真理及其涌现亦即自然而然意义上的"自然"在此关系中的重大作用粲然可辨。换言之,对美及其与人的生存关系之思考贯穿于海德格尔一生的存在论哲学研究中,而且始终存在着一条存在论的双重内涵上的"自然"甚至"自然美"之思引线。

本书关注的海德格尔存在论现象学中的作为存在的自然美大致如是。海德格尔现象学并存在论哲学背景下的"自然"与"自然美"论并非专门针对本书关注的"自然美"难题的,差不多也可理解为是经我们阐述出来的其存

---

①　[德]海德格尔:《荷尔德林诗的阐释》,孙周兴译,商务印书馆 2000 年版,第 223 页。

在论哲学研究的"副产品"。不过,沿着海德格尔独树一帜开创的现象学哲学美学道路,法国哲学家和美学家杜夫海纳对自然美问题的审美经验现象学研究更具有专门的自然美学意义。

二、杜夫海纳审美经验现象学中的自然美观

杜夫海纳在 20 世纪美学、哲学史上对于现象学美学与整个现象学哲学的杰出贡献是独一无二的,他不少著作中基于其审美经验现象学的自然美观念也早已引起研究者关注①。这也构成了笔者选择杜夫海纳作为从现象学视角关注自然美本质问题的第二个代表人物的理由。

杜夫海纳集中表达其自然美思想的论文是《自然的审美经验》(原载《国际哲学杂志》1955 年第 31 期,后收入《美学与哲学》一书)和《先验与自然哲学》,在其美学代表作《审美经验现象学》和讨论诗学兼美学的著作《诗学》中也有关于自然美问题的著名讨论②。

《审美经验现象学》对审美经验的研究整体上主要把艺术审美经验作为自己的研究对象,因而仍然处于黑格尔开创的西方美学史传统之中,但在现象学意义上又偏离了这个传统,因为根据杜夫海纳开宗明义的设定,其审美经验是欣赏者而非艺术家本人的③。正是此种对欣赏者审美经验的现象学研究决定了杜夫海纳在其主要"用审美经验所经验的对象即……审美对象来界定审美经验"④的研究过程中涉及了自然美问题。在杜夫海纳看来,把审美对象"扩大到自然界中的对象"同时"谈论自然界的美"会影响到对审美

---

① 参见[美]施皮格伯格:《现象学运动》,王炳文等译,商务印书馆 1995 年版,第 820 - 826 页;[美]凯西的《审美经验现象学》英译本前言,见[法]杜夫海纳:《审美经验现象学》,韩树站译,文化艺术出版社 1996 年版,第 600 - 628 页。国内关于杜夫海纳的自然美研究文献,参见彭锋的《完美的自然:当代环境美学的哲学基础》(北京大学出版社 2005 年版)第八章"杜夫海纳论自然美";张永清、王多的《现象学视域中的自然美》,载《社会科学战线》2001 年第 2 期。后者文题中虽无杜夫海纳,但实际论述的只是杜夫海纳的自然美思想,且仅限于《自然的审美经验》一文。

② 彭锋以为,由以上提到的四个文本表达出来的杜夫海纳的自然美思想实际可以两两为单位分为前后两个阶段。参见彭锋:《完美的自然:当代环境美学的哲学基础》,北京大学出版社 2005 年版,第 221 页。受占有资料所限,本节关于杜夫海纳的自然美观念研究主要基于其中两个文献。

③ 杜夫海纳就此区分出了"研究产生审美对象的创作行为"的"创作美学"和"研究审美对象的显现"的"审美经验美学"。参见[法]杜夫海纳:《审美经验现象学》,韩树站译,文化艺术出版社 1996 年版,第 15 页。

④ [法]杜夫海纳:《审美经验现象学》,韩树站译,文化艺术出版社 1996 年版,第 3 页。

经验研究的"严格"性、"精确"性和"纯粹"性,因为人"在感知自然界的审美对象时可能混进不纯成分的影响,如在静观阿尔卑斯山风光时掺杂了清新的空气或芬芳的草香、超俗独处的怡然自乐、向上攀登的快乐以及因无拘无束而产生的高度兴奋等所激起的愉悦感觉",而"直接来自艺术作品的审美经验肯定是最纯粹的,或许也是历史上最早的审美经验";另外,"对自然可能进行的审美化会给审美经验现象学提出一些既是心理学的又是宇宙论的问题。这些问题有超出审美经验现象学的危险",故杜夫海纳明确承诺要"把探讨自然的审美对象留待以后再说"①。可见,杜夫海纳跟本书已经关注过的黑格尔、海德格尔一样,对自然美是持保留意见甚至是有"偏见"的。尽管如此,杜夫海纳在讨论"审美对象的现象学"的第一编将"审美对象与自然之物"进行比较研究时仍然讨论到自然美问题,而且闪烁着十分耀眼的自然美学光辉。

　　杜夫海纳一方面强调作为审美对象的艺术作品②不同于自然对象,因为艺术作品是"有人性的对象",自然物是"无人性之物出于偶然,自生自灭,不受人的控制"③的,另一方面他又反复强调作为审美对象的艺术作品与自然的非同一般的密切关联:审美对象就是自然。杜夫海纳先后在三处语境分别得出的这个结论是建立在他对于审美对象与自然对象之间三方面关系的深刻理解基础之上的,而且可视之为一种自然美与自然审美观。

　　第一处:"艺术作品存在于对象世界。在这个世界里,自然物和文化物,自然对象和人为对象混杂纠结在一起……审美对象并不否认自然,它有时还同自然协调一致,如村庄里的一座教堂,或花园里的一个喷水池。同样,当防波堤恰如其分地围裹和延伸海岸的时候,它是美的……艺术作品意味着已经被驯服的自然,如已经建成的村庄,开辟的花园。尤其是它把自然中那些可以审美化的、自身还可以显现为审美的东西予以转化,如水彩画可以捕捉的光线美质和天空的颜色,或如形体的素描。又比如,制作彩色玻璃窗的画家把玻璃和有关场所的光线配合起来,便是用审美材料做审美的东

---

① [法]杜夫海纳:《审美经验现象学》,韩树站译,文化艺术出版社1996年版,第6—7页。杜夫海纳在此关于自然审美与艺术审美特征的比较,实际已经触及10年后赫伯恩《对自然的审美欣赏》一文开启的环境美学自然美研究中所关注的自然美欣赏模式问题。

② 对于杜夫海纳而言,"艺术作品"与"审美对象"是两个非常重要的概念,且在其《审美经验现象学》中对两者异同或关系进行了多方阐明,具体可参阅[法]杜夫海纳:《审美经验现象学》,韩树站译,文化艺术出版社1996年版,第7—8页,第8页,第22—23页,第40页。大致而论,杜夫海纳理解的艺术作品是艺术家已经完成的实体性客体,而审美对象则是与作为客体性的艺术作品发生审美关系产生审美经验过程中建构起来的经验性对象。

③ [法]杜夫海纳:《审美经验现象学》,韩树站译,文化艺术出版社1996年版,第112页。

西……自然在自身就是审美的范围内，使他的作品审美化。然而，不管是被审美化的自然还是别的东西审美化的自然，当它与艺术结成联盟时，它保持着自己的自然特征，并把这一特征传给艺术。这种特征就是自然向人类挑战并显出深不可测的相异性的面貌。因此，审美对象就其表现自然而言就是自然。但它不模仿自然，而是服从自然。对此，阿兰曾有长篇大论。艺术所服从的自然既是人体的生理结构，又是事物的力量。艺术服从自然不仅是为了创造永恒的作品，而且还显示这种服从：审美对象是与自然配合的……即使与自然分离的艺术，它自身也含有某些自然的因素……它们含有什么自然因素呢？含有审美对象。"①

在杜夫海纳看来：第一，作为"人为之物"的人类产品与艺术作品一旦成为审美对象，无论是就其所表现的内容或题材而言，还是就其所使用的表现材料、表现手段来讲，都依然保持着与自然的联系及自然的特征，因而离不开自然。第二，包括艺术家与欣赏者在内的艺术审美活动离不开对自然的审美化，因而艺术审美与自然审美并非各自独立的两种审美，毋宁说在现象学意义上是有密切关联的两种审美，或者说是同一种审美。从艺术作品是通过审美对象对自然的表现②来看，审美对象也就是自然。第三，审美对象之所以是自然，是因为它是自然审美化或审美自然化的产物。杜夫海纳所谓"自然"既有传统意义上的自然物之义，基于其现象学视野，也包含着现象学意义上的主客不分的自然而然之义。因而，杜夫海纳对自然美的关注和就其审美对象是自然这个命题而论，具有双重自然美意味。这是从审美对象的产生过程方面来讲的。

第二处："审美对象的这种非实用性和感性在审美对象中享有的优先性使我们看到它有一种根本的外在性，即'自在'的外在性。这个自在不是为我们的，而是强加于我们的。我们除了去感知以外，没有其他办法。因此，审美对象与实用对象疏远了，而与自然对象接近了。现在让我们来衡量一下审美对象身上这个自然的分量吧。从接近海德格尔所说的'土地'这个意义上说，我们完全可以把这种向我们几乎是逞凶肆虐的对象的质量存在称为自然。这是柏辽兹的《浮士德》歌颂的辽阔的、深奥莫测的和高傲的自然。

① ［法］杜夫海纳：《审美经验现象学》，韩树站译，文化艺术出版社1996年版，第112－114页。着重号系引者所加。

② 杜夫海纳将"表现"界定为主体或艺术家发现素材并完成其艺术作品的能力："它首先属于一个主体，是发现符号和自我外化的能力。"［法］杜夫海纳：《审美经验现象学》，韩树站译，文化艺术出版社1996年版，第419页。

交响乐或纪念性建筑物或诗歌也都是这种自然。"①"我们这里所称的自然不完全是那种能够在这些特殊经验中显示出来的、各种哲学都以各自方式在寻求和引用的'有'和'被创造的自然',例如对必然性的智力理解,对忧虑的感觉或恐怖的体验。更确切地说,我们这里所指的自然是对感性的必然性的感受,即对内在于感性的必然性的感受。这种必然性不单单是偶然的、使我突然产生的一种感觉,例如一束光线突然使我眼花缭乱,或一种气味迎面扑来,而是通过形式对感性的认可,对感性给予存在的佐证的认可。审美对象就其有某种不可理解的东西而言,仍然是自然。"②

杜夫海纳似乎在告诉我们:作为"人为之物"的艺术作品一旦对象化成为审美对象之后,它便类似于康德"物自体",就此获得了自身的不可知与神秘性;也类似于海德格尔《艺术作品的本源》中论及的与敞开、无蔽、澄明的"世界""本质上彼此有别,但却相依为命"③、对立争执的隐匿、锁闭、涌现、庇护着的"大地"的独立性与自在性;还具有阿多诺所谓自然美的不可界说性(undefinability)④特征。简言之,从审美对象本身具有自然物的不可理解的神秘性而言,审美对象就是自然。这是从审美对象自身所带有的自然的非同一性、遮蔽性、必然性、偶然性等特征方面来讲的。

第三处:"形式使审美对象不再作为一个实在对象的再现手段而存在,而是有它自身的存在。审美对象的真实性不在它的身外,不在它所模仿的现实之中,而是在它自身。形式赋予它所统一的感性的这种本体论上的满足,使我们完全可以说,审美对象就是自然……审美对象通过自身的这种感性的力量成为自然。但感性只是由于具有形式——这种形式本身首先就是感性的形式——才有力量。可是,这种形式是由对象创造者的艺术强加给对象的。奇怪的是,审美对象只是因为是人为的才是自然的。"⑤在杜夫海纳看来,作为"人造之物"的艺术作品成为审美对象的标志是它获得了自己的感性形式。要说明的是,杜夫海纳所谓的"感性"既非主体方面的经验或认

①　[法]杜夫海纳:《审美经验现象学》,韩树站译,文化艺术出版社 1996 年版,第 116 页。

②　[法]杜夫海纳:《审美经验现象学》,韩树站译,文化艺术出版社 1996 年版,第 117 页。着重号系引者所加。另参见:"我们可以说审美对象具有自然物的特征,例如冷漠、不透明性、自足。"同上书,第 178 页。

③　[德]海德格尔:《林中路(修订本)》,孙周兴译,上海译文出版社 2004 年版,第 35 页。海德格尔《艺术作品本源》中关于艺术的真理(存在)发生本质观及其"世界"与"大地"两个概念对杜夫海纳的审美经验美学影响是巨大的,此处即可见一斑。

④　参阅[德]阿多诺:《美学理论》,王柯平译,四川人民出版社 1997 年版,第 125 - 129 页。文字根据该书英译本有改动。

⑤　[法]杜夫海纳:《审美经验现象学》,韩树站译,文化艺术出版社 1996 年版,第 120 - 121 页。着重号系引者所加。另参见第 177 页、第 199 页。

识，也非客体方面给予我们某种刺激的物质质料，它实际是这两方面所共同组成的东西，或者说是在人与对象相遇时最原始的、主客不分的一种东西。关于"感性"与"形式"的关系，杜夫海纳说："感性是通过形式而出现的，但它也使形式出现。因为形式在这里就是感性成为自然的东西，而存在于感性内部的这种必然性，而不是外部的、如同控制实用对象、成为一种实用的、由身体直接领会的逻辑必然性那样的必然性。"①所以，此感性形式既是人为创造的结果，也具有以上所说的自然事物的自然性特征，所以从其有自己自然的感性形式而言，审美对象就是自然。这是从审美对象的性质来讲的。还需留意的是杜夫海纳在此所强调的获得其形式的审美对象亦即自然的本体论或存在论处境，这是由于海德格尔存在论"自然"思想对杜夫海纳产生了影响及二人均具有现象学背景。

这样，杜夫海纳从审美对象的产生过程、基本特征与性质三方面就把审美对象归结为自然。由于杜夫海纳所谓的审美对象主要指的是在艺术审美欣赏活动中由艺术作品与审美知觉经验相互作用而产生的审美对象，所以当他说"审美对象就是自然"时无疑是说艺术美也就是自然美。这就产生了一个矛盾：杜夫海纳的"主要目的只是描述专门的审美对象自身的特征，着重指出它与其他对象的不同之处"②，结果却找到了两者的联系或共同之处。当然，杜夫海纳找到共同点的两者是审美对象与自然，而非审美对象与自然之物。如他后来所言，"真正的对立在于自然物和人工物之间，丝毫不在于自然与艺术之间。因为，任何审美对象从某一方面看就是自然；同样，自然也可以变成审美对象。不管自然人化与否，只要它是具有表现力的又是自然的时候，它就成为审美对象。而且，只有当它是自然的，它才是具有充分表现力的。因为，它自身的自然性还必须有所显示。"③杜夫海纳以上所说的"自然"虽然涉及自然物，但从他对"自然的""自然性"的强调而论，主要指事物的自然本性④，而正是通过作为自然本性的"自然"概念，真正的艺术与自然的对立方才不复存在。杜夫海纳大概是想说明：作为人工之物的审美对象或艺术作品固然不同于自然之物，但在现象学意义上也即在"显示"或展

---

① ［法］杜夫海纳：《审美经验现象学》，韩树站译，文化艺术出版社1996年版，第120页。

② ［法］杜夫海纳：《审美经验现象学》，韩树站译，文化艺术出版社1996年版，第101页。

③ ［法］杜夫海纳：《美学与哲学》，孙非译，中国社会科学出版社1985年版，第44页。

④ 杜夫海纳区别了两种"自然"：其一，指"被创造的自然"，即"整个有机现象和无机现象"，也即自然事物，他用"nature"表示；其二，指"创造的自然"，即"作为自然和人类基础的最大生成力量"，也即自然本性，他用"Nature"表示。参见［法］杜夫海纳：《美学与哲学》，"作者说明"；［美］凯西《审美经验现象学》英译本前言，见［法］杜夫海纳：《审美经验现象学》，韩树站译，文化艺术出版社1996年版，第624页。

示自然本性方面仍然是相通而具有共同性的。

　　或者因为对审美对象与自然非同一般关系的发现,使得杜夫海纳不仅在《审美经验现象学》中多次提及自然美问题[①],而且在两年后题为《自然的审美经验》[②]一文里集中讨论了自然美问题。正像在《审美经验现象学》中着重通过艺术审美对象来讨论艺术欣赏的审美经验一样,杜夫海纳在《自然的审美经验》一文中也着重通过自然审美对象来讨论自然的审美经验。如果说杜夫海纳在《审美经验现象学》中论及的自然美差不多可以归于自然而然之美意义上的自然美(或者也可以说是同时兼及了两种自然美),那么,在《自然的审美经验》一文中,他探讨的则是自然事物之美意义上的自然美。因为他明确说明他要讨论的"审美对象不再由艺术作品来提供,而是一个自然的物体来提供——所谓'自然的'是针对'人工的'而言,如一片风景或一个生命体"[③]。当然,杜夫海纳在后一文本中对自然美问题的讨论显然与前一文本"在思想上保持了一定的连贯性"[④],二者之间并不存在一种对立关系。

　　关于自然事物的自然美的审美经验究竟是怎样的一种审美经验呢,杜夫海纳开篇即写道:"有关审美对象的思考一直偏重于艺术……艺术作品刺激目光,目光把艺术作品改变成审美对象。目光专注于艺术作品时,便成为完成作品的一个组成部分……如果说,客体因此就表现得像一个准主体(Quasi-sujet),这丝毫不能保证主体与客体有根本的亲密关系,因为这里的客体是被制造出来的物体,它把创造者的意图保留在自己身上。因此,人们可以认为,通过审美对象,仍然是人在向他自己打招呼,而根本不是世界在向人打招呼。"[⑤]杜夫海纳认为,在长期被美学所推重的艺术审美中,人是与人工的艺术作品即"准客体"打交道,因而实际体现的仍然是人与自己的关系,而非更加具有存在论意味的人与世界的关系,而后一关系恰恰是在自然审美活动中得到了典型的展现与拓展。

---

　①　另参见[法]杜夫海纳:《审美经验现象学》,韩树站译,文化艺术出版社1996年版,第414页,第477页注②,第588页以下到该书结束。尤其在此书末章的"审美经验本体论(存在论)"部分,杜夫海纳在申明艺术审美经验的存在论意义时,也往往体现出将其与自然审美经验相结合的特征,这可以说正是杜夫海纳前述自然美思想在此书结尾的升华性显现。关于杜夫海纳对于自然审美存在论意义的论述,也可参见彭锋:《完美的自然:当代环境美学的哲学基础》,北京大学出版社2005年版,第225—227页。

　②　后收入其著名的论文集《哲学与美学》第一卷。当然,《哲学与美学》一书谈论自然美问题的并不止于此文,包括"作者说明"和"前言"在内的不少篇章均时有涉及。

　③　[法]杜夫海纳:《美学与哲学》,孙非译,中国社会科学出版社1985年版,第33—34页。

　④　[法]杜夫海纳:《美学与哲学》,孙非译,中国社会科学出版社1985年版,"作者说明"。

　⑤　[法]杜夫海纳:《美学与哲学》,孙非译,中国社会科学出版社1985年版,第33页。

　　杜夫海纳非常明确地把自然审美与存在联系在一起，他说："在自然的审美经验中，情感向我们揭示了存在的完满，而我们便是虚无……必然性就是这个不可驳斥的存在，就是自然的这种完满。它愈是显得机械，愈不考虑我的计划、我的怀疑或我的问题，它也就愈加迫切地强加于我……天地所证明的不是一个偶然的世界，而是一个必然的世界。自发性之中的'创造的自然'只能通过在必然性中的'被创造的自然'，才能加以揭示。"①杜夫海纳所谓的"存在"，首先是指包括人的身体在内的自然事物本身的实体存在，它是具有重力和机械性的东西，它根本无视人的主观意愿，甚至构成了对人的一种强迫力。自然具有不依赖于人的存在而存在的绝对的实体自在性，自然的也即必然的，杜夫海纳因此便称之为"必然性"或"自然的"或"存在的完满"。又由于作为"被创造的自然"的自然物是通过作为"创造的自然"即自然本性自然而然地产生出来的，杜夫海纳又说在一定意义上，"必然性都是自发性的别名"②，也即必然性也就是一种自发性。杜夫海纳指出，恰恰是"在人与自然的对立中，就有着一种隐秘的亲缘关系。"③人与自然之所以尽管对立但又有一种隐秘的亲缘关系，是因为深受梅洛—庞蒂知觉现象学影响的杜夫海纳认为：作为具有身体或肉体的人本身也是自然的，是具有必然性和自发性的。可以说，正是一种具有先验的存在论性质的同质同构基础构成了人与自然的此种非同寻常的亲缘关系，也构成了自然审美活动发生的先验基础。

　　由于在自然审美活动中，此种感性的实体性自然的存在更加引人瞩目，而且具有"不可预见性和不可思议性"，所以杜夫海纳常常在对比中反复阐述自然对象的感性面貌所激起的自然审美经验不及艺术审美经验纯粹："与自然对象的交流同对艺术品的注意相比有着另一种风格。存在于艺术品之中，正如柏格森想说的，就是处在这样一个意识面上，即我们深深地成了我们自己，被我们的过去所填满，同时，我们越是承受着这个过去……我们就越是全面地进入静观的现在之中。存在于自然对象之中，就像存在于世界上；我们被拉向自然对象，然而又受自然对象的包围和牵连。因此，审美意向性不那样纯，它更指向自然，它针对的对象属于自然。"④"如果在自然面前，审美经验不能具有在艺术作品面前所具有的那种纯粹性和严格性，如果在审美经验中，静观即使不是更加漫不经心，至少也是更加充斥着不相干的

　　① ［法］杜夫海纳：《美学与哲学》，孙非译，中国社会科学出版社1985年版，第48-49页。
　　② ［法］杜夫海纳：《美学与哲学》，孙非译，中国社会科学出版社1985年版，第43页。
　　③ ［法］杜夫海纳：《美学与哲学》，孙非译，中国社会科学出版社1985年版，第46页。
　　④ ［法］杜夫海纳：《美学与哲学》，孙非译，中国社会科学出版社1985年版，第36页。

因素,很少被某种明确的对象所固定,这也是与呈现在它面前的对象有关。这个对象没有被严格地规定界限,就像画被镜框、交响乐被演奏前的寂静、诗歌被我读的书页和读的时间所严格规定那样。它的形式不简明,这不仅因为它的轮廓不分明,而且还因为它在自身上没有被固定,不是永恒的。光线的变化、云彩的移动、地平线的被遮挡,都不同于运动的艺术,都不考虑审美效果:自然在不停地临场做戏。"①杜夫海纳这里对自然美特征的阐述同黑格尔的相关论述有一定相似性,但与黑格尔的否定性观点不同,杜夫海纳强调指出,这并非自然审美的缺陷,而毋宁说恰恰是其特点或优点。因为"艺术品能激起无缘无故的感性……而自然对象则激起世界的种种感性面貌。这里,感性面貌的不可预见性和不可思议性便成了主要效能,无须人们去试图在其中寻找一种事先考虑好的组织的严密性。这就是为什么我们欣赏落日余辉而对邮政局挂的月份牌上的落日却感到厌恶的缘故……我们接受自然感性的自发性和丰富多彩,但在艺术感性中我们却不能容忍。"②杜夫海纳对自然审美过程中因自然感性的丰富多彩而带来的自然审美的丰富多彩的揭示既说明了自然审美经验独特而神秘的特征,又彰显了具有浑然天成性自然审美的特殊功能性价值。

杜夫海纳的审美经验现象学并非是自然主义的,因为他所谓的"存在"还指人的存在以及人与自然之间的审美经验存在亦即审美活动存在,乃至宗教信仰性存在:"审美经验在这里(指自然)正如我们所观察到的那样,没有像在艺术作品面前那样纯。但在它使我们进一步与事物浑然一体并不许可作同样完全的还原方面,它又更接近于普通知觉。还原在这里所能做的,就是宣称它自己的不可能性,产生对世界的信仰,而不是取消这种信仰。存在并不单单是人和事物的共同命运,人和事物并存。人愈深刻地与事物在一起,他的存在愈深刻。然而审美知觉额外增加的东西,就是肯定人与自然的一种共同天性。因为,这时自然对我说话,我听得见它。它比艺术对我说得少,但至少它告诉我它自己的必然性。"③正是人与自然之间不无神秘意味的共同天性及因此产生的信仰性,使我们在自然审美过程中能经验能听到自然对于人的某些道说。

自然对人道说了什么呢? 杜夫海纳继续写道:"自然就是这样向我说话,不仅像谢林所说的,'在我们自己保持沉默的范围之内',而且也在它沉

---

① [法]杜夫海纳:《美学与哲学》,孙非译,中国社会科学出版社1985年版,第34页。
② [法]杜夫海纳:《美学与哲学》,孙非译,中国社会科学出版社1985年版,第35页。
③ [法]杜夫海纳:《美学与哲学》,孙非译,中国社会科学出版社1985年版,第49-50页。

默的范围之内⋯⋯在对我谈论它自己的同时，它对我谈论了我自己；它不是让我回忆起我自身、我的历史或者我的独特性，甚至也不是明白地给我讲述我的人性：星空的经验类似于道德规律的经验，然而二者是没有关联的。星空不告诉我说，我是理性，或者我能够成为理性。然而它至少告诉我说，这种无边无际的呈现是一种为我的呈现，因此，我暗中是与这无边无际的呈现相协调一致的。我出现在世界上，但好似在我的祖国。所以我能够赞成世界。里尔克，新的俄尔浦斯说：'这里的存在就是辉煌。'这种'辉煌'是在自然中受过考验的审美情感的特点。它是审美经验中具有宗教性的东西。"①杜夫海纳这里的文字明显与康德那段著名的关于头顶的星空与心中的道德律的文字有一种"互文性"关系，虽然他以现象学的存在论试图消解康德主体论美学视域中自然美过于明显的道德内涵，但仍对康德的目的论表示了存在论意义上的赞同。因为他在前引文字之前已经做出了自己的总结：自然美经验正像康德早已告诉我们的，它有一种目的论诉求，就是让我们认识到自己的存在乃至道德责任："这里有一种目的性，尽管是无目的的目的性，那么就在这个意义上，自然不仅给我们带来它的现在，还教导我们说，我们正出现在这个现在之中自然激起的审美经验给我们上了一堂在世界上存在的课。"②

　　总体而论，杜夫海纳对于自然审美经验的论说，是在海德格尔的存在论基础上进行的，虽然沿用了经验论美学的"经验"概念，但跟海德格尔一样尽量排除了主体体验性与心理性的内容。在现象学并存在论的双重地基上，杜夫海纳比海德格尔更加具体而微地展开了对自然美的审美经验研究，从而揭示了双重意义上的自然审美不同于艺术审美的本质特征及其十分独特的自然存在论人文价值。所以，就一般与艺术美相对的自然美而论，杜夫海纳虽然既承认艺术美与自然美的相互联系，也承认艺术美对于自然美"预备教育"意义，但他并不认为自然美是通过艺术的眼光而产生的。自然审美经验并不"隶属于艺术经验"而存在，它同艺术审美经验一样是一种完全独立的审美经验。所以杜夫海纳说："我们不能同意下述观点：当我们把自然审美化时，我们通过艺术就会看到自然；因为那时我们期待于自然的就是艺术曾使我们成为习惯地期待于它的东西。"③对于杜夫海纳而言，自然审美经验体现的是人与整个自然或世界的直接而亲密关系，而并非需要借助艺术作

---

① ［法］杜夫海纳：《美学与哲学》，孙非译，中国社会科学出版社 1985 年版，第 50 页。
② ［法］杜夫海纳：《美学与哲学》，孙非译，中国社会科学出版社 1985 年版，第 49 页。
③ 参见［法］杜夫海纳：《美学与哲学》，孙非译，中国社会科学出版社 1985 年版，第 36 页。

为中介。通过自然审美活动，人是与整个世界发生关联，而且较之于艺术审美更获得了具有类似宗教信仰意味的存在论内涵。杜夫海纳曾在《哲学与美学》导言中谈到美学对于哲学的本体性意义，现在我们看得更加清楚，此意义首先或最为典型的是由自然审美呈现出来的。

三、现象学自然美论：自然美学现代性话语的本质与经验维度

以上两节分别梳理了海德格尔存在论哲学与杜夫海纳美学中关于自然尤其是自然美问题的相关具体论述及其代表思想，现在可借此来总结他们自然美之思作为自然美学资源的现代性特征与价值了。

先澄清一下本章标题中的"本质"概念的内涵。因为它可能引发人们的某种联想，这就是被维特根斯坦等著名哲学家抨击为相信并尽力追寻事物本质的本质主义（essentialism）①。海德格尔似乎很喜欢追问本质（Wesen），他的不少著作名称中就含有"本质"一词，如《论根据的本质》《论真理的本质》《荷尔德林和诗的本质》《语言的本质》等。海德格尔曾把关于"本质"的研究区分为"非本质的本质"与"本质的本质"研究。"非本质的本质"研究一般热衷于把个别事物即存在者一字排开、从中抽取共性以得出普遍适用的概念或结论（归纳法），或从抽象的基本原理出发对个别事物进行推演以获取具有普遍性的知识（演绎法）；"本质的本质"研究则牢守事物或存在者的存在本身，将诸存在者带到存在的敞开状态中，在由此及彼与由彼及此等诸多解释学循环中呈现事物的本真面貌，因而本质性本质研究虽也可获得对事物普遍性的理解，但此普遍性并非抽象的。② 在海德格尔看来：第一，问题的关键不是追问本质，而是如何追问和理解"本质"。第二，从存在论现象学关注事物必须关注其"本质的本质"。因而无条件地反对一切"本质"追问的人，与其称之为反本质主义者，还不如称之为本质过敏主义者更恰当。

通过简单比较即可明白，一德一法的海德格尔和杜夫海纳并不处在同一国度的哲学传统内。知人论世，无论是从其出生国度、知名度，还是其思想背景与思想旨趣看，海德格尔与杜夫海纳之间是有着不容忽略的差异性。单就本书关心的自然美问题而论，两人的差异大约有如下几点：第一，从研

---

① 参见［美］汤森德：《美学导论》，王柯平等译，高等教育出版社 2005 年版，第 38－46 页。
② 参见［德］海德格尔：《林中路》（修订译本），孙周兴译，上海译文出版社 2004 年版，第 1－3 页；［德］海德格尔：《路标》，孙周兴译，商务印书馆 2000 年版，第 231 页；亦可参见陈嘉映：《海德格尔哲学概论》，生活·读书·新知三联书店 1995 年版，第 281 页。

究出发点与目的而论，虽然本章所涉材料、内容不无美学内容、特色，但海德格尔显然无意于美学学科内部的自然美问题，他进入"自然"问题与"美"问题纯属其存在哲学之问使然，因而无论是对"自然"还是"美"的论说，都是为了彰显人（有时连带涉及其他相关存在者）"存在"的不同维度、侧面或特征；杜夫海纳的自然美研究则明显属于美学学科的专业研究，因而有一种自然美研究的学术自觉性，他也表明自己对自康德以来每每进入艺术哲学美学体系甚至间隙之内的自然美问题的独特研究意图。第二，从研究内容或对自然美本质的认识而论，本章阐述下的海德格尔自然美观的独特性是强调广义自然内涵上的自然美的自然而然的存在或生成动态性，而且严格说来此自然美不属于本书从一开始就区分的两种自然美的任何一种（虽然从总体上说侧重于事物自然而然的自在天成之美内涵），或许可将此自然美称为存在性的自然美（从存在论也可称之为自然性存在美）；受海德格尔的影响，杜夫海纳所理解的自然美整体也是在存在论意义上的，其突出特征是对自然美的审美经验性分析，且既对本书划分的两种自然美都有所论述又偏于自然而然的自然美；第三，从研究方法而论，海德格尔的自然美研究带有其哲学研究一贯的解释学循环（包括喜欢用词源分析）策略和后期思想诗思合一特点，且独具个人风格；杜夫海纳的自然美研究则基本是常见的一种分析性学术研究，相对而言并无显著个人特色。

　　但共同的现象学背景与学术传承关系也使海德格尔与杜夫海纳的自然美思想表现出对自然美本质存在的共同关注，而且杜夫海纳明显具有接续海德格尔的存在论自然美之思，从而将其真正美学化的思想连贯性。共同的现象学背景和对自然美的存在论关切使得海德格尔与杜夫海纳自然美的现代性自然美学价值得以凸显。

　　首先，以海德格尔为代表的现象学美学以"存在"来界定包括自然美在内的审美与美，从而使自然美在美学史上获得了前所未有的存在论意义上的本质规定性，这可视为本章所关注的海德格尔与杜夫海纳美学对于自然美学的贡献。

　　本书前几章关注的卢梭、康德、黑格尔总体上属于近代认识论美学，海德格尔和杜夫海纳的美学则是20世纪典型的存在论美学。具体来讲，海德格尔及杜夫海纳，不是在主客对立的前提下试图认识美是什么，将美看成认识的对象，进而视为审美主体的感性经验或理性认识，而是在超越主客对立的现象学背景下追问美何以可能，将能把人与事物一同带进意向性活动中的自由自在的存在本身看作美产生的根本条件，进而强调美产生的活生生的生活处境、境遇等因素。因此，在其存在论背景下，海德格尔与杜夫海纳的自然美论,就自然美本身而言,最大限度地突出了自然而然之义的自然美;就自然美与别的美(如艺术美)的关系而言,基于自然和美同万事万物之存在的一体相关性,"自然美"具有打通和涵盖整个人类审美活动的特质,因而说到底海德格尔的自然美是包括了国内美学一般区分的所有美的类型。

在存在论美学看来,强调人的自我启蒙精神进而突出审美活动中人的主体性自由及其价值的康德美学是典型的认识论美学,也因为特别突出人作为主体在审美中的核心地位及其心理体验而被同时称为主体论美学和体验论美学。始终对近代的主体性体验论美学及古典的模仿论艺术美学持反对意见的海德格尔,其实最终仍然通过对"自然"与"美"的独特阐释而建立起了他自己的超越艺术哲学美学的存在论的"自然美学"。这个看重自然而然之美意义上的自然美的"自然美学"观念对我们的启迪意义在于:两种意义上的自然美同艺术美一样并非一种由主体单方面完成的孤立的情感、体验、趣味、感觉甚或心理等文化活动①,而是与存在密切相关的具有存在性本真活动。

本章开始引述张祥龙的文字提到现象学解决哲学疑难问题的优越性,此后涉猎阐述的两位现象学思想家特色鲜明的相关思想对于自然美本质问题解决方面的重要价值大致能够证明此优越性。对于现象学同美学的密切关系,张祥龙实际有更专门的论述。在他看来,具有思辨穿透力和方法论新鲜含义的广义现象学"首先具有美学含义"②。现象学讲的"现象"并不高深,其实就是人完全沉浸其中的活生生的体验,本身就包含着审美发生所需要的自由空间,"在现象学看来,人性天然混成,气韵盎然,自有一段缠绵不尽之情,勃郁待发之意"③。张祥龙写道:"在西方传统美学和以这种美学为理论背景的讨论中,尽管出现过各种关于美的本性和美感经验的学说,但似乎还没有这样一种看法,即认为事物对我们呈现的条件本身使得我们的美感经验可能……在现象学的新视野之中,那让事物呈现出来,成为我所感知、回忆、高兴、忧伤……的内容,即成为一般现象的条件,就是令我们具有美感体验的条件。换句话说,美感体验并不是稀罕的奢侈品,它深植于人生最根本的体验方式之中。原发的、活生生的体验一定是'美'的,含有非概念的领

---

① 关于海德格尔对上述用以说明审美与艺术的流俗概念的批判性态度参见海德格尔的《尼采》第一章、《艺术作品的本源》《世界图像的时代》《技术的追问》《科学与沉思》《从一次关于语言的对话而来》等著作。
② 张祥龙:《从现象学到孔夫子》,商务印书馆 2001 年版,第 368 页。
③ 张祥龙:《从现象学到孔夫子》,商务印书馆 2001 年版,第 391 页。

会与纯真的愉悦。"①美就是"现象本身在其被构成的势态处天然形成的"②，也可以说现象本身就是美的或者说现象的原本呈现就是美。张祥龙上述关于现象即美的论述本身就是对胡塞尔和海德格尔现象学美学思想的更为清晰的发挥。值得注意的是，张祥龙在分析过程中特别凸现了现象学意义上的美与人生最根本体验的紧密相关性及其自然而然的天然性特征，也强调此天然或自然而然之美（即自然美）同人类本真性生活的息息相关性。因而此现象即美或美即现象的思想，同本章第一节阐述的海德格尔的自然即美或美即自然思想的精神实质是完全一致的，也可理解为是对本章所述两位现象学美学家自然美观的"科普"版。

其次，以海德格尔为代表的现象学美学在其人与自然之间的真理发生存在论关系背景下，在一定意义上消解了近代美学中自然美与艺术美的对立格局，而代之以超越美的分类的美的存在论整体观。

正如前文不断论及的，海德格尔与杜夫海纳的现象学自然美论其实是广义的自然美论，因而他们关注的自然美其实不是一般同艺术美相对的自然美，而是包括艺术美与自然美在内的所有美，虽然他们的美学讨论仍然依托于艺术问题。这其实反映的是现象学对人与广义自然关系的一种新理解，这就是不像康德将人与自然的关系理解为一种主体性的自由与道德象征关系，不像黑格尔理解为绝对理念运动中最初的一个被超越的阶段，也不像马克思将人与自然的关系理解为以劳动为核心的社会实践关系，而是理解为人对存在的应答、顺应与归附性关系。

海德格尔与杜夫海纳对包括自然审美在内的所有审美活动中引领人的"存在"的高度重视和对人的主体地位的扬弃，很容易使我们想起两人对黑格尔客观唯心主义的艺术哲学美学的倍加推崇和对康德主观唯心主义的主体性美学敬而远之的戒备之心。海德格尔与黑格尔的联系除了艺术哲学美学框架、重视艺术美与真理的联系和对外在自然物之美自然美的轻视等思想之外，黑格尔在其美学讲演开篇伊始提出的"艺术终结说"③也对海德格尔也留下了深刻印象。其中包含的深刻意义这里无暇顾及，但在海德格尔这里所产生的影响是值得深思的。"我们现时代的一般情况是不利于艺术的。"④海德格尔在《艺术作品的本源》中重提"艺术终结"的判断现在可从自

---

① 张祥龙：《从现象学到孔夫子》，商务印书馆 2001 年版，第 372 页。
② 张祥龙：《从现象学到孔夫子》，商务印书馆 2001 年版，第 392 页。
③ 这只是黑格尔宣判的一种表达方式，关于别的方式及人们对此宣判可能存在的误解等情况参阅薛华：《黑格尔与艺术难题：一段问题史》，中国社会科学出版社 1986 年版，第 2 页。
④ ［德］黑格尔：《美学》第一卷，朱光潜译，商务印书馆 1979 年版，第 14 页。

然美角度提供一种猜测性的解释：艺术的终结同艺术的自然化不无某种深刻的关联；存在论意义上的自然审美而非艺术审美才是审美的正途。

最后，以海德格尔为代表的现象学自然美学的现代性特质是对近代主体性与体验论自然美学的决绝批判和对不无神秘色彩的存在（或称无蔽真理）之无条件皈依，而且是生活美学而非表面上的传统的艺术哲学美学。

海德格尔的艺术论或所谓美学表现出他对艺术活动中艺术家与欣赏者主体地位的刻意回避和对艺术活动本身地位的高度强调，正是在对其思想的阐释过程中我们才认识了海德格尔的存在论艺术美并自然美观。卡西尔在分析莎夫茨伯利自然哲学本质时的话（尤其是最后两句），或许可以通俗地说明海德格尔所揭示的自然美的真实内涵："艺术创作和美学鉴赏不是受未来目的所支配，艺术创作活动的目的，便是这种活动（创造和构思）本身，这一点同样适用于自然中的'天才'。天才活动，故天才在。天才的任何特殊作品，或它的无限丰富的作品，都不能包揽天才的本质而无遗。天才只能在创造和形成过程中表现自身。而这种活动也是全部美的源泉。'产生美的东西，而不是被产生的美，才是真正美的东西。'"[①]对于海德格尔而言，"产生美的东西"肯定不是康德哲学美学中的主体与人，只能是"存在"。对于特别是在艺术创作活动中，人甚至天才（海德格尔称之为伟大的艺术家）肯定是参与了此创作或存在活动，但并不具备主体的地位。在这里，存在论美学关注的不是主体如何审美和感受感觉美（不管是艺术美还是自然美），甚至创造美，而是人所谓美及审美发生的条件。为此，海德格尔（杜夫海纳也一样）义无反顾地反对主体或主观主义。"主观主义的错误在于把认识论和本体论的问题混为一谈，错误地给予私人主观性以本体论主体的权利。"[②]在海德格尔和杜夫海纳看来，直接将自然美视为主体对自然物主观性情感投射的结果是错误的，即便像康德那样将自然的崇高理解为是对人道德的象征，也同样是不合法的。存在论意义上的自然美或自然的美无关乎作为主体的人的主观私人化的体验与感受，也无关于人的道德或非道德，它跟人自然而然地进入的无蔽真理之发生或存在事件息息相关。只有存在才构成审美与美的本体，也只有存在才能成为包括自然美在内的一切美的本质。

哈贝马斯曾指出，海德格尔的"美学"之思主要想通过"一种新的他律"——"这种新的他律把力量集中于主体性的自我克服和自暴自弃。主体

---

① ［德］卡西尔：《启蒙哲学》，顾伟铭等译，山东人民出版社 1988 年版，第 82 页。
② 赵汀阳：《美学和未来美学：批评与展望》，中国社会科学出版社 1990 年版，第 136 页。赵汀阳认为："胡塞尔通过发现一种纯粹的思想性的客观性普遍必然地属于主体性，而走向主客体的统一。"同上书，第 117 页。

性必须学会克制，并且应当保持谦恭"①，来完成其形而上学的"理性批判"。哈贝马斯在《现代性的哲学话语》第六章专门讨论了海德格尔的现代性哲学话语，此章结束语是："在海德格尔后期哲学中，放任自在和百依百顺的激情取代了主体性……海德格尔只是在宣扬要把主体哲学的思维模式颠倒过来，其实，他仍然局限于主体哲学的问题而不能自拔。"②确实，对于海德格尔，所谓"一种新的他律"就是对神秘的存在对人约束的遵从、顺应和归附，而此种遵从、顺应和归附归根结底仍然不能不需要一种主体性，虽然并非主体化的主体性，而是非主体化的主体性。海德格尔存在哲学背景下的"自然"与"美"之思当然是这个"理性批判"的一部分。伊格尔顿则将海德格尔哲学美学对主体理性的批判称为"去主体性倾向"："在海德格尔看来，美学与其说是一个艺术的问题，倒不如说是一种与世界的联系方式——这种联系甚至具有宿命意味地将世界的'非真实性'作为存在的一种高雅的馈赠来加以接受，使人类主体在某种神秘的显现面前匍匐于地，顶礼膜拜。"③笔者认为，哈贝马斯与伊格尔顿都从自己的视角揭示了海德格尔哲学反主体性或反人类中心主义倾向，但伊格尔顿同时（很有可能是无意地）正确指出的这一点更值得关注，即海德格尔美学看似是艺术哲学美学，实乃是包括自然美学在内的现实生活美学。而此现实生活美学的独特性正是对本书关心的由自然事物之美的自然美而启示出来的、又涵盖了整个人类审美活动的浑然天成之美的自然美。

"从动态的角度来看，自然不是一个名词而是一个动词，natura naturans 和 natura naturata，即能动的自然和被动的自然。我们就是其中积极的中介，或者按照里克特的名言，我们是'自然之书中的大连字符'。"④如果排除其中过于鲜明的主体主义意味，法国生态运动主义者莫斯科维奇的上述表达或许在一定意义上也能说明自然审美活动及其存在中的自然与人的关系：人并非是自然事物或事物浑然天成性的为所欲为的静观欣赏者，而是作为自然中的一员处于自然之能动与被动共存、自由与必然共在的自然而然地永恒运动之中。

关于自然美，人们常常提到的一个问题是：自然何以是美的？对此问题

①　[德]哈贝马斯：《现代性的哲学话语》，曹卫东等译，译林出版社2004年版，第115页。
②　[德]哈贝马斯：《现代性的哲学话语》，曹卫东等译，译林出版社2004年版，第186页。
③　[英]伊格尔顿：《美学意识形态》，王杰等译，广西师范大学出版社1997年版，第312页。
④　[法]莫斯科维奇：《还自然之魅：对生态运动的思考》，庄晨燕等译，生活·读书·新知三联书店2005年版，第124页。引文中的两个拉丁语短语又分别译为"创造自然的自然""被自然创造的自然"。参阅本书绪论"自然"概念考辨部分的相关研究。

既可以从人们为什么能够欣赏自然美予以回答,也可以从人们欣赏的自然美是怎样的一种美来予以回答。前一种解答是自然审美与自然美起源或自然审美历史发生学的解答,后一解答则是自然审美与自然美本质或自然审美现实发生学的解答。20 世纪以来影响非凡的现象学哲学家及美学家各具特色的哲学或美学之思给我们提供了借以思考双重意义的自然美本质问题的重要资源。借助于这个与先秦老庄多少有些相通的重要思想资源,或许可以对两种意义上的自然美的本质大致做出以下解释:无论是自然物之自然意义上的自然美还是浑然天成之自然意义上的自然美,均非是现成化或实体性的,而毋宁说是产生、存在于本性天成的自然物在场,或人与各种事物(自然物、艺术品及形形色色的人类劳动产品)本性自然而然涌现的自然审美活动中。对于从现象学出发进入自然美问题的海德格尔与杜夫海纳而言,不论是一般同艺术美相对的自然事物之美意义上的自然美,还是浑然天成之美意义上的自然美都并非是作为客体或主体的存在者性质的而是存在论性质的。依照海德格尔后期哲学的常见句式,也可以说自然美自然美着、自然审美自然审美着,而不是人在感知、创造自然美,不是在从事自然审美。这就是本书理解的自然审美与自然美的本质。

车尔尼雪夫斯基说美即社会生活或社会生活即美,王国维说一切美皆形式美(《古雅之在美学上之位置》),朱光潜则认为一切美实际都是艺术美。结合同海德格尔与杜夫海纳现象学意义上的自然美观有相似相关性的柯林伍德的说法,我们也可以说一切美皆为自然美:"在审美的意义上,自然是以审美活动为先决条件的,是对这个通过活动本身感觉到的活动的否定。把一个对象称之为自然,就是表示感觉到它在任何意义上都不是我们自己活动的成果。因此,就它属于一个对象来说,任何美都是自然的美,我们不认为我们自己是这个对象的创造者。我们是否真的是它的创造者,是与本题无关的;问题仅在于,我们认为在现实审美经验中我们自身和对象之间的关系是什么。当我们如此被动地感觉它时,那么任何美都是自然的美。对象和我们对它的意识被认为是完全相互协调一致的。"[①]因为,自然美不只是一种与艺术美等并列的美的或审美存在类型,也是贯穿于各种人类审美活动中的一种审美存在形态。通过与外在自然世界——尤其是狭义自然事物的悉心接触与亲密交往,我们不仅可以感受到在场的自然事物本身向人呈示出来的自然美,更重要的是,此种外在自然的自然美也深刻启示我们:包括人在内的所有事物本真本己、自然而然的发生过程或真实存在与在场,同样

---

① [英]柯林伍德:《艺术哲学新论》,卢晓华译,工人出版社 1988 年版,第 48 页。

也是一种自然美。因此,自然美乃是人本真生活的一种样态,甚至可以说自然美就是人的本真生活本身。与多少被存在者化了的自然美相比,或许更重要的是自然的审美化或审美的自然化。需要说明的是,以上关于自然美的思考,显然同本章所研究的海德格尔与杜夫海纳的自然美之思大有关系。

　　但这里没有主张只有现象学才是探究自然美本质唯一真正有效的理论。恰如作为本章研究对象的现象学家杜夫海纳所言:"不幸的是,在有关自然的审美性质问题上,几乎没有专家,也没有传统。"①杜夫海纳的这句议论,既是对自然美本质研究现状的揭示,也是对自然美性质研究困境的清醒估计。

---

　　① ［法］杜夫海纳:《美学与哲学》,孙非译,中国社会科学出版社 1985 年版,第 39 页。

第六章　从天然美学到生态美学：
中国美学自然美论

　　天地有大美而不言……圣人者,原天地之美而达万物之理。①

　　澹然无极而众美从之,此天地之道,圣人之德。②

　　夫天地者,古之所大也,而黄帝、尧、舜之所共美也。故古之王天下者,奚为哉? 天地而已矣!③

　　自然美是唯一不贬低人性而承诺自然主体的基础,因而是人与自然伦理关系的同质性基础……基于这一同质性,自然美含有调节、均衡人与自然关系的善的弱化尺度的意义。④

　　本书前五章以西方自然美观念史上的五个关节点为研究重点。笔者作为一个中国学者,对非西方文化传统的本国自然美观念不能不予以特别关注。因而,除绪论和各章(尤其第四章)不时涉及中国的自然美观念之外,本书专设本章对此予以集中论述。本章关心的核心问题是:20 世纪初才正式启用现代美学"自然美"概念的中国美学能为当代自然美学建构提供怎样的源头性资源和现代性阐释? 为此,本章不仅回溯性地梳理了 20 世纪前最具代表性的先秦道家美学的自然天成之美意义上的自然美观,而且以此为参照总述了作为中国古典美学核心自然美范畴的自然美观念即自然天成美自然美观。随后概述了 20 世纪以来西方美学影响下的中国自然美观念的阶段性变化,尤其是当代颇有影响的生态美学视域下的自然美问题意识及其领军人物曾繁仁等关于自然美的具体内容要点。末节是对本章的总体评述。

---

① 庄子:《庄子·知北游》,[清]郭庆藩撰:《庄子集释》第 3 册,中华书局 1961 年版,第 735 页。
② 庄子:《庄子·刻意》,[清]郭庆藩撰:《庄子集释》第 3 册,中华书局 1961 年版,第 537 页。
③ 庄子:《庄子·天道》,[清]郭庆藩撰:《庄子集释》第 2 册,中华书局 1961 年版,第 476 页。
④ 尤西林:《人文科学导论》,高等教育出版社 2002 年版,第 180 页。

一、天地有大美：老庄自然天成之美自然美观

以老子和庄子为代表的道家或老庄美学是一种崇尚自然的自然美学差不多已成为中国美学史的共识之一。不过，处于美学学科知识系统中的自然美概念自始就具有现代西方文化的特征，因而当把属于中国传统文化的老庄或道家思想纳入自然美问题系统时，首先需正视的一个前提性问题是：道家经典著作《老子》与《庄子》在何种意义上是包括自然美观念在内的美学文本，从而代表了道家或老庄的美学思想？事实上，道家美学的存在既源于道家经典文本自身，也有赖于现代学者在所谓（审）美学学科背景下的诠释与阐发。换言之，道家美学既属于论及美与现代所谓"审美"问题的道家思想的表述者老庄，也属于道家思想的现代美学研究者。所谓道家美学正是这两方面因素在现代（审）美学学科视域中相互作用的产物。正因如此，才有如下道家美学定义："'道家美学'，指的是从《老子》《庄子》激发出来的观物感物的独特方式和表达策略。"①问题是，从现代美学理论视域打量，老庄自身究竟是如何观物感物也即是如何看待自然、自身与社会的？有何独特性？此种观感方式对于其研究者能"激发出来"怎样的美学思想？在本书的自然美问题视域中，老庄思想中的"自然""自然美"及"自然审美"观念正体现了其看待自然及自身、社会的一种独特方式，而且对于道家美学及中国美学史举足轻重。

（一）老庄的自然观

成玄英《庄子·德充符》疏云："道与自然，互其文耳。"②"自然"堪称老庄道家哲学中与其最高范畴"道"密切关联的一个核心概念与思想基石。"自然"在《老子》中共出现了 5 次③：

（1）"太上，下知有之。其次，亲而誉之。其次，畏之。其次，侮之。信不足，焉有不信焉。悠兮其贵言。功成事遂，百姓皆谓我自然。"（十七章）此章整体是对四种不同时代政治状况的描述，强调清静无为、不轻易发号施令影响百姓以至于百姓仅知道君王存在的政治时代是最好的。一般认为，这

---

① 叶维廉：《道家美学与西方文化》，北京大学出版社 2002 年版，第 1 页。着重号系引者所加。
② ［清］郭庆藩撰：《庄子集释》第 1 册，中华书局 1961 年版，第 221 页。
③ 本章所引《老子》文字一般均出自［魏］王弼注：《老子道德经注校释》，楼宇烈校释，中华书局 2008 年版。以下一般从常规随文只夹注章序数，不再一一注明其他出版信息。

里的"自然"是理想君王或圣人功成事遂后,百姓对自己本来如此状态的自我陈述之语。刘笑敢认为,"谓"当训为"评论""认为","我"承上句当指"贵言"并"功成事遂"的君王,因而"自然"是百姓对君王无为政治的评价之语①。此说似更有说服力。不过,无论是谁"自然",老子试图重建"帝力于我何有哉"时代的政治理想则是显而易见的②。

(2)"希言自然。故飘风不终朝,骤雨不终日。孰为此者? 天地。天地尚不能久,而况于人乎? 故从事于道者,道者同于道,德者同于德,失者同于失。"(二十三章)从字面上看,这里的"自然"是对"希言"即少说话者的一种价值评判,即它是合乎自然的;从整章看,则基本可以理解为对"从事于道者"即圣人正确施政纲领的肯定,因而与十七章中的"自然"表达了共同的政治诉求:为政当"行不言之教"(二章),实行合乎自然的清静无为之政,否则"多言数(按:同'速')穷"(五章)。

(3)"故道大、天大、地大、人亦大。域中有四大,而人居其一焉。人法地,地法天,天法道,道法自然。"(二十五章)本章整体言道的体用特征,由于这里的"自然"涉及与"道"及其本质特征的关系,可谓《老子》中最重要的一章。从其顶针的辞格句式以观,"自然"甚至获得了前文"四大"所不曾有的至高无上的地位。事实或许是,这里的"法"不仅有"效法",也有"法则"之义。王弼二十五章注即云:"法,谓法则也。"③人们普遍认识到,为"道"所"法"的"自然"并非是比"道"更高更根本的范畴,而毋宁仍是对作为天地万物产生根源的"道"之纯然无为(无目的、无意识)的自在存在之本性特征的说明与强调。"道法自然"即道以自然为法则或自然就是道的法则。因而,"'道法自然'不是以'自然'为对象,更不是以自然为实体,而是以'自然'为功能、过程,就是说,道只能在'自然'中存在。"简言之,"在老子看来,道是以'自然'的方式存在的,反过来,'自然'不是别的,就是道的存在方式或存在状态。"④对于老子而言,不管道是什么,道与自然的本质关联是非常清楚的:道即自然,自然即道,两者完全同一。

(4)"是以万物莫不尊道而贵德。道之尊,德之贵,夫莫之命而常自然。"(五十一章)此章整体言"道"与"德"对于万物的作用,此句中的"自然"

---

① 参见刘笑敢:《老子古今:五种对勘与析评引论》上卷,中国社会科学出版社 2006 年版,第 207 - 210 页。

② 参见陈鼓应注译:《老子今注今译》(参照简帛本最新修订版),中华书局 2003 年版,第 143 - 144 页。

③ 王弼注:《老子道德经注校释》,楼宇烈校释,中华书局 2008 年版,第 64 页。

④ 蒙培元:《人与自然:中国哲学生态观》,人民出版社 2004 年版,第 192 页。

连同"莫之命"一起说明了道、德受人尊崇的原因是不事干涉、顺任事物的本性，实际仍意在揭明道、德的根本特征。

（5）"是以圣人欲不欲，不贵难得之货；学不学，复众人之所过，以辅万物之自然而不敢为"（六十四章）。很显然，此句中的"自然"主要指"万物"的自然本性而言，但整体也是对圣人顺应自然、不轻易妄为之正确作为的申述与说明。

概言之，《老子》中5处"自然"均是作为哲学概念而出现的，其义为自然而然、自己如此、自在天成，指的是天地万物的内在本性即内在自然，而非作为天地万物总称的大自然即外在自然界。此"自然"因此成为与其核心范畴"道"密切相关且可互训的重要概念。

同"道"的相对独立、相互依存的"天（之）道"与"人（之）道"之分野相对应，老子的"自然"实际也有两个价值取向或维度的区分：其一，"自然"是天地万物，也是作为天地万物根源的道的存在方式或状态，因而可谓是与道同一的根本存在方式或状态，此乃宇宙存在论维度的天道自然。王弼对此有精当诠释："天地任自然，无为无造，万物自相治理"（王弼《老子》五章注），"万物以自然为性"（同上，二十九章注），"道不违自然，乃得其性"（同上，二十五章注）。其二，"圣人达自然之至（性），畅万物之情，故因而不为，顺而不施。"（同上，二十九章注）自然是以圣人为代表的人效法天地及道的行动准则或政治原则，此乃人生与政治伦理维度的人道自然。在老子看来，人之所以能效法道与自然，是因为人乃宇宙中的普通而又显得特殊的"四大"之一。人为"四大"之一，说明了人作为独特的有生命者，既与地、天、道一起居于同质的平级地位上，也具有取法地、天、道顺乎自然的可能性；人为"四大"之末，则表明"四大"之间的不同质性与等级性：道处于本源性的地位，天地处于次一级的基础地位，而人则处于从属于前两级之派生性地位。既然"万物以自然为性，故可因而不可为也"（王弼《老子》二十九章注）"自然，然后乃能与天地合德"（同上，七十七章注），人存在的合法性及生存的方式无疑均由天、地及道所给予并昭示，那就是自然无为。无为是老子天道自然与人道自然的根本特征。

《庄子》中的"自然"共出现8次，兹悉数录下：

（1）吾所谓无情者，言人之不以好恶内伤其身，常因自然而不益生也。[①]

---

① 庄子：《庄子·德充符》，[清]郭庆藩撰：《庄子集释》第1册，中华书局1961年版，第221页。

（2）汝游心于淡,合气于漠,顺物自然而无容私焉,而天下治矣。①

（3）夫至乐者,先应之以人事,顺之以天理,行之以五德,应之以自然。然后调理四时,太和万物。四时迭起,万物循生。②

（4）吾又奏之以无怠之声,调之以自然之命。故若混逐丛生,林乐而无形,布挥而不曳,幽昏而无声。③

（5）古之人,在混芒之中,与一世而得淡漠焉。当是时也,阴阳和静,鬼神不扰,四时得节,万物不伤,群生不夭,人虽有知,无所用之,此之谓至一。当是时也,莫之为而常自然。④

（6）以趣观之,因其所然而然之,则万物莫不然;因其所非而非之,则万物莫不非。知尧桀之自然而相非,则趣操睹矣。⑤

（7）夫水之于汋也,无为而才自然矣;至人之于德也,不修而物不能离焉。若天之自高,地之自厚,日月之自明,夫何修焉!⑥

（8）礼者,世俗之所为也;真者,所以受于天也,自然不可易也。故圣人法天贵真,不拘于俗。⑦

尽管以超过《老子》十多倍的巨大篇幅而论,出现于《庄子》中的"自然"概念的数量明显偏少——这或许是由于《庄子》中的"自然"义大多由"天"来表示之故,但庄子"自然"概念显然完全承继自老子。第一,除第（6）例的"自然"意即"自是"亦即"自认为自己对"（一说"必然"）,非哲学概念用法之外,其余7例"自然"的内涵基本同于《老子》中的"自然"的"自然而然""自己如此"或"天然"（末例中的"自然"也有解作副词"当然"的,似也通）;第二,老子的天道与人道两个维度上的自然观都为庄子所继承,只是其适用范围被扩大,尤其是人道方面的"自然"不专属于圣人、统治者,而属于任何愿意追随于道者,从而"自然"概念普泛意义上的人生哲学意味得到加强。老庄对于道与自然概念从不同角度所做的诠解表明,虽然自然有天道自然与人道

---

① 庄子:《庄子·应帝王》.[清]郭庆藩撰:《庄子集释》第1册,中华书局1961年版,第294页。
② 庄子:《庄子·天运》.[清]郭庆藩撰:《庄子集释》第2册,中华书局1961年版,第502页。
③ 庄子:《庄子·天运》.[清]郭庆藩撰:《庄子集释》第2册,中华书局1961年版,第507页。
④ 庄子:《庄子·缮性》.[清]郭庆藩撰:《庄子集释》第3册,中华书局1961年版,第550-551页。
⑤ 庄子:《庄子·秋水》.[清]郭庆藩撰:《庄子集释》第3册,中华书局1961年版,第576页。
⑥ 庄子:《庄子·田子方》.[清]郭庆藩撰:《庄子集释》第3册,中华书局1961年版,第716页。
⑦ 庄子:《庄子·渔父》.[清]郭庆藩撰:《庄子集释》第4册,中华书局1961年版,第1032页。本章所引《庄子》文字一般均出自郭庆藩本,以下一般从常规随文只夹注篇名,不再一一注明其他出版信息。

自然的区分,但两者实际仍是同一的。老庄自然观的具体内涵即自然无为、虚静恬淡、素朴真纯,也可以"自然无为"总括之。

老庄的自然观不仅直接表达于"自然"概念本身,还由"天"和"天地"等词语体现出来。不过,《老子》的"自然"即"自然而然","天"则有时指代"大自然","自然"与"天"是两个不能相互等同的概念;《庄子》的"自然"主要指"自然而然","天"则有时指"大自然",有时指"自然而然",从而为了阐明"道"及其"无为"观念,庄子使"天"与"自然"这两个各自有别的语词在一定意义上获得了同一性①,在自然而然与大自然的双重内涵上均表现出特定的互训关系。道一方面是自然而然的、无为的自然,一方面又贯通于具有鲜明的自然而然特征的自然万物中。当说道即自然时,实际就包含着道既是自然而然的,又是自然界的双重内涵。

由此也可进一步明确老庄的双重自然观及其相互关系:老庄的自然观均既包括"自然而然"的"自然"意义上的自然观,也包括"自然界"的"自然"意义上的自然观。如果说"自然界"意义上的"自然"或"天"主要表达的是老庄大自然或外在实体自然意义上的自然观,那么"自然天成"意义上的"自然"或"天"则侧重表达的是老庄自然而然或内在自然本性意义上的自然观。而且,无论是哪种自然观,它们一起构成了老庄独特的"自然"概念的两个维度。老庄对于"自然"概念两个维度内涵的深刻自觉,成为我们理解老庄哲学及美学的基础与前提。

老庄的"自然"与"天"等语词,不仅仅是用来指称事物的内在自然本性与外在大自然的概念,更重要的是它们传达出了两种自然——尤其是内在自然对于人的存在论意义,反映了老庄对"天人之际"或"天人关系"或人与自然关系的探求,这才是老庄"自然观"的核心。

总之,老庄的自然观由针对作为万事万物本性的内在自然的自然观和针对作为天地万物总称的外在自然的自然观两方面构成。前一"自然"指的是事物自己本来如此,自在天成的存在状况。更具体地分析,此"自然"既可以指形而上层面上的作为天地万物本源与根本的天道自然,也可指形而下层面上的包括人在内的天地万物各自的物性自然,就人来说还指作为人的

① 徐复观曾指出:"庄子常使用'天'字以代替原有'道'字的意义","庄子所说的天,即是道"。徐复观:《中国人性论史·先秦篇》,上海三联书店 2001 年版,第 325、329 页;"庄子经常以天言道,故其所谓天,即如老子之所谓道"。徐复观:《中国艺术精神》,春风文艺出版社 1987 年版,第 89 页。徐复观还指出:"庄子所以用天字代替道字,可能是因为以天表明自然的观念,较之以道表明自然的观念,更易为一般人所把握。"《中国人性论史(先秦篇)》,同上,第 327 页。

正确行为指南与原则的人道自然。但不管是哪个层面,此"自然"的特征不过是任其本然、自在无为。后一"自然"指的是自然事物。"自然"观念可谓老庄哲学的基本精神。老庄的"自然"或"天"并不是一个单纯的自然现象,它实际既是"道"的具体呈现方式与本质特征,也是人永远的本真状态;老庄的"自然"或"天"同时也成为老庄用以解构人类发展过程的文化偏执与异化命运的核心观念,成为其用以建构人的精神世界的终极资源。

中国文化中的"自然"概念主要是道家奠定的。作为道家思想本体的"自然",一方面作为天道完全对立于一切人工人为即"伪",但另一方面也作为一切"人道"的策源地而给予人类以源源不断的行动指引。因而道家的"自然"其实包含着出世与入世、必然与自由等诸多并举而非对立的价值取向和生生不息的动态机制。邓晓芒曾指出,西方思想传统中的"自然"(nature)兼有"本质"和"自然"二义,因而含有人为创造之义,这不同于中国道家讲的"自然"是"人为"的反义词,"人为"即"不自然"。[①] 此种着眼于中西差异的对比说明自有其道理,但显然忽视了道家"自然"概念的本体性与动态性。

(二) 老庄的自然美观

虽然大约出现于公元前 6 世纪和公元前 3—4 世纪的老庄哲学不可能明确表达直到 18 世纪西方美学史方始讨论的自然美观念,但我们通过上一小节已经讨论过的他们对"自然"和本小节要讨论的"美"术语的运用,也可从中窥测老庄的自然美思想。

"美"字在《老子》中出现了 9 次。其中有 3 次作形容词,皆用以说明"言词"之"美":"美言可以市,尊行可以加人"(六十二章),"信言不美,美言不信"(八十一章);有 3 次作意动词,意指"以……为美",涉及"战争"与"服装"之"美":"兵者,不祥之器,非君子之器。不得已而用之,恬淡为上,胜而不美,而美之者,是乐杀人"(三十一章),"甘其食,美其服,安其君,乐其俗"(八十章)。由于这些"美"字用于言词、战争和服装等社会事物,因而大致可归诸现在所谓社会美的范围(如果将言词视作文学性质的,或者也可将前两个美归诸现在所谓文学美和艺术美的范围)。不过,老子对上列诸"美"基本只是一般提及。甚至言词与战争的美对于老子只具有否定的意义,因而并不能真正代表老子关于美的观念。

最能代表老子"美"思想的当是另 3 次用作名词的"美",它们皆在抽象

---

① 邓晓芒:《论中国传统文化的现象学还原》,《哲学研究》2016 年第 9 期。

普遍意义上用于与"恶"即"丑"相对之语境:"天下皆知美之为美,斯恶矣;皆知善之为善,斯不善已"(二章),"美之与恶,相去若何?"(二十章。王弼本"美"作"善",此处从帛书、竹简本)从美、善对举相分,美、丑并立而依存的关系特征而言,这里的"美"已然是一个独立的美学概念①。在老子看来,无"美"就无"丑",反之亦然,所以"美""丑"概念是既相互对立又相互依存的共生性存在。从这两章中的"美"字甚至还可推知老子关于自然天成之美的自然美观:如果人人都依从一种美的标准,追求过分、无限、自以为是的美,这实际是对美的毁灭,因而是丑的。因为美的事物失去其相应条件不但不会美,反而是丑的。"其中奥妙可能仍然是'自然'二字,不自然的表现可能就不美。即使面目普通,但端庄大方,举止自然,也会让人感到愉悦。"②这样,与其重视自然无为的思想一脉相承,老子在一定意义上也表达了其自然而然为美的自然美观念。

老子关于美的论述只有片言只语,其包括自然美在内的美论思想整体也是含而不露的,但老子关于美的微言大义对继承、发展其道家思想的庄子产生了显而易见的重大影响。

《庄子》言"美"凡50余次,其"美"的使用更加具有美学的普遍意义,而且由于非常明确地阐述了道家对于美以及两种自然美的看法,庄子关于自然美的观念更加引人瞩目。

同老子一样,庄子也强调与"恶"即"丑"相对意义上的"美":"夫两喜必多溢美之言,两怒必多溢恶之言"(《人间世》),"是其所美者为神奇,其所恶者为臭腐"(《知北游》),"德人者,居无思,行无虑,不藏是非美恶"(《天地》),"贵贱之分,在行之美恶"(《庄子·盗跖》)。从道的本源性与涵摄性出发,他甚至否定美(的事物)与丑(的事物)的界限:"厉与西施,恢恑憰怪,道通为一"(《齐物论》)。

除此抽象总论意义上的美的用法之外,《庄子》中的"美"还被用于众多不同事物。根据被使用的对象差异,这些"美"(不论词性)大致归纳为以下几种情况:

人的形貌之"美":"毛嫱丽姬,人之所美也"(《齐物论》);"故西施病心而矉其里,其里之丑人见之而美之,归亦捧心而矉其里……彼知矉美而不

---

① 这在中国美学史上被认为具有首创意义:"老子给予'美'的这两个规定,却使得它第一次成了一个独立的美学范畴,这在美学史上也是有重要意义的。"叶朗:《中国美学史大纲》,上海人民出版社1985年版,第31页。按:"两个规定"指美善相互有别与美恶并立依存。

② 刘笑敢:《老子古今:五种对勘与析评引论》上卷,中国社会科学出版社2006年版,第254页。

知矉之所以美"（《天运》）；"夫无庄之失其美"（《大宗师》）；"生而美者，人与之鉴，不告则不知其美于人也"（《则阳》）；"生而长大，美好无双，少长贵贱见而皆说之"（《庄子·盗跖》）；"今长大美好，人见而悦之"（《庄子·盗跖》）。

人的服饰之"美"："甘其食，美其服，乐其俗"（《胠箧》）；"所乐者，身安厚味美服好色音声也……所苦者，身不得安逸，口不得厚味，形不得美服，目不得好色，耳不得音声"（《至乐》）。

人的才能、功业等之"美"："天子诸侯大夫庶人，此四者自正，治之美也"（《渔父》）；"群下荒怠，功美不有，爵禄不持，大夫之忧也；廷无忠臣，国家昏乱，工技不巧，贡职不美，春秋后伦，不顺天子，诸侯之忧也"（《渔父》）；"功成之美，无一其迹矣"（《渔父》）；"怒其臂以当车辙，不知其不胜任也，是其才之美者也。戒之，慎之，积伐而美者以犯之，几矣"（《人间世》）；"穷美究势，至人之所不得逮，贤人之所不能及"（《盗跖》）。

自然事物之"美"："自吾执斧斤以随夫子，未尝见材如此其美也"（《人间世》）；"睹一蝉方得美荫而忘其身"（《山木》）；"秋水时至，百川灌河。泾流之大，两涘渚崖之间，不辩牛马，于是焉河伯欣然自喜，以天下之美为尽在己。"（《秋水》）。

"天地之美"："天地有大美而不言，四时有明法而不议，万物有成理而不说。圣人者，原天地之美而达万物之理"（《知北游》）；"判天地之美，析万物之理，察古人之全，寡能备于天地之美，称神明之容"（《天下》）。

对于以上"美"中的大多数，《庄子》一书基本只是一般提及。无论从直接命名并数次运用它的事实看，还是从其哲学思想的要旨看，"天地之美"都是庄子有关美的谈论中最重要的一个概念，它也正是需要从多层面予以着力探讨的关键问题。

何谓"天地之美"？如果认可"天地"一词所泛指的"自然"或"大自然"之义，那么从概念上讲，"天地之美"就是自然之美或自然美。这样，"庄子学派非常明确地肯定了美存在于'天地'——大自然之中，为'天地'所具有。"①问题是存在于天地、为天地所具有的天地之美究竟意指什么？关于"天地之美"或自然美的具体内涵，《庄子》全书并无明确答案。从四个"（天地）大美"或"天地之美"在《知北游》和《天下》中的使用语境来看，庄子分别重在强调作为与道合一或道的体现的"天地之美"的无言与整体特征：道是沉默无言、从不自我夸耀的，天地之美也是无言而不自夸的；道是浑整不分的，天地之

---

① 李泽厚、刘纲纪：《中国美学史》第一卷，中国社会科学出版社1984年版，第242页。

美也是不可被剖析的。

不过，从《庄子》全书来看，"天地之美"或自然美的内涵应当并不限于以上两点。从本质上讲，它显然与天地万物自身的特征密切相关。前面我们已经概括了老庄自然观的内涵是自然无为、虚静恬淡、素朴纯真的，它们实际也正构成了大道自身及天地万物的本质特征。可见，天地万物的本质特征同时也就是道的本质特征，天地之美、天地之"大美"就美在天地始终呈现着自身及道自然无为、虚静恬淡、素朴纯真的自然而然的本性。

因此，庄子所谓的"天地之美"既非人们一般所谓的侧重于天地万物本身形式属性的外在形式美，也非侧重于天地万物之适应了人的主观或功利需求而呈现出来的功能与价值之美，而是天地万物本身及其对道的自在自为、自然无为特征之体现的内在本性之美。简言之，庄子所谓的"天地之美"即"道"之美，也即天地万物的"无为之美"①或自在天成之美。徐复观曾指出："庄子不是以追求某种美为目的，而是以追求人生的解放为目的。但他的精神，既是艺术性的，则在其人生中，实会含有某种性质的美……而这种美，大概可以用'纯素'或'朴素'两字加以概括。"②此种纯素或朴素的美究其根本仍然是自然而然的美。

"天地之美"或自然美在"众美"中的地位如何？很明显，与"道"及其自然无为根本特性的息息相关性，使"天地之美"获得了其他"众美"所不具备的特殊地位。因而，前文虽然平行归纳、述及庄子用于人的形貌、服饰、功业才能、树木、天地等诸般事物的"美"概念，但它们对于庄子而言并不处于同等层次，而是有着明显的价值区分。"要问庄子及其学派认为什么是美，那么自然无为即是美，而且是最高的美。"③正因为此种虚静恬淡朴素无为的天地之美或自然美是道的自然而然的体现，是与道合一的美，它不仅"无为也而尊，朴素而天下莫能与之争美"（《天道》），而且"淡然无极而众美从之"（《刻意》），因而它才是一种"大美"（《知北游》）、"至美"（《田子方》）、"纯美"（《天下》）④。基于道的形而上的存在论地位，庄子的"天地之美"亦即自然无为的美同样是一个具有形而上意味的存在论概念，从而理所当然地成为其崇尚自然无为的自然哲学观念的重要组成部分，或者说其自然哲学同时就

---

① 成玄英《庄子·天道》疏，[清]郭庆藩撰：《庄子集释》第2册，中华书局1961年版，第459页。

② 徐复观：《中国艺术精神》，春风文艺出版社1987年版，第117页。

③ 李泽厚、刘纲纪：《中国美学史》第1卷，中国社会科学出版社1984年版，第245页。

④ 庄子《天下》篇批评"一曲之士"片面离析天地之美的作法之后，紧随其后还批评了"后世学者"不能体察"天地之纯"的偏颇与遗憾，这里所谓的"天地之纯"实在也是一种"纯美"。

是一种以崇高天地之美的自然美学。

"天地之美"或自然美与人的关系如何？"天不得不高，地不得不广，日月不得不行，万物不得不昌，此其道与！"（《知北游》）从认识论的视角来看，与大道本身是自本自足、自然无为的一样，庄子所谓的天地之美也是自本自足、自然无为的，它首先是天地万物自身所拥有的一种属性与特征，或者说是道的自行运作而已。但正像以圣人为代表的人可以效法大道自然一样，以圣人为代表的人同样能够效法天地之美。"澹然无极而众美从之，此天地之道，圣人之德。"（《刻意》）"夫天地者，古之所大也，而黄帝、尧、舜之所共美也。故古之王天下者，奚为哉？天地而已矣！"（《天道》）可见，此种"淡然无极而众美从之"的"天地之美"，既是"天地之道"，也是"圣人之德"，是黄帝、尧、舜所共同崇尚与追求的一种最高的美。庄子特别强调，人对于天地之美，是不能用割裂和离析的方法来对待的，因为"判天地之美，析万物之理，察古人之全，寡能备于天地之美，称神明之容"（《天下》）。人特别是圣人、至人、大圣只能在顺任自然、不妄自造作的过程中来体察、获得天地之美："天地有大美而不言，四时有明法而不议，万物有成理而不说。圣人原天地之美而达万物之理。是故至人无为，大圣不作，观于天地之谓也。"（《知北游》）对于庄子而言，自然而然的天地之美之所以能进入并居于其哲学的核心位置，正是因为它同人可以效法的自然无为的天道一样也成为人可以观照并进而落实于人生社会的自然之美。当然，人体察、获得天地大美或自然大美的过程也是获得"至乐"或"天乐"的自然审美展开过程，而且并非是轻而易举的，它需要一定精神努力（详述见本章下一节）。

总之，在其崇尚自然无为之道的"自然哲学"背景之下，庄子所谓的"天地之美"或自然美概念主要是指内在自然的自然美，而非现在一般与艺术美、社会美并提的外在自然的自然美。

那么，庄子有没有谈到外在自然的自然美或一般意义上与艺术美相对的自然美问题呢？从直接使用"天地之美"概念的语境及《庄子》全书的主导思想来看，庄子的"天地之美"或自然美概念无疑主要是指功能性的天地内在自然之美，但从《庄子》全书对美的概念运用、对外在自然之美的描述和欣悦之情来看，我们也很难排除庄子的"天地之美"同时包括实体性的天地外在自然之美内涵的可能性。

从概念上讲，如果说前文论及的庄子用于描述人的服饰和人的功业才能等的"美"概念大致可划归现在所谓的"社会美"的名下，那么庄子用于描述人的形貌、树木等自然事物的"美"概念则或可归诸现在一般所谓的"自然美"的范围①。

至于对外在自然之美的直接描述，最有代表性的是《秋水》开篇所描写的河伯在未到达北海之前看到的情形："秋水时至，百川灌河，泾流之大，两涘渚崖之间，不辩牛马。于是焉河伯欣然自喜，以天下之美为尽在己"。固然河伯初始所看到的百川注河的景象不过是下文见到的更为盛大的"不见水端"的北海景状的一种陪衬，并最终表达其抽象的"小大之辨"玄理，但此处写景状物与下文生发抽象玄理并不矛盾，河伯所"自喜"的"天下之美"显然是由对眼前江河之水欣赏而得来的一种自然事物的美即一般所说的自然美。另外《知北游》中假托孔子之口表达出来的"山林与，皋壤与，使我欣欣然而乐与！"同样是对庄子对于自然美欣悦志趣的生动说明（详见下节分析）。

可见，从自然美概念到对自然的审美欣赏，《庄子》是论及了后世常说的与"艺术美"相对的自然美问题的。只不过对于继承了老子"人法地，地法天，天法自然"思想的庄子来说，基于其自然无为的哲学观念，他更看重自然无为这一层意义的自然美。既然外在天地自然要效法内在自然而然的本性或以内在自然而然的本性为法则，或者说内在的自然而然本性构成了外在的天地自然的原因，那么从价值论视角来衡量，作为内在自然而然本性之美的自然美显然是高于作为外在天地自然之美的自然美的。不过，本性天成之美与自然物之美两者之间根本不存在任何对立，它们完全可以统一于同一个审美活动中。总体而言，正像"天（地）"概念同时表达的大自然与自然而然两种含义是不同而相通的②一样，天地之美或自然美概念同时表达的大自然的美与自然而然的美两种自然美含义也是不同而相通的。

所以，纵然从整体上说"美"概念本身的确并不构成中国古典美学体系的中心与最高范畴③，纵然"庄子不是以追求某种美为目的，而是以追求人生的解放为目的"④，但以上分析表明，崇尚自然的老庄美学尤其是庄子美学仍然是十分看重"美"这一概念的，特别是"天地之美"也即作为内在自然的自

---

①　在《庄子》中我们找不到一个被用于艺术——如儒家特别关注的"（音）乐"——的"美"的事例。不过，对于注重"自然"的庄子而言，不管是出于有意还是无意，这均是再正常不过的事情。

②　李泽厚曾指出："庄子和道家哲学很强调'自然'。'自然'有两种含义：一种是自自然然，即不是人为造作；另一种即是自然环境、山水花鸟。这两种含义也可以统一在一起，你看那大自然，不需要任何人工而多美丽！"李泽厚：《华夏美学》，中外文化出版公司 1989 年版，第155 页。

③　参阅叶朗：《中国美学史大纲》，上海人民出版社 1985 年版，第 3、106、127 页。

④　徐复观：《中国艺术精神》，春风文艺出版社 1987 年版，第 117 页。

然美在庄子那里占据着崇高地位。

(三) 老庄的自然审美观

上文对老庄自然美观念的研究只表明了老庄对于美是什么而非审美是什么的认识。对于诞生、兴盛于近现代西方的(审)美学来说,以针对特定具体事物(不论是自然物还是所谓的艺术品)而产生的人的审美经验或美感为标志的审美(活动)才是(审)美学关注的核心与关键问题①。本书导论已指出:认识论意义上的自然美只有在严格的"审美"及自然审美概念的理论框架内才能获得其存在论证明,从而成为真正(审)美学意义上的自然美观念。

中国美学史家们普遍认为,相较于先秦的儒家思想,道家思想更其鲜明地具有一种西方美学家直到 18 世纪中叶才创立的(审)美学的特质。朱光潜在 1932 年出版的《谈美》中就指出:"老子所说的'为而不有,功成而不居',可以说是美感态度的定义。"②在认为"艺术精神的主体,亦即美的观照"的徐复观看来,老庄思想奠定、代表了中国的"纯艺术精神"或"最高艺术精神","老、庄思想当下所成就的人生,实际是艺术地人生;而中国的纯艺术精神,实际系由此一思想系统所导出"③。李泽厚曾更明确地指出:"(道家)比儒家以及其他任何派别都抓住了艺术、审美和创作的基本特征……道家强调的是人与外界对象的超功利的无为关系亦即审美关系,是内在的、精神的、实质的美,是艺术创造的非认识性的规律……如果说,前者(儒家)对后世文艺的影响主要在主题内容方面;那么,后者则更多在创作规律方面,亦即审美方面。"④他还写道:"庄子哲学并不以宗教经验为依归,而毋宁以某种审美态度为指向。就实质说,庄子哲学即美学。他要求对整体人生采取审美观照态度:不计利害、是非、功过,忘乎物我、主客、人己,从而让自我与整个宇宙合为一体……所以,从所谓宇宙观、认识论去说明理解庄子,不如从美学上才能真正把握住庄子哲学的整体实质。"⑤

道家哲学——特别是庄子哲学之所以能被称之为美学,正是因为其中有对"审美"概念所要求的审美无利害性(aesthetic disinterestedness)这一

①　参阅朱光潜:《文艺心理学》,《朱光潜美学文集》第 1 卷,上海文艺出版社 1982 年版,第 9页。

②　朱光潜:《朱光潜美学文集》第 1 卷,上海文艺出版社 1982 年版,第 488 页。

③　徐复观:《中国艺术精神》,第 65 页,第 5、41、118 页,第 49 页,第 41 页。

④　李泽厚:《美的历程》,中国社会科学出版社 1984 年版,第 66 页。引文括号内文字为引者所加。

⑤　李泽厚:《中国古代思想史论》,人民出版社 1985 年版,第 189 页。顺便要指出的是:在上述著作中,由老庄哲学最重要的自然无为观念延伸出来的自然审美观念并未受到重视。

现代核心美学观念的深刻论述,道家所倡导的人对待世间万事万物和他人社会的非认识、非功利计较的态度也因之被称为审美态度或纯审美精神。我们也注意到,尽管关注庄子自然审美思想的研究文献时有出现①,但"审美"概念所要求的审美愉悦感在老庄美学中是如何具体体现的,尚未引起现有老庄及道家美学研究者的充分关注。因为按照康德对"审美"概念的经典界定,审美是具有无利害(功利)愉悦感的情感活动。所谓审美无利害的自由愉悦感是指人在审美活动中,只是单纯因为事物自身表象而具有的喜欢及其愉悦感。可见,只有无功利而生愉快的感性情感活动才是审美的活动。而且,正是在现实具体的审美活动的发生过程中产生了真正存在论审美学意义上的美②。

基于其自然无为的哲学思想,老庄哲学特别是《庄子》中的"乐"概念在特定意义上正是与康德以来现代"审美"概念相近的一个概念。老庄的"自然审美"观也与由"乐"表达的审美观密切相关。③ 当然,把"乐"作为中国美学的一个主要范畴并不是什么新鲜看法,在已有的中国古典美学研究中,有为数不少的学者早已自觉不自觉地普遍把《论语》中的"乐"作为同现代(审)美学的"审美"相当的概念来理解,但在儒道两家经典文本中反复出现的"乐"究竟在何种意义上获得其审美意涵的却往往鲜有论及者,其必要的理论证明也常常付诸阙如。

《庄子》中的"乐"共出现120余次,其中约四分之一作"音乐"或《乐》经解,其余约四分之三则作人的情感活动之"快乐"或"乐意"义。

人的情感之"乐"对于庄子有着显而易见的价值层次之别。在《至乐》中庄子曾明确将"乐"区分成"俗之所乐"与"至乐"两种,且鲜明地拒斥前者而倡导后者。

所谓"俗之所乐"即为人们所普遍追求的富贵寿善与身体感官之乐:"夫天下之所尊者,富贵寿善也;所乐者,身安厚味美服好色音声也;所下者,贫贱夭恶也;所苦者,身不得安逸,口不得厚味,形不得美服,目不得好色,耳不

---

① 如张利群的《庄子的自然审美观特征及其意义》(《西北师大学报(社会科学版)》1992年第3期)、谭容培的《庄子的自然审美思想及其价值》(《湖南师范大学社会科学学报》2000年第1期)及薛富兴的《〈庄子〉自然审美论》(《贵州社会科学》2007年第2期)等。

② 王弼在《老子》二章注中曾写道:"美者,人心之所进乐也;恶者,人心之所恶疾也。美恶犹喜怒也,善不善犹是非也。喜怒同根,是非同门,故不可得而偏举也。"[魏]王弼注:《老子道德经注校释》,楼宇烈校释,中华书局2008年版,第6页。这表明,美丑并非只是事物本身的特征,它原本关乎人情感愉悦与否。也可理解为,美离不开人的审美。

③ 当然,《庄子》中表达"审美"之义的词不止一个"乐"字,义近于"乐"的"适""游""得"等词也可。这里仅以"乐"为例。

得音声；若不得者，则大忧以惧。"(《至乐》)在庄子看来，现实中的人就是为喜怒哀乐等情感所困的人，人就身不由己地处于哀乐情感的不断交替运动之中："乐未毕也，哀又继之。哀乐之来，吾不能御，其去弗能止。"(《知北游》)而人之所以沉陷其中不能自拔，无不缘于对超出正常生命需要之外的大富大贵、长寿不老等种种利益和眼耳鼻舌身等诸般感官享受的无厌追求。庄子认为，为此类情欲所控制的人不是自由的，追求此类外在的富贵寿善、功名利禄与身体感官之乐不仅愚蠢——"其为形也亦愚哉"(《至乐》)，而且与其他人的情感反应一样有悖于人效法顺应天道自然无为的本性——"恶欲喜怒哀乐六者，累德也"(《庚桑楚》)，"故曰：悲乐者，德之邪也；喜怒者，道之过也；好恶者，德之失也。"(《刻意》)

因而，此种世俗之乐不仅并非真正的快乐，而且实为"乐之末"(《天道》)，沉沦其中的人无异于置身于倒悬危境。《庄子》一书中反复陈述的解决方略是"安时而处顺，哀乐不能入"(《养生主》《大宗师》)，是"自事其心者，哀乐不易施乎前，知其不可奈何而安之若命"(《人间世》)，是"不为轩冕肆志，不为穷约趋俗"(《缮性》)，"不乐寿，不哀夭；不荣通，不丑穷……万物一府，死生同状"(《天地》)。因为只有"安时处顺"之后的"心不忧乐"(《刻意》)，才能做到"有人之形，无人之情……独成其天"(《德充符》)；也才能像《大宗师》里的"真人"一样"其寝不梦，其觉无忧，其食不甘，其息深深"，最终超越流俗的"末乐"而臻达一种"悬解"(《养生主》《大宗师》)之后的"至乐"极境。

依庄子之见，一种非世俗福寿与官能之乐所能比拟的近乎"无乐"的"至乐"才是真正的快乐："今俗之所为与其所乐，吾又未知乐之果乐邪？果不乐邪？吾观夫俗之所乐，举群趣者，誙誙然如将不得已，而皆曰乐者，吾未之乐也，亦未之不乐也。果有乐无有哉？吾以无为诚乐矣，又俗之所大苦也。故曰：至乐无乐，至誉无誉。天下是非未可定也。虽然，无为可以定是非。至乐活身，唯无为几存。请尝试言之：天无为以之清，地无为以之宁，故两无为相合，万物皆化。"(《至乐》)"夫至乐者，先应之以人事，顺之以天理，行之以五德，应之以自然，然后调理四时，太和万物。"(《天运》)。不难看出，所谓"至乐"实乃因效法天地之无为而获得的无为之乐或顺适自然之乐。

在《天道》开始的一个长段落，庄子则明确地区分了"人乐"与"天乐"，并阐述两者的具体内容："夫明白于天地之德者，此之谓大本大宗，与天和者也；所以均调天下，与人和者也。与人和者，谓之人乐；与天和者，谓之天乐。庄子曰：'吾师乎，吾师乎！齑万物而不为戾，泽及万世而不为仁，长于上古而不为寿，覆载天地、刻雕众形而不为巧。此之谓天乐。故曰：知天乐者，其生也天行,其死也物化。静而与阴同德,动而与阳同波。故知天乐者,无天怨,无人非,无物累,无鬼责。故曰:其动也天,其静也地,一心定而王天下;其鬼不祟,其魂不疲,一心定而万物服。言以虚静推于天地,通于万物,此之谓天乐。天乐者,圣人之心以畜天下也。'"(《天道》)

"天乐"在此共出现了6次,实际也是庄子从六个方面对"天乐"的界说与论述:有别于使天下安定协调因而与人和谐的"人乐"亦即人间帝道之乐,"天乐"是彻悟天地无为特征因而与天地自然相和谐的天道自然之乐;"天乐"与暴戾仁爱的道德评价、长寿短命的时间久暂及创造万物的技巧的工拙无关;懂得"天乐"的人生死合乎自然的本性与规律,动静顺应自然阴阳的变化;懂得"天乐"的人从不怨天尤人,也无任何外物牵累和鬼神责罚;懂得"天乐"的人贯彻天地万物自然无为的原则,内心宁静而与天地万物相通,因而行动与安静如天地的运行与安宁,身体与精神从无病患与疲倦;懂得"天乐"是以圣人心肠来对待天下万物。"天乐"无疑也即上面已经论及的"至乐"。作为一种真正和最高的"乐","天乐"或"至乐"毋宁说是一种"冥合自然之道,与天地合"的"天道之乐"[①]或自然而然之乐。

无论如何,任何人之"乐"均不可能是纯粹客观的东西,它实际是人对事物的一种情感反应或价值态度。因而,庄子所推崇的"天乐"并非是天地自然本身的欢乐,它实际是由修行天道的圣人所达到的与道相通的高远境界,因而是一种"圣人之乐",说到底也还是一种"人乐"。只是相对于专意于人间事务、仍然需要有所作为的"帝道之乐",它更具有天地之自然无为的特征,或许正因如此庄子方称之为"天乐"。

在庄子这里实际存在着三种"乐",即"俗之所乐""人乐"和"天乐"或"至乐"。依照"审美"概念的本质内涵,在庄子所理解的三种"乐"之中,有直接身体感官享受或现实功利指向的"俗之所乐"显然并不具有审美特质;以"帝道之乐"为代表的、与人和谐的"人乐"因其超越了狭隘的个人功利性而具有一定的审美性质,但其鲜明的社会功利性指向又表明其审美性质是不纯粹的;以圣人之乐为代表的"天乐"或"至乐"只是效法、顺适天地自然无为,其"不计利害、是非、功过,忘乎物我、主客、人己,从而让自我与整个宇宙合为一体"[②]的特征则足以表明它才是真正的具有审美性质的乐;从庄子所阐扬的那种神乎其神、凡人根本无法达到的"天乐"的非现实性来看,更有理由将

---

① 成玄英《庄子·天道》疏,[清]郭庆藩撰:《庄子集释》第2册,中华书局1961年版,第462页。
② 李泽厚:《中国古代思想史论》,人民出版社1985年版,第189页。

其视之为能够充分展示人的精神性自由的审美性质的①。可以说能够获得此种"天乐"或"至乐"的过程也即审美活动的现实发生过程。也正是在此由"天乐"或"至乐"所代表的审美活动的发生过程中,前述庄子的"天地之美"或"大美"亦即自然美观念获得了其存在论证明。因为庄子的所谓"天乐"或"至乐"并非是静态的,而是在由体悟天地自然的自然无为之大美和在与天地自然相互融合过程中同时获得的,因而此种审美活动也可称之为自然审美活动。

事实上,在《田子方》关于孔子见老聃的寓言中,庄子借"老聃"之口明确地将"至乐"与"至美"联系起来:"夫得是至美至乐也。得至美而游乎至乐,谓之至人。"庄子在此所谓的"至人"亦即"圣人"(也即前述"真人")"得至美而游乎至乐"的过程正是其与道合一、臻达天地自然之境的过程,也即所谓自然审美的展开过程,是天地自然的自然而然之美的自然美的产生过程。自然审美与自然美两者在此真正获得了其存在论意义上的统一。

庄子将此至美至乐的审美境界的当下展开过程称之为"游心"。游心显然是一个时间性的精神活动的发生过程,庄子在此特别强调游心虽然超越了喜怒哀乐的一般情感体验,但它根本无须"修心"即刻意为之,而完全是自然而然的展开——也只有如此也才能称之为感性而审美的。所谓"游心于物之初"也不过只是效法天地自然的"日改月化,日有所为而莫见其",效法鸟兽虫鱼的顺性自处、不改根本而已。简言之,"游心"的关键仍是"无为而才自然"。"游心"构成了由《庄子》首篇题目所表达的"逍遥游"的核心旨意。因而庄子心目中的自然审美的展开过程,不是人对自然事物的静观欣赏,而是能够体察大道自然进而与之合二为一者的一种自然而然的存在状态,庄子在此从一定意义上突出的正是审美活动的自在自由特征。

如上所述,庄子至美至乐的自然审美及自然美总体来说是属于自然而然本性天成的美。那么,老庄有没有涉及或论及以大自然为审美客体的自然审美呢?

徐复观曾就《老子》二十章"众人熙熙,如享太牢,如春登台"写道:"在老子看来,似乎没有特别提到语义发展以后的所谓自然。但他的反人文的、还纯返朴的要求,实际是要使人间世向自然更为接近。当他说'众人熙熙,如

---

① "老庄,尤其是庄子的艺术精神,是要成就艺术地人生,使人生得到如前所说的'至乐''天乐';而乐天乐的真实内容,乃是在使人的精神得到自由解放。在这一点上,庄子与许多西方的美学家,却正有其共同的到达点。"徐复观:《中国艺术精神》,春风文艺出版社 1987年版,第 52 页。

享太牢，如登春台'（二十章）的时候，他自己实也感到对自然景物的喜悦。"①笔者认为，上列老子原文中固然没有"美"字也没有前面讨论过的能够表达审美之意的"乐"，但从其中"熙熙"一词所传达的整体情绪②及"春台"一词所提示的特定情境来看，徐氏分析是可以自圆其说的。而"对自然景物的喜悦"大致也就是自然美的愉悦感，从中即可看出老子关于自然物审美事实的说明。

陈鼓应更十分肯定地说："著名的自然主义者庄子，也有这种对于自然的赞颂。他说：'山林与！皋壤与！使我欣欣然而乐与！'（《庄子·知北游》）'大林丘山之善于人也，亦神者不胜。'（《外物》）整部《庄子》书，处处描绘着他对大自然的美的喜爱，描绘着人与大自然的融合交感。"③但提到的例证也只有以上二例。不过，从现代美学对于"审美"概念的基本规定来看，以上两例证大致是可以成立的。原因如下：其一，两条材料中分别有作为审美客体的自然物"山林、皋壤"和"大林丘山"；其二，材料中分别提到了作为审美主体的"我"和"人"及其对于上述自然物的"欣欣然而乐"和"神者不胜"④即愉悦欣喜之乐的情感反应；其三，基于前文已经分析指出的"乐"所具有的审美义涵，并结合两句中的情感意态，大致可以推断上述情感发生的无利害性。其实，关于《庄子》中的是否有关于自然审美的观念，上文已提到另一实例，即《秋水》开篇所描写的河伯"自喜"于"天下之美"的过程，大致可理解为是以自然物为审美客体的审美活动的展开过程。

结合前文对老庄思想中以自然而然之美为主但也存在自然物之美的自然美思想的梳理，笔者的结论是：虽然真正相关的具体例证非常有限，但作为"就薮泽，处闲旷，钓鱼闲处，无为而已矣"（《刻意》）的那种人，作为喜欢自然无为地与自然万物打交道的人，老庄没有道理不与自然事物之间常常展开一种我们现在所谓的自然审美活动，且同时反映到他的理论言论中来。因而，可以说庄子还是涉及了以大自然为审美客体的自然审美问题。

---

① 徐复观：《中国艺术精神》，春风文艺出版社1987年版，第193页。

② 关于"熙熙"一词，陈鼓应注云："纵情奔欲，兴高采烈的样子。'河上公注："熙熙，淫放多情欲也。'王弼注："众人迷于美进，惑于荣利，欲进心竞。"陈鼓应：《老子今注今译》（参照简帛本最新修订版），第152页。

③ 陈鼓应：《尼采哲学与庄子哲学的比较研究》，载《悲剧哲学家尼采》，生活·读书·新知三联书店1994年版，第246页。

④ 参阅陈鼓应先生对此句的译文："大林丘山之所以适于人，也是因为心神畅快无比的缘故。"《庄子今注今译》，第721页；另参阅《庄子集释》引家世父侍郎公言："大林丘山之善于人，言所以乐乎大林丘山，为广大容万物之生也。"[清]郭庆藩撰：《庄子集释》第4册，中华书局1961年版，第941页。

　　老庄的自然观、自然美观与自然审美观鲜明地体现了中国文化中主要由老庄思想所代表的看待自然及自身、社会的一种独特方式。此方式从美学视角而论无疑是一种自然美学,也因为对自然而然或天成之美的强调而可称之为天然美学。中国的儒家文化和佛教文化当然也有自己的自然美学或天然美学,但由老庄所集中表达出来的道家自然美学或天然美学足可成为中国自然美学或天然美学的典型代表。

　　最早明确涉足自然美的特殊功能与价值的,在西方是启蒙思想家卢梭,在中国则是先秦时期的哲学家老庄。通过对两者之比较,或许能对第一章借助卢梭启蒙思想阐述的自然美之思功能维度的现代性意义获得更加深切的理解。无论它们产生的思想背景如何,在老庄和卢梭的学说中,"自然"概念的地位均举足轻重。与此相适应,老庄和卢梭所理解与推崇的美只能是自然美与自然审美。因而老庄和卢梭的自然及自然美之思差不多均是功能性的,两者大致都有一个共同的价值取向:对人类社会文明的激进反叛与尖锐批判,对个体自由与精神归趋的深切关注与安顿。"衡量一种哲学是否深刻的尺度之一,就是看它是否把自然看作与文化是互补的,而给予她应有的尊重。"[1]老庄与卢梭包括自然美观念在内的自然观或老庄与卢梭哲学中的包括自然美在内的自然之思之所以是深刻的且对后世产生了巨大影响在于:

　　首先,他们均把自然看成是衡量人类文明是否已经异化的重要维度。"人所以追求自然是因为他已经感到他和自然分开了"[2]"田园诗大都是城市人所作"[3]。老庄与卢梭在中西不同的历史时期和文化背景之下,高度重视和阐扬自然与自然美的主要原因不外是人背离了他不应该背离的自然,人把非自然的美当成了最高的美。

　　其次,借用钱锺书评价南宋诗人杨万里的话,老庄与卢梭均强调在与双重自然的持续亲近过程中,努力重建人与自然血浓于水的"嫡亲母子的骨肉关系",从而"恢复耳目观感的天真状态"[4]。

　　张岱年曾指出:"无为的思想,是包含一种矛盾的。人的有思虑,有知识,有情欲,有作为,实都是自然而然。有为本是人类生活之自然趋势。而故意去思虑,去知识,去情欲,去作为,以返于原始的自然,实乃违反人类生

---

①　[美]罗尔斯顿:《哲学走向荒野》,刘耳、叶平译,吉林人民出版社 2000 年版,代中文版序第11 页。
②　[英]鲍桑葵:《美学史》,张今译,商务印书馆 1985 年版,第 116 页。
③　[英]卡里特:《走向表现主义的美学》,苏晓离等译,光明日报出版社 1990 年版,第 50 页。
④　钱锺书选注:《宋诗选注》,人民文学出版社 1997 年版,第 161 页。

活之自然趋势。所以人为是自然,而去人为以返于自然,却正是反自然。欲
返于过去之自然状态,正是不自然。无为实悖乎人类生活之自然趋势,逆乎
生活创进之流。"①高尔泰也说:"主张'乘化委运'的老庄哲学和要求'返回自
然'的卢梭思想,已经证明是行不通的了。人一旦成其为人,就只有作为人
而前进,如果不是胜利,那就只有灭亡。"②的确,任何以自然消解人为,以无
为消解有为的返于自然的呼声中无不包含着一种内在矛盾或悖论,要彻底
地将它实现于人类社会无异于痴人说梦。但此悖论与其说是属于老庄与卢
梭的,不如说是属于整个人类文明的。人越来越强大的"有为"能力恰恰既
是人之为人的原因,也是人成为非人的原因。任何时候,人都不应"用加深
病根的方法来治病。"③"由于他自知是一个动物,他就不再是动物。"④同样,
由于人能够自觉自己是自然的人,他就不再是自然的人了,而是自由的人。
所以,最后,在中国先秦老庄与西方启蒙时代卢梭先后展开的"自然"之思的
真正深邃之处,不在于对"自然"本身的宣扬,而是借此强调人的自由,或者
说合规律性的自然与合目的性的自由的统一。

二、浑然天成之美:20 世纪前中国美学的核心自然美范畴

　　前文已指出,与西方美学给予相对于艺术美的外在自然物之美的自然
美的高度关注不同,中国古典美学更加热衷于讨论内在天性之美的自然美,
且此意义上的自然美常被更简明地表述为"天然""天成"或"天然(之)美"
"天成(之)美"。本节正是对与流行的自然美即作为外在自然物之美的自然
美相区分,同时贯穿整个中国美学史的独特自然美范畴——天然、天成(之)
美的专门研究。
　　中国美学传统中的"天然(成)之美"观念无疑源于上节已论及的、同时
视自然与自然美为宇宙本体和天成境界的老庄——尤其是庄子思想。老庄
著作出现过"自然"(《老子》五次,《庄子》八次)、"天成"(《庄子·寓言》)而未
见"天然",但其中同样表达"天然""天成"之意的"天"和含有"天"的合成词
分别约有三十多和二三百个。魏晋哲学家郭象替《庄子》做注则既屡言"自

---

①　张岱年:《中国哲学大纲》,中国社会科学出版社 1982 年版,第 303 页。
②　高尔泰:《论美》,甘肃人民出版社 1982 年版,第 54 - 55 页;又见高尔泰:《美是自由的象
　　征》,人民文学出版社 1986 年版,第 65 - 66 页。
③　[英]舒马赫:《小的是美好的》,虞鸿钧等译,商务印书馆 1984 年版,第 20 页。
④　[德]黑格尔:《美学》第一卷,朱光潜译,商务印书馆 1979 年版,第 100 页。

然",也常讲"天然"。《齐物论》中的"地籁则众窍是已,人籁则比竹是已。敢问天籁"注云:"自己而然,则谓之天然。天然耳,非为也,故以天言之。以天言之,所以明其自然也。"[1]在郭象看来,庄子所谓天籁不过是天地万物自身未经人工干涉而自然而然发出的声响。尽管"天然"言"天","自然"言"自",两者其实殊途同归,皆指事物的自在天成本性。"天然即自然,自然即天然"的观念实际也是庄子本人的思想。如前所述,庄子所极力推崇的与道为一的"澹然无极而众美从之"的天地"大美""至美""纯美"实乃事物内在本性的浑然天成之美。

正是差不多从郭象所处的魏晋时代——用宗白华的话讲,"这是美学思想上的一个大的解放"的时代,是"认为'初发芙蓉'比之于'错彩镂金'是一种更高的美的境界"的时代[2]——开始,庄子所阐发的与道合一的作为天地大美的"(内在)自然""天成"或"天然"美明确成为一个涵盖自然界、人生社会、艺术等诸多审美领域的核心美学范畴。

(一) 自然界的浑然天成美

对于以自然界及其一切天工造物为审美客体的自然审美活动而言,天成天然之美意味着人们所欣赏的自然事物与自然现象必须是绝对的浑然天成,或如康德所言必须是自然或被认为是自然,以便人能对美本身怀有一种直接的兴趣。此种内涵的天然之美,在欣赏时往往同与艺术美相对的一般意义上自然美结合紧密而不易识别。但稍做思考就可发现:只要是平常针对大体纯自然事物而言的自然美,人们欣赏的不仅是自然物外在的形式特征,也包括其自然而然的内在天性或本性,两者其实互为表里地构成了寻常所谓自然美的实际内涵。人们因此常常在着眼于自然物自身追究其之所以美的原因时,将它归结为其自然的本质属性,从而相信此种美是客观而自在的存在。甚至崇尚自然的哲学家(如毕达哥拉斯学派和老庄)有时还将它上升为宇宙间的一种普遍法则,进而赋予它一种至高无上、自足自在的本体论意义与地位。

因而,"审美性的自然观"在中国魏晋六朝时代的蔚然成风,不仅表现在对自然界自然山水外在形式的自然美的自觉而普遍地赏玩、热爱、流连与追逐上,同时也体现在对自然事物、自然山水、自然风景等本身的自然而然、天

---

① [清]郭庆藩撰:《庄子集释》第1册,中华书局1961年版,第50页。

② 宗白华:《中国美学史中重要问题的初步探索》,《美学散步》,上海人民出版社1981年版,第29页。

成天然的内在本性的自然美及其玄理的欣喜、体察、感悟与审美类比之中。而且，在很多情况下前者以后者的存在为前提或目标。

"顾长康从会稽还，人问山川之美。顾云：'千岩竞秀，万壑争流，草木蒙笼其上，若云兴霞蔚。'"（《世说新语·言语》）顾恺之所描绘的"山川之美"应该说首先指会稽一带岩壑草木云霞侧重于外在形式的自然美，但也明显包含着对其中所蕴含的大自然无限的生气与生机等内在本性之美，即内在浑然天成自然美的喜爱与陶醉。这个时期的杰出人物谢灵运与陶渊明更是显著的例子。可以设想，倘无对大自然与故乡自然景物（谢灵运《登池上楼》所谓"池塘生春草，园柳变鸣禽"）及其自在天成本性的热爱（陶渊明《归园田居》所谓"性本爱丘山"），也无对其居住地永嘉和柴桑附近一带自然山水与田园美景的亲身游历感受与欣赏，二人就不可能写出其著称于世的大量山水诗和田园诗。"久在樊笼里，复得返自然。"（陶渊明《归园田居》）所谓"自然"其实正是自然而然的闲适状态。清代叶燮曾说："凡物之生而美者，美本乎天者也，本乎天自有之美也。"（《已畦文集》卷六《滋园记》）这里作为"物之生而美"之"本"的所谓"天"与"天自有之美"就是自然界事物的自在天成本然与自在天成本然之美，也即天然与天然之美。

（二）人生社会的浑然天成美

"天然者，天之自然而有，非人力之所成也。"（《红楼梦》第十七回）对于主要由道家思想开辟的一种中国自然论的审美文化来讲，完全是人为的活动或凭借人力而创造出来的人工之物却偏偏要追求一种浑然天成、好似天然的理想效果，从而实现一种人工努力与天工自然互不抵牾且能融合为一的审美境界。

所以，对于以人的言语行为等社会事物与活动为审美客体的社会审美活动而论，天成天然之美既意味着对必须是天真素朴而无伪无饰的人的言行的从旁观照与激赏，更意味着人各种生活的自然化和对本真天成的人生自由境界的亲身抵达与乐在其中。这两方面均具道家特色的内在自然美，前者是对超道德的本真自然人格的审美欣赏，后者则是对超道德的自然天成境界的审美创造。

对此，"一部名士底教科书"[①]《世说新语》中记载的大量魏晋轶闻轶事就给我们提供了十分生动的佐证材料。如："阮光禄在剡，曾有好车，借者无不

---

① 鲁迅：《中国小说的历史的变迁》，《鲁迅全集》第 9 卷，人民文学出版社 2005 年版，第 319 页。

皆给。有人葬母，意欲借而不敢言。阮后闻之，叹曰：‘吾有车而使人不敢借，何以车为？’遂焚之。”（《德行》）“阮公邻家妇，有美色，当垆酤酒。阮与王安丰常从妇饮酒，阮醉，便眠其妇侧。夫始殊疑之，伺察，终无他意。”（《任诞》）“刘伶恒纵酒放达，或脱衣裸形在屋中。人见讥之，伶曰：‘我以天地为栋宇，屋室为裈衣，诸君何为入我裈中？’”（《任诞》）“王子猷居山阴，夜大雪，眠觉，开室命酌酒，四望皎然。因起彷徨，咏左思《招隐诗》，忽忆戴安道。时戴在剡，即便夜乘小船就之。经宿方至，造门不前而返。人问其故，王曰：‘吾本乘兴而行，兴尽而返，何必见戴！’”（《任诞》）这些不无夸张奇特怪异在当时却很正常的行为，其实反映的是从魏晋开始的一部分中国“知识分子所追求的理想境界，所欣赏的生活方式，所执着的人生态度，所赞美的言谈举止”①。此理想境界、人生态度、生活方式、言谈举止的核心显然正是自在天成、自然而然。

三国魏哲学家嵇康在当时“名教”与“自然”之争的背景之下，曾对此给予深刻的理论阐释：“夫称君子者，心无措乎是非，而行不违乎道者也。何以言之？夫气静神虚者，心不存乎矜尚；体亮心达者，情不系于所欲。矜尚不存乎心，故能越名教而任自然；情不系于所欲，故能审贵贱而通物情。物情通顺，故大道无违；越名任心，故是非无措也。是故言君子，则以无措为主，以通物为美”；“以志无所尚，心无所欲，达乎大道之情，动以自然，则无道以至非也。抱一而无措，则无私。无非兼有二义，乃为绝美耳。”（《释私论》）嵇康之所以有不同于“名教本于自然”（王弼）、“名教出于自然”（郭象）的“越名教而自然”思想，是因为他建基于老庄道法自然、崇尚天地大美境界的自然人生美学观：以超越是非、心无所系、通达事物自然而然的本性为美，以抱朴返真、顺任自然、复归大道为大美（“绝美”）。

“能体纯素，谓之真人”（《庄子·刻意》），“夫童心者，真心也……绝假纯真，最初一念之本心也。若失却童心，便失却真心；失却真心，便失却真人。人而非真，全不复有初矣。”（李贽《焚书·童心说》）社会生活中的自然天然之美的核心其实全在一个“真”字，因为真就是自然。

“整个所谓世界历史不外是人通过人的劳动而诞生的过程，是自然界对人来说的生成过程。”②从马克思主义哲学上讲，在社会生活中崇尚天然天性之美也就是“人的自然化”。但所谓“人的自然化”并“不是要退回到动物性，去被动地适应环境；刚好相反，它指的是超出自身生物族类的局限，主动地

---

① 乐黛云：《中国知识分子的形与神》，昆仑出版社 2006 年版，第 5 页。
② ［德］马克思：《1844 年经济学哲学手稿》，人民出版社 2000 年版，第 92 页。

与整个自然的功能、结构、规律相呼应、相建构。"①

这里须强调:对此种自在天成、自然而然的生活境界的欣赏与践行并非是君子、贵族、哲学家或知识分子的专利,亦非仅仅是一种所谓魏晋风度或名士风流。只要人不丧失一颗"童心",就能"复归于朴"(《庄子·山木》),它实际常常可以普遍地贯穿于不同时代人们的衣食住行劳作娱乐等日常生活的方方面面。

(三) 艺术品的浑然天成美

对于以一切人工生产出来主要满足人的精神需要的艺术品为审美客体的艺术审美来讲,浑然天成的自然美意味着对一切人工技巧的超越,所谓雕缋满眼而浑似天然。一件艺术作品并非天成天然之物却会引发类似天成天然之物的感叹与审美效果,这使自然天成的自然美成为一流艺术品的标志,成为所有艺术永远需要效法的标本,也常常成为衡量一件艺术品是否优秀的重要标准。

钟嵘《诗品》和《南史·颜延之传》中分别记载的时人对谢灵运诗与颜延之诗的品评语及其所引发的"颜终身病之"的缺憾就是明证。"如芙蓉出水""自然可爱"的谢诗同"错彩镂金""若铺锦列绣,亦雕缋满眼"的颜诗的分野是:谢诗表现出一种天生丽质、清新质朴的艺术风格及天成天然的美,颜诗则表现出一种讲究辞藻、铺张雕琢的艺术风格及修饰人工的美。按说作为均系人工只因审美趣味差异而产生的两种不同的艺术美风格,二者应当享有平等的艺术地位。但大自然及其天成本性永远相对于人的优先性,不能不使人工痕迹过于明显的完全人工型艺术逊色于虽系人工却显自然天成的自然型艺术。"所谓自然者,非有意为自然而遂以为自然也。若有意为自然,则与矫强何异。故自然之道,未易言也。"(李贽《读律肤说》,《焚书》卷三)"自然之道"不易言,集自然与人工于一体的自然型艺术真实乃可遇而不可求。但真有求得者,必然会成就艺术杰作被人惊为天成之作。李白《经乱离后天恩流夜郎忆旧游书怀赠江夏韦太守良宰》诗中的"清水出芙蓉,天然去雕饰"一语及备受人赞誉的李白诗歌自身的风格,更给此种自然型艺术美提供了一个现实样板。请看来自文学和艺术领域的相关论述:

对于诗:"一曲斐然子,雕虫丧天真。"(李白《古风》其三十五)"诗语固忌用巧太过,然缘情体物,自有天然工妙,虽巧而不见刻削之痕。"(叶梦得《石林诗话》卷下)"山谷之诗,有奇而无妙,有斩绝而无横放,铺张学问以为富,

---

① 李泽厚:《华夏美学》,中外文化出版公司1989年版,第118页。

点化陈腐以为新，而浑然天成，如肺肝中流出者不足也。"（王若虚《滹南诗话》卷二）"一语天然万古新，繁华落尽见真淳。"（元好问《论诗三十首》其四）。

对于词："词以自然为宗，但自然不从追琢中来，则亦率易无味。如所云绚烂极致，仍归平淡。若使语意淡远者，稍加刻划，镂金错彩者，渐近天然，则骎骎乎绝唱矣。"（彭孙遹《金粟词话》）"于逼塞中见空灵，于浑朴中见勾勒，于刻画中见天然，读梦窗词当于此着眼。性情能不为词藻所掩，方是梦窗法乳。"（周尔墉批《绝妙好词》）"纳兰容若以自然之眼观物，以自然之舌言情。"（王国维《人间词话》五二）。

对于曲："元人词手，制为南词，天然本色之句，往往见宝，遂开临川玉茗之派。"（吕天成《曲品》卷下）"元曲之佳处何在？一言以蔽之，曰：自然而已矣。古今之大文学，无不以自然胜，而莫著于元曲。"（王国维《宋元戏曲考》第十二章）

对于文："今夫玉非不温然美矣，而不得以为文；刻镂组绣，非不文矣，而不可与论乎自然。故夫天下之无营而文生之者，唯水与风而已。"（苏洵《仲兄字文甫说》）"文章本天成，妙手偶得之。粹然无疵瑕，岂复须人为。"（陆游《文章》）"万事之波澜，文章天然好。"（龚自珍《自春徂秋偶有所触拉杂书之漫不诠次得十五首》之十二）

对于画："夫画者，成教化，助人伦，穷神变，测幽微，与六籍同功，四时并运，发于天然，非繇述作。"（张彦远《历代名画记·叙画之源流》）

对于音乐："声音之道，丝不如竹，竹不如肉，为其渐近自然。"（李渔《闲情偶寄·饮馔部·蔬食第一》）

对于书法："故得之者，先禀于天然，次资于功用。而善学者乃学之于造化，异类而求之，固不取乎原本，而各逞其自然。"（张怀瓘《书断·行书》）"天然：鸳鸿出水，更好容仪。"（窦蒙《〈述书赋〉语例字格》）

对于园林："虽由人作，宛自天开。"（计成《园冶·园说》）

那么，作为中国美学重要范畴的自然天成之美或天然美究竟具有怎样的审美内涵？除了以上所论之外，可从否定视角归纳为无意、无法、无工三项①。所谓无意，即无意识、无目的、自发性、非功利；所谓无法就是对有悖自然的人为规则的否定、消解与超越；所谓无工，即非人工、不造作、非肆意、非过度。

这样，如上所述，与一般意义上的自然美相对的艺术美，从对立的意义

---

① 参阅蔡钟翔：《美在自然》下编第 2 章，百花洲文艺出版社 2001 年版，第 96－160 页。

上又大致可分为两种，即人工性特征突出的人工型艺术美和将人工性减少到最低限度的自然型艺术美。在原本是"代表了中国美学史上两种不同的美感或美的理想"①的"芙蓉出水"的自然美型艺术美与"错彩镂金"的人工美型艺术美之间，大多数文人士大夫之所以选择前者而非后者，无非是因为天成天然的美永远既是人需要效法的宇宙本体，也是值得人切实追求并实现的天地境界。

当然，天然、天成甚或自然之美不仅是贯穿中国传统美学独立的重要范畴之一，而且与其他众多范畴如"真""平淡""朴拙""本色""空灵""意境"等一起，形成了一种相互渗透交叉的亲密关系，从而构成了独具中国特色的美学。

三、从自然美到自然生态之美：20 世纪以来的中国自然美观

（一）20 世纪以来国内自然美研究的四个阶段

依据标志性的政治事件、自然美研究本身所关注的问题及其特点，20世纪以来中国的自然美问题研究大致经历了以下四个阶段：

第一阶段：20 世纪 50 年代以前。此乃自然美问题研究的起步阶段。在此阶段早期，自然美概念即与美学学科一起作为一个美学问题进入中国人的学术视野。如王国维于《红楼梦评论》和《古雅之在美学上之位置》等文中就在与"艺术之美"相对的意义上运用了"自然之美"概念，且认为前者优于后者。此后，自然美概念与问题不断受到关注。1915 年版《辞源》的"美学"条目中曾介绍到"自然美"概念：美学是"就普通心理上所认为美好之事物，而说明其原理及作用之学也。以美术为主，而自然美历史美等皆包括其中"②。不过，由于先天性地受西方艺术哲学美学、文艺美学甚至艺术学美学的影响，自然美往往仅作为一种虽与艺术美并列但重要性远不及后者的美的类型进入研究者的论域，并未获得自己的学术独立性，因而整体上处于被忽略的状态③。

---

① 宗白华：《中国美学史中重要问题的初步探索》，《美学散步》，上海人民出版社 1981 年版，第29 页。

② 转引自黄兴涛：《"美学"一词及西方美学在中国的最早传播》，《文史知识》2000 年第 1 期。

③ 在文艺美学丛书编委会编的《美学向导》(北京大学出版社，1982)、蒋红等编著的《中国现代美学论著译著提要》(复旦大学出版社，1987)及林同华主编的《中华美学大词典》(安徽教育出版社，2002)等书中提供的 1949 年前美学论文、专著及译著要目，找不到题含"自然美"概念的论文、论著即是证明。

尽管如此,自然美作为与美的类型之划分、美的诸种类及其相互关系密切关联的美学问题,在极少数研究者的论文、论著或西文译著中仍然得以讨论。比如,华林在《自然和艺术之美》一文(《艺术文集》,上海大光书局,1927)中就较为具体地比较了自然美与艺术美之差异,并提出"自然之美乃幼稚之美"的看法①;陈望道的《美学概论》(上海明智书局,1927)第一章第二节("美底的种类")、朱光潜的《谈美》(开明书店,1932)第七章("美与自然")、第八章和《文艺心理学》(开明书店,1936)第九章("自然美与自然丑")、第十章,蔡仪的《新美学》(上海群益书店,1947)第四章第二节("自然美、社会美与艺术美")更是集中论述自然美问题的专门章节;黑田鹏信的《美学纲要》(俞寄凡译,商务印书馆,1922)、克罗齐的《美学原论》(傅东华译,商务印书馆,1931)、车尔尼雪夫斯基的《生活与美学》(周扬译,延安新华书店,1942)等译著中也有对自然美问题的重要论述。其中,朱光潜尽管持文艺心理学的美学观,仍较具体地探讨了自然美的含义及其与艺术美的关系,认为自然美其实是把自然加以人情化和艺术化的结果,故仍然是一种艺术美。蔡仪则针锋相对地指出自然美是不参与人力的纯自然产生的事物的美,是自然物本身的美。朱光潜、蔡仪二人的著作最能代表这一阶段自然美研究的成果,不仅在当时产生了很大影响,也毋庸置疑地对下一阶段的自然美问题讨论具有非常重要的学术奠基意义,委实功莫大焉②。

第二阶段:20世纪五六十年代。与此阶段第一次美学热中的美的本质大讨论相联系,可谓自然美问题研究的本质论阶段,且获得仅次于美的本质问题的显赫地位。此阶段仍无自然美问题研究专著问世,专门探讨或论及自然美的论文则大量见诸报刊。根据有关工具书及中国期刊全文数据库提供的要目可知,仅公开发表的题含"自然美"概念的文章就约有近20篇,如伍蠡甫的《画家对自然美的看法》(《文汇报》1957年4月18日)、张庚的《桂林山水——兼谈自然美》(《人民日报》1959年6月2日)、李泽厚的《山水花鸟的美——关于自然美问题的商讨》(《人民日报》1959年7月14日)、朱光

---

① 参见胡经之编:《中国现代美学丛编》,北京大学出版社1987年版,第35—37页。

② 尤其是蔡仪先生关于美的类型的自然美、社会美与艺术美三分法可谓几成定论,并逐渐被中国美学界所接受。关于朱先生与蔡先生在20世纪前半期的地位,洪毅然在《论美(兼评朱光潜与蔡仪的美学及其他)》(《西北师范大学学报(社会科学版)》1957年第1期)中曾给予中肯评价:"朱光潜一九三二年出版《谈美》,一九三六年出版《文艺心理学》,一九四六年出版《诗论》。蔡仪一九四三年出版《新艺术论》,一九四七年出版《新美学》。应当承认:他们两人乃是我国近数十年来,仅有发表过自己自成系统的美学理论著作的美学家。尽管还有许多人也曾有过不少关于美学的论著或译述,多半或者很少独创见解,或者限于片段发挥。"朱蔡二人关于自然美问题的看法也同样如此。

潜的《山水诗与自然美》(《文学评论》1960 年第 6 期)、汪宗元的《自然美与美感的同一性》(《朔方》1961 年第 9 期)、[美]格林的《论艺术美和自然美》(蒋孔阳译,《国外社会科学文摘》1961 年第 11 期)等。标题中不含自然美概念但明确论及自然美问题的文章也不在少数。以文艺报、新建设编辑部编选的六集《美学问题讨论集》(1957 年 5 月至 1964 年 3 月)收入的 85 篇文章①而论,其中在不同程度上正面论及自然美问题的就有 50 余篇,占到论文总数的六成以上。

可以说,参与这一时期美学论争的主要代表人物如朱光潜、蔡仪、李泽厚、高尔泰、吕荧的诸论文(不管题目中有无"自然美"概念),或多或少地含有对自然美问题的看法。集中表明上述诸家自然美观念的代表性论文,除上面已提及的外主要还有朱光潜的《论美是客观与主观的统一》(《哲学研究》1957 年第 4 期)、《美必然是意识形态性的》(《学术月刊》1958 年第 1 期)、《美学中唯物主义与唯心主义之争》(《哲学研究》1961 年第 2 期),蔡仪的《吕荧对"新美学"美是典型之说是怎样批评的?》(《新建设》1957 年 9 月号)、《李泽厚的美学特点》(《新建设》1958 年 11 月号)、《朱光潜先生旧观点的新说明》(《新建设》1960 年 4 月号),李泽厚的《论美感、美和艺术》(《哲学研究》1956 年第 5 期)、《美的客观性和社会性》(《人民日报》1957 年 1 月 9 日)、《关于当前美学问题的争论——试再论美的客观性和社会性》(《学术月刊》1957 年 10 月号)、《美学三题议》(《哲学研究》1962 年第 2 期),高尔泰的《论美》(《新建设》1957 年第 2 期)、《论美感的绝对性》(《新建设》1957 年 7 月号),吕荧的《美是什么?》(《人民日报》1957 年 12 月 3 日)等。其他学者如洪毅然、蒋孔阳、王朝闻、杨辛等的文章,也在参与美学论争中对自然美问题给予了一定关注。

自然美问题之所以在此阶段尤为引人瞩目,是因为它被认为与美学论争中的美的本质问题即美的客观性与主观性问题研究紧密结合,从而成为影响美学根本问题解决的"绊脚石"。自然美问题因而当仁不让地成为这一阶段美学大讨论中与美的本质问题密切相关的第二大热点问题②。大致与

①　据杉思的《几年来(1956—1961)关于美学问题的讨论》(《哲学研究》1961 年第 5 期),仅从 1956 年展开美学大讨论到 1961 年 8 月底"五年以来写文章参加讨论的约七十余人;共发表讨论论文约一百六十篇左右"(新建设编辑部编:《美学问题讨论集》第六集,作家出版社 1964 年版,第 395 页)。据此,收入六集《美学问题讨论集》的文章就占到这一时期文章总数的一半有余,因而总体能说明当时的美学研究状况。

②　参见杉思:《几年来(1956—1961)关于美学问题的讨论》:"美学论争的第二大问题是自然美问题。这问题实质上是与上述美学的哲学基础问题紧相联系在一起的。一直也是争论的焦点。"《美学问题讨论集》第六集,第 416 页。按:"上述美学的哲学基础问题"指"美是主观的还是客观的"。同上书,第 396 页。

当时的美学四派相对应,关于自然美的本质实际也基本形成了四种主要看法:一是以蔡仪为代表的自然美的客观说,认为自然美美在客观事物自身不以人的意志为转移的客观属性及其典型性;二是以朱光潜为代表的自然美的主客统一说,认为自然美与艺术美一样也是主客观相结合的产物,实为雏形起始阶段的艺术美;三是以李泽厚为代表的自然美的客观社会说,认为自然美既不在自然本身,也不是人类主观意识加上去的,而是自然性与社会性的统一,是一种客观社会性的存在;四是以吕荧与高尔泰为代表的自然美的主观说,认为自然美是以现实生活为基础的人的一种社会性观念,人的心灵是自然美的源泉。由于各方面的复杂缘由,大讨论结束前,李泽厚的自然美观及其美的本质观等看法一起成为其中最有实力和势力的观点。诚如李泽厚后来回顾指出的,此一时期的“自然美”与“美的本质”研究更具有“哲学性”,不同于下一个时期的中国美学“在向广度发展”①。

　　第三阶段:20世纪最后的大约二十年。这可谓自然美问题研究获得独立并全面展开的阶段。受学术界先后出现的《手稿》热、心理学热、方法论热、文化热等,美学界的所谓第二次美学热及美的本质、美育、中国美学史、实践美学、后实践美学等热点问题的影响,美学研究问题不断多元化,自然美问题研究的独立性也随之大大增强,不再像20世纪五十年代以前基本受制于美的类型问题从而成为艺术美的陪衬,像20世纪五六十年代基本受制于美的本质问题而成为后者的附庸。自然美的研究课题、范围扩大,方法多样化,除自然美的本质问题外,其他诸多自然美的特征、起源、历史发展、欣赏、美育等问题也得到广泛而较深入的讨论,美学史上的自然美观念、自然美的应运性研究等也受到了一定关注,自然美问题在研究的深广度与方法上都有了较大突破。

　　从此阶段开始,自然美研究的特点之一是与美学(原理)学科及其教材建设结合甚密。随着王朝闻继“文革”前主编(1961—1964)之后再度主编(1978—1980)的中华人民共和国成立后第一部美学教材《美学概论》(人民出版社,1981)的问世,自然美作为一种与社会美、艺术美并列(前二者又被统称为现实美)的美的类型的之地位不仅得到进一步确立,自然性与社会性统一的社会实践说也越来越成为主导性看法②。此后相继出现的一百多部美学原

---

①　李泽厚:《美学——中国人的最高境界》,载《李泽厚对话集·九十年代》,中华书局2014年版,第117页。

②　《美学概论》由并未参与大讨论的王朝闻主编,超然的身份似乎暗示了一种综合性的立场。但实际上,稍加留意即可发现,《美学概论》的观点几乎完全取自社会实践派。“因为”“处于有关部门的注视和引导之下”的第一次美学大讨论在即将结束时,“李泽厚的理论”（转下页）

理教材均涉及自然美问题,且差不多逐渐在以李泽厚、蒋孔阳等为代表的实践美学的基础上达成共识:自然美是以自然物为对象的美,是指那些经由"人化"而体现"人的本质力量",为人的感官所感知,并能引起人的精神愉悦的自然现象的美;自然美只有对人才有意义,自然对于人能成为美是人类实践活动的结果;依据改造过的自然未经改造的自然和作为人类象征的自然,自然美一般被具体分为相应的三种类型;自然美的特点是美在形式,具有不确定性、象征性等①。

　　本时期自然美问题研究的论文数也空前增长。根据中国期刊全文数据库,从 1980 年至 1999 年 20 年间发表的篇名中含有"自然美""自然审美""自然美学"检索词的论文共计约 335 篇,在总数与年平均数方面均高于其他几种审美或美的类型②。其研究内容大致可分为以下四类:第一类,自然美本身一般原理的理论性研究,涉及自然(审)美的发生、产生、本质、特征、欣赏、美育等问题,约占全部论文的四成有余;第二类,对于自然美理论观念与自然(审)美意识的历史性研究,其中有关中国美学史的自然美问题或问题史研究所占比重更大,也有少量涉及中外自然美观念比较研究,其中被研究的热点历史时段是中国魏晋六朝,被集中研究的美学家主要是黑格尔、老庄(道家)、马克思和康德等,此类约占全部论文的近一成半;第三类,艺术中的自然美问题研究,涉及作家、艺术家(如陶渊明等)文学、艺术作品(如楚辞)中的自然美意识的分析、鉴赏性研究等,约占全部论文的一成多;第四类,自然美的应用性研究,具体涉及对具体自然景物的审美鉴赏,关于实用工艺美术、日常生活及职业活动中的自然而然的自然美追求等问题,约占全部论文的近三成③。除前述四家外,蒋孔阳、陈望衡等的相关研究影响较大。

（接上页）已经"被基本采纳"。参见祝东力:《精神之旅:新时期以来的美学与知识分子》,中国广播电视出版社 1998 年版,第 77 页。这也能解释为什么此书前后两次编写过程中,美学四派中均只有李泽厚一派参与的原因。(参见王朝闻主编《美学概论》后记)后起的李氏一派的地位及其影响由此得febal。蔡仪先后也主编过《美学原理提纲》(广西人民出版社,1982)、《美学原理》(湖南人民出版社,1985)等,但基本是对其旧有观点的发挥,并未对前者构成真正意义上的挑战,其自然美观同其他美学观点一样也逐渐被人们所遗弃。

① 参见刘三平:《美学是如何被讲述的?》,《云南大学学报(社会科学版)》2004 年第 4 期。据刘三平研究,从 1980 到 2003 年 23 年间国内出版的美学原理著作共 242 册,其中标准型原理著作共 127 册,而讲述包括自然美在内的美的形态的标准型美学原理著作共 111 册,占总数的 87.4%。

② 参阅杜学敏:《20 世纪以来的自然美问题研究》之统计表,《学术研究》2008 年第 10 期,第 145 页。

③ 整体而言,此阶段研究论文关于自然美的基本观点大致与原理性著作一致。发表于早期的如陈望衡的《简论自然美》(载《求索》1981 年第 2 期)、蒋孔阳的《浅论自然美——学习马克思〈1844 年经济学哲学手稿〉的体会》(载《文艺研究》1983 第 2 期)等堪为代表,且均收入伍蠡甫主编的《山水与美学》(上海文艺出版社,1985),可参见。其余由于数量众多,限于篇幅,此处不再一一列举。

也只有到了这一时期,中国第一部自然美问题研究专著——严昭柱编著的《自然美》(系蔡仪主编,漓江出版社出版的 10 种"美学知识丛书"之一,1984)方才问世。继这本不足 5 万字的普及性的小册子四年之后,同作者又出版了 21 万字的《自然美论》(湖南人民出版社,1988)。该书凡七章,全面论述了自然美的概念、根源、本质和规律、分类或类型(占了三章)及综合形态,可谓真正意义上的自然美专著,有其不可忽视的学术史意义。但此书由于整体上仍然是蔡仪客观论的自然美思想的详尽发挥版,故而在实践美学观逐渐占领自然美观念的背景下,并未产生多少影响。产生较大影响的当属李丕显的《自然美系统》(复旦大学出版社,1990)。此书主要以 80 年代李泽厚的自然美观念立论,全书共十章,前三章分别讨论了自然美的本质、根源、产生中介,占全书一半篇幅的中间五章主要基于中国的自然美审美意识史及其个案研究讨论了自然美的萌芽产生、分化独立、完善成熟及其历史演进,最后两章则分别从信息论与系统论讨论了自然美的形式美及自然美的系统与层次。此后,出版的自然美著作有十余部,或许由于美育问题受到充分重视、当时旅游业兴起及对自然景物的审美需求日渐增强的促动,其中大部分是侧重自然美欣赏的普及读物①。另有两部专意探讨中国自然美观念的《中国自然美学思想探源》(魏士衡著,中国城市出版社,1994)和《中国古代自然美史》(陈颖著,北京图书馆出版社,1999)也值得一提。两书作者虽非专业美学研究者出身,却分别对中国古代自然美学思想和自然审美意识进行了深入而有益的专题探讨,具有填补空白的意义。在这一时期出现的相关学位论文有薛载斌的《大自然的审美经验及其一般特征》(硕士,北京大学,1989)和林朝成的《魏晋玄学的自然观与自然美学研究》(博士,台湾大学,1992)两篇;还有若干部自然美或与自然美问题紧密关联的山水审美论文或专著集,如伍蠡甫主编的《山水与美学》(上海文艺出版社,1985)、范阳和黄贯群主编的《山水美学研究》(广西人民出版社,1988)、谢凝高的《山水审美:人与自然的交响曲》(北京大学出版社,1991)以及范阳主编的《山水美论》(广西教育出版社,1993)等②。

---

① 如刘隆民的《山川花鸟的情韵——自然美》(贵州人民出版社,1990)、张道葵的《自然美的特征与欣赏》(文津出版社,1990)、向翔的《自然美与人》(云南大学出版社,1992)、杨树茂的《自然美的灿烂与辉煌》(中国经济出版社,1993)、王德明等的《造化钟灵秀:自然美漫话》(民主与建设出版社,1994)、罗筠筠的《自然美欣赏:山情水韵出自然》(山西教育出版社,1997)、宇慧主编的《自然美与欣赏》(沈阳出版社,1998)等。

② 上列著作中,《山水与美学》汇集了两次美学热中论述自然美问题的各类代表性论文 34 篇,既是 20 世纪 50 年代以来自然美问题研究的总结,也对此阶段以后的自然美研究有促进意义;《山水美论》则皇皇 1200 余页近百万字,实由 7 部著作构成,涉及与自然美密切相关的山水美问题的方方面面,可谓此论域的集大成之作。

另外，相对于大自然的美（与艺术美等相对）这一流行的自然美观念，另一种重要的自然美观念——自然而然的美或自然为美、美在自然（与人工雕琢美相对）从这一阶段开始既受到众多实际应用美学工作者及研究者的重视，也受到不少理论研究者从不同角度的关注。后者如吴汝煜的《谈我国古代诗论中的自然说》（《文艺理论研究》1980 年第 3 期）、[日]目加田诚的《中国文艺中"自然"的意义》（贺圣遂译，《中华文史论丛》1985 年第 2 辑）、李文初的《说"自然"》（《文艺研究》1985 年第 3 期）、吴功正的《以天籁自然为美的老庄美学》（《黄淮学刊（社会科学版）》1990 年第 1 期）、李春青的《论"自然"范畴的三层内涵》（《文学评论》1997 年第 1 期）等，这些论文为下一阶段有关此问题的专著之问世奠定了基础。

总体而言，尽管自 20 世纪 90 年代以后一直受到诸多"后实践美学"的不断质疑与挑战，但这一时期的自然美研究及其基本观点仍然不出占据主流地位的实践美学之框架，作为一种美的类型的自然美的本质（实为根源）因之也大体被统一在基于马克思的自然人化思想的社会实践观之上。以此而论，此阶段亦可称为自然美研究的实践论阶段。

第四阶段：21 世纪以来的近二十年。关于 21 世纪最初十年的自然美研究，笔者曾在《20 世纪以来的自然美问题研究》（载《学术研究》2008 年第 10 期，后被人大复印报刊资料《美学》2008 年第 12 期全文转载）一文中给予描述，因发表时间原因，显然不可能包含该阶段的发展情况。对此一阶段的自然美研究现状，本章下一小节将结合生态美学研究予以简单概述。这里仅就一些基本情况予以概括性说明。

总体而论，近二十年的自然美问题研究的基本情况是：自然美研究继续受到关注，并有所升温，可谓危机与转机并存，在一定程度上也进入了深度研究的阶段。进入 21 世纪，国内自然美研究继续受到关注，是因为自然美作为一个经典论题并没有失去其研究价值，它仍然保持着其原有的一些研究问题与内容；有所升温，是因为伴随与自然美关系密切且蔚为风潮的生态美学、环境美学、园林美学、农业美学、旅游美学、休闲美学等相关学科研究带动；危机与转机并存，是因为受到上述相关美学的挑战，自然美研究在一定意义上相对冷落甚至显得落伍过时，但同时因为也因此得以促动，自然美问题的受关注程度还出现日渐上升态势，甚至再次成为焦点；获得深化，是因为自然美研究会在上述机遇与挑战并存的背景下，重新反思真正属于自己的基本问题，从而获得新的发展。

各种原因促成的学术事业的繁荣局面致使这一时期的研究成果仅就数量而言一直在持续增长，有时甚至呈现出几何级增长的态势。对此，笔者于

2020 年 12 月 4 日在中国知网选"篇名"，分别以"自然美""自然美学""生态美学""生态美""环境美学""环境美"检索收录的中文文献数量。检索结果如下：

自然美 1180 条（最早 1959 年），1999 年以前 316 条，2000 年以来 864 条，占总数 73.2%；

自然美学 121 条（最早 1985 年），1999 年以前 7 条，2000 年以来 114 条，占总数 94.2%；

生态美学 1632 条（最早 1991 年），1999 年以前 5 条，2000 年以来 1627 条，占总数 99.7%；

生态美 602 条（最早 1994 年），1999 年以前 10 条，2000 年以来 592 条，占总数 98.3%；

环境美学 428 条（最早 1980 年），1999 年以前 21 条，2000 年以来 407 条，占总数 95.1%；

环境美 254 条（最早 1981 年），1999 年以前 85 条，2000 年以来 169 条，占总数 66.5%。

这个简单调查表明，与自然美问题有不同程度关联的生态美学与环境美学的确使自然美研究风光不再，但也并未过时，尤其是"自然美学"名下的自然美研究出现了较大的增长。当代生态美学与环境美学的流行，对于原本常态化的自然美研究显然产生了相当大的冲击力。有论者曾就此指出，在生态美学、景观美学、环境美学"对自然的审美考察中，出现了一个相当令人困惑的现象，即自然美这一经典概念反被大多数研究者遗忘。有人甚至认为，生态美的出现已预示了自然美的死亡"。论者还因此提出了"自然美在当代美学中是否仍具有理论生命力，它进入当代学术话语时遇到的难题是什么"等问题①。对当前盛行的两种美学从自然美问题视角做出积极回应无疑是必要的，但正如前文已经指出的，自然美研究并非如此充满危机。在国内生态美学和环境美学研究正日渐兴隆的大背景下，传统的自然美问题对一部分美学研究者的确失去了吸引力，但自然美自身及其研究的价值却依旧存在，自然美及其问题并未死亡也不会死亡，只是关注方式有所调整和改变。另外，从生态与环境问题视角切入自然美研究对自然美学建设未必不是一件有益之事，关键是任何自然美问题研究无论什么时候都不应该忘记自己真正需要去解决的基本问题。

———————

① 刘成纪、杨道圣、阎国忠、陈望衡：《当代学术语境中的自然美问题（笔谈）》"编者按"，《郑州大学学报（哲学社会科学版）》2004 年第 4 期。

应该说,生态美学、环境美学同自然美学的确有共同关注的自然美问题,但它们毕竟属于不同的论域,它们之间的关系亦有待进一步澄清、理顺。不过,鉴于生态美学在当代对实践论美学自然美观念的批判倾向及其对国内自然美研究的突出影响之事实——以致"随着生态美学研究的勃兴,人们已习惯于用生态美指代自然美,用生态美学指代关于自然的美学研究"①,21世纪以来的自然美研究姑且可称之为自然美研究的生态论阶段。

(二) 生态美学与自然美:当代中国美学中的自然美观

1972年美国学者米克在《生存的喜剧:文学生态学研究》一书第六章明确提出"走向生态美学"②,生态美学这一世界性美学前沿研究领域就此逐渐展开。从1990年迄今,当代中国生态美学研究业已有三十余年的历史③,"在曾繁仁教授领军的诸多学者的致力下,生态美学从一种支流美学思潮逐渐发展成为中国当代美学的重要思潮之一"④。目前,生态美学依然方兴未艾,能检索到的生态美学研究文献数量可谓汗牛充栋,与生态美学相关的具体观点及其切入视角更是丰富多彩。仅以21世纪以来国内生态美学研究著名领军者曾繁仁⑤来讲,其生态美学主题的著作就有《美学之思》《生态存在论美学论稿》《转型期的中国美学:曾繁仁美学集》《生态美学导论》《生态文明时代的美学探索与对话》《生态美学基本理论问题研究》《生态美学:曾繁仁美学文选》七部,且经历了在内容方面从生态存在论美学到生态存在论美育再到生生美学,在方法方面从认识论到存在论的历史演进⑥。本节无意

---

① 刘成纪:《生态美学与自然美理论的重构》,《东方丛刊》2005年第2辑。
② 参阅胡友峰:《生态美学理论建构的若干基础问题》,《南京社会科学》2019年第4期。另有西方学者如加拿大著名环境美学家卡尔松,在1949年出版《沙乡年鉴》中将提出"保护美学"(conservation esthetic)的美国生态学家利奥波德称为"生态美学之父"。
③ 关于当代中国生态美学发展历程及其总体概貌,可参阅曾繁仁《生态美学导论》(商务印书馆2010年版)"导言"部分、胡友峰《中国当代生态美学研究的回顾与反思》(《中州学刊》2018年第11期)与《中国生态美学的生成语境、理论形态与未来走向》(《社会科学》2020年第11期)。但在上述研究中,(生态)美学与(生态)文艺学均未被做严格区分,因此都把收入"文艺生态学"词条的《文学艺术新术语词典》(鲍昌主编,百花文艺出版社1987年版)作为当代中国生态美学研究的起点。
④ 王中原:《生态美学的合法性困境与自然美的启示》,《社会科学》2020年第11期。
⑤ 有学者曾指出:"1990年代中叶,中国学者引入了'生态论',提出构建从生态论角度切入美学研究的新学科,并确定了'生态美学'的命名。此后,中国有关生态美学方面的研究渐趋成熟,一批学者开始从不同的学术背景和学术路径进入到生态美学的论域之中,出现了一批具有代表性的论著和一些重要的学术命题,其中尤以曾繁仁'生态存在论美学观'影响为巨。"朱立元、栗永清:《从生态美学到生态存在论美学观》,《东方丛刊》2009年第3期。
⑥ 参阅赵奎英:《生态美学、生态美育与生生美学——曾繁仁生态美学研究的三大领域及其内在演进》,《鄱阳湖学刊》2020年第5期。

做巨细无遗的当代中国生态美学概观综述与评析研究,而拟在述评国内早期生态美学文献与当代生态美学著名代表人物曾繁仁等学者研究成果的基础上,给予其以自然美学视角的关注与反思。

根据中国知网的检索结果,国内最初论及"生态美学"问题的四篇论文是俞孔坚《中国人的理想环境模式及其生态史观》(《北京林业大学学报》1990 年第 1 期)、杨英风《从中国生态美学瞻望中国建筑的未来》(《建筑学报》1991 年第 1 期)、刘光明《关于生态环境的伦理学和美学的思考》(《浙江大学学报(社会科学版)》1992 年第 2 期)和陈清硕《生态学的美学意义和启示》(《科学学与科学技术管理》1993 年第 5 期)。或因作者皆非美学学科专业研究者,四文均并未对"生态美学"概念予以美学意义上的专业界定与阐述,也未涉及与传统自然美问题的关系,但都偏于实践应用性学科的研究视角,且从各自论文关注的核心问题出发,表现出对尚待建构的生态美学的共同期待,即希望它能在处理人与自然、文化(比如建筑)环境的伦理关系方面有所作为。此期待实乃后来国内几乎所有生态美学研究者之普遍心态:不管生态美学是什么,总之它是极其重要的。

1992 年,俄罗斯学者曼科夫斯卡娅《国外生态美学》①的中译本发表,此文乃国内首篇专业介绍国际生态美学研究现状的综述文献。此文并非对作为学科的生态美学相关知识之纵向历史性梳理,而是较为驳杂的横向综合介绍,内容广泛涉及与生态美学有千丝万缕关联的众多近邻美学与非美学学科,前者如自然美学、环境美学、综合美学、生活美学等,后者如生态学、环境哲学、伦理学等。就美学论,此文谈得最多的仍是生态美学、环境美学和自然美学以及构成三者共同美学背景的艺术哲学或艺术美学②。据此文,生态美学被普遍视为事关自然与人在文化背景中之和谐的环境哲学的组成部分,主张把周围环境当作审美客体加以解释;强调"人类对美的深切眷恋是人对自然的审美态度的基础,它决定了对环境的感知",因而"对于整个现代生态美学而言,以探索自然、技术、艺术、社会生活中的全人类价值为目的的

---

① 俄文原刊俄罗斯《哲学科学》1992 年第 2 期,中文为由之(原名吴安迪)翻译,分上、下两部分连载于《国外社会科学》1992 年第 11 期和第 12 期。此文长时间内并未受到国内生态美学研究者重视。据 2020 年 12 月 17 日中国知网检索数据,引用它的研究文献共有 27 条(上 17,下 10),其中绝大多数出现在 2010 年以后。最早者始于 2007 年,距中译问世已有 15 年间隔,而这期间知网收录的论文就达 200 多篇。此文自 2010 年后受广泛关注大约跟以《国外生态美学的本体论、批判和应用》为题被收录于李庆本主编《国外生态美学读本》(长春出版社 2010 年版)不无关系。

② 这在一定程度上也反映了美学现代性内部分化出来的众多"美学"的共同诉求,即对长期以艺术或艺术美为己任的美学传统不重视艺术之外审美经验的重大偏颇的不满和对有别于艺术问题之美学不断予以重构的努力。

伦理激情是它的突出特点",其"主要目的在于实现人和自然关系的审美的和伦理的标准";显示出生态美学在生态审美教育等实用领域中的应用价值及其与其他美学与非美学的"对话"性"长处"①。由此可见,生态美学在国外跟差不多同时兴起的环境美学及传统的自然美学之自然美问题是紧密相关而非决然独立的,而且有更鲜明的实践应用性与环境伦理之价值诉求。

1994 年有两篇生态美学专业论文问世:一篇是佘正荣《关于生态美的哲学思考》(《自然辩证法研究》1994 年第 8 期),此文着重探讨了生态美不同于自然美概念内涵、生态美的特征、生态美的深层义涵与生态美的意义等基本问题,认为生态美学是一门新崛起的研究地球生态系统之美的学科,生态美包括自然生态美和人工生态美两种形态,生态美具有充溢着蓬勃不息的生命力、和谐性、生命与环境在共同进化过程中的创造性、直接参与到生态系统等四个特征。另一篇是李欣复《论生态美学》(《南京社会科学》1994年第 12 期),此文将生态美学同生态环境学、生态哲学、生态意识学等学科相提并论,认为生态美学是在生态科学内部分化出来的一门新兴学科,起于生态危机激发的全球环保或绿色运动,目前仍处于进行学科基本建设的草创时期。作者认为,生态美学以研究宇宙生成后大自然赐予人类一切美中最高价值的美——地球生态环境美为主要任务与对象,实际是环境美学的核心组成部分,其构成内容包括自然生态、社会物质生产生态和精神文化生产生态三大层次系统。上述两文均切切实实地表现出建构此新兴学科或知识领域的美学抱负,标志着国内生态美学研究的正式诞生。

2000 年,"我国第一部比较完备、自成体系的生态美学论著"②《生态美学》出版。此书共六章,主要包括生命意识与生态审美观、生态美、生活环境(居住、交通、劳动环境)的生态审美塑造、生态环境与城市景观、生活方式(自主开放和进取、适度性、节奏感)的生态审美追求。作者徐恒醇认为生态美学是一门不同于传统美学的独立的新兴美学,它将现代生态世界观和对生命活动的审视作为自己的理论前提,将有确定内涵的"生态美"作为其核心审美范畴,致力于克服传统美学的二元对立思维模式,主张主客同一和物我交融的审美境界,力求为"人与自然和谐共生的生态文明时代"③做出其学术贡献。关于"生态美"及其与自然美的关系,此书写道:"所谓生态美,并非自然美,因为自然美只是自然界自身具有的审美价值,而生态美却是人与自

①　[俄]曼科夫斯卡娅:《国外生态美学的本体论、批判和应用》,载李庆本主编:《国外生态美学读本》,长春出版社 2010 年版,第 18 页、第 15 页、第 23 页、第 25 - 26 页。
②　曾繁仁:《生态美学导论》,商务印书馆 2010 年版,第 9 页。
③　徐恒醇:《生态美学》,陕西人民教育出版社 2000 年版,第 7 页。

然生态关系和谐的产物,它是以人的生态过程和生态系统作为审美观照的对象。生态美首先体现了主体的参与性和主体与自然环境的依存关系,它是由人与自然的生命关联而引发的一种生命的共感与欢歌。它是人与大自然的生命和弦,而并非自然的独奏曲。"①立足于人与自然相互依存的生态和谐关系而非自然本身的审美价值来界定"生态美",生态美学的独立性就此得以彰显。但由于作者理解的自然美是司空见惯的客观派的而非存在论的,所以并未意识到新兴的生态美学之"生态美"同传统的自然美学之"自然美"实际并不完全对立。就笔者阅读所及,后来的生态美学文献同此国内首部生态美学专著之间的深层思想对话极其罕见,这从一个侧面或可表明此书并未将大家对生态美学的某些期待充分表达出来。

2001年,《陕西师范大学学报(哲学社会科学版)》与《光明日报》等报刊集中发表了以生态美学为主题的论文近十篇,同年10月由中华美学会等多家单位合办的"美学视野中的人与环境——首届全国生态美学学术研讨会"在西安召开,生态美学逐渐成为当代中国美学研究的热点之一。参加首届生态美学会议并发言的曾繁仁就此进入生态美学研究,且于次年发表了三篇论文。其中,《试论生态美学》(初载《文艺研究》2002年第5期)不仅从哲学观、宇宙观、审美观与美学资源对生态美学"新型的处于生态审美状态的存在观"进行了理论阐释,而且论述到生态美学本身的"界定与对象问题"及生态美学所涉及的"哲学与伦理学问题"等其他一系列相关问题。曾繁仁说:"目前说它是一个学科似乎为时过早,但起码是新时代一个极为重要的美学理论课题,它的研究与发展不仅对人类的生存,对于生态科学具有重要意义,更为重要的是将会极大地影响乃至改造当下的美学学科。对于生态美学的界定,如果简单地将其看作生态学与美学的交叉,以美学的视角审视生态学,或是以生态学的视角审视美学,恐怕都不全面。我认为,对于生态美学的界定应该提到存在观的高度。生态美学实际上是一种在新时代经济与文化背景上产生的有关人类的崭新的存在观。这是一种人与自然社会达到动态平衡、和谐一致的处于生态审美状态的存在观。实际上是一种人与自然社会消除了污染,达到资源的再生。这就是一种新时代的理想的审美的人生,也是一种'绿色的人生'。而其深刻内涵却是包含着新的时代内容的人文精神,是对人类当下'非美的'生存状态的一种改变的紧迫感和危机感,更是对人类永久发展和世代美好生存的深切关怀,也是对人类得以美好生存的自然家园与精神家园的一种重建……生态美学从目前看,包括狭义

---

① 徐恒醇:《生态美学》,陕西人民教育出版社2000年版,第119页。

和广义的两种理解。狭义的生态美学观仅指人与自然处于生态平衡的审美状态。而广义的生态美学，则不仅指人与自然，而且包含人与社会以及人自身均处于生态平衡的审美状态。我个人的意见更倾向于广义的生态美学，但应将人与自然的生态审美关系的研究放到基础的位置之上。因为，所谓生态美学首先是指人与自然的生态审美关系，许多基本原理都是由此产生并生发开来。其次才是人与社会以及人自身的生态审美关系……生态美学的对象首先是人与自然的生态审美关系，这是基础性的，然后才涉及人与社会以及人自身的生态审美关系。"①这段文字从研究价值、现代性背景、人文目标、概念内涵与研究对象五个方面集中而概括地表达了曾繁仁最初对于生态美学的基本认识，其中非常鲜明地延续了他之前研究者们对生态美学抱以厚望的价值期待。《生态美学：后现代语境下崭新的生态存在论美学观》（初载《陕西师范大学学报（哲学社会科学版）》2002 年第 3 期）则指出，作为一种后现代语境下的生态存在论美学观，生态美学"还只是一个重要的理论问题，并没有形成一个独立的学科"②，因为一门独立学科必须具有独立研究对象、内容、方法、目的及学科发展趋势五个基本要素，而生态美学在这些方面还不完全具备条件。但他也更明确地指出，生态美学作为一种崭新的美学观念的生态审美观，将美国后现代理论家格里芬的"生态论存在观"作为哲学支撑与文化立场，并且强调此生态论存在观是对海德格尔存在论哲学观的继承与发展。曾繁仁第三篇文章是《生态美学的产生及其意义》（《中华读书报》2002 年 4 月 24 日）。曾繁仁后来的一系列生态美学研究皆可谓对其最初三篇文献中的认识的不断拓展和深化，而且以"存在论"来关注"人与自然的生态审美关系"的问题意识及其大量研究成果，使其生态美学在当代中国生态美学研究中脱颖而出。

此后，曾繁仁生态美学研究成果接连问世。《当代生态文明视野中的生态美学观》（初载《文学评论》2005 年第 4 期）认为"生态美学观最重要的理论原则，它是对'人类中心主义'原则的突破和超越"，生态美学观倡导"生态自然美"，即"在自然美的观念上，力主自然与人的'平等共生'的'间性'关系，而不是传统的认识论美学的'人化自然'的关系"。③《试论生态美学的研究对象》指出，生态美学的研究对象不能简单地认为只包括"自然"，而是既包括自然万物也包括人的"生态系统"。通过将生态系统的美学内涵与相关

---

① 曾繁仁：《美学之思》，山东大学出版社 2003 年版，第 671－672 页。
② 曾繁仁：《美学之思》，山东大学出版社 2003 年版，第 701 页。
③ 曾繁仁：《生态存在论美学论稿》，吉林人民出版社 2009 年版，第 103 页、第 108 页。

美学的"自然全美论""移情论""人化的自然论"及"如画风景论"做比较,他总结指出了作为生态美学在研究对象的生态系统美的特殊内涵:"所谓生态系统的美,既非纯自然的美,也非人的'移情'的美和'人化'的美,而是人与自然须臾难离的生态系统与生态整体的美。"①《关于生态美学的几个问题》则特别说明了生态审美观作为一种美学研究的四方面追求:在美学学科的哲学基础方面,从认识论过渡到当代存在论,并从人类中心过渡到生态整体;在美学理论本身方面,从过分强调"人化的自然"过渡到重视并包含生态维度;在人与自然的审美关系方面,从自然的完全"祛魅"过渡到自然的部分"复魅";在审美研究的思维方面,从传统认识论的主客二分过渡到生态现象学的方式。②

曾繁仁首部生态美学专著是《生态美学导论》(商务印书馆 2010 年版)。此书重申"生态美学最基本的特征在于它是一种包含着生态维度的美学观,并由此而区别于以'人类中心主义'为特征的美学形态"③。它不仅系统地阐述了生态美学产生的经济社会、哲学文化与文学背景,生态美学三方面的理论资源即马克思主义生态理论、西方资源与中国资源,而且从生态存在论美学观、研究对象与方法、基本范畴三方面阐述了生态美学的内涵。关于生态美学的基本范畴,曾繁仁认为主要有生态审美本体论(具体包括人的生态本源性、生态环链性、生态自觉性)、"诗意的栖居"(即摆脱对大地的征服与控制,使之回归其本己特性,从而使人美好地生存世界之中)、"天地神人四方游戏说"(即人与自然万物处于平等协调的崭新关系之中)、家园意识(即维护人类生存家园和保护环境,通过悬搁与超越让精神回归到本真的存在和澄明之中)、场所意识(即人在具体生存生活空间中的敞开状态及其感受)、参与美学(即不同于传统静观美学的人所有感官都积极参与审美活动的美学)、生态文艺学、生态审美的两种形态(即阴柔的安康之美与阳刚的自强之美)与生态审美教育九点④。通过上述多维度的理论化建构,生态美学研究显然在理论支撑和具体内容两个方面均获得了更为系统而丰富的知识学内涵与特性。

《生态美学基本问题研究》(人民出版社 2015 年版)是曾繁仁第二部体系化生态美学专著。此书由三大主体内容构成:一是生态美学的基本立场,包括生态文明的文化与美学变革、存在论生态哲学、生态现象学、气本论生

---

① 曾繁仁:《生态文明时代的美学探索与对话》,山东大学出版社 2013 年版,第 122 页。
② 曾繁仁:《生态文明时代的美学探索与对话》,山东大学出版社 2013 年版,第 97 - 101 页。
③ 曾繁仁:《生态美学导论》,商务印书馆 2010 年版,第 279 页。
④ 曾繁仁:《生态美学导论》,商务印书馆 2010 年版,第 303 - 367 页。

态生命哲学与美学、西方环境美学与中国生态美学的对话、生态美学视野中的自然之美六个层面；二是生态美学的基本论域，具体涵盖生态存在论美学观、生态审美本性论与身体美学、参与美学、生态语言学、生态审美教育五个层面；三是从生生之为易、道法自然、气韵生动、择地而居、众生平等五个层面挖掘了中国传统生态审美智慧的当代意蕴。从这些内容不难看出曾繁仁继续通过古今中外形形色色理论构建生态美学知识体系的不懈努力。此书第六章专门讨论了生态美学视野中的自然美问题并指出：就自然审美的对象问题，传统美学认为是与人类相对的自然环境，"但生态美学从不承认具有独立于人类之外的自然环境，只认为自然环境只有在与人构成须臾难离的生态系统时，才有可能成为生态美学的对象。对象是与主体密不可分的，不存在脱离主体的对象"①；就自然何以会有美的问题，"传统的艺术哲学认为，自然只有像是艺术时才美；但生态美学却认为，自然只有在成为人类美好栖居的家园时才美"②。此后，曾繁仁更具体地在同传统美学的自然美对比过程，揭示了生态美学理解的自然美特征：第一，不是实体之美，而是关系之美，即不是在主客二分的前提下的客观典型之美，也不是主观的精神之美，而是生态系统中的关系之美；第二，有别于认识论的"自然的人化"之美与生态中心论的"自然全美"，是生态存在论的"诗意的栖居"与"家园之美"，即海德格尔后期强调的人在天地神人四方游戏中获得的犹如"在家的诗意地栖居"；第三，不是凭借视听无功利的"静观"之美，而是以人所有感官介入的"参与"之美；第四，不是依附于人的低于艺术美的"低级"之美，而是体现人回归自然本性的与其他审美形态同格的重要审美形态即"高级"之美；第五，不是西方近代以生命意志为主要内容的生命之美，而是立足于中国古代"中和"与"生生"思想的生命之美③。

　　曾繁仁生态美学最新研究成果是《我国自然生态美学的发展及其重要意义——兼答李泽厚有关生态美学是"无人美学"的批评》（载《文学评论》2020 年第 3 期），此文反映出曾繁仁近几年生态美学研究上的几个新动向：一是标题里的"自然生态美学"提法，二是强调马克思主义实践存在论与生态文明理论的根本指导地位，三是将源于周易哲学的"生生美学"视为生态美学的代表性话语。但强调生态存在论美学的立场及其重要意义仍然是他坚持如一的主题。

---

① 曾繁仁：《生态美学基本问题研究》，人民出版社 2015 年版，第 92 页。
② 曾繁仁：《生态美学基本问题研究》，人民出版社 2015 年版，第 92 页。
③ 曾繁仁：《生态美学基本问题研究》，人民出版社 2015 年版，第 93 - 107 页。

　　以上大致就是国内生态美学重要代表人物曾繁仁的主要生态美学观及其自然美观。有学者十年前即指出:"曾繁仁的生态存在论美学是对传统二元对立思维和'人类中心主义''艺术中心主义'的有效消解,其理论关注焦点不是抽象纯粹的传统美学原则,而是美学与当下生态、存在、现实、人生之间的联系。其思想强调的是人与自然、社会的动态平衡,致力于实现人类的审美化、诗意化生存。"①曾繁仁生态美学研究给笔者的总体印象是:第一,作为一位在当代美学界极具影响力的专业美学家,曾繁仁的生态美学研究著述宏富、思维活跃、充满活力,集中代表了当代中国所有生态美学研究者对于一种新型美学观念的热切期待。这就是希望借此新型美学真真切切地落实美学学术在美学与非美学、理论与实践等方面的多维度价值,从而在中国乃至全球文明或文化建设方面发挥其无可替代的重大作用。由此也能解释为什么在曾繁仁的大量生态美学文献中会引人瞩目地有着为数众多的涉及生态美学自身价值、意义、作用讨论的论述。这折射出当代生态美学本身的重要旨趣主要并非是关乎生态美学学术本身的,而是关乎其现实性的价值功能的;不是首先内向性地着眼于自身完备的知识体系及其严格学理逻辑的推演,而是外向性地立足于美学知识的现实关切与外在影响。第二,作为一种当代新型的美学话语建构,曾繁仁称自己的生态美学是一种生态存在论美学。仅从其两本生态美学专著而论,这个生态存在论美学似乎已经获得其独立的学科形态,而且在持续发展的生态美学研究中卓尔不群。曾繁仁的生态美学在现有生态美学研究中之所以能够特立独行,不只是因为其宏伟的知识体系架构、赡富的哲学背景与内容、鲜明的学术个性,而且极其明显地是以面向生态文明建设的、充满耐心劝诫意味的生存智慧形态呈现出来的。第三,作为一种美学学术观念而非成熟的美学学科,历时近二十年之久的曾繁仁生态美学也成为当代中国美学的一种研究模式的典型。这就是以一种兼容并包的学术视野,试图在吸纳古今中外相关生态思想资源的基础上,在同现有的形形色色的诸如实践美学、环境美学、自然美学、文艺美学等美学和生态学、生态哲学、环境学、教育学、中国哲学等非美学的学术对话过程中,建构起能够适应当代中国政治、经济、教育、文化等层面现代性需求的功能性知识话语体系。也可以说,曾繁仁以自己的生态美学研究马不停蹄地践履着他近几年非常推崇的"生生美学"精神。

---

　　① 黄继刚:《生态家园的美学之思:简论曾繁仁的生态存在论美学观》,载《新疆大学学报(哲学·人文社会科学版)》2011年第5期。

曾繁仁 2010 年在《试论生态美学的研究对象》一文中说："从美学学科建设的意义上说，生态美学就是对这种将美学局限于'艺术哲学'的片面倾向的一种纠正。"①十年后他更明确指出："国际美学呈自然生态美学、艺术哲学美学与日常生活美学三足鼎立发展之势。"②尽管曾繁仁从研究伊始即承认生态美学并非一门已经完全独立的美学学科，但经过孜孜不倦地努力，在他看来生态美学已经成为取传统的自然美学而代之、发展为独立且地位显赫的三大美学学科之一。然而，从生态美学兴起之初开始关注其合法性及其困境或危机的文献就从未断绝③。"在构建'学科'的理性冲动之下，20 世纪 90 年代的生态美学研究者们更多地对于确定学科性质的'独特的研究对象'——'生态美'——给予了突出的强调，然而这种作为研究对象的'生态美'仍然被置入了主客二分的认识论框架之中，而生态美学自身的学理基础建设（超越主客二分的认识论框架和'人类中心主义'）反而在不经意之间遭遇耽搁。"④甚至有学者尖锐地指出："生态美学实际上是一个时髦的伪命题，充其量它只是一种有学无美的致用之学。"⑤此论固然有言过其实之处，但就现有的正反两方面的研究而论，生态美学的确尚有若干"学理基础建设"方面的工作要做：

第一，生态美学赖以产生的审美活动前提或基础究竟是什么？任何门类美学都不能没有自己独立的审美活动存在以作为其研究对象。曾繁仁将生态美学称之为生态存在论美学，把人与自然的生态审美关系作为生态美学的逻辑起点，由此也提出了生态美或生态系统美作为此审美关系的成果性形态。但生态审美关系和生态系统美究竟所指为何？从上述两个概念衍生出来的可视为生态美学核心范畴的"生态审美"并未获得切实有效界定。

①　曾繁仁：《生态文明时代的美学探索与对话》，山东大学出版社 2013 年版，第 114－115 页。
②　曾繁仁：《我国自然生态美学的发展及其重要意义》，载《文学评论》2020 年第 3 期。
③　比如赵奎英《论生态美学的困境与前景》《厦门大学学报（哲学社会科学版）》2006 年第 5 期）、王茜《生态美学研究的困境与边界》《华东师范大学学报（哲学社会科学版）》2007 年第 3 期）、孙丽君《生态美学的基本问题及其逻辑困境》《马克思主义与现实》2010 年第 6 期）、刘成纪《生态美学的理论危机与再造路径》《陕西师范大学学报（哲学社会科学版）》2011 年第 2 期）、白晓征等《论国内生态美学发展中的困境》《文学教育（下）》2013 年第 3 期）、黄怀璞《生态美学的生发语境及学术困境》《西北师大学报（社会科学版）》2014 年第 1 期）、马草《生态整体主义的三重困境——论中国当代生态美学哲学基础的局限》《武汉理工大学学报（社会科学版）》2015 年第 6 期）、李忠超《论生态美学与生态批评的困境及出路》《鲁东大学学报（哲学社会科学版）》2020 年第 4 期）、王中原《生态美学的合法性困境与自然美的启示》《社会科学》2020 年第 11 期）等。
④　朱立元、栗永清：《从生态美学到生态存在论美学观》，《东方丛刊》2009 年第 3 期。
⑤　王梦湖：《生态美学——一个时髦的伪命题》，《西北师大学报（社会科学版）》2010 年第 2 期。

从一种独立形态的美学的研究对象与领域而言，生态美学差不多是同国内外均不乏大批拥趸的环境美学一起兴起的，曾繁仁则认为，不同于环境美学坚持"与人呈围绕之态"的"环境学立场"，生态美学"始终坚持人与自然构成共同体的'生态学立场'"①，"生态美学是对传统美学着重于形式之美的一种根本性的突破，生态美学所着力的是一种生存与生命之美，是一种栖居之美。"②比起更具存在论意味的"生态审美"概念，包括曾繁仁在内的中国的生态美学家更关注的却是作为生态审美活动成果形态的"生态美"概念。这应该是生态美学最关键概念未被重视从而其导致美学学理内涵付诸阙如的根本原因。

第二，生态美学究竟是什么性质的学科？或者说生态美学如何真正获得自己严格的学科定位？更具体地讲，生态美学如何在标示自身存在的、由"生态（学）"与"（审）美学"分别代表的自然社会科学与人文科学、实践应用性与形上人文性之间做出自己的明确选择或维持二者之平衡？就生态美学的"（审）美学"性质而言，立足于人类生态文明建设的生态美学强调自身既不同于现有艺术（哲学）美学，也有别于与自身存在一定相关性甚至关系密切的自然美学、环境美学、日常生活美学，但生态美学在建构自己的独立存在时却经常同这些"兄弟姊妹"美学尤其是自然美学发生关系。那么，生态美学如何从美学学理层面上同上述具有亲缘性的美学划清界限？生态美学有无自身相对独立的问题史或学术谱系？究竟如何看待生态美学与环境美学、自然美学的关系？生态美学为什么一定要强调同环境美学、自然美学的区分（如上所述虽然真正学理层面的区别仍然有待论证），而非像国外的生态美学、环境美学与自然美学的研究者那样经常将三者联系起来思考人与自然的关系问题？就国外和中国最初的生态美学而言，生态美学实际与差不多同时兴起的环境美学一样具有鲜明的自然科学与实践应用性"生态（学）"背景。然而，在国内主流的生态美学研究中，尤其是起初以海德格尔的存在论、后来以中国传统的生生论为哲学背景的曾繁仁的生态美学研究过程，生态美学明显被过分理论化和形而上学化，虽然生态美学十分看重的现实关切与实践应用价值仍然被反复申述与发挥。

第三，极力批判传统认识论美学（尤其是中国实践美学）及其人类中心主义倾向的生态美学，究竟是如何理解可能存在的生态审美活动的？此生态审美活动有别于非生态审美活动的特殊性究竟何在？如何看待比生态美

①　曾繁仁：《生态美学的基本问题研究》，人民出版社 2015 年版，第 87 页。
②　曾繁仁：《生态美学的基本问题研究》，人民出版社 2015 年版，"序言"第 2 页。

与自然美关系可能更根本的生态审美与自然审美的关系？就此又如何看待生态审美中的人的地位？如何保证此生态审美者能够既完成天人合一式物我不分的生态审美，又不表现出人类中心主义倾向或主体性，从而保持始终如一的存在论与生生论状态？有助于说明上述（尤其是后一）问题的例证是近年国内美学界关于有人无人美学的争论。明确回答"生态美学不是'无人美学'"①的曾繁仁等生态美学家似乎并未阐明，处于生态存在论活动中的"人"究竟是怎样的"人"，方能称得上是真正的生态审美者或"生态人"；也未能特别留意到有学者基于康德思想所阐发出来的自然美对于生态审美的生态伦理价值（详见本章下一节）。

第四，如何进行一种真正可以称得上是生态美学的美学研究？生态美学研究的方法论基础究竟是什么？生态美学家调动了古今中外可以利用的众多理论资源作为生态美学的哲学基础或论证资源，但所涉及的思想毫无疑问各有其哲学背景与价值诉求，如何从这些资源中提炼出更为核心的生态美学学科原理仍然是需要继续探索的。

第五，生态美学的生态文明建设性功能与价值究竟如何实现？是以审美的方式、非审美的方式还是审美与非审美兼备的方式？具体如受生态美学看重的生态审美教育究竟如何实施？

以曾繁仁为代表的生态美学研究从一开始就强调生态美学的研究对象并非自然美，但透过不时涉及自然美问题讨论的巨量生态美学研究文献可以发现，生态美学同以自然美为核心研究对象的自然美学存在着若即若离、分分合合的复杂而微妙的学术关联。这既体现在生态美学对自然美概念的频繁使用和对经典却貌似过时的自然美问题的不同程度的关注，更体现在对自然美概念的生态美学式界定，对自然美相关问题及其价值的反复申述。以至于出现"随着生态美学研究的勃兴，人们已习惯于用生态美指代自然美，用生态美学指代关于自然的美学研究"这种"有失偏颇"的"倾向"②。尽管如此，国内生态美学对于自然美问题研究也即自然美学仍具重要启迪与借鉴意义，甚至在一定意义上也可视之为中国当代自然美研究的一个历史阶段。首先，在自然美研究出发点上，强调立足于整体而动态性的"生态文明"而非单纯人（不管是个体不是人类群体）的绝对主体性立场。因有此立场，曾繁仁才会对李泽厚用人化自然解释自然美一直表示不满，而此不满在一定程度上的确揭示了实践美学自然美学学说之过度主体性的局限性。其

①　曾繁仁：《我国自然生态美学的发展及其重要意义》，《文学评论》2020年第3期。

②　刘成纪：《生态美学与自然美理论的重构》，《东方丛刊》2005年第2辑。

次，在自然美哲学基础上，强调需要建基于以马克思的实践存在论、胡塞尔和海德格尔等开创的现象学存在论、中国周易和道家哲学等具有存在论意味的存在论哲学思想。再次，与前一点紧密相关，在自然美本质问题上，强调将自然美存在化、生存化而非存在者化、实体化。此种研究从解释自然美的本质而非起源问题角度而言，无疑是走在正确的道路上。最后，正如西方政治学家结合生态学（ecology）与生态主义（ecologism）所指出的[①]，以生态中心论反对人类中心论、强调人类只是自然界一部分的生态美学，其实与所有生态主义一样更多地是一种政治意识形态思潮，而这可以使研究自然美的自然美学更具社会现实意义，而非独立于社会现实之外的纯粹形而上学。

当代中国美学家关注的生态美学仍然处于建构和未完成状态，所以针对生态美学的研究及其结论仍需继续关注并修正。

四、从自然伦理到生态伦理：现代性自然美学话语的中国维度

总体而论，从自然美观念的典型样态而论，中国的自然美观念大致经历了古典的浑然天成之美、现代的自然事物之美、当代的（自然）生态美三个阶段的历史嬗变，此历史嬗变同诞生于18世纪西方现代性进程中、20世纪初随西学东渐之风而被引进的美学学科及其相关自然美观念休戚相关，而且是以20世纪为参照点而划分出来的。

第一个阶段的自然美观念无疑是根本性而且极其重要的，尤其是老庄的自然美观具有源头性的崇高地位，但在美学学科进入中国之前并未在自然美（尤其是外在自然物之美意义上）名义下得以研究。如前所述，老庄以自然天成之美为主的自然美观是老庄思想文本同20世纪以来引进的美学解释学意义上对话或阐释的产物，而非其文献及其思想本身就是现代性的。就此而论，不仅本章第一节阐释的原为中国先秦时期古典文本的老庄经典文献的自然美学阐释，而且第二节针对20世纪前整个中国美学的核心自然美范畴的横向阐释，均是在西方现代性情境下方才问世的美学研究中获得其现代性自然美学价值的。本节需要思考的是中国从古到今三个阶段的自然美观念嬗变究竟具体表现出了怎样的心性气质倾向即现代性？

---

① 参阅［英］海伍德：《政治学的思维方式》，张立鹏译，中国人民大学出版社2014年，第3章，尤其第84页。

在 20 世纪之初王国维、蔡元培等中国学人开始广泛接受西方偏重于外在自然的自然美之前，漫长的两千多年中国文化中，如果存在自然美观念，基本是属于先秦老庄哲学开辟的偏重浑然天成之美的自然美，而非外在自然界之美的自然美。但多少令人感到意外的是，当 20 世纪以来包括自然美观念在内的审美主义思潮一波接一波地兴起之时，浑然天成之美的中国自然美传统在大肆进入中国的西方自然美传统面前表现得几乎毫无抵抗力，以至被完全取而代之，致使一般同艺术美相对的自然美观念成为主导性的自然美观念。所以，整个 20 世纪中国美学司空见惯的常态，也就是第二个阶段中国自然美观念的基本情况是：在绝大多数情况下依附于艺术美研究的外在自然美研究几乎把持了整个自然美研究的领地。

发生在美学研究中的此种对中国古典美学中弥足珍贵的浑然天成自然美的有意无意地忽视，跟中国 19 世纪末即已开始接受西方现代性的进化论思想有着深刻的思想史关联。"'自然'与'人为'相对的观念在晚清已经颇见流行（如梁启超《天演学初祖达尔文之学说及其传略》）。新文化运动前后所盛行的从'自然'到'人为'的思考方式，是演化论与进步主义的结合。在这个思考方式之下，'自然'与'人为'势不两立，'人为'不必依靠自然，'人为'可以凭空而起，人的理智能力有多高，它就可以达到多高。"[①]王汎森正确地揭示了"自然"观念从古典的自然而然转向完全具有西方现代性特质的自然界的深层思想原因，这就是弥漫于整个 20 世纪知识分子阶层的"演化论与进步主义"相结合的"思考方式"。此种以西方现代科学观念作为支撑的思维模式也就是为国内生态美学家反对的主客二元对立思维模式。此思维模式波及美学领域，就使得关注自然美的研究者基本忽略了注重事物浑然天成本性的自然而然的美，而是在同艺术美相对的意义上谈论人对外在自然事物欣赏过程中产生的自然美（正如谈论人对艺术作品的欣赏过程中产生的艺术美一样）。关于这个阶段中国美学界对一般同艺术美相对的自然美的研究情况本章前一节已有论述，本书第四章已经讨论过的李泽厚也堪称其突出代表。

20 世纪出现的此种高度重视自然事物之美的自然美研究实际上在一定程度上确实中断了 20 世纪以前看重的自然而然的自然美观念隐含着的自然伦理倾向。但只要关注中国古典美学尤其是老庄美学，自然而然之美自然美一般就会被论及，虽然不一定是在鲜明的自然美研究视域下。本书

---

① 王汎森：《思想是生活的一种方式：中国近代思想史的再思考》，北京大学出版社 2018 年版，第 45 页。

第四章已经提到，李泽厚其实既有自然人化或实践美学视域下的关乎自然事物之美的自然美观，也有华夏美学视域下的自然而然或浑然天成之美的自然美观的论述。

李泽厚在一定程度上对由道家所宣示的自然而然之美的自然美的关注，始于其《美的历程》，在《华夏美学》中则表达得更充分，而且都是在儒道互补的具体语境下论及的。"庄子尽管避弃现世，却并不否定生命，而毋宁对自然生命抱着珍贵爱惜的态度，这就根本不同于佛家的涅槃，使他的泛神论的哲学思想和对待人生的审美态度充满了感情的光辉，这恰恰可以补充、加深儒家而与儒家一致。所以说，老庄道家是孔学儒家的对立的补充者。"①从自然美视角看，这里所谓庄子珍爱"自然生命"和"对待人生的审美态度"，正涉及自然而然或浑然天成之美的自然美。"如果说儒家讲的是'自然的人化'，那么庄子讲的便是'人的自然化'。前者讲人的自然性必须符合和渗透社会性才成为人；后者讲人必须舍弃其社会性，使其自然性不受污染，并扩而与宇宙同构才能是真正的人。庄子认为只有这种人才是自由的人、快乐的人，他完全失去了自己的有限存在，成为与自然、宇宙相同一的'至人''神人'和'圣人'。"②儒道两家表现出来的"自然的人化"与"人的自然化"的对立，并非是内外在"自然"与人之间必然存在的"人化"关系的对立，而是处理人与自然关系不同模式的对立。这就是李泽厚论及的，儒家强调人与自然关系的道德人伦性与社会规范性，道家则更突出人与自然关系的自然而然性及"宇宙模式"与"天成境界"③。当然，李泽厚并没有高度自觉地意识到这里提到的两种自然美欣赏模式，虽然其相关论述仍然是敏锐而深刻的。李泽厚还写道："庄子所突出的'人的自然化'，一方面发展为后世的道教以及民间的'气功''修炼'等健身强生、延年益寿以至'长生''登仙'等神秘实践和理论；另一方面在哲学上则如上所述，被吸收和同化在儒家'天人同构'的系统里，扩大了和纯粹化了这个同构（去掉儒家那些与人事、政治、伦理的牵强比附），并被现实地运用在实际生活中、人生态度中、锻炼身心中和文艺创作中、审美欣赏中。道家的'人的自然化'成了儒家'自然的人化'的充分补足。"④

这里要指出的是：第一，李泽厚对道家庄子"人的自然化"本身及其各方

---

①　李泽厚：《美的历程》，中国社会科学出版社 1984 年版，第 65 页。

②　李泽厚：《华夏美学》，中外文化出版公司 1989 年版，第 83 页。

③　关于自然美的"宇宙模式"与"天成境界"欣赏模式，请参阅尤西林主编：《美学原理》第 2 版，高等教育出版社 2018 年版，第 149－152 页。

④　李泽厚：《华夏美学》，中外文化出版公司 1989 年版，第 123 页。

面实践与理论的深远影响的阐述，在一定意义上正是对浑然天成之美这一中国美学核心自然美范畴的阐述。第二，李泽厚特别在意并一再申述的道家'人的自然化'是对儒家'自然的人化'补充的说法，明显已经脱离了与艺术美相对的自然美内涵语境及其认识论特征鲜明的实践美学框架，而在一定意义上已经进入了不无生存论意味的自然美学语境中。第三，李泽厚"儒道互补"观自有其一贯的思想史视野或用意，但对道家自然天成之美的人生伦理意味的揭示仍然是极其深刻的。第四，他用"人的自然化"来概括此意味，而且同阐释自然事物之美时惯用的"自然的人化"相互照应，可谓完成了马克思与中国、道家与儒家思想资源在人与自然关系问题上的思想性融合。本节在此突出李泽厚另一重意义上的自然美观是要表明，即便是在中国自然美观念整体现代化或西方化的第二个阶段即 20 世纪，强调自然美伦理内涵的中国美学传统并没有完全销声匿迹。只是，如果说 20 世纪之前的中国自然美观念强调的是自然而然伦理，那么可以说 20 世纪由李泽厚代表的中国自然美观念强调的是人的自然化伦理。

从自然美观念的历史嬗变而言，21 世纪以来备受关注的中国当代生态美学研究则代表着第三个阶段即 21 世纪以来的中国自然美观念的生态伦理维度。

这里首先要辨析的生态美学与自然美学及其核心概念"生态美"与"自然美"的关系。无论是从生态美学概念及其被关注的问题，还是从生态美学家为了突出此美学的独立性而特别强调与自然美及自然美学的区别而言，生态美学都不能完全等同为自然美学。但二者之间其实也存在着十分密切的相互关联性。此种关联性首先体现在生态美学与自然美学在研究对象上的交叉性或重合性上。有生态美学研究者将生态分为自然生态与文化生态①，其中的自然生态（也可表述为生态自然）显然就是两种美学研究对象交叉性的显在体现；而且自然美学不仅关注外在自然或外在生态自然之美，还关注自然而然或浑然天成自然或内在生态自然之美，鉴于后者的无限包容性，文化生态无疑也是被包含于其内了——这可谓两种美学研究对象交叉性的潜在体现。生态美学与自然美学的密切关联性不仅体现在上述抽象分析，而且也体现在生态美学研究过程中自然及自然美之经常被论述。总之，后起的生态美学的出现并不意味着先在的自然美学的没落，二者虽然是两种不同的美学研究，但绝非"有你没我"的对立或"老死不相往来"的关系。

---

① 吴绍全：《生态美学——自然生态与文化生态的平衡》，《山东师范大学学报（人文社会科学版）》2002 年第 4 期。

其次,二者的相互关联性还体现在它们的相互影响与共同促进的价值影响方面。就生态美学对于自然美学的意义而言,生态美学的"生态"理念无疑有助于拓展、丰富自然美学的"自然"概念的内涵,比如"生态自然"或"自然生态"就使单纯的"自然"概念明显获得了更为具体的内容所指;就自然美学对生态美学的意义而言,自然美学的"自然"理念显然也有生态美学的"生态"不能取代的独特性,相对而言自然美相对于生态美具有"在现象与本质之间进退自如的特点"①。另外,鉴于更为原始而古老的"自然"经常与别的哲学问题存在十分密切的联系,它明显比新兴的生态概念的包容性更强,因而更为根本。最后,相对于国内的生态美学,国外的生态美学研究似乎并不刻意在生态与自然、生态审美与自然审美、生态美学与自然美学之间做出严格区别,而是倾向于借助于这些概念的互文关系来阐述自己的问题,以及解决可能共同面对的问题。比如,在日本学者滨下昌宏看来,生态美学兴起于从现代性到后现代的过渡的当口,是化解种种现代病症、处理人对自然关系的十分重要的美学方案:"直接和真东西接触难了,真东西让那些关于不可眼见的对象的那些铺天盖地的信息给遮蔽了;媒体和政治势力的黑手控制着人们的经验;城市化和无所不在的矫揉造作,把对于自然的感觉弄得麻木不仁;数字符号弄出来的影像和言辞,把艺术呈现搞得毫无力度,如此等等。在后现代性的展望中,为了帮助美学恢复其意义这目的,我们应该构筑生态美学。这种美学应该恰当地处理人对自然的关系、经验中的敏感性的意义,以及城市性的消费生活等问题。"②此类生态美学显然更具有包容性与开放性。这也从侧面说明了两种美学的相互关联性。因此,完全可以在一定意义上将生态美学理解为自然美学发展的一个新阶段。

生态美学及其生态美概念的产生显然依托于 1866 年德国科学家海克尔最早提出的生态学概念。而直到生态学诞生百余年之后、出现"生态学时代"概念的 20 世纪 70 年代,美国学者沃斯特仍然指出:"生态学无法为困惑不解的广大公众提供自然中任何明确的令人信服的标准。"③如前所述,国内的生态美学研究也差不多存在类似问题。诚如有论者指出的:"生态美学讨论之于中国当代美学的意义,也许既不在于它对自然美理论建设作出的贡献,也不在于它在多大程度上影响了人现实的审美实践,而在于为中国自然

---

①　刘成纪:《重新认识中国当代美学中的自然美问题》,《郑州大学学报(哲学社会科学版)》2006 年第 5 期。

②　[日]滨下昌宏:《生态美学悖论:现代主义的失败、前现代的复活以及后现代的展望》,载李庆本主编:《国外生态美学读本》,长春出版社 2010 年版,第 240-241 页。

③　[美]沃斯特:《自然的经济体系:生态思想史》,侯文蕙译,商务印书馆 1999 年版,第 396 页。

美理论的逻辑进程提供了一个反题，即以自然本体论解构了中国美学持续近六十年的人学本体论，将人这一无限膨胀的能动主体重新植入了它在自然中的原初位置。"①确实需要思考：仍然继续要作为主体的人在自然中的原初位置究竟是什么？虽然我们大可不必怀疑生态学和生态美学家的社会责任感，但必须思考的是生态学及由此衍生出来的生态美学在何种意义上能够在给予自身更坚实的学理论证的前提下为地球生态做出自己的贡献，进而给予公众更切实的来自美学学科的专业指导。

这里首先问一个更基础的问题：何谓生态学？沃斯特写道："生态学（ecology）：生物学中一个研究内在关系的分支。这个名称是1866年由赫克尔为了他所研究的有机体与环境间的关系模式而发明出来的……贯穿于这门学科的历史中的主题和构成思想的是生物的内在依赖性。对这一特质更富有哲学性而非纯科学性的领悟，就是人们通常所说的'生态学观点'。因此，究竟生态学主要是一种科学，还是一种有关内在联系的哲学，便成为一个持续已久的身份问题；而相互依赖性实质就变成这样一个相应的问题：它是一个经济组织系统，还是一个相互容忍和支持的道德共同体？"②这个有着鲜明生物学背景的生态学解释包含着十分丰富的信息，其中关于生态学事关有机体（显然应该包括人这个特殊的"有机体"在内）与环境的"内在关系""生物的内在依赖性"或"相互依赖性""内在联系"之类措辞，分明是在反复强调生态问题与生态学的"关系"性本质。就此而论，生态学实质上也就是生物关系学。这样，由作为科学的生态学与作为人文学科的美学相交叉而生产的生态美学不能不是涉及生物或自然生命关系审美化或以审美方式处理生物或自然生命关系问题的美学。由生态学衍生出来的至少还有生态伦理学——或许可称之为涉及生物关系伦理化或以伦理方式处理自然生命关系问题的伦理学。前文已经提到的生态美学的生态伦理概念意涵或可由此得以理解。我们完全可以赞成用更具包容性且内涵更明确的"生态伦理美学"概念来指称国内美学家似乎已经习惯的"生态美学"概念："生态美学与生态伦理相互涵盖，生态美学的要旨很大程度上通过生态伦理揭示出来……在某种意义上，生态美学是一种生态伦理美学，或者说走向伦理的美学。"③对此有学者在论述生态审美时已经明确注意到生态伦理对于生态审美的重要性："生态审美是以生态伦理学为思想基础的审美活动，是对于传

---

① 刘成纪：《"自然的人化"与新中国自然美理论的逻辑进展》，《学术月刊》2009年第9期。
② ［美］沃斯特：《自然的经济体系：生态思想史》，侯文蕙译，商务印书馆1999年版，第545－546页。引文中的"赫克尔"同前文提到的"海克尔"是同一人。
③ 杨平：《环境美学的谱系》，南京出版社2007年版，第161页。

统美学理论中审美与伦理关系的生态改造与强化,生态意识是生态审美的必要前提条件。"①

关于生态伦理学与自然美的关系(如上所述,也可称为生之态美学研究),尤西林在《自然美:作为生态伦理学的善——对康德自然目的观的一种现代阐释》(《陕西师范大学学报(哲学社会科学版)》1996 年第 1 期)中实已有深刻论述。在此文中,尤西林并未像不少当代生态美学研究者那样,将自然美与生态美学或生态伦理美学问题对立起来,而是在康德审美-目的论哲学基础上,前所未有地开掘了作为一种人文自然观的自然美对于人与自然生态伦理关系建构的巨大意义:"自然美作为伦理主体自然的渊源基础,同时也正是人与自然伦理关系的善:第一,自然美是唯一不贬低人性主体而承诺自然主体的基础,因而是人与自然伦理关系的同质性基础。可见人与自然伦理关系的同质性是非实体性的,它既不是人类中心主义所说的物种人类的利益,也不是环境整体主义所主张的有机系统,更不是神力。基于这一同质性,自然美含有调节、均衡人与自然关系的善的弱化尺度意义。第二,由于自然美是主体(人类)合目的性所包含的合客体目的性一极突破主体中心态,又在更高层面达到与合主体目的性统一的产物,因而既关联又高于人与自然。自然美提供了提升人与自然双方的统一的更高的善:人不仅实现了对个体自我中心的超越,而且实现了对物种人类自我中心的超越;自然在自然美中既摆脱了受人宰制的地位,也未流于自发调节的荒蛮丛林法则,而是在与人类主体合目的性统一协调、并获得帮助的人化形式中提升合自然目的性系统。第三,无论作为信念的自然目的或是作为主体的合目的性形式的自然美,都系于人超越自我的意识,因而,人在与自然的伦理关系中承担着道德施行者的责任。第四,作为人与自然伦理关系的善,自然美审美本身即是直觉经验,从而可以提供元伦理学所要求的关于善的直觉前提。第五,自然美审美经验的人类普遍性为实践人与自然的伦理关系提供了普遍的感召经验……对自然美的生态伦理学意义的分析的结论同时表明,那种在批判现代自然观与物种人本主义的同时否弃人文主体与人文主义的思潮是无根基的。恰恰相反,只有立足于现代人文主体性及其人文自然观,才可能超越人役自然的现代自然观。"②在笔者看来:第一,能"作为生态伦理学的善"的自然美不仅指同艺术美相对的自然界之美内涵上的自然美,也包括浑

---

① 程相占、[美]伯林特等:《生态美学与生态评估及规划:汉英对照》,河南人民出版社 2013 年版,第 76 页。

② 尤西林:《人文科学导论》,高等教育出版社 2002 年版,第 179-180 页。

然天成之美内涵上的自然美。如前所述，两种自然美虽有不同，但绝不对立。而且，不管是侧重于外在形态的自然美还是侧重内在形态的自然美，只有处于一种自然而又象征着道德自由的审美活动存在中才能称得上真正是存在论，从而在认识论的意义上为现实的现代人文主体性及其人文自然观提供源源不断的超越人役自然的现代自然观。第二，这里立足于现代人文主体性及其人文自然观而对自然美之于生态伦理建设五大价值的精辟阐述，不仅具有深刻的理论价值，而且也具有切实的实践指导性，从而能为生态美学家和生态美学家倡言的生态文明建设提供更具体的可操作性指导意见。第三，上述关于自然美之于生态伦理学的巨大意义是在解决其因有别于人际伦理学而出现的困境背景下总结提出的，并不是专门针对生态美学的，但对于解决国内生态美学研究中存在的诸多问题与困境同样具有重大的参考价值。

　　无独有偶，再看一位德国生态美学家的相关论述："在 21 世纪，我们究竟是否需要这样一个独立的学科——生态美学？答案将完全并首先取决于对如下问题的理解：应该采取什么形式来使它不同于 20 世纪 70 年代和 80 年代的原始田园风光式的生态审美？一种全面的环境审美观呼之欲出。当然，它必须包含作为整体性所必不可少的基础要素——生态学要素，并且在未来将建立在对自然革新、开放的观念基础之上。从理论上讲，它有着这样的伦理基础：包含了人类的感官欲望、宣扬多元化差异、倡导清晰性、认可差异性、加速生命进程并能够协调不和谐因素和破坏性因素，并且不因为人类和自然环境和谐融洽的再统一的强制性要求——一对齐、取消差异。这种类型的观念将默许认同这样的观点——人类作为一种有机生物，是大自然的一部分；但与此同时，作为富有教养和理性的物种，人类有自己的自律意识，从而必须为自己的行为负全责。"①在这位生态美学家看来，生态美学并不完全区分于自然美学、环境美学，其实三种事关人类处理人与自然、生态与环境问题的研究或学科，面临着共同的问题、任务与目标；生态美学必须面对自己的"伦理基础"问题，必须承担起作为主体的人的道德责任。可见，当代生态伦理美学跟老庄及卢梭-康德建立的自然美学一样殊途同归地表现出对人作为一个理性存在者道德责任的极大关注，也可以说是对自然美学的审美教育及道德教育价值诉求的生态伦理美学式回应。

　　或许这里可以总结说，双重内涵的自然美不仅构成了生态伦理学的善，

---

① ［德］威拉克：《当今景观营造学中的生态美学》，于雪译，李庆本主编：《国外生态美学读本》，长春出版社 2010 年版，第 158 页。

也构成了环境伦理学的善、生活伦理学的善、艺术伦理学的善。或者说,生态美学需要在同环境美学、艺术美学、生活美学以及本书高度关注的自然美学相互对话交流的过程中,以自然生态或生态自然的伦理美学、自然环境或环境自然的伦理美学、自然艺术或艺术自然的伦理美学、自然生活或生活自然的伦理美学形态共同发挥作为人文学科的美学的人文性和美学价值。

　　同本书前五章关涉的基本处于西方文化背景的五种自然美观念不同,本章关注的中国自然美观念不仅处于 20 世纪之前的中国传统文化背景之中,而且处于 20 世纪以来的中西融合的现代性背景语境下,从而具有中西双重现代性的某些气质。整个中国的自然美观念总体上经历古典的浑然天成之美、现代的自然事物之美、当代的生态自然之美三个阶段的历史嬗变,而且表现出一种颇为明显的伦理建构价值,这也正是中国美学自然美观念对于自然美学的贡献。本章将此身处西方美学与中国美学双重现代性情境中的由古及今的中国自然美观念,称之为现代性自然美学的中国维度。

结　　语

　　在这世界里，人在美的指导下体验到他与自然的共同实体性，又仿佛体验到一种先定和谐的效果，这种和谐不需要上帝去预先设定，因为它就是上帝："上帝，就是自然。"①

　　除非人们能时时遵循自然，否则他们将失去大自然的许多精美绝伦的价值。②

　　在人类对待自然的态度中，有一种普遍而悠久的经验形态，它既非自然宗教崇拜，又非人类中心主义的功利权衡，而是对自然由衷地赞美。这就是自然审美。③

　　现代性批判的代表性思想，都指向了自然（物）观的改变这一基点。④

　　"自然"术语大致存在着自然界与天然天性两种基本内涵，"自然美"概念因而也有自然界的美与天然天性的美两种基本内涵之别。自然界之美的自然美是在围绕外在自然事物并有作为意象/向性对象的自然审美对象生成的自然审美活动中产生的美；天然天性之美的自然美则是一种侧重事物（不管一定是否是纯粹或原始自然事物）自然性存在而展开的审美活动中的自然美，体现出无意、无法、无工的天成性，体现出人在形形色色审美活动中对一种自然本真状态的抵达甚或追求。两种自然美概念既相区别又紧密相关，中西美学史上的诸多美学家及流派的相关思考对两种自然美既各有侧重又均有不同程度的涉及。

　　自然界和天然天性双重自然与人的关系或天人之际问题，几乎是古今中外哲学的基本问题，可谓所谓哲学基本问题即思维与存在关系问题的另

---

① ［法］杜夫海纳：《美学与哲学》，孙非译，中国社会科学出版社1985年版，第51页。
② ［美］罗尔斯顿：《环境伦理学》，杨通进译，中国社会科学出版社2000年版，第454页。
③ 尤西林：《人文学科及其现代意义》，陕西人民教育出版社1996年版，第232页。
④ 尤西林：《人文科学导论》，高等教育出版社2002年版，第165页。

一种说法。哲学之所以把人与双重自然关系作为万变不离其宗的一个基本问题,是因为即便在人从自然中独立出来、成为万物(自然)之灵后,人的任何活动仍须在人与自然的关系中或天人之际展开并获得其本质规定性。双重自然及其与人的关系既然构成了人类任何活动须臾不可离开的前提与基础,它必然会成为哲学家理解自我、认识社会的基本参照系与根本维度,对它的探究也不能不成为哲学尤其是直接关于自然的哲学(包括传统的自然哲学但又绝不限于它)绵延不绝的哲学传统。

双重自然与美的关系则不像人与双重自然的关系那样首先是每个哲学家都必须要面对的理论问题,毋宁说是每个人都经常会发生的自然审美活动或审美实践。这里已经提到双重自然与美的关系及其关键因素——人。正因为自然与美的活动性关系是通过人(尤其是审美的人或者说审美活动中的人)而实现的(至于自然能否与地球上别的生物发生美的关系不在本书考察之列),我们才说自然与美的关系实乃人的自然审美实践活动关系,亦即自然与人的审美实践关系。关注此关系的哲学美学或自然哲学即自然美学。简言之,自然哲学并不必然是自然美学,但本书所谓的自然美学一定是自然哲学。

"自然能满足人的一个更高尚的需求,这需求就是对美的爱",而"对美的爱就是'趣味'"①。美国先验论者和文学家爱默生的话深刻地揭示出自然与美之关系的建立离不开人及其趣味亦即审美活动之爱。人对自然(即本书一再强调的双重自然)之美的"爱"也是人对自然发自内心地"赞美":"在人类对待自然的态度中,有一种普遍而悠久的经验形态,它既非自然宗教崇拜,又非人类中心主义的功利权衡,而是对自然由衷地赞美。这就是自然审美。"②因此,较之于人们熟悉的一般同艺术美并列的名词性且或狭义(纯自然事物之"自然"内涵的自然美)或广义(除艺术品之外的现实世界之"自然"内涵的自然美)的自然美,针对双重自然的审美活动亦即动词性的"自然审美"更加重要。因为相互关联的双重意义上的自然审美以及因此而产生的自然美不仅是人的一种情感性表达和对待自然的态度,更是代表着人的一种普遍而悠久的本体性存在活动。

分别由老庄和卢梭等所代表的中西诸多哲学与美学家不同现代性背景下的自然美观念和本书梳理的诸多自然美学维度同样表明,自然美不只是与艺术美等并列的美的类型之一,同时是关乎人的本体性生存并贯穿于整

---

① [美]爱默生:《自然沉思录》,博凡译,上海社会科学院出版社1993年版,第11页、第18页。
② 尤西林:《人文学科及其现代意义》,陕西人民教育出版社1996年版,第232页。

个人类社会活动的一种审美存在形态。后一种自然美不仅体现在当代人非常熟悉且可谓一种最高时尚的外在形式扮饰(如美容美发等)方面,即对所谓自然而然或天然之美的无厌追求(所谓最高级的化妆就是看不出有化妆等),更重要的是它作为现代人精神生活的一种具有本体性的生存方式,业已成为即使是当前消费时代语境下的许多人的现实生活和审美实践。此现象学意义上的自然审美存在不仅事关自然美的现实真切呈现,也事关包括社会生活审美和艺术创造及欣赏审美在内的整个人的现实生存,从而更具有存在论意味。所以,任何涉及此论域的学术研究,不但须高度关注相关思想家对自然美问题的直接的深刻论述,还当聚焦并挖掘那些没有用到自然审美概念却触及此问题的思想家(如本书关注的马克思与海德格尔)的重要思想理论资源。

20 世纪 60 年代以来,随着相邻学科领域学者们的共同关注,一个原本古老却又不无新鲜的学术研究方向——自然美学,即以双重内涵的自然美与自然审美为研究对象的美学分支学科,已经重新展现在人们面前。言其古老,是因为"自然美学"概念在美学之父鲍姆加登的标志性著作《美学》中即已出现,甚至在中西轴心时代著名思想家(如本书关注的老庄)的自然无为或自然哲学思考中均已不乏其真知灼见。言其新鲜,是因为"自然美学"这个概念只有随着学术界方兴未艾的环境美学、生态美学乃至日常生活美学等相关美学研究的兴盛与相互促动才真正或重新进入人们的视野。

本书各章的研究表明,自然美学并非一些关心此美学学科者一厢情愿的虚构,它其实就以各具特色的问题向度贯穿于中西美学思想史上卢梭、康德、黑格尔、海德格尔等著名思想家和老庄道家、马克思主义、生态美学等美学流派的自然美思考中。自然美学以研究自然美与自然审美为己任,关注自然物之美和浑然天成之美双重内涵的自然美及其自然审美活动,可谓对人与内外在双重自然审美活动及其关系进行反思的人文学术研究。它同环境美学、生态美学及生活美学等相关美学,既有明显区别又有不同程度的密切联系。美学家族不应只有艺术美学和生活美学,还应当有一般与之并列有别、在浑然天成之美意义也可涵盖统摄二者的自然美学。

更重要的是,自然美学不可能从一开始就单纯在自然美学范围内诞生并发展,它实际是愿意进入此论域的所有思想家的事情。在西方,尤其经卢梭所开启的自然美问题研究及其影响效果史,自然美研究才逐渐成为本书特别标举的自然美学。本书先后梳理了卢梭、康德、黑格尔、马克思、海德格尔与杜夫海纳以及中国美学家的自然美思想。对于自然美学而言,不仅上述重要代表人物直接的自然美思想对于自然美学意义重大,而且产生其自然美思想的哲学背景同样有重大意义。因为这些自然美学家的哲学思想既历史性地构成了自然美学形形色色的起源背景,即自然美学的卢梭启蒙哲学/文学/教育学起源、自然美学的康德批判哲学起源、自然美学的黑格尔艺术哲学起源、自然美学的马克思(主义)的社会历史实践哲学起源、自然美学的海德格尔的现象学存在论哲学起源、自然美学的杜夫海纳的审美经验现象学起源,以及自然美学的中国老庄的浑然天成自然哲学起源、自然美学的当代学人的生态伦理学起源等;同时也逻辑性地构成他们各具特色的自然美学的具体内容,即卢梭的自然美学功能观、康德的自然美学自由内涵观、黑格尔的自然美学艺术美与自然美关系及特征观、马克思(主义)的自然美学实践根源观、海德格尔的自然美学现象学存在论本质观、杜夫海纳的自然美学审美经验现象学观以及中国老庄的自然美学的浑然天成自然美观、当代学人的自然美学生态自然美观等。简言之,之所以存在着本书所关注的自然美学,是因为此自然美学在各自特定的意义上起源于上述各思想家不同背景下的自然美观,而这些自然美观之所以各自有别,显然跟他们的思想背景大有差异密不可分。各思想家不同的思想起源与背景也代表着启蒙以来现代性的不同面相。所以,与其说这些是自然美观念,不如说是自然美观念所从出、且颇为分歧的各种现代性思想,分别构成了种种自然美学话语的哲学基础,从而成就了现代性的自然美学。

进入本书的绝大多数思想资源是西方的,作为一个非西方的学者,笔者虽然没有西方恐惧症,但也时不时会想到一个问题:如何使自己的研究避免因自然美大量思想资源及其问题的西方性而带来的自然美学可能存在的西方性? 此问题不仅是为了将有别于西方美学传统的中国美学传统中的自然美资源引进本研究,更重要的只有借助于此一环节,才能使本研究始终立足于整个人类(而非西方人或中国人的)自然审美的实践来思考自然审美的特征及其价值意义。如果不陷入学术论争的汪洋大海,不管是中国古代即已非常流行的侧重内在本性的"自然美",还是中国 20 世纪以来特别热衷的侧重外在形式属性欣赏的"自然美","自然美"的内涵所指一直其实都是清晰而明确的。自然美成为一个经典美学问题,或者说美学家对自然美功能与价值、概念与内涵、本质或根源、特征与伦理等的追问与解答,其实无不与研究者所处的当下时代风尚、社会心态及更为复杂的历史文化传统息息相关,与研究者的个人趣味与学术兴奋点紧密相关。这不是说进入本研究中的那些"自然美学家"构筑了不成问题的自然美问题,而是说自然美问题从来都有其现代性情境或现实心性指向。正因如此,本书特别加进了从表面上看似乎同全书偏于西方自然美学研究的不相调和的自古及今的中国自然美学思想资源,而且偏于中国传统思想中的道家以及当代实践美学与生态美学。

17 年前国内一家学报为自然美问题笔谈而写的"编者按":"近年来,美学界关于自然的美学研究出现了前所未有的进展,其代表性成果就是生态美学、景观美学、环境美学的勃兴。但在这种种对自然的审美考察中,出现了一个相当令人困惑的现象,即自然美这一经典概念反被大多数研究者遗忘。有人甚至认为,生态美的出现已预示了自然美的死亡。为此,我们约请了几位长期关注自然美研究的学者就此问题展开讨论。发表的这组笔谈,试图解决如下问题:自然美在当代美学中是否仍具有理论生命力? 它进入当代学术话语时遇到的难题是什么? 它和生态、景观、环境之美构成了怎样的关系? 它怎样重构自己的哲学基础,生态学的发展将会昭示一种什么样的自然审美观? 等等。这反映出国内学术界在寻求经典美学范畴与现代美学形态合理对接的自觉以及为重构一种新的自然美理论所做的努力。"①此大段文字中涉及的"自然美问题"至今依然存在,依然值得任何关注自然美——实乃更深层次地关注自然与人的关系的人们继续探求。此"自然美问题"也构成了本书研究的存在前提。

不管自然美问题曾经怎样以及为什么会成为人们关注的焦点,甚至在特定文化背景下成就了它的辉煌(如 20 世纪 50 年代到 60 年代的中国大陆美学论争中的自然美热),也不管迄今仍然非常兴隆的、被认为与自然美关系甚密的环境美学与生态美学是否以及在何种程度上对自然美(和远未建立起来的自然美学)构成了致命的威胁,一个不争的事实是,原来一直被当作绊脚石、诱饵或被认为是不言而喻的自然美问题本身,到今天却真正成了一个首先需要在自然美学内部亟待解决的基本美学难题。要想搞清其中的原委或试图去解决这个难题的最佳办法应该是:带着现在的自然美诸问题回到更加本源的美学史中去,找到并阅读那些对自然美问题的出现、继续或兴衰产生了重要影响的经典,在真正的视域融合过程中,展现其"难题性",以期赢得一个可能有助于当前问题解决的"制高点"。本书主体各章所试图做的工作正是如此。为此,本书不厌其烦、有时甚至大段地引用那些原始而堪称经典的文字,试图对这些经典文本做出返本开新的阐释,借此追随古今中西诸多哲学家和美学家的自然美观念,努力找寻那些促使他们进入自然美问题域中的真实理由,挖掘他们对于自然美问题与自然美学的真正贡献与影响。

---

① 刘成纪、杨道圣、阎国忠、陈望衡:《当代学术语境中的自然美问题(笔谈)》,《郑州大学学报(哲学社会科学版)》2004 年第 4 期。

　　诚如前文已经引述的哈贝马斯指出的,"现代性的哲学话语在许多地方都涉及现代性的美学话语,或者说,两者在许多方面是联系在一起的。"①美学学科本身就是欧洲启蒙运动及其现代性的产物。以韦伯和哈贝马斯为代表的西方现代性理论,将由美学来承担的审美—表现理性置于同认知—工具理性、道德—实践理性话语三足鼎立的格局之中。但长期以来在美学研究领域提起现代性,人们时常会将目光聚焦于与现代性同时诞生的、关于艺术美/美的艺术的艺术哲学美学话语,以致同样处于现代性进程中的自然美/美的自然的自然美学话语遭到冷遇乃至排斥。文艺复兴以降,外在自然与人的内在自然(本性)一直是西方启蒙理性或启蒙现代性控制的对象,西方美学史上卢梭等不同思想视域中的自然美观念虽整体仍处于此启蒙现代性的框架内,却一定意义上也成为各具特色地抗拒此控制的独特表达,因而具有不同程度的审美现代性特征,也对有别于其他美学分支学科的自然美学之问题系统具有各具特色的构建意义。

　　20 世纪以来,汇入西方现代性洪流的中国美学自然美之思,带着自己的问题经历了从外在自然物之美到生态美学的历史嬗变。随着现代性与自然美学术的不断深化、成熟,贯穿于整个中国古典美学尤其是道家美学中的浑然天成之美自然美,可谓最具更新现代性旧有动力机制的重要资源,因而理应受到关心中国古典美学及中国美学未来学者的高度关注。但国内颇有影响的学人对自然美的轻视依然触目惊心。比如,有学者曾写道:"对自然美的欣赏绝不是艺术文明的原因,也不是艺术文明的结果。对自然美的欣赏是属于生活情趣的问题,是趣味问题。它虽然是一种文明现象,但它本身不能构成一种文明。它本身没有内在的动力结构,而是某些文明系统的附属性的继发现象。显然,自然美的欣赏本身不能造成其自身的冲突和革命运动,它的种种变化都是被动的。自然美的欣赏不是一种事业,而任何一种文明必定是一种事业,不论科学还是艺术都是事业。自然美欣赏是人们对被给予的东西的满意,也就是人们对自然作为我们生活的世界的满意。正因为这一点,自然美和艺术成为完全不同的东西。可以说艺术修养在某种程度上助长了我们对自然美的敏感。但就其本质而言,对自然美的欣赏是和生活情趣一致的。艺术的创造是一种纯粹的创造,它创造的是一个新的世界。"②其中对自然美的认识绝非是个别。它从另一个角度道明了重视

---

① 〔德〕哈贝马斯:《现代性的哲学话语》,曹卫东译,译林出版社 2004 年版,"作者前言"第 1 页。

② 赵汀阳:《美学和未来美学:批评与展望》,中国社会科学出版社 1990 年版,第 169 页。

所谓人类自身文明者有时并未明说的忽视自然美的真实理由。有人说，自然与艺术构成了人类两个不可或缺的引导者。因此，根本没有理由在自然与艺术，在自然美与艺术美两者之间一定要分出高低和厚此薄彼。

本书所涉及美学家们关于自然美问题在不同向度上的运思与争鸣，能使我们更加充分地认识到，自然美绝非仅仅是一个趣味问题。事实上，作为一个概念，"自然美"的现代性出现，标志着人与内外在自然之间一种十分独特而重大的关系即自然审美关系的诞生。换言之，自然美概念本身反映的是人的一种自然观，此自然观本质上又反映了由人的自然审美活动所体现出来的人与自然的审美关系。可以说，自然审美活动或人与自然的审美关系正构成了自然美研究的基本问题。因而，作为一种存在，自然美产生于自然在场的自然审美活动中。无论如何强调自然美产生的自然、客观基础，自然美毕竟是人类社会才有的现象（如果认为自然美可以不依赖于人而存在，自然美的起源就成了没有意义的问题，因为只要自然界存在，自然美也就存在了）；同样，无论如何强调自然美产生的人类主体主观背景，自然美毕竟又是以自然事物（而不是以艺术作品或社会事物）为基体而展开的活动。事实上，只有将自然美放进本真的自然审美活动中才能摆脱自然美的客观说与主观说的僵硬对立，也可使主客统一说找到实现其真正统一的落脚点。也只有在中西哲学家老庄与卢梭—康德分别创立的中西自然美学的坚实思想基础之上，才能真正明白自然美问题的自然美学与自然哲学价值。

"一个时代的自然观，就是该时代特定生产方式下所形成的人们看待自然的态度与观念……可以说，人以怎样的态度对待自然，人就以怎样的方式劳动生态，从而也就呈现为相应的人性特征。"因而"现代性批判的代表性思想，都指向了自然（物）观的改变这一基点。"① 自然美无疑就是一种比较特殊的自然观，作为自然观的自然美问题及研究自然美的自然美学的重要性因此而彰显。本书阐释的古今中外著名思想家的自然美思想，不仅代表着一种现代性批判力量，而且是指向自然观改变这一现实目标。这也是自然美问题及自然美学对于人类某些方面精神困境的重大贡献。因为追随古今中西诸多哲学家和美学家的自然美观念的过程，可使我们获得重新认识、对待和欣赏内外在自然，重新反思、感悟人类文明，重新调整、完善自我的独一无二的新契机与突破口，从而使我们能够更加真实地感受这个自然与社会、自然与人文、自然与自由、自然与审美等等常常无法截然分割的生活世界。

众所周知，美学是作为同逻辑学、伦理学并列的三大学科之一在哲学内

① 尤西林：《人文科学导论》，高等教育出版社 2002 年版，第 165 页。

部诞生的。正如前文已论及的,自从美学获得其独立存在之后,就不断有人出于种种原因断言美学是伦理学,也不断有人将美学推举到第一哲学的"至高无上"地位。如果认可当前国际美学是由三足鼎立的自然生态美学、艺术哲学美学与日常生活美学构成的话,那么就本书基于双重自然美内涵的现代性自然美学而论,自然美学不仅在三大美学中占有一席之地,而且在任何美学及哲学都离不开自然性的意义上,完全能够担当起使美学真正成为大有可为的伦理学乃至第一哲学的重任或使命。自然美学之所以能兼任"伦理学"且担当起"第一哲学"之大任,不过是因为双重内涵的自然审美与自然美在众多审美与美中,具有根本性的本体论与存在论重大价值。换言之,自然审美与自然美是第一性的,自然美学因此也是第一性的。

　　"大家都认为回到自然去是一件好事。但是,好处在哪儿? 做些什么才有利于向这个目标奋斗。"①被同时称为美国野生生物管理之父与先知的利奥波德写在题为《保护主义美学》一章开篇的话,无论是从他倡导的土地伦理、他提到的美学来看,还是就本书关心的自然美问题而言,都具有无限深长的意味性,因而值得所有关注"自然"问题者进一步探寻。即便有人已经找到了答案,但它或许仍然只是对这类问题众说纷纭解释中的一种。

　　"启蒙只有依靠彻底的启蒙来弥补自身的不足。"②"现代性的一个特征是,几乎没有任何重大问题能够一劳永逸地得到解决。"③本书对自然审美与自然美的现代性关注当然也无力试图解决——更别说一劳永逸地解决自然美学问题。以中国老庄与西方卢梭—康德为代表而分别开创的现代性自然美学对人的启蒙也是如此,它不可能一劳永逸地完成,而是需要人通过不断自我启蒙才能发挥其最大价值。

---

①　[美]利奥波德:《沙乡年鉴》,侯文蕙译,吉林人民出版社1997年版,第155页。
②　[德]哈贝马斯:《现代性的哲学话语》,曹卫东等译,译林出版社2004年版,第97页。
③　[英]伊格尔顿:《人生的意义》,朱新伟译,译林出版社2012年版,第99页。

参考文献

一、中文文献

（一）专著文献

1. 蔡仪：《美学论著初编》上下，上海：上海文艺出版社，1982
2. 蔡钟翔：《美在自然》，南昌：百花洲文艺出版社，2001
3. 曹俊峰：《康德美学引论》，天津：天津教育出版社，2001
4. 陈鼓应：《悲剧哲学家尼采》，北京：生活·读书·新知三联书店，1994
5. 陈鼓应注译：《老子今注今译》(参照简帛本最新修订版)，北京：中华书局，2003
6. 陈望衡：《环境美学》，武汉：武汉大学出版社，2007
7. 陈颖：《中国古代自然美史》，北京：北京图书馆出版社，1999
8. 程相占、[美]阿诺德·伯林特等：《生态美学与生态评估及规划：汉英对照》，郑州：河南人民出版社，2013
9. 戴阿宝、李世涛：《问题与立场：20世纪中国美学论争辩》，北京：首都师范大学出版社，2006
10. 邓晓芒、易中天：《黄与蓝的交响：中西美学比较论》，北京：人民文学出版社，1999
11. 邓晓芒：《康德哲学诸问题》，北京：生活·读书·新知三联书店，2006
12. 邓晓芒：《冥河的摆渡者：康德的〈判断力批判〉》，武汉：武汉大学出版社，2007
13. 邓晓芒：《西方美学史纲》，武汉：武汉大学出版社，2008
14. 高尔泰：《论美》，兰州：甘肃人民出版社，1982
15. 高尔泰：《美是自由的象征》，北京：人民文学出版社，1986
16. 韩水法：《康德传》，石家庄：河北人民出版社，1997
17. 胡经之编：《中国现代美学丛编》，北京：北京大学出版社，1987
18. 胡适：《中国哲学史大纲》，北京：东方出版社，1996
19. 胡友峰：《康德美学的自然与自由观念》，杭州：浙江大学出版社，2009
20. 蒋红等编：《中国现代美学论著译著提要》，上海：复旦大学出版社，1987
21. 蒋孔阳、朱立元主编：《西方美学通史》第1—7卷，上海：上海文艺出版社，1999
22. 蒋孔阳：《德国古典美学》，北京：商务印书馆，1980
23. 蒋孔阳：《美和美的创造》，南京：江苏人民出版社，1981
24. 蒋孔阳：《美学新论》，北京：人民文学出版社，1993
25. 蒋锡昌：《老子校诂》，成都：成都古籍书店，1988
26. 劳承万等：《康德美学论》，北京：中国社会科学出版社，2001年
27. 老子著，王弼注：《老子道德经注校释》，楼宇烈校释，北京：中华书局，2008
28. 老子著，朱谦之校释：《老子校释》，北京：中华书局，1984

29. 李丕显：《自然美系统》，上海：复旦大学出版社，1990

30. 李醒尘：《西方美学史教程》，北京：北京大学出版社，1994

31. 李泽厚，刘纲纪主编：《中国美学史》第1卷，北京：中国社会科学出版社，1984年

32. 李泽厚：《华夏美学》，北京：中外文化出版公司，1989

33. 李泽厚：《李泽厚对话集·九十年代》，北京：中华书局，2014

34. 李泽厚：《李泽厚哲学美学文选》，长沙：湖南人民出版社，1985

35. 李泽厚：《美的历程》，北京：中国社会科学出版社，1984

36. 李泽厚：《美学论集》，上海：上海文艺出版社，1980

37. 李泽厚：《美学四讲》，北京：生活·读书·新知三联书店，1999

38. 李泽厚：《批判哲学的批判》（修订本），北京：人民出版社，1984

39. 李泽厚：《实用理性与乐感文化》，北京：生活·读书·新知三联书店，2008

40. 李泽厚：《世纪新梦》，合肥：安徽文艺出版社，1998

41. 李泽厚：《中国古代思想史论》，北京：人民出版社，1985

42. 李泽厚：《走我自己的路》（增定本），合肥：安徽文艺出版社，1994

43. 李贽：《焚书　续焚书》，北京：中华书局，2009

44. 梁启超：《饮冰室合集》典藏版，北京：中华书局，2013

45. 林同华主编：《中华美学大词典》，合肥：安徽教育出版社，2002

46. 刘成纪：《自然美的哲学基础》，武汉：武汉大学出版社，2008

47. 刘凯：《康德美学中的自由问题研究》，北京：人民出版社，2014

48. 刘小枫：《现代性社会理论绪论：现代性与现代中国》，上海：上海三联书店，1998

49. 刘笑敢：《老子古今：五种对勘与析评引论》上下，北京：中国社会科学出版社，2006

50. 刘笑敢：《庄子哲学及其演变》，北京：中国社会科学出版社，1993

51. 鲁枢元：《生态文艺学》，陕西人民教育出版社，2000

52. 鲁迅：《鲁迅全集》第9卷，北京：人民文学出版社，2005

53. 吕荧：《吕荧文艺与美学论集》，上海：上海文艺出版社，1984

54. 蒙培元：《人与自然：中国哲学生态观》，北京：人民出版社，2004

55. 敏泽：《中国美学思想史》第一卷，济南：齐鲁书社，1987

56. 彭锋：《美学的感染力》，北京：中国人民大学出版社，2004

57. 彭锋：《完美的自然：当代环境美学的哲学基础》，北京：北京大学出版社，2005

58. 钱锺书选注：《宋诗选注》，北京：人民文学出版社，1997

59. 沈清松主编：《中国人的价值观：人文学观点》，台北：桂冠图书股份有限公司，1993

60. 石刚编：《现代中国的制度与文化》，香港：社会科学出版社有限公司，2004

61. 汪晖：《死火重温》，北京：人民文学出版社，2000

62. 王朝闻主编：《美学概论》，北京：人民出版社，1981

63. 王汎森：《思想是生活的一种方式：中国近代思想史的再思考》，北京：北京大学出版社，2018

64. 王国维：《王国维全集》第1卷、第14卷和第17卷，谢维扬、房鑫亮主编，杭州：浙江教育出版社、广州：广东教育出版社，2010

65. 王柯平主编：《跨世纪的论辩：实践美学的反思与展望》，合肥：安徽教育出版社，2006

66. 王旭晓主编：《自然审美基础》，长沙：中南大学出版社，2008

67. 王振复主编：《中国美学范畴史》，太原：山西教育出版社，2006

68. 魏士衡：《中国自然美学思想探源》，北京：中国城市出版社，1994

69. 吴国盛：《追思自然——从自然辩证法到自然哲学》，沈阳：辽海出版社，1998

70. 吴国盛主编：《自然哲学》第1辑，北京：中国社会科学出版社，1994

71. 伍蠡甫主编：《山水与美学》，上海：上海文艺出版社，1985

72. 夏征农主编：《辞海：第六版缩印本》，上海：上海辞书出版社，2010

73. 新建设编辑部编：《美学问题讨论集》第1—6集，北京：作家出版社，1956—1964

74. 徐复观：《中国人性论史·先秦篇》，上海：上海三联书店，2001

75. 徐复观：《中国艺术精神》，沈阳：春风文艺出版社，1987

76. 徐恒醇：《生态美学》，西安：陕西人民教育出版社，2000

77. 薛富兴：《山水精神：中国美学史文集》，天津：南开大学出版社，2009

78. 薛华：《黑格尔与艺术难题：一段问题史》，北京：中国社会科学出版社，1986

79. 严昭柱：《自然美论》，长沙：湖南人民出版社，1988

80. 杨平：《环境美学的谱系》，南京：南京出版社，2007

81. 叶朗：《胸中之竹：走向现代之中国美学》，合肥：安徽教育出版社，1998

82. 叶朗：《中国美学史大纲》，上海：上海人民出版社，1985

83. 叶朗主编：《现代美学体系》，北京：北京大学出版社，1999

84. 叶维廉：《道家美学与西方文化》，北京：北京大学出版社，2002

85. 尤西林、周长鼎：《审美学》，西安：陕西人民教育出版社，1991

86. 尤西林：《阐释并守护世界意义的人：人文知识分子的起源与使命》，上海：华东师范大学出版社，2017

87. 尤西林：《人文科学导论》，北京：高等教育出版社，2002

88. 尤西林：《人文学科及其现代意义》，西安：陕西人民教育出版社，1996

89. 尤西林：《心体与时间：二十世纪中国美学与现代性》，北京：人民出版社，2009

90. 尤西林主编：《美学原理》第2版，北京：高等教育出版社，2018

91. 乐黛云：《中国知识分子的形与神》，北京：昆仑出版社，2006

92. 詹剑峰：《老子其人其书及其道论》，武汉：湖北人民出版社，1982

93. 张岱年：《中国古典哲学概念范畴要论》，北京：中国社会科学出版社，1989

94. 张岱年：《中国哲学大纲》，北京：中国社会科学出版社，1982

95. 张法：《美学导论》第2版，北京：中国人民大学出版社，2004

96. 张汝伦：《德国哲学十论》，上海：复旦大学出版社，2004

97. 张祥龙：《朝向事情本身：现象学导论七讲》，北京：团结出版社，2003

98. 张祥龙：《从现象学到孔夫子》，北京：商务印书馆，2001

99. 张祥龙：《海德格尔思想与中国天道：终极视域的开启与交融》，北京：生活·读书·新知三联书店，1996

100. 张永清：《现象学审美对象论》，北京：中国文联出版社，2006

101. 赵汀阳：《美学和未来美学：批评与展望》，北京：中国社会科学出版社，1990

102. 赵志军：《作为中国古代审美范畴的自然》，北京：中国社会科学出版社，2006

103. 曾繁仁：《美学之思》，济南：山东大学出版社，2003

104. 曾繁仁：《生态存在论美学论稿》，长春：吉林人民出版社，2009

105. 曾繁仁：《生态美学导论》，北京：商务印书馆，2010

106. 曾繁仁：《生态美学基本问题研究》，北京：人民出版社，2015

107. 曾繁仁：《生态文明时代的美学探索与对话》，济南：山东大学出版社，2013

108. 周宪：《审美现代性批判》，北京：商务印书馆，2005

109. 朱狄：《当代西方美学》，北京：人民出版社，1984

110. 朱狄：《当代西方艺术哲学》，北京：人民出版社，1994

111. 朱狄:《美学·艺术·灵感》,武汉:武汉大学出版社,2007

112. 朱狄:《艺术的起源》(修订本),北京:中国青年出版社,1999

113. 朱狄:《原始文化研究:对审美发生问题的思考》,北京:生活·读书·新知三联书店,1988

114. 朱光潜:《西方美学史》上下卷,北京:人民文学出版社,1979

115. 朱光潜:《朱光潜美学文集》第1—3卷,上海:上海文艺出版社,1982/1983

116. 朱光潜:《朱光潜全集》第10卷,合肥:安徽教育出版社,1993

117. 朱立元:《黑格尔美学论稿》,上海:复旦大学出版社,1986

118. 朱立元:《走向实践存在论美学》,苏州:苏州大学出版社,2008

119. 朱立元主编:《美学大辞典》,上海:上海辞书出版社,2010

120. 朱立元主编:《西方美学范畴史》,太原:山西教育出版社,2006

121. 祝东力:《精神之旅:新时期以来的美学与知识分子》,北京:中国广播电视出版社,1998

122. 庄子原著,郭庆藩撰:《庄子集释》,北京:中华书局,1961

123. 宗白华:《美学散步》,上海:上海人民出版社,1981

(二)期刊文献

1. 邓晓芒:《论中国传统文化的现象学还原》,《哲学研究》2016年第9期

2. 杜学敏:《20世纪以来的自然美问题研究》,《学术研究》2008年第10期/人大复印报刊资料《美学》2008年第12期

3. 杜学敏:《孔子的自然美思想:何以是与是什么》,《陕西师范大学学报(哲学社会科学版)》2009年第4期

4. 杜学敏:《论海德格尔的艺术创造及其人的诗意生存思想》,《陕西师范大学学报(哲学社会科学版)》2006年第6期

5. 杜学敏:《马克思的实践感性观及其审美现代性》,《陕西师范大学学报(哲学社会科学版)》2002年第4期

6. 杜学敏:《美学:概念与学科——美学面面观》,《人文杂志》2007年第6期/人大复印报刊资料《美学》2008年第2期

7. 杜学敏:《审美发生学研究的三个前提性问题》,《人文杂志》2012年第1期

8. 杜学敏:《天然天成之美:中国古典美学的核心自然美范畴》,载《中国美学研究》第十辑(2017年第2期)

9. 杜学敏:《现实与艺术的对立融合:朱光潜美学中的自然美观及其现代性》,《陕西师范大学学报(哲学社会科学版)》2020年第3期

10. 杜学敏:《自然审美一定晚于艺术审美吗:"自然美的发现"及其审美发生学意义》,《学术研究》2019年第12期

11. 杜学敏:《自然审美与自然美的基本特性》,《西部学刊》2014年第11期

12. 范明华:《作为审美评价范畴的"自然"论》,《中州学刊》2003第3期

13. 郭大为:《愈追思,愈景仰——德国康德哲学研究的近况》,《世界哲学》2005年第1期

14. 洪毅然:《论美(兼评朱光潜与蔡仪的美学及其他)》,《西北师大学报(社会科学版)》1957年第1期

15. 胡友峰:《生态美学理论建构的若干基础问题》,《南京社会科学》2019年第4期

16. 胡友峰:《中国当代生态美学研究的回顾与反思》,《中州学刊》2018年第11期

17. 胡友峰:《中国生态美学的生成语境、理论形态与未来走向》,《社会科学》2020年

第 11 期

18. 黄继刚：《生态家园的美学之思：简论曾繁仁的生态存在论美学观》，《新疆大学学报（哲学·人文社会科学版）》2011 年第 5 期

19. 黄兴涛：《"美学"一词及西方美学在中国的最早传播》，《文史知识》2000 年第 1 期

20. 贾红雨：《黑格尔艺术哲学重述》，《哲学研究》2020 年第 2 期

21. 劳承万：《康德"美是道德的象征"在先验体系中的构架性意义：兼论美学学科的道德形上形态》，《学术研究》2008 年第 7 期

22. 李春青：《论"自然"范畴的三层内涵：对一种诗学阐释视角的尝试》，《文学评论》1997 年第 1 期

23. 李秋零：《康德与启蒙运动》，《中国人民大学学报》2020 年第 6 期

24. 李西建：《当代中国美学的历史与现状：中国实践论美学问题发展史》，《学术月刊》1998 年第 9 期

25. 李欣复：《论生态美学》，《南京社会科学》1994 年第 12 期

26. 刘成纪、杨道圣、阎国忠、陈望衡：《当代学术语境中的自然美问题（笔谈）》，《郑州大学学报（哲学社会科学版）》2004 年第 4 期

27. 刘成纪：《"自然的人化"与新中国自然美理论的逻辑进展》，《学术月刊》2009 年第 9 期

28. 刘成纪：《生态美学的理论危机与再造路径》，《陕西师范大学学报（哲学社会科学版）》2011 年第 2 期

29. 刘成纪：《生态美学与自然美理论的重构》，《东方丛刊》2005 年第 2 期

30. 刘成纪：《中国美学史应该从何处写起》，《文艺争鸣》2013 年第 1 期

31. 刘成纪：《重新认识中国当代美学中的自然美问题》，《郑州大学学报（哲学社会科学版）》2006 年第 5 期

32. 刘三平：《美学是如何被讲述的?》，《云南大学学报（社会科学版）》2004 年第 4 期

33. 刘为钦：《"另一个自然"：康德美学的重要范畴》，《哲学研究》1998 年第 3 期

34. 刘悦笛：《自然美学与环境美学：生发语境和哲学贡献》，《世界哲学》2008 年第 3 期

35. 杉思：《几年来（1956—1961）关于美学问题的讨论》，《哲学研究》1961 年第 5 期

36. 申扶民：《康德审美自然观的道德维度》，《学术论坛》2006 年第 7 期

37. 谭容培：《庄子的自然审美思想及其价值》，《湖南师范大学社会科学学报》2000 年第 1 期

38. 王梦湖：《生态美学——一个时髦的伪命题》，《西北师大学报（社会科学版）》2010 年第 2 期

39. 王一川：《中西方对自然美的发现》，《江汉论坛》1985 年第 6 期

40. 王中原：《生态美学的合法性困境与自然美的启示》，《社会科学》2020 年第 11 期

41. 吴绍全：《生态美学——自然生态与文化生态的平衡》，《山东师范大学学报（人文社会科学版）》2002 年第 4 期

42. 谢立中：《"现代性"及其相关概念词义辨析》，《北京大学学报》2001 年第 5 期

43. 薛富兴：《〈庄子〉自然审美论》，《贵州社会科学》2007 年第 2 期

44. 杨安崙、黄治正：《"人化的自然"理论不能解决美的本质问题》，《江汉论坛》1982 年第 8 期

45. 杨道圣：《论整体自然观念下自然美的重要性》，《西南师范大学学报（人文社会科学版）》2002 年第 2 期

46. 尤西林：《柔顺化解痉挛：道家与现代性》，《探索与争鸣》2014 第 6 期

47. 尤西林:《生命美学与自然美——实践美学与生命美学的深度关系》,《郑州大学学报（哲学社会科学版）》2020 年第 6 期

48. 尤西林:《朱光潜实践观中的心体:重建中国实践哲学—美学的一个关节点》,《学术月刊》1997 年第 7 期

49. 张利群:《庄子的自然审美观特征及其意义》,《西北师大学报（社会科学版）》1992 年第 3 期

50. 张汝伦:《什么是"自然"?》,《哲学研究》2011 年第 4 期

51. 张永清、王多:《现象学视域中的自然美》,《社会科学战线》2001 年第 2 期

52. 张政文:《康德启蒙自然观的文化批判》,《世界哲学》2006 年第 2 期

53. 赵东明:《"自然"之意义:一种海德格尔式的诠释》,《哲学研究》2002 年第 6 期

54. 赵奎英:《生态美学、生态美育与生生美学——曾繁仁生态美学研究的三大领域及其内在演进》,《鄱阳湖学刊》2020 年第 5 期

55. 曾繁仁:《当代生态文明视野中的生态美学观》,《文学评论》2005 年第 4 期

56. 曾繁仁:《我国自然生态美学的发展及其重要意义:兼答李泽厚有关生态美学是"无人美学"的批评》,《文学评论》2020 年第 3 期

57. 曾繁仁:《中国当代生态美学的产生与发展》,《中国图书评论》2006 年第 3 期

58. 朱立元、栗永清:《从生态美学到生态存在论美学观》,《东方丛刊》2009 年第 3 期

59. 朱立元:《自然美:遮蔽乎? 发现乎? ——中西传统审美文化比较研究之二》,《文艺理论研究》1995 年第 2 期

60. 邹华:《大自然如此陈列:卢梭作品中的自然》,《西北师大学报（社会科学版）》2006 年第 1 期

二、外文中译文献

1. 罗斯:《现代性之后的马克思主义:政治、技术与社会变革》,王维先等译,南京:江苏人民出版社,2011

2. 皮埃尔:《伊西斯的面纱:自然的观念史随笔》,张卜天译,上海:华东师范大学出版社,2015

3. 阿多诺:《美学理论》,王柯平译,成都:四川人民出版社,1997

4. 阿斯穆斯:《康德》,孙鼎国译,北京:北京大学出版社,1987

5. 艾德勒:《六大观念》,郗庆华译,北京:生活·读书·新知三联书店,1998

6. 爱默生:《自然沉思录》,博凡译,上海:上海社会科学院出版社,1993

7. 奥夫相尼科夫:《美学思想史》,吴安迪译,西安:陕西人民出版社,1986

8. 奥索夫斯基:《美学基础》,于传勤译,北京:中国文联出版公司,1986

9. 巴德:《自然美学的基本谱系》,刘悦笛译,《世界哲学》2008 年第 3 期

10. 柏拉图:《文艺对话集》朱光潜译,北京:人民文学出版社,1963

11. 鲍姆加登:《美学》,简明等译,北京:文化艺术出版社,1987

12. 鲍姆加登:《美学（§1—§77）》,贾红雨译,载高建平主编:《外国美学》第 28 辑,南京:江苏教育出版社,2018

13. 鲍桑葵:《美学史》,张今译,北京:商务印书馆,1985

14. 北京大学哲学系编:《西方哲学原著选读》上下卷,北京:商务印书馆,1986

15. 比厄斯利:《美学史:从古希腊到当代》（英汉对照版）,高建平译,北京:高等教育出版社,2018

16. 波德莱尔:《美学珍玩》,郭宏安译,北京:商务印书馆,2018
17. 伯克:《崇高与美:伯克美学论文选》,李善庆译,上海:上海三联书店,1990
18. 伯林:《浪漫主义的根源》,吕梁等译,南京:译林出版社,2008
19. 伯林特:《环境美学》,张敏等译,长沙:湖南科学技术出版社,2006
20. 伯林特:《环境美学的发展及其新近问题》,刘悦笛译,《世界哲学》2008年第3期
21. 伯林特:《生活在景观中:走向一种环境美学》,陈盼译,长沙:湖南科学技术出版社,2006
22. 伯林特主编:《环境与艺术:环境美学的多维视角》,刘悦笛等译,重庆:重庆出版社,2007
23. 布克哈特:《意大利文艺复兴时期的文化》,何新译,北京:商务印书馆,1979
24. 布雷迪:《现代哲学中的崇高:美学、伦理学与自然》,苏冰译,郑州:河南大学出版社,2019
25. 布宁、余纪元编著:《西方哲学英汉对照词典》,北京:人民出版社,2001
26. 车尔尼雪夫斯基:《艺术与现实的审美关系》,周扬译,北京:人民文学出版社,1979
27. 达比:《风景与认同》,张箭飞等译,南京:译林出版社,2011
28. 狄德罗:《狄德罗美学论文选》,张冠尧、桂裕芳译,北京:人民文学出版社,1984
29. 杜夫海纳:《美学与哲学》,孙非译,北京:中国社会科学出版社,1985
30. 杜夫海纳:《审美经验现象学》,韩树站译,北京:文化艺术出版社,1996
31. 福柯:《福柯集》,杜小真编选,上海:上海远东出版社,1998
32. 福斯特:《马克思的生态学:唯物主义与自然》,刘仁胜等译,北京:高等教育出版社,2006
33. 盖格尔:《艺术的意味》,艾彦译,北京:华夏出版社,1999
34. 盖耶尔:《康德》,宫睿译,北京:人民出版社,2015
35. 格罗塞:《艺术的起源》,蔡慕晖译,北京:商务印书馆,1984
36. 贡巴尼翁:《现代性的五个悖论》,许钧译,北京:商务印书馆,2005
37. 贡布里希:《艺术发展史:艺术的故事》,范景中译,天津:天津人民美术出版社,1998
38. 古留加:《康德传》,贾泽林等译,北京:商务印书馆1981
39. 库宾:《中国文人的自然观》,马树德译,上海:上海人民出版社,1990
40. 哈贝马斯:《现代性的哲学话语》,曹卫东等译,南京:译林出版社,2004
41. 哈格洛夫:《环境伦理学基础》,杨通进等译,重庆:重庆出版社,2007
42. 海德格尔:《存在与时间》,陈嘉映等译,北京:生活·读书·新知三联书店,1999
43. 海德格尔:《荷尔德林诗的阐释》,孙周兴译,北京:商务印书馆,2000
44. 海德格尔:《林中路》(修订译本),孙周兴译,上海:上海译文出版社,2004
45. 海德格尔:《路标》,孙周兴译,北京:商务印书馆,2000
46. 海德格尔:《尼采》上下卷,孙周兴译,北京:商务印书馆,2002
47. 海德格尔:《现象学之基本问题》,丁耘译,上海:上海译文出版社,2008
48. 海德格尔:《形而上学导论》,熊伟等译,北京:商务印书馆,1996
49. 海德格尔:《演讲与论文集》,孙周兴译,北京:生活·读书·新知三联书店,2005
50. 海德格尔:《艺术的起源与思想的规定》,孙周兴译,《世界哲学》2006年第1期
51. 赫费:《康德:生平、著作与影响》,郑伊倩译,北京:人民出版社,2007
52. 黑格尔:《美学》第1卷,朱光潜译,北京:商务印书馆,1979
53. 黑格尔:《美学》第2卷,朱光潜译,北京:商务印书馆,1979
54. 黑格尔:《美学》第3卷上册,朱光潜译,北京:商务印书馆,1979

55. 黑格尔:《美学》第 3 卷下册,朱光潜译,北京:商务印书馆,1981

56. 黑格尔:《哲学史讲演录》第 4 卷,贺麟、王太庆译,北京:商务印书馆,1978

57. 亨克曼:《二十世纪德国美学状况》,周然毅译,《社会科学家》1999 年第 2 期

58. 基维主编:《美学指南》,彭锋等译,南京:南京大学出版社,2008

59. 吉尔伯特、库恩:《美学史》上下卷,夏乾丰译,上海:上海译文出版社,1987

60. 加达默尔:《哲学解释学》,夏镇平等译,上海:上海译文出版社,1994

61. 加达默尔:《真理与方法:哲学解释学的基本特征》上下卷,洪汉鼎译,上海:上海译文出版社,1999

62. 卡尔松:《从自然到人文》,薛富兴译,桂林:广西师范大学出版社,2012

63. 卡尔松:《环境美学:自然、艺术与建筑的鉴赏》,杨平译,成都:四川人民出版社,2006

64. 卡尔松:《自然与景观》,陈李波译,长沙:湖南科学技术出版社,2006

65. 卡里特:《走向表现主义的美学》,苏晓离等译,北京:光明日报出版社,1990

66. 卡林内斯库:《现代性的五副面孔》,顾爱彬等译,北京:商务印书馆,2002

67. 卡罗尔:《超越美学》,李媛媛译,北京:商务印书馆,2006

68. 卡西尔:《卢梭·康德·歌德》,刘东译,北京:生活·读书·新知三联书店,2002

69. 卡西尔:《人论》,甘阳译,上海:上海译文出版社,1998

70. 卡西尔:《语言与神话》,于晓等译,北京:生活·读书·新知三联书店,1988

71. 卡西尔:《启蒙哲学》,顾伟铭等译,济南:山东人民出版社,1988

72. 康德:《〈判断力批判〉第一导言》,见邓晓芒:《冥河的摆渡者:康德的〈判断力批判〉》附录一,武汉:武汉大学出版社,2007

73. 康德:《纯粹理性批判》,邓晓芒译,北京:人民出版社,2004

74. 康德:《对美感和崇高感的观察》(1764),曹俊峰、韩明安译,哈尔滨:黑龙江人民出版社,1990

75. 康德:《康德美学文集》,曹俊峰编译,北京:北京师范大学出版社,2003

76. 康德:《康德判断力之批判》,牟宗三译,西安:西北大学出版社,2008

77. 康德:《康德书信百封》,李秋零编译,上海:上海人民出版社,1992

78. 康德:《康德著作全集》第 8 卷,李秋零主编,北京:中国人民大学出版社,2013

79. 康德:《历史理性批判文集》,何兆武译,北京:商务印书馆,1990

80. 康德:《论优美感和崇高感》(1764),何兆武译,北京:商务印书馆,2001

81. 康德:《逻辑学讲义》,许景行译,北京:商务印书馆,1991

82. 康德:《判断力批判》,邓晓芒译,北京:人民出版社,2002

83. 康德:《判断力批判》上卷,宗白华译,北京:商务印书馆,1987

84. 康德:《判断力批判》下卷,韦卓民译,北京:商务印书馆,1964

85. 康德:《实践理性批判》,邓晓芒译,北京:人民出版社,2003

86. 康德:《实用人类学》,邓晓芒译,上海:上海人民出版社,2002

87. 康德:《未来形而上学导论》,庞景仁译,北京:商务印书馆,1978

88. 柯林伍德:《艺术原理》,王至元、陈华中译,北京:中国社会科学出版社,1985

89. 柯林伍德:《艺术哲学新论》,卢晓华译,北京:工人出版社,1988

90. 柯林伍德:《自然的观念》,吴国盛译,北京:北京大学出版社,2006

91. 克罗齐:《作为表现的科学和一般语言学的美学的历史》,王天清译,北京:中国社会科学出版社,1984

92. 克罗齐:《作为表现科学和一般语言学的美学的理论》,田时纲译,北京:中国社会科学出版社,2007

93. 库恩:《康德传》,黄添盛译,上海:上海人民出版社,2008

94. 莱斯:《自然的控制》,岳长龄等译,重庆:重庆出版社,1993

95. 朗松:《朗松文论选》,徐继曾译,天津:百花文艺出版社,2009

96. 蕾切尔:《寂静的春天》,吕瑞兰等译,长春:吉林人民出版社,1997

97. 李凯尔特:《文化科学和自然科学》,涂纪亮译,北京:商务印书馆,1986

98. 李普曼:《当代美学》,邓鹏译,北京:光明日报出版社,1986

99. 李庆本主编:《国外生态美学读本》,长春:长春出版社,2010

100. 李斯托威尔:《近代美学史评述》,蒋孔阳译,上海:上海译文出版社,1980

101. 利奥波德:《沙乡年鉴》,侯文蕙译,长春:吉林人民出版社,1997

102. 笠原仲二:《古代中国人的美意识》,杨若薇译,北京:北京大学出版社,1987

103. 卢卡奇:《历史与阶级意识》,杜章智等译,北京:商务印书馆,1992

104. 卢卡奇:《审美特性》,徐恒醇译,北京:社会科学文献出版社,2015

105. 卢卡契:《卢卡契文学论文集》(一),北京:中国社会科学出版社,1980

106. 卢梭:《爱弥儿:论教育》,李平沤译,北京:商务印书馆,1978

107. 卢梭:《忏悔录》第二部,范希衡译,北京:人民文学出版社,1982

108. 卢梭:《忏悔录》第一部,黎星译,北京:人民文学出版社,1980

109. 卢梭:《卢梭评判让—雅克:对话录》,袁树仁译,上海:上海人民出版社,2007 年

110. 卢梭:《论科学与艺术》,何兆武译,北京:商务印书馆,1963

111. 卢梭:《论人类不平等的起源和基础》,李常山译,北京:商务印书馆,1962 年

112. 卢梭:《论人与人之间不平等的起因和基础》,李平沤译,北京:商务印书馆,2007 年

113. 卢梭:《论戏剧:致达朗贝尔信》,王子野译,北京:生活·读书·新知三联书店,1991

114. 卢梭:《漫步遐想录》,徐继曾译,北京:人民文学出版社,1986

115. 卢梭:《社会契约论》,何兆武译,北京:商务印书馆,1980

116. 卢梭:《文学与道德杂篇》,吴雅凌译,北京:华夏出版社,2009

117. 卢梭:《新爱洛伊丝》,李平沤、何三雅译,南京:译林出版社,1993

118. 卢梭:《新爱洛漪(伊)丝》,伊信译,北京:商务印书馆,1993

119. 罗尔斯顿:《环境伦理学:大自然的价值以及人对大自然的义务》,杨通进译,北京:中国社会科学出版社,2000

120. 罗尔斯顿:《哲学走向荒野》,刘耳等译,长春:吉林人民出版社,2000

121. 罗兰·罗曼编选:《卢梭的生平与著作》,王子野译,北京:生活·读书·新知三联书店,1993

122. 罗曼奈尔:《自然主义美学绪论》,周煦良译,《国外社会科学文摘》1961 年第 5 期

123. 罗素:《西方哲学史》上卷,何兆武、李约瑟译,北京:商务印书馆,1963

124. 罗素:《西方哲学史》下卷,马元德译,北京:商务印书馆,1982

125. 洛夫乔伊:《观念史论文集》,吴相译,南京:江苏教育出版社,2005

126. 马克思,恩格斯:《马克思恩格斯论美学》,董学文编,北京:文化艺术出版社,1983

127. 马克思,恩格斯:《马克思恩格斯文集》第 1 卷,中共中央马克思恩格斯列宁斯大林著作编译局编译,北京:人民出版社,2009

128. 马克思:《1844 年经济学哲学手稿》,刘丕坤译,北京:人民出版社,1979

129. 马克思:《1844 年经济学哲学手稿》,中共中央马克思恩格斯列宁斯大林著作编译局编译,北京:人民出版社,2000

130. 曼科夫斯卡娅:《国外生态美学》上下,由之译,《国外社会科学》1992 年第 11 期和第 12 期

131. 莫斯科维奇:《还自然之魅:对生态运动的思考》,庄晨燕、邱寅晨译,北京:生活·读书·新知三联书店,2005

132. 倪梁康主编:《面向实事本身:现象学经典文选》,北京:东方出版社,2000

133. 帕克:《美学原理》,张今译,桂林:广西师范大学出版社,2001

134. 平克:《当下的启蒙:为理性、科学、人文主义和进步辩护》,侯新智等译,杭州:浙江人民出版社,2019

135. 普列汉诺夫:《论艺术(没有地址的信)》,曹葆华译,北京:生活·读书·新知三联书店,1974

136. 齐美尔:《桥与门——齐美尔随笔集》,涯鸿等译,上海:三联书店上海分店,1991

137. 塞尔登:《文学批评理论:从柏拉图到现在》,刘象愚等译,北京:北京大学出版社,2003

138. 瑟帕玛:《环境之美》,武小西等译,长沙:湖南科学技术出版社,2006

139. 舍斯塔科夫:《美学史纲》,樊莘林等译,上海:上海译文出版社,1986

140. 施密特:《马克思的自然概念》,欧力同等译,北京:商务印书馆,1988

141. 施皮格伯格:《现象学运动》,王炳文等译,北京:商务印书馆,1995

142. 施特劳斯:《自然权利与历史》,彭刚译,北京:生活·读书·新知三联书店,2006

143. 舒斯特曼:《生活即审美:审美经验和生活艺术》,北京:北京大学出版社,2007

144. 斯宾诺莎:《伦理学》,贺麟译,北京:商务印书馆,1981

145. 斯克拉顿:《康德》,周文彰译,北京:中国社会科学出版社,1989

146. 斯托洛维奇:《审美价值的本质》,凌继尧译,北京:中国社会科学出版社,1984

147. 梭罗:《瓦尔登湖》,徐迟译,上海:上海译文出版社,2004

148. 塔塔科维兹:《西方六大美学观念史》,刘文潭译,上海:上海译文出版社,2006

149. 塔塔科维兹:《古代美学》,杨力等译,北京:中国社会科学出版社,1990

150. 塔塔科维兹:《中世纪美学》,褚朔维等译,北京:中国社会科学出版社,1991

151. 汤森德:《美学导论》,王柯平等译,北京:高等教育出版社,2005

152. 托马斯:《人类与自然世界:1500—1800 年间英国观念的变化》,宋丽丽译,南京:译林出版社,2009

153. 万斯洛夫:《美的问题》,杨成寅译,上海:上海译文出版社,1986

154. 威廉斯:《关键词:文化与社会的词汇》,刘建基译,北京:生活·读书·新知三联书店,2005

155. 韦尔施:《重构美学》,陆扬、张岩冰译,上海:上海译文出版社,2002

156. 韦勒克:《近代文学批评史》第1卷,杨岂深、杨自伍译,上海:上海译文出版社,1987

157. 温克尔曼:《希腊人的艺术》,邵大箴译,桂林:广西师范大学出版社,2001

158. 文德尔班:《哲学史教程》,罗达仁译,北京:商务印书馆,1993

159. 沃斯特:《自然的经济体系:生态思想史》,侯文蕙译,北京:商务印书馆,1999

160. 席勒:《美育书简》,徐恒醇译,北京:中国文联出版公司,1984

161. 席勒:《席勒美学文集》,张玉能编译,北京:人民出版社,2011

162. 小尾郊一:《中国文学中所表现的自然与自然观》,邵毅平译,上海:上海古籍出版社,1989

163. 谢林:《先验唯心论体系》,梁志学、石泉译,北京:商务印书馆,1976

164. 谢林:《艺术哲学》,魏庆征译,北京:中国社会出版社,1996

165. 谢林:《艺术哲学》,先刚译,北京:北京大学出版社,2021

166. 雅斯贝斯:《历史的起源与目标》,魏楚雄、俞新天译,北京:华夏出版社,1989

167. 亚里士多德：《物理学》，张竹明译，北京：商务印书馆，1982
168. 亚里士多德：《形而上学》，吴寿彭译，北京：商务印书馆，1959
169. 亚历山大：《艺术、价值与自然》，韩东晖等译，北京：华夏出版社，2000
170. 耀斯：《审美经验与文学解释学》，顾建光等译，上海：上海译文出版社，1997
171. 伊格尔顿：《美学意识形态》，王杰等译，桂林：广西师范大学出版社，1997
172. 伊格尔顿：《人生的意义》，朱新伟译，南京：译林出版社，2012
173. 竹内敏雄主编：《美学百科词典》，刘晓路等译，长沙：湖南人民出版社，1988

三、英文原版文献

1. Adorno, T. W. Aesthetic Theory. Trans. by C. Lenhardt. London: Routledge & Kegan Paul, 1984.

2. Bosanquet, Bernard. *A History of Aesthetic*. London & New York, 1904.

3. Budd, Malcolm. *The Aesthetic Appreciation of Nature: Essays on the Aesthetics of Nature*. Oxford: Clarendon Press, 2002.

4. Burke, Edmund. *On the Sublime and the Beautiful*. New York: P. F. Collier & Son Company, 1909.

5. Carlson, Allen. *Aesthetics and the Environment: The Appreciation of Nature Art and Architecture*. London and New York: Routledge, 2000.

6. Carroll, Noel. *Beyond Aesthetics: Philosophical Essays*. Cambridge University Press, 2001.

7. Dabney, Townsend. *Aesthetics: Classic Readings from the Western Tradition*, Thomson Learning, 2001.

8. Heidegger, Martin. *Poetry, Language, Thought*. Trans. by Albert Hofstader. New York, 1975.

9. Jean-Jacques Rousseau. *Emile or On Education*. Introduction, Translation, and Notes by Allan Bloom. Basic Books, 1979

10. Kant, Immanuel. *Critique of the Power of Judgment*. Edited & Trans. by Paul Guyer & Eric Matthews. Cambridge: Cambridge University Press, 2000.

11. Marx, Karl. *Economic & Philosophic Manuscripts of* 1844. Trans. by Martin Milligan. (marxists. org).

索　引

后　记

　　本书是我正式进入美学学科二十余年且关乎自然美问题或自然美学研究的一个专题性总结,也是一部被拖延很久的书稿——若非项目结题催促,估计这本书与公众见面还需时日。

　　我对自然美的兴趣最早可追溯至 20 世纪 80 年代后期读本科时。在那个"美学热"余温尚存、各式各样"比较某某学"大行其道的时代,我不经意地对中西山水诗画作品中的自然美及其观念差异产生了浓厚兴趣,进而基于当时有限的中西文学史和中西美术史知识,前后草拟过不止一份雄心勃勃的研究大纲。抚今追昔,关乎中西诗画艺术中自然美观念的那项研究,虽然在毕业当年的风云变幻和随后基层十余年的繁忙工作与琐碎生活中不了了之,但在我的学术旨趣方面留下了难以磨灭的印象,以至在近二十年后还会变相作为学位论文选题被我重新捡起。

　　我的博士论文题为《自然美观念问题史研究》(陕西师范大学,2010 年 5 月),从确立选题到撰写、修改、答辩完成历时三年多,其中交织着对古今中外著名自然美言说的问题史与观念史双重研究。有此论文奠基,我对心心念念的自然美问题总算有了更具专业性的基本认识。然而,随后反复意识到的自然美问题的难题性以及工作、生活等其他诸多因素,导致原本完全可以早点完成的拙稿一直未能如人所愿。需要特别说明的是,本书虽则脱胎于作者十余年前答辩完成却一直未能如期出版的博士论文,但已经从标题到研究框架及其正文各部分内容、参考文献等多方面对书稿进行了重要而全面的修订甚至改写。而将博士论文修订或改写成本书的过程当然离不开题为"现代性自然美学导论"的国家社科基金项目的立项支持。另外,按照当初设想,本书还有一章关于环境美学的内容,但在书稿近两年前提交结项时限于种种原因未能完全写就,后来也无缘加入,只好付诸阙如——但愿将来还有机会修订本书,并借此补足该章内容。

　　曾看到有著者说:写书的乐趣之一是有机会向那些帮助成书的人表示感谢。说得真好!时值本书出版之际,笔者谨向在完成此书过程中教诲、启迪、鼓励、帮助自己的师长、专家、学者、同事和亲人致以由衷的敬意和谢意。

首先感谢先后两度求学、后来又工作于斯的母校陕西师范大学文学院，特别感谢恩师尤西林教授的言传身教，感谢尤老师将读本科时的笔者带入美学大门，感谢他在笔者攻读研究生学位期间之于学业与论文写作诸多环节无微不至地专业性指导与点化、在工作和生活方面给予学生的无私关爱与提携；在追随尤老师研习美学、文艺学等人文学科二十多年的岁月中，笔者能够有大量机会聆听尤老师高超而深邃的关于学术和人生的种种教诲；感谢他数量颇丰、横跨多个学科领域而又兼具内行眼光和学术前沿性的学术论文与专著，每一次阅读尤老师匠心魅力独具、充满无限穿透力的文字，都能给予笔者以无比深刻的思想开化和震撼力；感谢尤老师为本书"破例作序"，恩师殷切勖勉之意令笔者倍感荣幸和自豪。

感谢母校畅广元教授、李西建教授、梁道礼教授、屈雅君教授，感谢诸位业师在本书最初孕育阶段给予笔者的专业性高超指导，感谢尊敬的诸位师长各具特色、专业水准十足的课堂教诲及其深刻点化，也感谢各位老师十多年来在学习、工作、生活等诸多方面给予笔者的亲切关怀、勉励。

感谢母校陈学超教授、李继凯教授，感谢北京师范大学王一川教授、西北大学段建军教授、兰州大学张进教授，感谢诸位教授在本书雏形时期给予笔者中肯而又有一定建设性的指导意见。

感谢北京师范大学教授刘成纪先生、南开大学教授薛富兴先生，感谢两位先生在今年年初于百忙之中接受笔者咨询、审阅本书初稿并很快给出了极具专业水准的宝贵书面评语与修改意见。两位教授认真而高效的学术支持更让笔者倍加珍惜。

感谢张积玉教授、杨立民编审、王法敏编审、杨军教授，感谢高建平教授和朱志荣教授，感谢诸位先生在笔者与本书相关的前期学术论文公开发表方面给予的无私支持与鼎力提携。

感谢母校陈越老师和刘凯老师、杨远征老师、吕国庆老师，感谢诸位同仁在完成本书的不同阶段所提供的孜孜指点与热忱帮助。

感谢上海交通大学出版社的严冬、殷航编辑。说实话，初次接到属于人文学科的本书将要由以理工科知名的上海交通大学的出版社付梓的消息，我颇有意外与遗憾之感，但两种感觉随着后来同严冬、殷航编辑的频繁联络及其愉快合作而烟消云散，尽管其间经历了各种意外因素造成的出版时间上的延迟。感谢两位编辑在从接手本书到其正式出版期间付出的所有心血。

感谢我的父亲和母亲，感谢我的妻子和孩子。但愿此小书的些许学术价值能够在一定程度上补偿他们若干年来未能正常享有的孝敬和亲情。

衷心期待并提前感谢本书读者对拙作各方面的批评指正:duxuemin@snnu. edu. cn。

杜学敏

2021 年 8 月于长安